混凝土外加剂应用基础

第二版

蒋亚清 等编著

化学工业出版社

·北京·

本书是《混凝土外加剂应用基础》的第二版,以提高混凝土工作性和耐久性为重点,介绍了混凝土外加剂应用中的科学技术问题。具体内容包括:概论,水泥混凝土科学,混凝土外加剂生产技术,混凝土外加剂作用机理,混凝土外加剂应用技术,掺减水剂的混凝土流变学,掺外加剂的混凝土耐久性,掺外加剂的混凝土体积稳定性。以"混凝土外加剂"为主线,贯通水泥混凝土材料科学、表面化学、力学等学科的相关知识。

读者对象为从事混凝土结构设计、施工的工程技术人员,从事混凝土和外加剂生产、开发的科技人员。

图书在版编目(CIP)数据

混凝土外加剂应用基础/蒋亚清等编著.—2版.
北京:化学工业出版社,2010.12(2016.3重印)
ISBN 978-7-122-09665-4

Ⅰ.混… Ⅱ.蒋… Ⅲ.水泥外加剂-基本知识
Ⅳ.TQ172.4

中国版本图书馆 CIP 数据核字(2010)第 200817 号

责任编辑:仇志刚　　　　　　　　文字编辑:颜克俭
责任校对:蒋　宇　　　　　　　　装帧设计:关　飞

出版发行:化学工业出版社(北京市东城区青年湖南街 13 号　邮政编码 100011)
印　　装:北京虎彩文化传播有限公司
710mm×1000mm　1/16　印张 24¾　字数 462 千字　2016 年 3 月北京第 2 版第 3 次印刷

购书咨询:010-64518888　　　　　　售后服务:010-64518899
网　　址:http://www.cip.com.cn
凡购买本书,如有缺损质量问题,本社销售中心负责调换。

定　价:59.00 元　　　　　　　　　　　　　　　　版权所有　违者必究

第二版序

混凝土外加剂作为现代混凝土的第五组分，对改善新拌混凝土的工作性、减少水泥用量、提高矿物外掺料用量、提高混凝土耐久性和使用寿命，起着极为重要的作用。

近年来，我国的混凝土外加剂行业发展迅猛，新产品、新技术层出不穷，尤其以聚羧酸减水剂为代表的高性能减水剂在我国重大和重点混凝土工程中得到了推广应用，不仅提高了混凝土的自密实性能，而且通过降低水的表面张力，减少了水泥自收缩和干燥收缩，改善了混凝土的抗裂性能。

本书作者长期以来对混凝土外加剂科学基础及工程应用进行了系统研究，获得了若干具有自主知识产权的创新成果，并通过产学研合作，实施了科研成果产业化和工程应用。《混凝土外加剂应用基础》第二版，是作者对最新创新成果的凝练和总结，以提高混凝土工作性和耐久性为重点，阐明了混凝土外加剂应用中的科学技术问题。

本书以水泥化学和高分子化学为指导，以现代分析测试技术为手段，丰富和发展了减水剂作用机理的内涵，提出了共聚型-缩聚型复合减水剂的实现途径，为配制超高强度混凝土提供了技术保障。本书的出版发行，对提升我国混凝土外加剂应用技术水平，促进混凝土工业可持续发展具有指导意义。

中国工程院院士
东南大学教授　孙伟

2010 年 7 月 5 日

第一版序

混凝土是最大宗的建筑材料。现代混凝土的生产、应用，离不开混凝土外加剂。少量的化学外加剂对混凝土性能的改善已为工程实践所证明。例如引气剂，用量仅为胶凝材料质量的万分之几，但掺用引气剂后，混凝土的工作性明显改善、塑性收缩减小、耐久性提高，甚至能够抑制碱集料反应膨胀。正是由于在混凝土中掺用了混凝土外加剂，使得单方混凝土中水泥用量明显减少，并由此发展了高性能混凝土。

本书的作者多年来对混凝土外加剂生产及技术进行了较深入的研究，具有丰富的实践经验，所编写的《混凝土外加剂应用基础》一书，针对工程应用中的关键问题，将基础理论与混凝土工程实践相结合，与现有的外加剂或混凝土方面的书籍相比，侧重于外加剂应用理论和应用技术。本书根据"按性能设计"混凝土的理念，强调提高混凝土体积稳定性和耐久性的重要性，并参考国内外已有文献资料，提出了通过掺用混凝土外加剂，实现高耐久性、高体积稳定性混凝土的技术途径。

本书涉及水泥混凝土材料科学、表面化学、力学等学科的相关知识，通过"混凝土外加剂"这根主线而得到了很好的贯通，对从事混凝土结构设计、施工的工程技术人员，以及从事混凝土和外加剂生产、开发的科技人员具有一定的指导作用。

中国工程院院士
南京工业大学教授 唐明述

2004 年 4 月

前　言

　　自从 1824 年水泥问世以来，混凝土和钢筋混凝土的出现，促进了世界工程材料的重大变革，特别是钢筋混凝土的诞生，极大地扩展了混凝土的使用范围，因而被誉为混凝土技术的第一次革命。20 世纪 30 年代发明的预应力钢筋混凝土，被誉为混凝土技术的第二次革命。20 世纪 60～70 年代以来，混凝土高效减水剂的开发及应用，推动了高强、高性能混凝土的工程应用，同时由于外加剂可以改善混凝土的其他性能，因而混凝土外加剂技术被公认为混凝土发展史上的第三次革命。

　　在提倡低碳、绿色、节能的当今社会，混凝土化学外加剂和矿物外加剂已成为现代混凝土必不可少的组成材料。正是由于掺用了各类混凝土外加剂，使得混凝土发展成为一种应用最广泛、用量最大的工程材料，在全球范围内的用量逐年上升。

　　但是，现代混凝土组成材料的多样性与不确定性，使得外加剂与胶凝材料之间的相互作用变得极为复杂，新型化学外加剂对水泥水化、微观结构、体积变化的影响等基础问题和应用基础问题还有待进行系统研究，以便指导工程应用。

　　本书基于上述背景，结合编著者的研究成果和国内外有关文献资料而编著，适合从事混凝土外加剂研究开发的技术人员、混凝土企业和施工技术人员参考，也可作为设计、监理工程师的工具书。

　　本书以第一版为基础，吸纳了国内外最新研究成果，对第一版的相关内容进行了增补和修订。全书由蒋亚清主持编著并定稿，李中华参与了第 2 章和第 7 章的修订，何辉参与了第 3 章的修订，张风臣参与了第 7 章和第 8 章的修订。

编著者

2010 年 7 月

第一版前言

混凝土化学外加剂和矿物外加剂已成为新型高性能混凝土必不可少的组成材料。自20世纪90年代起，我国开始学习国外经验，推广应用散装水泥和预拌混凝土，促进了混凝土外加剂行业的兴起与发展。但由于我国的水泥组成复杂以及水泥生产企业利益的驱使，水泥品种不能完全与发达国家的产品品种相适应，甚至有的水泥厂为满足标准要求，在水泥中添加调凝剂，严重影响了混凝土外加剂应用技术的发展与提高。另一方面，外加剂的大规模推广应用，使相关专业的科研工作相对迟缓，再加上缺乏既具有混凝土学和结构力学基础，又懂化工合成等方面的跨学科技术人才，在科研经费严重不足的情况下，我国的混凝土外加剂基础研究工作滞后于工程应用。虽然国外具有完善的混凝土外加剂应用指南，我国也颁布了相应的规程，但实际应用中还常常出现问题，例如地下室墙板混凝土开裂、渗漏等。虽然目前已经有一些混凝土和外加剂方面的书籍陆续出版，但国内还较少出版过混凝土应用技术基础方面的文献资料。

本书正是在上述背景下，参阅国内外有关文献资料，结合编著者的研究成果编著的，适于从事混凝土外加剂研究开发、生产和应用的技术人员阅读，也可作为混凝土结构设计人员的参考书。

本书由蒋亚清主持编著并最终定稿。其中：蒋亚清负责第1章、第3章、第4章、第8章的编写；高建明负责第2章"普通混凝土力学性能"部分的编写工作，第2章其他部分由蒋亚清、李娟、李刚、姜莉共同编写；姜莉负责第5章编写并参加第7章编写，李刚负责第6章、第7章编写并参加第5章编写。

编者
2004年4月

目 录

第1章 概论   1

1.1 混凝土外加剂概述   1
1.1.1 混凝土外加剂发展简史   1
1.1.2 混凝土外加剂分类   2
1.1.3 混凝土外加剂定义   2
1.1.4 混凝土外加剂在水泥基材料中的作用   3

1.2 混凝土外加剂科技创新   4
1.2.1 科学思想与混凝土外加剂科技创新   4
1.2.2 亟须解决的混凝土外加剂应用技术问题   5
1.2.3 产品开发与应用研究方向   8

参考文献   12

第2章 水泥混凝土科学   14

2.1 水泥品种与定义   14
2.1.1 硅酸盐水泥   14
2.1.2 普通硅酸盐水泥   15
2.1.3 矿渣硅酸盐水泥   15
2.1.4 火山灰质硅酸盐水泥   15
2.1.5 粉煤灰硅酸盐水泥   15
2.1.6 复合硅酸盐水泥   15

2.2 硅酸盐水泥的生产工艺   16
2.2.1 原材料   16
2.2.2 生料配制   16
2.2.3 硅酸盐水泥熟料煅烧   16
2.2.4 水泥熟料的粉磨   17

2.3 水泥水化过程与机理   17
2.3.1 硅酸三钙   17
2.3.2 硅酸二钙   20
2.3.3 铝酸三钙   21
2.3.4 铁相   22

  2.3.5　水泥 ··· 23
2.4　辅助胶凝材料 24
  2.4.1　来源 ··· 24
  2.4.2　化学成分 ·· 25
  2.4.3　辅助胶凝材料在混凝土的作用 ·· 25
2.5　水泥浆体性能 27
  2.5.1　凝结 ··· 27
  2.5.2　微观结构 ·· 27
  2.5.3　结合力的形成 ·· 28
  2.5.4　密度 ··· 28
  2.5.5　孔结构 ··· 29
  2.5.6　表面积与水力半径 ··· 30
  2.5.7　力学性能 ·· 30
  2.5.8　水泥浆的渗透性 ·· 32
  2.5.9　老化现象 ·· 32
  2.5.10　水泥水化模型 ·· 33
2.6　混凝土 35
  2.6.1　混凝土集料 ··· 37
  2.6.2　新拌混凝土的性能 ··· 37
  2.6.3　混凝土的力学性能 ··· 39
  2.6.4　普通混凝土的脆性断裂 ··· 52
  2.6.5　普通混凝土的变形 ··· 55
  2.6.6　混凝土耐久性 ·· 61
  2.6.7　碱集料反应 ··· 61
2.7　混凝土配合比设计 61
  2.7.1　混凝土配制强度的确定 ··· 61
  2.7.2　混凝土配合比基本参数 ··· 62
  2.7.3　有特殊要求的混凝土配合比设计 ·· 67
  2.7.4　高性能混凝土及其配合比设计 ·· 70
  2.7.5　低收缩中低强度混凝土配合比设计 ··· 73
参考文献 75

第3章　混凝土外加剂生产技术　77

3.1　概述 77
  3.1.1　主导产品 ·· 77
  3.1.2　主要原材料 ··· 77
  3.1.3　混凝土外加剂物理复合技术 ··· 86

3.2 按使用要求设计混凝土外加剂的概念 …… 87
3.2.1 高性能混凝土外加剂主导官能团理论 …… 87
3.2.2 主导官能团的分类 …… 87
3.2.3 主导官能团组合与设计 …… 89

3.3 松香引气剂的合成技术 …… 90
3.3.1 松香酯化改性 …… 91
3.3.2 松香皂化改性 …… 91
3.3.3 松香双烯加成反应改性 …… 92
3.3.4 引气剂的合成工艺 …… 92

3.4 主要减水剂合成技术 …… 92
3.4.1 木质素磺酸盐减水剂 …… 92
3.4.2 萘系减水剂 …… 99
3.4.3 氨基磺酸系减水剂 …… 100
3.4.4 三聚氰胺系减水剂 …… 106
3.4.5 蒽系减水剂 …… 108
3.4.6 聚羧酸盐减水剂 …… 110
3.4.7 脂肪族减水剂 …… 112
3.4.8 磺化聚苯乙烯减水剂 …… 116

3.5 矿物外加剂生产工艺 …… 116
3.5.1 物理激发 …… 117
3.5.2 化学激发 …… 117
3.5.3 粉煤灰地聚合物 …… 118
3.5.4 湿排粉煤灰的预水化活化技术研究 …… 119

参考文献 …… 121

第 4 章 混凝土外加剂作用机理　　122

4.1 表面吸附 …… 123
4.1.1 外加剂吸附对表面性能的影响 …… 125
4.1.2 外加剂吸附的化学过程 …… 126

4.2 化学外加剂对水泥水化的影响 …… 128
4.2.1 初始阶段（Ⅰ阶段） …… 129
4.2.2 诱导期（Ⅱ阶段） …… 129
4.2.3 加速期（Ⅲ阶段） …… 130
4.2.4 减水剂对 AFt 及 AFm 形成的影响 …… 131
4.2.5 外加剂与胶凝材料的适应性 …… 145
4.2.6 后掺法及其作用机理 …… 151

4.3 常用混凝土外加剂的作用机理 …… 153

4.3.1　缩聚型减水剂作用机理 ································ 153
　　　4.3.2　调凝剂作用机理 ······································ 159
　　　4.3.3　引气剂作用机理 ······································ 159
　　　4.3.4　防水剂作用机理 ······································ 164
　　　4.3.5　膨胀剂作用机理 ······································ 165
　　　4.3.6　防冻剂作用机理 ······································ 165
　　　4.3.7　泵送剂作用机理 ······································ 165
　　　4.3.8　减缩剂作用机理 ······································ 165
　　　4.3.9　内养护剂作用机理 ···································· 172
　　　4.3.10　高性能减水剂作用机理 ······························ 179
　　　4.3.11　矿物外加剂作用机理 ································ 197
参考文献 ··· 215

第5章　混凝土外加剂应用技术　　　　　　　　　　　　　218

　5.1　使用外加剂注意事项 ·· 218
　　　5.1.1　外加剂的选择 ·· 218
　　　5.1.2　外加剂掺量 ·· 218
　　　5.1.3　减水剂与胶凝材料适应性检测方法 ···················· 220
　　　5.1.4　外加剂添加技术 ······································ 221
　　　5.1.5　外加剂的质量控制 ···································· 222
　5.2　普通减水剂及高效减水剂 ···································· 223
　　　5.2.1　品种 ·· 223
　　　5.2.2　适用范围 ·· 224
　　　5.2.3　施工 ·· 224
　5.3　引气剂及引气减水剂 ·· 224
　　　5.3.1　品种 ·· 224
　　　5.3.2　适用范围 ·· 224
　　　5.3.3　施工 ·· 225
　5.4　缓凝剂、缓凝减水剂及缓凝高效减水剂 ························ 225
　　　5.4.1　品种 ·· 225
　　　5.4.2　适用范围 ·· 226
　　　5.4.3　施工 ·· 226
　5.5　早强剂及早强减水剂 ·· 226
　　　5.5.1　品种 ·· 226
　　　5.5.2　适用范围 ·· 227
　　　5.5.3　施工 ·· 227
　5.6　防冻剂 ·· 228

5.6.1 品种 …… 228
  5.6.2 适用范围 …… 229
  5.6.3 施工 …… 229
  5.6.4 掺防冻剂混凝土的质量控制 …… 231
 5.7 泵送剂 …… 231
  5.7.1 品种 …… 231
  5.7.2 适用范围 …… 231
  5.7.3 施工 …… 231
 5.8 防水剂 …… 232
  5.8.1 品种 …… 232
  5.8.2 适用范围 …… 232
  5.8.3 施工 …… 233
 5.9 速凝剂 …… 233
  5.9.1 品种 …… 233
  5.9.2 适用范围 …… 233
  5.9.3 施工 …… 233
 5.10 膨胀剂 …… 234
  5.10.1 混凝土膨胀剂基本知识 …… 234
  5.10.2 品种 …… 256
  5.10.3 适用范围 …… 256
  5.10.4 掺膨胀剂的混凝土（砂浆）性能要求 …… 256
  5.10.5 设计要求 …… 257
  5.10.6 施工 …… 257
  5.10.7 膨胀混凝土的品质检查 …… 259
 5.11 掺外加剂的混凝土养护 …… 259
  5.11.1 养护的重要性 …… 259
  5.11.2 与养护有关的水泥浆体物理、化学性能 …… 262
  5.11.3 养护的定义 …… 266
  5.11.4 养护的基本要求 …… 269
  5.11.5 理想的养护条件 …… 269
  5.11.6 养护时间 …… 270
  5.11.7 内养护 …… 272
 参考文献 …… 275

第6章 掺减水剂的混凝土流变学　276

 6.1 基本理论 …… 276
  6.1.1 流体与悬浮体流变学 …… 276

6.1.2 混凝土流变学 ·· 279
6.2 自密实混凝土 ··· 280
6.3 混凝土流动性能测试方法 ··· 283
    6.3.1 坍落度测定 ··· 283
    6.3.2 自密实混凝土工作性评价方法和指标 ······························ 284
参考文献 ·· 288

第7章 掺外加剂的混凝土耐久性   291

7.1 混凝土抗冻性能 ·· 291
    7.1.1 混凝土冻害机理 ·· 293
    7.1.2 引气的作用 ··· 295
    7.1.3 除冰盐的影响 ··· 302
    7.1.4 集料在受冻混凝土中的行为 ··· 302
    7.1.5 抗冻性能试验 ··· 304
    7.1.6 影响混凝土抗冻性的因素 ·· 305
    7.1.7 抗冻混凝土外加剂选用 ··· 305
7.2 混凝土抗渗性以及几种侵蚀机理 ······································ 306
    7.2.1 影响混凝土渗透性能的主要因素 ·································· 306
    7.2.2 氯盐侵蚀 ··· 308
    7.2.3 软水侵蚀 ··· 308
    7.2.4 海水侵蚀 ··· 309
    7.2.5 碳化 ·· 311
7.3 钢筋锈蚀 ·· 312
    7.3.1 钢筋锈蚀机理 ··· 313
    7.3.2 环境作用 ··· 314
    7.3.3 影响钢筋锈蚀的因素 ··· 316
    7.3.4 防止钢筋锈蚀的措施 ··· 317
7.4 硫酸盐作用与侵蚀 ·· 317
    7.4.1 硫酸盐侵蚀类型和机理 ·· 318
    7.4.2 环境因素 ··· 323
    7.4.3 硫酸盐测试方法 ·· 324
7.5 混凝土结构耐久性设计 ·· 327
    7.5.1 充分考虑环境对混凝土结构耐久性的影响 ···················· 327
    7.5.2 混凝土结构耐久性设计的内容 ····································· 328
    7.5.3 混凝土结构质量的模糊综合判定 ·································· 329
    7.5.4 混凝土结构耐久性对原材料的要求 ······························· 332
参考文献 ·· 334

第8章 掺外加剂的混凝土体积稳定性

- 8.1 混凝土收缩变形 ········· 337
  - 8.1.1 化学收缩 ········· 338
  - 8.1.2 干燥收缩 ········· 339
  - 8.1.3 自干燥与自收缩 ········· 342
  - 8.1.4 碳化收缩 ········· 345
  - 8.1.5 冷缩 ········· 346
  - 8.1.6 收缩裂缝 ········· 347
  - 8.1.7 影响混凝土收缩的主要因素 ········· 348
  - 8.1.8 混凝土收缩预测 ········· 352
- 8.2 碱集料反应膨胀破坏及其防治 ········· 353
  - 8.2.1 碱集料反应定义 ········· 354
  - 8.2.2 ASR 作用机理 ········· 354
  - 8.2.3 碱集料反应图片和工程实例 ········· 362
  - 8.2.4 测试方法 ········· 364
  - 8.2.5 抑制 AAR 作用的外加剂 ········· 368
  - 8.2.6 混凝土碱集料反应的预防 ········· 377
- 参考文献 ········· 379

第1章 概论

1.1 混凝土外加剂概述

1.1.1 混凝土外加剂发展简史

混凝土外加剂的起源可追溯到1910年，疏水剂和塑化剂于其时成为工业产品。20世纪30年代，混凝土外加剂开始有了较大规模的发展，代表产品是美国以松香树脂Vinsol resin为原料生产的一种引气剂，G. Tucker于1936年9月1日申请了美国专利"萘磺酸甲醛缩合物（US Pat. N. 2052586)"，Jacob G. Mark于1938年12月27日申请了美国专利"木质素磺酸盐（US Pat. N. 2141570）"。20世纪50年代，国外又以亚硫酸纸浆废液经发酵脱糖工艺等途径生产阴离子表面活性剂，用于提高混凝土塑性，从而开辟了现代混凝土减水剂的历史纪元。1962年，日本花王石碱公司研制成功萘磺酸甲醛缩合物高效减水剂（GB Pat. N.1391818），德国研制成功磺化三聚氰胺甲醛缩合物高效减水剂（German Pat. ♯1745441），使混凝土技术得到了划时代的发展。1986年，由于预拌混凝土的普及应用，日本触媒公司又率先研制成功了聚羧酸高性能减水剂，成功地解决了大流动性混凝土坍落度经时损失大的问题。日本学者和德国学者将聚羧酸减水剂分为甲基丙烯酸类、马来酸酐共聚物类、聚酰胺-聚酰亚胺类和两性聚羧酸类。按照支链和主链的连接方式，目前市场上绝大多数聚羧酸减水剂为前两类：第一类为甲基丙烯酸和甲氧基聚乙二醇（或烯丙基聚乙二醇）甲基丙烯酸酯大分子单体共聚物；第二类为马来酸酐和烯丙基醇聚乙二醇类大分子共聚物。其分子结构的形状是相同的，两类聚合物都为梳型接枝长链大分子结构，分子主链带有密集的羧酸基团，分子支链为非离子聚乙二醇链。

我国的混凝土外加剂发展起始于20世纪50年代，当时的主要产品有松香皂类引气剂、以亚硫酸纸浆废液为原料生产的减水剂、氯盐防冻剂和早强剂等。20世纪70年代和80年代是我国混凝土外加剂科研、生产、应用比较活跃的时期；以煤焦油中各馏分，尤其是以萘及其同系物为主要原料生产减水剂得到迅速发展；用亚硫酸纸浆废液提取酒精后，生产木质素磺酸钙，并在土木工程中推广应用；密胺磺酸甲醛缩合物高效减水剂有了一定的发展；其他各类外加剂（包括复合外加剂）在建筑工程中得到应用。20世纪90年代以来，我国的混凝土外加剂科研、生产、应用有了突飞猛进的跨越发展，相继研制成功了徐放型反应性高分子外加剂、聚羧酸盐减水剂、氨基磺酸盐减水剂、脂肪族减水剂等，修订了国家标准和行业标准。由于基建规模扩大和预拌混凝土普及应用，外加剂企业规模和产量也有了质的飞跃。

1.1.2 混凝土外加剂分类

混凝土外加剂按其主要功能分为4类：改善混凝土拌和物流变性能的外加剂；调节混凝土凝结时间、硬化性能的外加剂；改善混凝土耐久性的外加剂；改善混凝土其他性能的外加剂。

混凝土外加剂按化学成分分为有机外加剂、无机外加剂和有机无机复合外加剂。其中，减水剂是用途最广的外加剂品种，按其化学成分可分为以下6类：木质素磺酸盐系、磺化煤焦油系、蜜胺磺酸甲醛缩合物系、糖蜜系、腐殖酸系、复合减水剂及其他。

混凝土外加剂按使用效果分为减水剂，调凝剂（缓凝剂、早强剂、速凝剂），引气剂，加气剂，防水剂，阻锈剂，膨胀剂，防冻剂，着色剂，泵送剂以及复合外加剂（如早强减水剂、缓凝减水剂、缓凝高效减水剂等）。

按主要成分的化学特征可将高效减水剂分为单环芳烃型（主要以氨基磺酸盐类减水剂为代表）、多环芳烃型（包括萘系和蒽系等高效减水剂）、杂环型（包括三聚氰胺系和磺化古马隆系高效减水剂）、脂肪族型（包括聚羧酸系和脂肪族磺酸盐系高效减水剂）和其他类型（包括改性木质素磺酸盐系和磺化煤焦油减水剂）。

1.1.3 混凝土外加剂定义

混凝土外加剂是一种在混凝土搅拌之前或拌制过程中加入的、用以改善新拌混凝土和（或）硬化混凝土性能的材料。通常情况下，混凝土外加剂掺量不大于水泥用量的5%。常用外加剂定义如下。

(1) 普通减水剂（water reducing admixture） 在混凝土坍落度基本相同的条件下，能减少拌和用水量的外加剂。

(2) 高效减水剂（superplasticizer） 在混凝土坍落度基本相同的条件下，能大幅度减少拌和用水量的外加剂。

(3) 缓凝剂（set retarder） 延长混凝土凝结时间的外加剂。

(4) 早强剂（hardening accelerating admixture） 加速混凝土早期强度发展的外加剂。

(5) 引气剂（air entraining admixture） 在混凝土搅拌过程中能引入大量均匀分布、稳定而封闭的微小气泡且能保留在硬化混凝土中的外加剂。

(6) 防水剂（water-repellent admixture） 能提高砂浆、混凝土抗渗性能的外加剂。

(7) 膨胀剂（expansive admixture） 在混凝土硬化过程中因化学作用能使混凝土产生一定体积膨胀的外加剂。

(8) 防冻剂（anti-freezing admixture） 能使混凝土在负温下硬化，并在规定养护条件下达到预期性能的外加剂。

(9) 泵送剂（pumping aid） 能改善混凝土拌和物泵送性能的外加剂。

(10) 早强减水剂（hardening accelerating and water reducing admixture） 兼有早强和减水功能的外加剂。

(11) 缓凝减水剂（set retarding and water reducing admixture） 兼有缓凝和减水功能的外加剂。

(12) 缓凝高效减水剂（set retarding superplasticizer） 兼有缓凝功能和高效减少功能的外加剂。

(13) 引气减水剂（air entraining and water reducing admixture） 兼有引气和减水功能的外加剂。

(14) 加气剂（gas forming admixture） 混凝土制备过程中因发生化学反应，放出气体，使硬化混凝土中有大量均匀分布气孔的外加剂。

(15) 阻锈剂（anti-corrosion admixture） 能抑制或减轻混凝土中钢筋和其他金属预埋件锈蚀的外加剂。

(16) 防冻剂（anti-freezing admixture） 能使混凝土在负温下硬化，并在规定养护条件下达到预期性能的外加剂。

(17) 速凝剂（flash setting admixture） 能使混凝土迅速凝结硬化的外加剂。

(18) 保水剂（water retaining admixture） 能减少混凝土或砂浆失水的外加剂。

(19) 增稠剂（viscosity enhancing agent） 能提高混凝土拌和物黏度的外加剂。

(20) 减缩剂（shrinkage reducing agent） 减少混凝土收缩的外加剂。

(21) 保塑剂（plastic retaining agent） 在一定时间内，减少混凝土坍落度损失的外加剂。

(22) 矿物外加剂 指微细活性矿物外掺料，如硅灰、粉煤灰和磨细矿渣微粉。

实际应用中，还会涉及其他具有特殊功能的外加剂。

1.1.4 混凝土外加剂在水泥基材料中的作用

混凝土向轻质高性能发展已成必然趋势。混凝土发展的历史也证明了这一点：从1900年的低强混凝土（<15MPa）到1990年以后的超高强混凝

土（>100MPa）和超高性能混凝土（如活性细料混凝土180～200MPa）。

新型高性能混凝土的推广应用，混凝土外加剂功不可没。化学外加剂由于大幅度减少了混凝土用水量，使低水灰比的实现成为可能，推动了高强混凝土的发展。矿物外加剂增加了混凝土的物理密实度，并具有后期反应活性，可提高混凝土的耐久性和长期性能，提高混凝土的绿色度。化学外加剂和矿物外加剂共同作用，促进了高性能混凝土的发展。

1.2 混凝土外加剂科技创新

混凝土化学外加剂已成为混凝土必不可少的第五组分，对改善新拌混凝土和硬化混凝土性能具有重要作用。正是由于有了混凝土外加剂以及外加剂的研究和应用技术，混凝土施工技术和新品种混凝土才得到了长足的发展；化学外加剂的分散作用和矿物外加剂的物理密实作用、强度效应使高性能混凝土性能大大优于常规混凝土。换言之，没有混凝土外加剂，就没有高性能混凝土的今天。

但是，混凝土外加剂尚需推陈出新，必须解决应用中的技术难题，制定必要的应用技术规程。

1.2.1 科学思想与混凝土外加剂科技创新

整体论和还原论是科学思想的两大派系。我国混凝土科学的开创人吴中伟教授在"绿色高性能混凝土与科技创新"一文中写到："过去整体论用得最普遍，中医辨证诊治可为一例。近代科研手段精进，还原论用得更为普遍，即将科研对象还原或分解到可能达到的最小单位，进行具体的量化研究。还原论对当代自然科学与技术科学的发展，已产生很大影响，但缺点是分得愈细，愈易脱离整体和实际，因此无法从整体来全面有效地解决问题或认识事物的本质。"

Mehta 也在"Concrete Technology for Sustainable Development-An Overview of Essential Principles"一文中指出："具有丰富经验的从事混凝土耐久性研究的人员，越来越意识到用整体论的方法进行混凝土技术研究和工程实践的价值。推行还原论方法，是导致今天混凝土技术中许多浪费做法的主要原因。"他认为，按照还原论方法，要想完全了解和控制一个复杂系统的所有方面，就需将系统分解为多个部分，而每次只考虑其中的一个部分。这样一来，混凝土耐久性的规程和试验方法就不能体现出耐久性的特点，因为耐久性并不是仅与混凝土原材料和配比有关的一种固有特性，而是一个整体性能指标（与整个结构相关），它还取决于包括环境条件、结构设计、混凝土生产工艺过程等其他因素。

整体论方法扎根于整体先于部分而存在的思想。比如，整体论方法将社会作为一个整体来考虑，而混凝土则是整体的一个部分，所以混凝土业除了要提供廉价的建筑材料外，还必须承担其他社会责任。

混凝土外加剂研究与应用，同样不能脱离整体，故"按使用要求设计外加剂"、开发多功能外加剂将成必然之势。

混凝土外加剂自问世以来，经历了曲折的发展过程。限于认识水平和应用实践经验，混凝土外加剂推广应用并不是一帆风顺的。许多权威人士，曾经从技术的角度否定混凝土外加剂的应用价值。例如，由于引气剂会降低水泥基材料的强度，原国家建设主管部门曾专门规定，在砂浆、混凝土中不得掺用引气剂。在矿物外加剂的推广应用方面，学术界曾经普遍认为，在水泥混凝土中掺用粉煤灰将导致混凝土收缩增大、抗冻性能下降。实践证明，原先的认识是错误的，在混凝土中加入适量引气剂和掺用适量的优质粉煤灰，对改善混凝土耐久性和长期性能具有重要作用。这就是"否定之否定"哲学思想在混凝土外加剂科研开发中的具体应用。

"否定之否定"哲学思想可引导人们进行辩证思维，化不利因素为有益作用。在这方面，混凝土膨胀剂的开发应用可为最具说服力的实例：钙矾石由于是混凝土因硫酸盐侵蚀而失效的罪魁祸首，曾被称为"水泥杆菌"。后来发现，钙矾石能够补偿混凝土收缩，于是，发明了硫铝酸盐膨胀剂。

在混凝土外加剂科研工作中，应始终坚持辩证思维，对过去被否定的学术观点和科研成果进行反思。这样做，必然会有所收获。

1.2.2 亟须解决的混凝土外加剂应用技术问题

(1) 低水胶比混凝土早期开裂防治技术 低水胶比混凝土（高性能混凝土）的缺陷之一是混凝土内部产生自干燥，这不仅消耗了水泥水化所需的水分，而且使内部相对湿度持续下降直至水化过程终止。其严重后果是：如果不能通过其他途径提供水分，混凝土可在早期的任何时候停止强度发展。根据 Tazawa 和 Miyazawa 的研究结果，当水灰比分别为 0.4、0.3 和 0.17 时，水泥浆体的自收缩值占总收缩值的份额分别为 40%、50% 和约 100%。

Powers 等研究了不同水灰比条件下，水泥浆体形成非连续孔时的水化程度（图 1-1）。可见，若在早期发生自干燥，内部相对湿度不能满足形成非连续孔的水化程度，将对水泥基材料的使用性能带来危害。不仅如此，还应采取措施，尽量使水泥达到所对应的水灰（胶）比下的最大水化程度（水灰比为 0.3 和 0.4 时分别约为 72% 和 100%）。

高性能混凝土在我国的应用实践表明，早期开裂问题已成为制约其在工程中普及应用的重要因素。高性能混凝土早期体积稳定性差、容易开裂等问题，将导致混凝土结构渗漏、钢筋锈蚀、强度降低，进而削弱其耐久性，造成结构物破坏及坍塌的危险，严重影响建筑物的安全性与使用寿命。在所有的因素中，自收缩和温缩是引起高性能混凝土结构早期开裂的主要因素，用传统的技术如预应力混凝土技术（况且很多场合不具备施加预应力的条件）

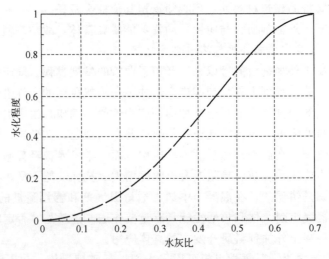

图 1-1　形成非连续孔时水泥的水化程度

不能解决这一技术难题。

　　应以整体论方法为指导，通过调整混凝土配合比、补偿收缩与减缩，结合结构抗裂设计和其他技术措施，系统地解决问题。但无论如何，混凝土外加剂都终将在其中担当重要角色。

　　(2) 防止延迟钙矾石生成的技术措施研究　大体积混凝土和膨胀混凝土延迟钙矾石形成（delayed ettringite formation，DEF）已引起国内外混凝土界的广泛关注。它是指混凝土于早期经高温处理（包括使用热水泥导致的水化放热温升提高）后，水泥基材料中已经形成的钙矾石部分或全部分解，以后再次缓慢形成钙矾石的过程。大体积混凝土由于水泥早期水化热导致内部温度较高，可引起部分钙矾石分解。若下列条件同时成立，则会产生延迟钙矾石形成：混凝土中存在足够的铝和硫酸盐、混凝土中存在钙矾石析出的空间以及充足的水分供应。

　　为保证混凝土结构安全，从混凝土材料科学技术和混凝土施工技术入手，研究通过掺用特殊混凝土外加剂，防止延迟钙矾石生成的技术措施，具有迫切性。

　　(3) 降低含碳矿物外加剂吸附性能的技术　就我国水泥生产技术而言，矿物材料在影响外加剂与水泥品种适应性方面起重要作用，而其矿物组成则是主导因素。例如矿渣微粉中玻璃体较多，烧失量中主要是水，而粉煤灰中含有一定量的碳，相比之下，矿渣微粉与外加剂的适应性稍好。再如炉渣、煤矸石不仅含碳，而且呈多孔结构，吸附性强，与外加剂适应性差。水泥混合材含碳等吸附外加剂的问题阻碍了外加剂应用工作。

　　降低含碳矿物外加剂吸附性能的技术、外加剂与活性矿物材料适应性的评价方法应成为今后混凝土外加剂应用技术的主要研究课题。

(4) 碱含量标准问题 工程界对由外加剂引入混凝土中的碱含量一直持慎重态度。混凝土碱含量对混凝土开裂的影响，已被工程实践所证实。美国国家标准局对 199 种水泥进行了 18 年以上的调查研究，研究结果表明对水泥抗裂性影响最大的是碱含量、水泥细度、C_3A 和 C_4AF；低碱水泥抵抗开裂的潜在能力强，当水泥碱含量（以 Na_2O 计）低于 0.6％时，混凝土的抗裂性明显提高。美国对位于 Florida 州的青山坝 104 种混凝土的面板进行了 53 年的调查研究。统计结果显示，开裂严重的混凝土中，有的水泥碱含量高，但混凝土中的集料无碱活性；有的开裂劣化的混凝土，使用高碱水泥和活性集料，但未检测到 AAR 反应产物。低碱或虽高碱但低 C_3A、低 C_3S 的水泥则完好。以上结果表明：碱能促进水泥混凝土的收缩开裂，而混凝土"自由收缩并不依赖于混凝土用水量（results indicate that the free shrinkage for different concretes does not depend on the water content）"，因为高碱水泥生成的凝胶中，含有抗裂性能差的成分，会加重混凝土后期的干燥收缩。

从保证混凝土耐久性和体积稳定性来看，限制外加剂碱含量是控制混凝土总碱量的重要手段之一。但对外加剂碱含量的限制必须兼顾目前的合成技术和应用实际情况。目前国产萘系高效减水剂中的 Na_2SO_4 含量多在 3.0％以上，即萘系高效减水剂的碱含量以 Na_2O 计应大于 10.0％。同样，可计算出磺化三聚氰胺甲醛树脂减水剂的总碱量为 11.6％左右。

将混凝土碱含量 $3kg/m^3$ 作为安全界限已被许多国家采用。在外加剂品种中，掺量最大的是混凝土膨胀剂（一般与减水类外加剂复合掺用），可达到胶凝材料用量的 10％～15％（通常为 6％～8％）。由此认为，外加剂引入混凝土中的碱应不大于 （10％～15％）×$3kg/m^3$ 即 0.30～$0.45kg/m^3$。这一计算结果的下限值与日本规范相同。

实践证明，由减水类外加剂（不含具有减水功能的早强减水剂、防冻剂、防水剂、复合膨胀剂等）引入混凝土中的碱小于 $0.3kg/m^3$；其他高掺量外加剂引入混凝土中的碱可控制在 $0.45kg/m^3$ 以内。

因此，科学合理地制定由外加剂引入混凝土中碱含量的标准，对指导混凝土设计、施工，保障外加剂生产企业权益，具有广泛、积极的意义和社会效益。

(5) 后掺法技术在预拌混凝土中的应用 这是一个老话题，但一直未得到足够重视。下面举例说明后掺法的重要性：某高强管桩厂，在配制 C60 离心混凝土时，由于采用 P.O42.5R 型水泥，且水泥与萘系、三聚氰胺系高效减水剂适应性差，混凝土在搅拌后数分钟内坍落度即产生较大损失。后选用三聚氰胺系高效减水剂，采取后掺法技术路线，混凝土各项性能指标均满足设计要求，外加剂用量仅为同掺法时的 2/3。

后掺法即在混凝土拌好后再将外加剂一次或分数次加入到混凝土中（须经二次或多次搅拌）。后掺法又分为：滞水法，即在搅拌混凝土过程中，外加剂滞后于水 1~3min 加入，当以溶液掺入时称为溶液滞水法，当以粉剂掺入时称为干粉滞水法；分批添加法，即经时分批掺入外加剂，补偿和恢复坍落度值。采用后掺法有许多优点，应予重视。

由于预拌混凝土与现场搅拌的混凝土不同，外加剂后掺具有切实的可能性，而且可减少减水剂掺量、降低混凝土成本，可先行试点研究，再总结经验，全面推广应用。

1.2.3 产品开发与应用研究方向

(1) 按使用要求设计外加剂 不同条件下使用的混凝土对外加剂的要求也不同，有时甚至要求外加剂具有多种功能。可以把混凝土外加剂多功能化理解为按性能设计外加剂。按性能设计外加剂可减少混凝土材料成本、满足高性能混凝土"按性能设计"的要求，使外加剂和混凝土性能最优。对按性能设计混凝土外加剂及其机理进行研究具有十分重要的理论意义和工程应用价值。

化学合成与物理复配是按使用要求设计混凝土外加剂的两条技术途径。只要满足使用要求，无论采用何种途径，都是可取的。新型减水剂的分子结构设计向多功能发展，主要通过在分子主链或侧链上引入强极性基团羧基、磺酸基、聚氧化乙烯基等，通过极性基与非极性基的比例可调节引气性，一般非极性基比例不超过 30%；可通过调节聚合物分子量而增大碱性、质量稳定性，通过调节侧链分子量，增加立体位阻作用而提高分散性保持性能。国外近年来开始通过分子设计而探索聚羧酸类高效减水剂的合成途径，从材料选择、降低成本、提高性能等方面考虑，而改进合成工艺也仅仅是起步；国内则偏重研究掺用减水剂的新拌混凝土有关性能、硬化混凝土的力学性能及工程应用技术，但对减水剂的分子结构表征、作用机理、水泥分散体系的物性和减水剂对水泥水化的影响等研究仍然很少。按使用要求设计外加剂应纳入今后的科研工作内容。

(2) 萘系减水剂接枝改性与非萘系减水剂研究 萘系减水剂是用量最大的高效减水剂。但多数情况下，萘系减水剂只有复合羟基羧酸盐或其他化学组分后才能使用，尤其在目前水泥中普遍含有磨细石灰石粉的情况下，萘系减水剂会表现出与水泥不适应。加之工业萘价格波动、环保问题等因素，人们不得不考虑萘系减水剂的前途问题。

从"以市场为导向"为立足点分析，接枝改性（如与木质素磺酸盐共聚）是萘系减水剂的发展方向。

非萘系减水剂主要应考虑环境友好特性，更多地考虑使用纸浆废液、废酸、废酚、废酮等可用化学物质生产减水剂。

(3) 新型膨胀剂开发应用 所谓新型膨胀剂，是指非钙矾石类膨胀剂及以工业废渣为主要原料生产的低碱钙矾石类膨胀剂。站在可持续发展的高度看，今后应重点开发后一类膨胀剂。

粉煤灰含有大约 30%（质量）的氧化铝，经活化处理后，可获得含有 C_2S 和 $C_{12}A_7$ 的新型胶凝材料，并可配制硫铝酸钙类膨胀剂。

(4) 适应 HPC 防裂要求，发展内养护类外加剂 高性能混凝土（或低水胶比混凝土）在工程应用中的最大障碍是早期开裂问题。由于水泥水化过程中产生化学收缩，在水泥浆体中形成空隙，导致内部相对湿度降低和自收缩，致使混凝土结构开裂。因此，对于高性能混凝土，在加强外部湿养护的同时，还应进行内部养护。

D. P. Bentz 等假定孔溶液与孔壁的接触角为零，并根据 Kelvin 方程表述了水泥基材中孔的尺寸与内部相对湿度之间的关系，如式(1-1) 所示。

$$\ln(RH) = \frac{-2\gamma V_m}{rRT} \tag{1-1}$$

式中　RH——内部相对湿度，%；

　　　γ——孔溶液的表面张力，J/m^2；

　　　V_m——孔溶液的摩尔体积，m^3/mol；

　　　r——最大充水孔或最小无水孔的半径，m；

　　　R——气体常数，$J/(mol \cdot K)$；

　　　T——绝对温度，K。

同时，假设混凝土中的孔呈柱状，用式(1-2) 可描述因自干燥导致的孔溶液毛细拉应力 σ_{cap}。

$$\sigma_{cap} = \frac{2\gamma}{r} = \frac{-RT\ln(RH)}{V_m} \tag{1-2}$$

Mette Geiker 引用 Mar Kenzie 关于含有球形孔固体的弹性系数的研究成果，给出了水泥基材中的孔部分饱和时，其收缩应变的近似表达式：

$$\varepsilon = \frac{S\sigma_{cap}}{3}\left(\frac{1}{K} - \frac{1}{K_s}\right) \tag{1-3}$$

式中　ε——收缩应变；

　　　S——轻集料饱和程度（0~1）；

　　　K——多孔材料的弹性模量；

　　　K_s——多孔材料中固体的弹性模量。

代入式(1-2) 得：

$$\varepsilon = \frac{SRT\ln(RH)}{3V_m}\left(\frac{1}{K_s} - \frac{1}{K}\right) \tag{1-4}$$

当自收缩与温缩、干缩等收缩变形共同作用，并考虑初始应变时，可用式(1-5) 预测限制条件下，高性能混凝土结构早期的体积稳定性：

$$CR = \frac{\sum \varepsilon_i}{\varepsilon_c} \tag{1-5}$$

式中，ε_c 表示应变容量，结构失效时约为 1×10^{-4}；考虑徐变时约为

$1.4×10^{-4}$。若 CR≥1，结构将发生开裂；若 CR<1，则结构保持体积稳定。

下面对内养护剂的作用机理进行探讨。内养护剂颗粒的内部分布着直径 $10\sim100\mu m$ 近似于球形的孔，其吸水率与其内部连续孔的数量存在必然联系。

根据物理化学知识，随表面张力变化而变化的毛细孔中的水的蒸气压低，并与混凝土干燥过程中水分的迁移和失水存在密切联系。可用式(1-2) Kelvin 公式和式(1-6) Laplace 公式表达。

$$p_v - p_c = \frac{2\sigma\cos\theta}{r} \quad (1-6)$$

式中　σ——水/水蒸气界面张力；
　　　θ——润湿角；
　　　p_c——水的压力；
　　　p_v——水蒸气的压力；
　　　r——孔的半径。

压差为内养护剂颗粒及硬化水泥浆体中毛细水的迁移提供了动力。

在给定非饱和状态下，存在一个临界孔径，所有小于临界孔径的毛细孔均为饱水孔；所有大于临界孔径的毛细孔均为干涸孔，且水分总是从大孔向细孔迁移。

假定高性能混凝土中的内养护颗粒均匀分布于混凝土中，则可将内养护颗粒中的孔与硬化水泥浆体中的孔作为一个整体加以研究。由于内养护颗粒中孔的尺度远大于水泥基材中毛细孔的尺度，因而内养护颗粒中的水将逐渐向硬化水泥浆体迁移，形成微养护机制。可用图 1-2 表示内养护过程。

Fick 第二定律是不稳定扩散的基本动力方程式，适用于不同性质的扩散体系，可用式(1-7) 和式(1-8)来描述轻集料、内养护颗粒（及水泥基材）中孔隙水扩散和轻集料的干燥（用孔隙相对湿度表述）。

$$\frac{\partial W}{\partial t} = D_W \left(\frac{\partial^2 w}{\partial x^2} + \frac{\partial^2 w}{\partial y^2} + \frac{\partial^2 w}{\partial z^2} \right) \quad (1-7)$$

$$\frac{\partial RH}{\partial t} = D_H \left(\frac{\partial^2 RH}{\partial x^2} + \frac{\partial^2 RH}{\partial y^2} + \frac{\partial^2 RH}{\partial z^2} \right) \quad (1-8)$$

式中　　　W——孔隙水；
　　　D_W，D_H——扩散系数。

设保证混凝土中胶凝材料达到最大水化程度，单方混凝土所需的额外水的质量 M_w 与单方混凝土胶凝材料用量 B 的比值为 δ（可取 $0.07M_{max}$，M_{max} 为不同水胶比所对应的水泥最大水化程度），考虑轻集料的饱和度 α（$0<\alpha\leq1$）时，式(1-9) 成立：

$$\alpha P_w V_{ICP} \rho_{ICP} \geq \delta B M_{max} \quad (1-9)$$

式中 P_w——内养护材料质量吸水率;
V_{ICP}——内养护材料的体积;
ρ_{ICP}——内养护材料表观密度。

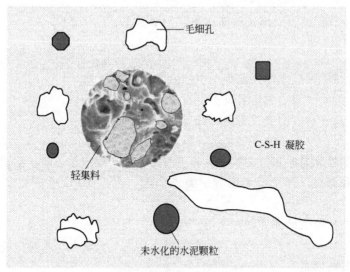

(a) 轻集料饱水、毛细孔无水

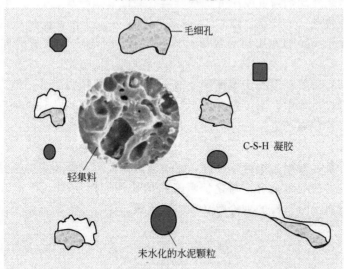

(b) 轻集料中的水部分迁移到毛细孔中

图 1-2 内养护机理图示

M_{max} 可按式(1-10)估算。

$$(1-\gamma_p) = \frac{0.68 M_{max}}{0.32 M_{max} + w/b} \quad (1-10)$$

式中 γ_p——轻集料的孔隙率;
w/b——水胶比。

因此，所需内养护材料的体积为：

$$V_{ICP} \geqslant \frac{\delta BM_{max}}{\alpha P_w \rho_{ICP}} \tag{1-11}$$

式中　B——胶凝材料用量。

内养护颗粒对细集料的体积取代率 R 为：

$$R \geqslant \frac{\delta BM_{max}}{\alpha P_w \rho_{ICP}(S/\rho_S + G/\rho_G)} \tag{1-12}$$

式中　S——每立方米混凝土中砂的质量，kg/m^3；
　　　G——每立方米混凝土中石子的质量，kg/m^3；
　　　ρ_S——砂的表观密度，kg/m^3；
　　　ρ_G——石子的表观密度，kg/m^3。

加强早期湿养护尤其是内养护对于保证水泥水化、防止结构早期开裂具有重要意义。开发应用内养护类外加剂，顺应 HPC 性能要求，市场前景看好。

(5) 新型砂浆外加剂　由于环境保护和质量控制的需要，水泥基、石膏基商品砂浆和特种砂浆在建筑业得到了应用。砂浆外加剂是保障砂浆质量的最重要的因素。

砂浆外加剂与混凝土外加剂既具有共性（如减水、引气、调凝、抗裂），又具有特点（如增稠、增黏）。砂浆外加剂不仅仅具有塑化作用，其组成材料中除了混凝土外加剂的常用材料外，通常还含有纤维素醚和可再分散乳胶粉。

(6) 砂浆、混凝土裂缝修补剂　收缩大和抗拉强度低，使得砂浆、混凝土在服役过程中，不可避免地会发生开裂现象，如不及时修补，裂缝将成为外部侵蚀性离子进入基体内部的通道，加速碳化或钢筋锈蚀，导致混凝土结构失效。

砂浆、混凝土裂缝修补剂，通过渗透结晶或与基体中的活性组分发生化学反应，使裂缝愈合，与化学灌浆料的作用迥然不同。开发新型裂缝修补剂，具有十分重要的理论意义和应用价值。

参考文献

[1] Ramachandran V S. Concrete Science [EB]．www.yahoo.com，May 9，2005.

[2] Mehta P K，Monteiro J M. Concrete：Structure，Properties and Materials，2nd Edition，Prentice Hall，Inc.，1993：548.

[3] Atcin P C. The durability characteristics of high performance concrete：a review. Cement & Concrete Composites，2003，25 (4-5)：409－420.

[4] Pierre-Claude Aitcin. Cements of yesterday and today，Concrete of tomorrow. Ce-

[5] 蒋亚清，许仲梓，吴建林，黎非. 高性能混凝土中饱水轻集料的微养护作用及其机理. 混凝土与水泥制品，2003（5）：13-15.

[6] Mehta P K. Advancements in Concrete Technology. Concrete International，1999，21（9）：69-76.

[7] Mehta P K. Concrete Technology for Sustainable Development. Concrete International，1999，21（11）：47-52.

[8] Aitcin P C. The Art and Science of Durable High-Performance Concrete [A]. In: Proceedings of the Nelu Spiratos Symposium, Committee for the Organization of CANMET/ACI Conferences，2003：69-88.

[9] Erika Holt. Contribution of mixture design to chemical and autogenous shrinkage of concrete at early ages. Cement and Concrete Research，2005，35（3）：464-472.

[10] Mokarem D W. Development of concrete shrinkage performance specifications. Virginia Polytechnic Institute and State University，May 1，2002，Blacksburg，Virginia.

[11] ACI Committee 224. Control of Cracking in Concrete Structures. American Concrete Institute, May 16, 2001.

[12] Rouse J M, Billington S L. Creep and Shrinkage of High-Performance Fiber-Reinforced Cementitious Composites. ACI Materials Journal，104（2）：129-136.

[13] Shin-ichi Igarashi, Arnon Bentur, Konstantin Kovler. Autogenous shrinkage and induced restraining stresses in high-strength concretes. Cement and Concrete Research，2000，30（11）：1701-1707.

[14] van Breugel K. Autogenous Deformation and Internal Curing of Concrete. Published and distributed by: DUP Science, April 2003.

[15] Bentz D P, Snyder K A. Protected paste volume in concrete Extension to internal curing using saturated lightweight fine aggregate. Cement and Concrete Research，1999，29（11）：1863-1867.

[16] Bentz D P. Internal Curing of High-Performance Blended Cement Mortars. ACI Materials Journal，2007，104（4）：408-414.

[17] Michael Michael Thomas. Role of Pozzolans in Concrete [EB]. www.yahoo.com, Nov 2, 2006.

[18] 廉慧珍，童良，陈恩义. 建筑材料物相研究基础. 北京：清华大学出版社，1996.

[19] 吴中伟. 绿色高性能混凝土与科技创新. 建筑材料学报，1998，1（1）：1-5.

第2章 水泥混凝土科学

混凝土是由水泥、集料、化学外加剂、矿物外加剂和水配制而成的，使用量最大的人工合成材料。水泥浆体是混凝土的胶凝材料与活性组分，混凝土的性能在很大程度上取决于水泥浆体的性能。化学外加剂根据品种情况具有各种功能，例如减水剂可提高混凝土匀质性和塑性、早强剂具有促凝作用、缓凝剂具有缓凝作用等。混凝土外加剂在混凝土中的作用效果取决于水泥与外加剂之间的相互作用。混凝土性能的优劣取决于各组分的性能、配合比、混凝土的施工条件和周围的环境条件。生产水泥时所用的生料质量、煅烧条件、水泥的细度和颗粒尺寸及其分布、水泥矿物组成等都会影响硬化水泥浆体的物理化学性能。在配制混凝土时，水泥的类型和掺量、集料的粗细和级配、拌和用水的质量、配制混凝土的温度、外加剂品种、混凝土寿命期的环境决定了混凝土的物理化学性能和耐久性。

2.1 水泥品种与定义

GB 175—2007《通用硅酸盐水泥》将通用硅酸盐水泥（common portland cement）定义为以硅酸盐水泥熟料和适量的石膏及规定的混合材料制成的水硬性胶凝材料。

通用硅酸盐水泥按混合材料的品种和掺量分为硅酸盐水泥、普通硅酸盐水泥、火山灰质硅酸盐水泥、粉煤灰硅酸盐水泥和复合硅酸盐水泥。

硅酸盐水泥熟料是决定水泥具有胶凝作用的重要组分，由主要含 CaO、SiO_2、Al_2O_3、Fe_2O_3 的原料，按适当比例磨制成细粉烧至部分熔融所得以硅酸钙为主要矿物成分的水硬性胶凝物质。其中硅酸钙矿物含量（质量）不小于66%，氧化钙和氧化硅质量比不小于2.0。

2.1.1 硅酸盐水泥

硅酸盐水泥是由硅酸盐水泥熟料、0～5%石灰石或粒化高炉矿渣、适量石膏磨细而成的水硬性胶凝材料。硅酸盐水泥分为两种类型，不掺加混合材料的称为I类硅酸盐水泥，代号 P.I；在硅酸盐水泥粉磨时掺加不超过水泥质量5%的石灰石或粒化高炉矿渣混合材料的称为Ⅱ类硅酸盐水泥,代号P.Ⅱ。

2.1.2 普通硅酸盐水泥

普通硅酸盐水泥是由硅酸盐水泥熟料、5%～20%混合材料、适量石膏磨细而成的水硬性胶凝材料,简称普通水泥,代号P.O。

2.1.3 矿渣硅酸盐水泥

矿渣硅酸盐是由硅酸盐水泥熟料和粒化高炉矿渣、适量石膏磨细而成的水硬性胶凝材料,简称矿渣水泥,代号P.S。

2.1.4 火山灰质硅酸盐水泥

火山灰质硅酸盐水泥是由硅酸盐水泥熟料和火山灰质混合材料、适量石膏磨细而成的水硬性胶凝材料,简称火山灰水泥,代号P.P。

2.1.5 粉煤灰硅酸盐水泥

粉煤灰硅酸盐水泥是由硅酸盐水泥熟料和粉煤灰、适量石膏磨细而成的水硬性胶凝材料,简称粉煤灰水泥,代号P.F。

2.1.6 复合硅酸盐水泥

复合硅酸盐水泥是由硅酸盐水泥熟料、两种或两种以上规定的混合材料、适量石膏磨细而成的水硬性胶凝材料,简称复合水泥,代号P.C。

各品种的组分应符合表2-1的规定。

表2-1 通用硅酸盐水泥的组分　　单位:%(质量)

水泥	组分				
	熟料+石膏	粒化高炉矿渣	火山灰质混合材料	粉煤灰	石灰石
P.Ⅰ	100	—	—	—	—
P.Ⅱ	≥95	≤5	—	—	—
	≥95	—	—	—	≤5
P.O	≥80且<95	>5且≤20①			
P.S.A	≥50且<80	>20且≤50②	—	—	—
P.S.B	≥30且<50	>50且≤70②	—	—	—
P.P	≥60且<80	—	>20且≤40③	—	—
P.F	≥60且<80	—	—	>20且≤40④	—
P.C	≥50且<80	>20且≤50⑤			

① 本组分材料为符合本标准5.2.3的活性混合材料,其中允许用不超过水泥质量8%且符合本标准5.2.4的非活性混合材料或不超过水泥质量5%且符合本标准5.2.5的窑灰代替。
② 本组分材料为符合GB/T 203或GB/T 18046的活性混合材料,其中允许用不超过水泥质量8%且符合本标准第5.2.3条的活性混合材料或本标准第5.2.4条的非活性混合材料或符合本标准第5.2.5条的窑灰中的任一种材料代替。
③ 本组分材料为符合GB/T 2847的活性混合材料。
④ 本组分材料为符合GB/T 1596的活性混合材料。
⑤ 本组分材料为由两种(含)以上符合本标准第5.2.3条的活性混合材料或/和符合本标准第5.2.4条的非活性混合材料组成,其中允许用不超过水泥质量8%且符合本标准第5.2.5条的窑灰代替。掺矿渣时混合材料掺量不得与矿渣硅酸盐水泥重复。

2.2 硅酸盐水泥的生产工艺

2.2.1 原材料

硅酸盐水泥的主要原料是石灰质原料、黏土质原料以及适量的校正原料。

常用的天然石灰质原料包括石灰岩、泥灰岩、白垩等。我国大多使用石灰岩与凝灰岩。石灰岩系由碳酸钙所组成的化学与生物化学沉积岩。主要矿物是方解石，并含有白云石、硅质、含铁矿物和黏土质杂质。

天然黏土质原料主要有黄土、黏土、页岩、泥岩、粉砂岩及河泥等。其中黄土与黏土应用得最广。黄土与黏土都由花岗岩、玄武岩等经风化分解后，再经搬运残积形成，随风化程度不同，所形成矿物也各异。作为水泥原料，除了天然黏土质原料外，赤泥、煤矸石、粉煤灰等工业废渣也可作为黏土质原料。

当石灰质原料和黏土质原料配合所得生料成分不能满足要求时，必须根据所缺少的组分掺加相应的校正原料。

当生料中 Fe_2O_3 含量不足时，可以加入黄铁矿渣或含铁高的黏土等加以调整；SiO_2 不足时，可加入硅藻土、硅藻石等，也可加入易于粉磨的风化砂岩或粉砂岩加以调整；若生料中 Al_2O_3 含量不足时，可以加入铁钒土废料或含铝高的黏土加以调整。

此外，为了改善假烧条件，往往要掺入少量的萤石、石膏等作为矿化剂。矿化剂可降低液相出现的温度，或降低液相黏度，增加物料在烧成带的停留时间，使石灰的吸收过程更充分，有利于提高窑的产量，降低消耗。

2.2.2 生料配制

生料配制主要是按水泥熟料所确定的化学成分来确定各种原料的比例。各种原料的比例确定之后，可同时或分别将这些原料粉磨到规定的细度，并均匀混合，这个过程称为生料配制。

生料制备分干法和湿法两种。干法是指按所需的化学成分确定的各种原料，经干燥、粉碎、混合、粉磨得到混合均匀的生料粉。湿法是将石灰石破碎为 8～25mm 的颗粒，将黏土压碎加入到淘泥池中淘洗。然后，将经破碎的石灰石与黏土泥浆，按配料要求，共同在生料磨中湿磨，制成生料浆送到料浆池。

2.2.3 硅酸盐水泥熟料煅烧

硅酸盐水泥熟料的煅烧可以用立窑或回转窑。立窑适用于规模较小的工厂，而大中型厂则宜采用回转窑。采用立窑时，生料的制备必须采用干法，采用回转窑时生料的制备可以用干法，也可以采用湿法。

采用湿法煅烧水泥时料浆入窑后，自由水开始蒸发，当水分接近于零时，温度可达150℃左右，这一区域称为干燥带。随着物料温度上升，发生黏土矿物脱水与碳酸镁分解过程。这一区域称为预热带。物料温度升高至750~800℃时，烧失量开始明显减少，结合氧化硅开始明显增加，表示同时进行碳酸钙分解与固相反应。由于碳酸钙分解反应吸收大量热量，所以物料升温缓慢。当温度升到大约1100℃，碳酸钙分解速度极为迅速，游离氧化钙数量达到极大值，这一区域称为碳酸盐分解带。碳酸盐分解结束后，固相反应还在继续进行，放出大量的热，再加上火焰的传热，物料温度迅速上升300℃，这一区域称为放热反应带。大概在1250~1280℃时开始出现液相，一直到1450℃时液相量继续增加，同时游离氧化钙被迅速吸收，水泥熟料化合物形成，这一区域称为烧成带。熟料在回转窑中继续向前运动，与温度较低的二次空气相遇，熟料温度下降，这一区域称为冷却带。应该指出，这些带的各种反应往往是交叉或同时进行的。如生料受热不均和传热缓慢将增大这种交叉。因此上述各带的划分是十分粗略的。

在高温煅烧过程中，水泥原材料将发生一系列的物理变化和化学变化。在高温煅烧后将水泥熟料快速冷却，这样能够改善熟料质量与易磨性。由于快速冷却，水泥熟料部分液相来不及结晶而形成玻璃态，因此水泥熟料具有较大的活性。

2.2.4 水泥熟料的粉磨

水泥熟料冷却后，掺加适量的石膏粉磨，形成的产品称为硅酸盐水泥。粉磨一般在钢球磨机中进行，水泥粉磨越细，水化速度越快，早期强度越高，提高了水泥胶凝材料的有效利用率。但值得注意的是水泥颗粒越细混凝土早期强度越高，早期的干燥收缩、自生收缩越大，在约束条件下容易引起微观裂缝，导致水泥及混凝土的耐久性能下降。

硅酸盐水泥的主要熟料矿物相为：硅酸三钙（$3CaO \cdot SiO_2$即C_3S）、硅酸二钙（$2CaO \cdot SiO_2$即C_2S）、铝酸三钙（$3CaO \cdot Al_2O_3$即C_3A）和铁铝酸四钙（$4CaO \cdot Al_2O_3 \cdot Fe_2O_3$即$C_4AF$）。

在水泥熟料中，上述矿物中会含有杂质。硅酸三钙是镁和铝的固溶体，又称为阿利特（alite），在水泥中的形态为单斜或三斜晶状，然而单独合成的C_3S却是三斜晶状的。C_2S为β相，又称为贝利特（belite），含有铝、镁和K_2O。众所周知，C_2S存在α，α'，β，γ 4种形态，但在水泥中仅以β形态存在。C_4AF是固溶体，其组成变化范围在C_2AF与C_6A_2F之间，化合物中可能含有C_2F、C_6AF_2、C_4AF和C_6A_2F等物质。

2.3 水泥水化过程与机理

2.3.1 硅酸三钙

水化过程：硅酸盐水泥的性能是由其组成矿物的性能决定的，水泥熟料中几种主要矿物水化作用的结果决定水泥的性质。水泥熟料中 C_3S、C_2S 在常温下的水化反应，可大致用式(2-1)方程表示。

$$3CaO \cdot SiO_2 + xH_2O \longrightarrow yCaO \cdot SiO_2 \cdot (x+y-3)H_2O + (3-y)Ca(OH)_2 \quad (2-1)$$

或者：

$$2(3CaO \cdot SiO_2) + 7H_2O \longrightarrow 3CaO \cdot 2SiO_2 \cdot 4H_2O + 3Ca(OH)_2 \quad (2-2)$$

式(2-1)与式(2-2)非常接近。由于 C-S-H 凝胶的组成（C/S、S/H 的比例）并不固定，因而形成的氢氧化钙[$Ca(OH)_2$]的数量也难以精确确定。完全水化的水泥浆体中大约 60%～70% 是 C-S-H 凝胶，C-S-H 凝胶含有凝胶粒子，结晶性能差，X 射线衍射图谱上只有两个较弱的峰。可通过 XRD 图谱确定 C_3S 和 $Ca(OH)_2$ 的含量，也可以通过热分析或化学分析的方法确定 $Ca(OH)_2$ 的含量，或者通过脱去非蒸发水间接确定 C_3S 的水化程度，从而确定 C_3S 的含量。但这些方法都具有局限性。例如，Pressler 通过 XRD 发现硅酸盐水泥浆体中的 $Ca(OH)_2$ 数量为 22%。采用化学提取的方法得到的值比该值高 3%～4%，其原因在于存在着无定形的 $Ca(OH)_2$。同时，Lehmann 的研究表明：用提取法得到的 $Ca(OH)_2$ 数值比用 XRD 法得到的值高 30%～90%。用 X 射线衍射分析和差热分析得到的数值相同。Ramachandran 和 Midgley 还用差热分析方法来估算水化 C_3S 中 $Ca(OH)_2$ 的量。

C/S 比测定方法的理论基础是电子光学。可通过电子微观分析或电子分光镜（ESCA）来直接确定，这些方法都是以电子光学为基础的，研究表明 C_3S 水化几小时后的 C/S 比为 1.4～1.6。化学外加剂的掺入可能会影响 C-S-H 凝胶的 C/S 比。但这种测定方法很难确定 C-S-H 化学结合水的数量，也很难区分到底是化学结合水还是孔隙水。可通过假定干燥条件下试样中无水从而对 C-S-H 进行化学计算。已有的研究表明，当湿度超过 D-干燥时，水化速度会更快。因此，宜采用 11%RH 来对水化硅酸钙进行化学计量。在这种状态下，能较准确地估计吸附水的数量。但这并不意味着 11%RH 以上水化程度会加大。Feldman 和 Ramachandran 估算出瓶装的水化 C-S-H 在 11%RH 的组成分子式为 $3.28CaO \cdot 2SiO_2 \cdot 3.92H_2O$。

水化机理：单个水泥熟料矿物的水化机理以及水泥的水化机理一直受到水泥科学工作者的关注，但始终难以达成共识。起初，Le Chatelier 认为水泥水化是无水化合物分解后，水化产物结晶并互相连接形成，Michaelis 则认为是凝胶形成后干燥结合。后来，提出了局部化学或固体反应机理（the topochemical or solid state mechanism）。

然而，迄今为止，作为水泥主要矿物相的 C_3S，其水化机理依然没有确定。目前 C_3S 的水化机理都是以水化反应的过程为基础，依靠等温传导量热分析，可将 C_3S 的水化过程分为五个阶段（图 2-1）。

五个阶段的水化反应过程如下。第一阶段，C_3S 遇水反应，Ca^{2+} 和

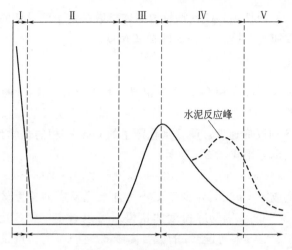

图 2-1　C_3S 的水化过程

OH^- 进入溶液，反应释放出大量的热，在 15～20min 内缓慢停止，该阶段称为初始水化期。第二阶段，C_3S 的反应速度很慢，溶解继续进行，该阶段称为潜伏期或诱导期。在此阶段，水泥处于塑性状态，pH 值达到最大值 12.5，硅离子溶解度小。第三阶段，水化反应加剧，溶液中 Ca^{2+} 和 OH^- 达到一定数量，快速结晶形成 CH 和 C-S-H 凝胶，此阶段称为加速期。初凝发生在第三阶段初期。在第三阶段末尾期，水化速度达到最高峰。掺用化学外加剂，会影响反应进程。缓凝剂，如蔗糖、柠檬酸、磷酸盐等，都会延长潜伏期，缩减反应峰。在第四阶段，水化反应持续进行，水化物增多。第五阶段，水化反应变得非常缓慢，反应生成物增量速度降低，反应主要由扩散决定。

C_3S 水化后，生成物覆盖在 C_3S 表面，使 C_3S 水化反应速度变慢。当覆盖层被破坏时，反应重新开始。Stein 和 Stevel 认为初始水化时，C/S 比较高，在 3 左右，当钙离子进入溶液后，C/S 比降低，大约为 0.8～1.5。重新水化的生成物允许离子群通过，反应加快。将初始水化到再重新水化的转变称为成核过程和生长过程。虽然这种理论与许多研究相吻合，但依然有不少学者对该理论持反对态度。他们认为实际生成物的 C/S 比较小，覆盖层也许只是一层易从表面剥离的不连续膜。

诱导期终止时，CH 成核，并生成大量的晶态 CH，进入溶液的钙离子量降低。CH 的快速生成后反应进入加速期，这时进入溶液中的钙离子量加大，反应加快，加入饱和的 CH 则会延缓反应。

Tadros 等发现水化硅酸钙的 zeta 电位为正值，这表明水化硅酸钙的表面可能吸附 Ca^{2+}，且 C_3S 和水之间形成一道阻隔层，$Ca(OH)_2$ 量大时，溶液中的 Ca^{2+} 移动，反应加快。

还有一些机理是以 C-S-H 凝胶的成核为基础的。有人认为当溶液中 Ca^{2+} 的浓度较高时 C_3S 表面覆盖层稳定结构被打破，C-S-H 的凝胶成核加快。Maycock 等认为，C_3S 颗粒的固体扩散决定了诱导期的长短。由于结构破坏，扩散加快，提高了 C-S-H 成核速度。

2.3.2 硅酸二钙

C_2S 的水化过程和 C_3S 极为相似。其差别在于 C_2S 的水化反应速度较慢。C_2S 释放的热量少于 C_3S，传导量热曲线无明显的峰值。掺入促凝剂可以加快 C_2S 的反应速度。C_2S 水化产生的 C-S-H 相的化学计量也难以确定，其水化反应也可用式(2-3) 表示：

$$2[2CaO \cdot SiO_2] + 5H_2O \longrightarrow 3CaO \cdot 2SiO_2 \cdot 4H_2O + Ca(OH)_2 \quad (2-3)$$

反应生成的 $Ca(OH)_2$ 少于 C_3S，且水化反应的速度较慢。图 2-2 比较了 C_3S 和 C_2S 的水化反应速度的快慢，可以看出，C_3S 比 C_2S 反应激烈。其原因在于：C_3S 中协调 Ca 的数目高于 6，且 Ca 的协调是不规则的，晶格内存在孔洞，Fermi 水平位置处存在差异。

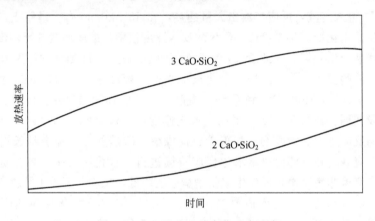

图 2-2　C_3S 及 C_2S 的水化反应速度

可以将 CaO、$Ca(OH)_2$、C_3S 和 C_2S 分别与已知数量的 $AgNO_3$ 混合后，测定各自 Ca^{2+} 的反应特性，来进行比较。将混合物加热后，$AgNO_3$ 和 CaO、$Ca(OH)_2$ 以及水化的 C_3S、水化的 C_2S 发生反应，C_3S 中 27% 的钙会与 $AgNO_3$ 发生反应，而 C_2S 中仅有 6% 的钙会与 $AgNO_3$ 发生反应。由于 C_3S 和 C_2S 结构上存在着缺陷，所以 Ca^{2+} 溶解性不同。如果 1mol 的 Ca 与 C_2S 反应生成 C_3S，C_3S 水化后反应产物主要以 Ca^{2+} 为主。

Bogue 和 Lerch 在 1934 年研究了水泥熟料矿物的强度发展速度。结果表明，要想通过控制参数如级配、水胶比、试件尺寸、水化程度等来比较各熟料矿物的反应能力和强度发展情况是不可能的。Baudoin 和 Ramachandran 重新研究了水泥熟料矿物在不同的水化时间和水化程度下的强度发展情况，发现各熟料矿物的强度发展情况不同。Baudoin 和 Ramachandran 认为水化 10 天后强度的排列如下：$C_4AF > C_3S > C_2S > C_3A$；水化 14 天后，强度值发生了变化：$C_3S>C_4AF>C_2S>C_3A$。而 Bogue-Lerchd 的研究结果表明水化 10 天和 14 天的强度值排列如下：$C_3S>C_2S>C_3A>C_4AF$。

水化 1 年后，强度值发展为：

$C_3S>C_2S>C_4AF>C_3A$（Baudoin-Ramachandra）

$C_3S=C_2S>C_3A>C_4AF$（Bogue-Lerch）

Baudoin 和 Ramachandran 发现，抗压强度-孔隙率曲线（半对数坐标）对所有熟料矿物而言都呈线性关系（如图 2-3 所示），当孔隙率为零时，具有相同的强度值 500MPa。强度与水化程度的关系表明，当水化程度达到 70%～100%时，强度值排序为 $C_3S>C_4AF>C_3A$。

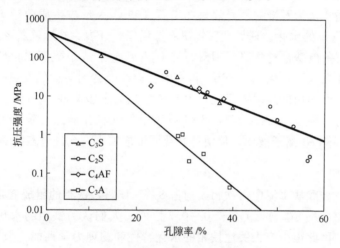

图 2-3 抗压强度-孔隙率曲线

2.3.3 铝酸三钙

虽然 C_3A 在硅酸盐水泥中仅占 4%～11%，但对早期反应却有很大的影响。C_3A 水化反应过程中可能会发生闪凝现象，形成各种形式的水化硅酸钙、碳硫铝酸钙。如果水泥矿物中 C_3A 的含量较大，可能会引发耐久性问题。例如，硫酸盐环境下使用的水泥，其 C_3A 的含量不应超过 5%。

铝酸三钙遇水反应生成 C_2AH_8 和 C_4AH_{13}（六方板状），C_2AH_8 和 C_4AH_{13} 很不稳定，如果不掺入稳定剂或外加剂时极容易转变为 C_3AH_6（立方体），反应如下：

$$2C_3A+21H \longrightarrow C_4AH_{13}+C_2AH_8$$

$$C_4AH_{13}+C_2AH_8 \longrightarrow 2C_3AH_6+9H \tag{2-4}$$

在饱和的 $Ca(OH)_2$ 溶液中，C_2AH_8 和 $Ca(OH)_2$ 反应生成 C_4AH_{13} 或 C_3AH_6，当 C_3A 遇水后在 80℃以上也可以直接生成 C_3AH_6：

$$C_3A+6H \longrightarrow C_3AH_6 \tag{2-5}$$

在正常的水化条件下，水化 C_3A 的强度低于硅酸盐水泥的强度，在一定的水化条件下,如低水胶比和高温下,C_3A 直接反应生成 C_3AH_6 的强度远远高于水化 C_3A 的强度。

硅酸盐水泥中,C_3A 的水化反应与是否掺入石膏以及石膏的掺入量有关。掺入石膏后,可调节凝结时间,防止发生闪凝现象,当有石膏存在时,C_3A 和石膏在几分钟内反应形成钙矾石,如式(2-6)所示。

$$C_3A+3C\overline{S}H_2+26H \longrightarrow C_3A \cdot 3C\overline{S}H_{32} \tag{2-6}$$

当水泥中的石膏耗尽时,多余的 C_3A 与钙矾石反应生成单硫型水化铝酸盐。

石膏的缓凝效果比石灰好。但如果将石膏和石灰同时掺入缓凝效果会更好。通常认为石膏的缓凝效果在于石膏和 C_3A 反应生成的钙矾石很细,延缓了 C_3A 的水化。诱导期,钙矾石层增厚,开裂,然后重新形成钙矾石层。当所有的硫酸盐耗尽时,钙矾石和 C_3A 反应形成单硫型水化硫铝酸钙,反应发生在水泥水化 12~36h,可在水化曲线上看到明显的发热峰。若掺入外加剂,可加快或延缓该反应。由于硫酸根离子吸附在 C_3A 上,阻止水化继续进行,通过对 C_3A-石膏-H_2O 系统中的针状孔洞进行观察发现,钙矾石的开裂使 Al 离子液化,促使针状孔洞形成加剧,允许更多的 Al^{3+} 穿过。

2.3.4 铁相

在硅酸盐水泥中,铁相大约占 8%~13%,铁相的组成变化不定,表达式为 $C_2(A_nF_{1-n})$,n 介于 0~0.7 之间。人们认为铁相的水化反应与 C_3A 相似,因此很少有人关注铁相的水化特性和物理力学性能。但是,C_4AF 和 C_3A 之间存在着巨大的差异。

C_4AF 的水化反应过程和 C_3A 相似,只是水化反应速度较慢,反应方程如下:

$$\begin{aligned} C_4AF + 16H &\longrightarrow 2C_2(A,F)H_8 \\ C_4AF + 16H &\longrightarrow C_4(A,F)H_{13} + (A,F)H_3 \end{aligned} \tag{2-7}$$

C_4AF 反应生成含 Fe 和 Al 的无定形氢氧化物。生成的 $C_3(A,F)H_6$ 热力学稳定性好,不会引起闪凝。在低水胶比、高温条件下,C_4AF 水化会产生大量的立方相。显微硬度测试结果表明,当试样在 25℃ 和 80℃ 时分别测量其显微硬度值,结果分别为 87.4 和 177。较高温度下,在原 C_4AF 的位置直接生成立方相,各部分形成网状结构,大大提高了力学强度。

当掺入石膏时,C_4AF 水化反应速度比 C_3A 慢,也就是说石膏对 C_4AF 的作用来得更大些。水化反应的速率取决于铁相的组成,含铁量越高,水化反应越慢。C_4AF 与石膏反应,按式(2-8)水化。

$$3C_4AF+12C\overline{S}H_2+110H \longrightarrow 4[C_6(A,F)\overline{S}H_{32}]+2(A,F)H_3 \tag{2-8}$$

当 C_4AF 过多时,与高硫铝酸盐相反应形成低硫铝酸盐相:

$$3C_4AF+2[C_6(A,F)\overline{S}H_{32}] \longrightarrow 6[C_4(A,F)\overline{S}H_{12}]+2(A,F)H_3 \tag{2-9}$$

因为C_4AF中石灰量不足，所以反应均会生成含Fe和Al的氢氧化物。并且F能够替代A，A/F的数量可以不等。虽然理论上含C_3A高的水泥易发生硫酸盐破坏，但是含C_4AF高的水泥对硫酸盐侵蚀的抵抗能力却一点也不弱。含C_4AF高的水泥可能由于铁的替代作用或者是无定形的$(A,F)_3$阻碍反应发生，不能由单硫铝酸盐反应生成钙矾石。另外一个原因可能是在硫铝相的形成过程中不会产生晶体生长压力。

2.3.5 水泥

虽然分析各水泥熟料矿物的水化过程对研究硅酸盐水泥非常有用，但由于水泥水化反应十分复杂，不能将以上分析结果直接用于水泥中。硅酸盐水泥的复合物并不是由单纯相组合而成，而是含有Al、Mg、Na等多元素的固溶体。当水化程度相同时，铁-阿利特(Fe-alite)比铝-阿利特(Al-alite)和镁-阿利特(Mg-alite)的强度大。不同的阿利特形成不同的C-S-H凝胶。水泥的水化过程相当复杂，水化过程中，Ca^{2+}和OH^-在溶液中的含量对C_3A和C_4AF、C_2S的水化均有影响；C_3A反应消耗的SO_4^{2-}量将影响C_4AF的反应程度。C-S-H凝胶吸收SO_4^{2-}，SO_4^{2-}可能被耗尽；同时C-S-H结构还吸收了大量的Al和Fe；由于水泥中含碱，将影响各水泥熟料矿物的水化。

通常情况下，最初几天的水化以$C_3A>C_3S>C_4AF>C_2S$的速度进行，水化速率取决于：晶格尺寸、晶格缺陷、颗粒尺寸、颗粒级配、冷却速度、表面积、温度、是否掺用外加剂等。

硅酸盐水泥充分水化形成C-S-H凝胶、$Ca(OH)_2$、钙矾石（AFt相）、单硫型（AFm相）、水榴石相，可能还包含Al^{3+}和SO_4^{2-}的无定性相。

C-S-H凝胶是无定形半结晶的水化硅酸钙，其中化学键表示C：S：H之间的比例并不能精确确定。水化时间不同，C-S-H凝胶的组成不同（C/S不同），水化一天时，C/S比值为2.0，几年后比值可达1.4～1.6。C-S-H凝胶含有大量的Al^{3+}、Fe^{3+}、SO_4^{2-}。

研究表明，在水化反应中，硅酸盐水泥浆体C_2S和C_3S化合物的单体聚合形成二聚物和更大的硅酸盐离子。气液色谱分析表明，生成物中不存在3～4个硅原子的阴离子。当水化反应继续进行，二聚物的数量减少，含有5个以上Si离子的聚合物增多。C_3S单独水化时，当单体消失时才会形成聚合物。在水泥浆体中，即使所有的C_3S和C_2S均被耗尽，由于一部分Al离子、Fe离子或S离子替代了Si离子，C-S-H凝胶的阴离子结构重新分配，所以单体依旧存在。外加剂的掺入对水泥浆体和C_3S的聚合进程均有影响。

根据Powers理论，硅酸盐水泥完全水化时，水灰比应不低于0.35～0.40。水化后，$Ca(OH)_2$占总体积的20%～25%，结晶为六方晶系，呈板状或短六方柱状晶体，具有完全解理。$Ca(OH)_2$的密度为2.24g/cm³，晶体的 XRD 峰非常尖，DTA 分析图上存在着吸热峰，TGA 分析中存在质量损失。$Ca(OH)_2$ 的形貌变化多样，可能为等尺寸的晶体、平板状晶体、针状晶体或者是多种晶体的组合。外加剂和水化温度对 $Ca(OH)_2$ 的形貌均有影响。已有的研究表明，硅酸盐水泥浆体中不仅存在结晶态的 $Ca(OH)_2$，而且存在无定形的 $Ca(OH)_2$。

钙矾石（Ettringite），又称作 AFt（$C_3A \cdot 3CS \cdot H_{32}$）。其中 Fe 可以部分替换 Al。硅酸盐水泥水化后几个小时就会形成 AFt（C_3A 和 C_4AF 水化形成），AFt 对水泥的凝结有着非常大的影响。水化几天后，钙矾石的数量减少。SEM 图中 AFt 呈短粗杆状，通常情况下长度不超过几微米。AFt 中主要的替换为 Fe^{3+} 和 Si^{4+} 替换 Al^{3+}，多种阴离子如 OH^-、CO_3^{2-}、Cl^- 替换 SO_4^{2-}。

单硫型水化硫铝酸钙相，又称作 AFm 相（C_4ASH_{12} 或 $C_3A \cdot CS \cdot H_{12}$）。水泥水化时，AFt 相消失就会出现 AFm 相。单硫相占总体积的 10%。

AFm 呈六边形状，厚度是超微米量级，密度为 $2.02g/cm^3$。AFm 中的主要替换为 Fe^{3+} 替换 Al^{3+}、OH^-、CO_3^{2-}、Cl^- 等替换 SO_4^{2-}。水泥浆体中的晶态水化水榴石相不到总体积的 3%，其表达式为 $Ca_3Al_2(OH)_{12}$，其中 Fe^{3+} 可以替换部分 Al^{3+}，SiO_4^{2-} 可以替换 $4OH^-$ ［如 $C_3(A_{0.5}F_{0.5})SH_4$］。该相的晶体结构与 C_3AS_3 有关，$C_6AFS_2H_8$ 的密度为 $3.042g/cm^3$，水榴石可以被二氧化碳分解形成 $CaCO_3$。一些学者认为硫酸盐含量最低的水化硫铝酸钙晶态固溶体也会出现在 $CaO\text{-}Al_2O_3\text{-}CaSO_4\text{-}H_2O$ 系统中。

根据前面的介绍，已经初步了解各种水泥熟料矿物和水化生成物的特征，这是研究硅酸盐水泥水化的基础。C_3S 和硅酸盐水泥的传导量热曲线类同，只是水泥水化时会出现第三个高峰（由于形成单硫型水化物）。许多学者就 C_3A 和 C_4AF 对 C_3S 和 C_2S 水化反应的影响进行了大量的研究，虽然水泥中 C_3S 的初始反应过程不是十分明显，但是人们知道当 C_3A 溶解后，发生局部化学反应时可形成 C_3A 水化物。

2.4 辅助胶凝材料

目前，在混凝土中应用的辅助胶凝材料主要包括粉煤灰、磨细矿渣及硅灰等。这些胶凝材料在化学成分、微观结构及尺寸上具有良好性能，因此在混凝土中掺加不同比例的辅助胶凝材料之后，混凝土的微观缺陷、孔结构及界面过渡区都得到了明显的改善作用。极大地提高了混凝土的抗渗、抗冻、抗碳化等耐久性能。

2.4.1 来源

粉煤灰是从烧煤锅炉烟气中收集的粉状灰粒，国外把它叫做"飞灰"或者"磨细燃料灰"。

高炉矿渣是冶炼生铁时从高炉中排出的一种废渣。在高炉内,因焦炭燃烧,矿石、石灰石、萤石等原料在1500℃的高温中熔融,这时氧化铁失去氧被还原成生铁,与生铁同时排放出的非金属生成物即高炉矿渣,经磨细后可以在混凝土中应用。而硅粉又名硅灰,是从金属硅或硅铁等合金冶炼的烟气中回收的粉尘。目前市场上销售的微硅粉,一部分是烟气经过收尘器收集后直接销售的硅灰,另一部分是收尘器收集后经过处理再销售的硅灰。

2.4.2 化学成分

不同的胶凝材料的化学成分不尽相同,这也决定了不同胶凝材料的水化性能和作用。根据水泥化学国际会议主报告综述,若干国家的粉煤灰化学分析统计,一般应用于混凝土中的粉煤灰(低钙粉煤灰)的主要化学成分(质量)的变化范围是:SiO_2 为 40~58、Al_2O_3 为 21~27、Fe_2O_3 为 4~17、CaO 为 4~6、烧失量为 0.7~1.0。我国粉煤灰的化学成分一般也在这个范围内,但 Al_2O_3 含量较高,烧失量较高。

高炉矿渣中主要的化学成分是 SiO_2、Al_2O_3、CaO、MgO、MnO、FeO、S 等。其中 CaO、SiO_2、Al_2O_3 占质量的90%以上。高炉矿渣中的各种氧化物成分以各种形式的硅酸盐矿物形式存在。

微硅粉平均粒径为 0.12~0.20μm,比表面积为 15000~20000m²/kg。其主要成分为二氧化硅,杂质成分为氧化钠、氧化钙、氧化镁、氧化铁、氧化铝和活性炭等。一般硅灰含 SiO_2 为 87%~94%、Al_2O_3 为 0.6%~1.4%、Fe_2O_3 为 0.5%~2.0%,碳含量为 0.8%~2.0%。与粉煤灰和矿渣相比,SiO_2 含量高。由于微硅粉中二氧化硅属无定型物质,活性高,颗粒细小,比表面积大,具有优良的理化性能,过去认为是一种工业废弃物,现在越来越多地被认为是一种宝贵资源,一种无需经过粉碎加工、廉价的超微粉体,可以广泛应用在特殊工程的混凝土中。

2.4.3 辅助胶凝材料在混凝土的作用

目前,我国各种辅助胶凝材料的产量很大,已有 20 亿吨粉煤灰、400多万吨矿渣及大量的硅灰。这些掺和料都具有形态效应、微集料效应及水化活性,对混凝土的早期及后期性能均有较好的改善作用。

粉煤灰和其他混凝土原材料,在行为上,各司其职,在作用上,能相辅相成。在新拌混凝土中粉煤灰微粒,既有独特的"滚珠轴承"和"解絮"的行为,又能与水泥和细砂共同发挥混凝土颗粒级配中的微集料作用。在混凝土硬化中,粉煤灰往往作为胶凝材料的"第二组分"。能与水泥水化过程中析出的氢氧化钙进行"二次反应",生成具有胶凝性能的水化铝酸钙、水化硅酸钙。与水泥水化产物相互搭接,改善了混凝土的界面,减小了过渡区,水化产物能够填充水泥石的毛细孔,形成紧密的混凝土微观结构,提高了混凝土的耐久性能。清华大学冯乃谦、赵铁军所做的试验表明：与不掺粉煤灰的混凝土相比，掺粉煤灰混凝土的渗透性都明显降低。30 天龄期时混凝土的渗透性能降低了 49.3%，70 天时降低了 77.7%。磨细矿渣除了具有微集料效应和火山灰活性外，还含有大量的无定型的 SiO_2 和 Al_2O_3 成分。硅灰颗粒较细，有效地填充在混凝土的水泥颗粒之间，起着微观集料的作用，使混凝土的颗粒级配更连续，混凝土更加密实；同时由于硅灰具有较强的火山灰活性，在混凝土的水化后期进一步二次水化，降低了氢氧化钙的含量，减小了晶体尺寸，细化孔结构，降低总孔隙率和大孔含量，减小界面过渡区。此外，吸附在骨料表面的硅灰颗粒可以为水泥水化提供核化点，从而防止氢氧化钙在界面定向生长，降低氢氧化钙的趋向度，如图 2-4 和图 2-5 所示。

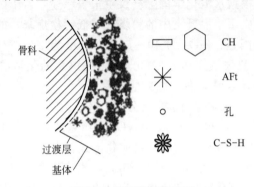

图 2-4　普通混凝土界面

另外，与单掺辅助胶凝材料相比，复掺辅助胶凝材料能够进一步提高混凝土的性能。

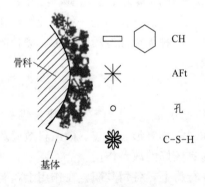

图 2-5　高性能混凝土界面

总体来讲，辅助胶凝材料对混凝土的改善程度主要取决于以下几个方面：①辅助胶凝材料的颗粒形状和尺寸；②辅助胶凝材料的化学成分；③掺辅助胶凝材料在混凝土中的掺量。混凝土是由 C-S-H 凝胶、晶体、未水化的水泥颗粒、集料及孔隙组成。其中，孔隙率为 25%～30%。硅灰的粒径较小，比表面积较大，SiO_2 含量较大，具有超强的火山灰活性。因此一般来讲，硅灰对混凝土某些性能的改善作用较为明显。

由图 2-6 可知，普通混凝土水泥石内部有大量微裂纹，显微结构不致密。而掺加辅助胶凝材料的混凝土中水泥石内部裂纹很少，活性掺和料颗粒的二次水化产物与水泥水化产物间相互搭接、交织连锁而成网状结构，形成的显微结构比较均匀、致密。

(a) 未掺加辅助胶凝材料的混凝

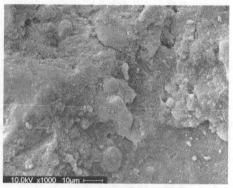
(b) 掺加辅助胶凝材料的混凝土

图 2-6 混凝土显微结构

2.5 水泥浆体性能

2.5.1 凝结

水泥浆体的硬化是由凝结时间决定的，初凝和终凝是凝结时间的评价指标。混凝土初凝后，就不能进行浇筑和施工，而终凝则表征硬化的开始。在水泥浆体的初凝阶段，C_3S 水化、钙矾石结晶使水泥浆体初凝，而终凝一般发生在放热量达到最大之前（通常在第三阶段结束之前）。初凝时混凝土有明显的坍落度损失。外加剂可能影响混凝土的凝结时间：缓凝剂延长凝结时间，促凝剂缩短凝结时间。

混凝土有时发生假凝和闪凝现象。假凝是由部分半水石膏而引起的硬化，这时重新混合便可以得到较好的工作性。假凝也可能因反应生成大量的钙矾石（尤其在掺用缓凝剂和三乙醇胺等外加剂时）而发生。若水化过程中生成钾石膏也会发生假凝。当以无水石膏（例如硬石膏和煅烧石膏）为水泥调凝剂时，在水泥中掺用木质素磺酸盐或糖蜜减水剂，也会发生快凝现象。

2.5.2 微观结构

水泥浆体的许多特性是由其化学特征和微观结构决定的。微观结构是指固体和非固体组合形成的多孔结构。结构的微观特征由水泥的物理和化学特性、外加剂的类型和掺量、水化温度、水化过程和水灰比等多种因素决定的。固体的微观分析包括固体的形貌（形状和尺寸）、表面结合力、表面积和密度，而非固体的微观分析则包括孔隙率、孔的形状和孔径分布等。结构的各个特性是互相关联的，没有一个能完全表征水泥浆体物理力学性能。

形貌研究包括观察水泥浆体的形貌和单个粒子的尺寸等，常用的观察手段有 TEM、SEM、HVTEM、STEM。有的学者通过形貌分析来评价水泥浆体的强度，但是不同的研究者分析问题和判断问题的思维有差异，选择的代表性结构就会不同，对特征的描绘常带有主观性和片面性，因此形貌分析存在着一定的局限性。同时，图片太小以及图片的局部性也限制了形貌分析的结果。有的学者试图对水泥浆体各相做定量分析，由于此种定量分析建立在观察的基础上，所以正确性有限，很可能出现误估算。观察水泥浆体的特性需要高精度的仪器，普通扫描电镜的精度根本无法满足要求。

C-S-H 凝胶是水化硅酸盐水泥和硅酸三钙的主要水化物。C_3S 和硅酸盐水泥的水化物描述如下：C_3S 的早期水化物呈薄片状，而硅酸盐水泥则为 AFt 成分的凝胶状覆盖物或膜；几天后 C_3S 的水化产物为纤维状和皱层状的 C-S-H，而硅酸盐水泥则为皱层状、网状的 C-S-H，同时还有杆状、筒状的 AFt；稍后的水化阶段，C_3S 水化物为胶状的 C-S-H 结构，而硅酸盐水泥水化物为等粒状密实的 C-S-H 和一些板状的 AFm。

Diamond 按 C-S-H 凝胶的形貌将其分为 4 种类型：Ⅰ型 C-S-H 在早期出现，由针状或纤维状的粒子构成，这种粒子也可描述成刺状、棱镜状、棒状、卷片状，长度为几微米；Ⅱ型 C-S-H 呈网状或蜂窝状结构，与Ⅰ型同时形成，C_3S 和 C_2S 水化物一般不存在Ⅱ型 C-S-H；Ⅲ型，硬化的水泥浆体的微观结构无特征可言，由板状（大部分在 100nm 以下）组成；Ⅳ型通常指后期的水化产物，其结构紧密，有涟漪外观，占据了原水泥细粒的空间，C_3S 水化物中也包括这一特征的物质。

2.5.3　结合力的形成

胶状材料如石膏、硅酸盐水泥、氯氧镁水泥和铝酸盐水泥水化后形成多孔结构，其力学性能与空隙和固体两部分有关。虽然固体部分是决定强度的主要因素，但其他因素，如水泥的分解和溶解程度、成核过程和生长过程、生成物的物理化学性质、表面能和界面结合力等也是必须考虑的。

硅酸盐水泥浆体中 C-H-S 凝胶是主要的结合剂，但 C-H-S 凝胶的结构很难精确确定。考虑到离子和原子相互结合的可能性，有人提出了如图 2-7 所示的模型，表示了硅氧烷基团、水分子和钙离子结合覆盖在 C-H-S 凝胶的表层或内层空间。在这种模型中，硅氧四面体的空位将被阳离子（Ca^{2+}）占据。

将水泥浆体在低温下压实以及用几百兆帕的压力压实水化水泥浆体，发现压实后的结合力与一般条件下水化后具备的结合力大致相当。一些研究表明，湿润可增加弹性模量，这是因为水进入内层空间可以补偿一部分弹性模量损失，这里强调了水的纽带作用。低水灰比的水泥浆体中的孔隙围绕着连续物质，因此压实区的选择是决定浆体力学性能的主要因素。

2.5.4　密度

一些资料给出的密度值是根据一定温度下材料的质量和体积换算得出的，对硅酸盐水泥浆体该方法同样适用。然而，准确地确定水泥浆体的密度

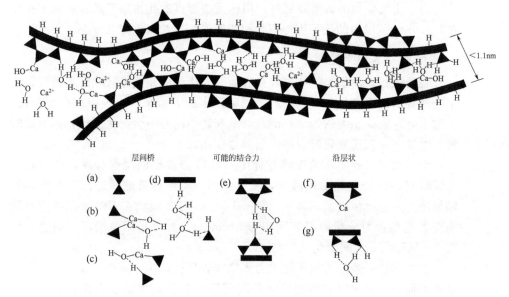

图 2-7 C-H-S凝胶模型

对于确定水泥的孔隙率、对评价耐久性和强度、估计C-S-H凝胶的晶格参数非常重要。

通常,水泥浆体的密度是用比重瓶法在D-干燥状态下使用氢氧化钙的饱和溶液来测定的。由于D-干燥时,水化水泥浆体遇水重新水化,该方法测定的结果是不准确的。要想得到更真实的密度值,应选用更合适的试验条件以及不影响浆体结构的溶液。11%RH状态下,用饱和的$Ca(OH)_2$溶液得出的测量值$2.38g/cm^3$与氦气测出的$2.35g/cm^3$和$2.34g/cm^3$相比较存在偏差。在D-干燥状态下出现密度值较大的情况是由于水渗入晶体内层结构而引起的。

2.5.5 孔结构

通常采用压汞法,或采用氮气、水等温吸附的方法来确定孔隙率和孔分布。理论上,采用有机液体或水作为介质可以得到总的孔隙率,但是由于水可能与水化物发生反应,对于D-干燥状态下的水泥浆体,在与水接触时会重新水化,所以此时不能采用水作为介质。使用类似弹性的中子分散法可将自由水和结合水区别开来,用这种方法得到饱和浆体中的孔隙率与使用甲醇、氦、氮进行预干燥浆体得到的孔隙率相差不大。

孔分布:压汞法的原理是将水银压入含孔隙的物质中,通过水银压入量的变化来测得孔径的大小,该方法只能测定3nm以下的孔。研究表明,使用四氯化碳饱和溶液测得的孔隙率略高于采用水银时测得的孔隙率。Beaudoin用408MPa压力测量总孔隙率,认为用水银和氦测得的值在水灰比不大于0.4时是相同的。Young对C_3S水化过程中孔的变化过程进行了研究,认为当水化反应物的数量降低时，用压汞法测得的孔径是下降的。对于孔径在3～50nm范围内的孔可用等温吸附或等温排出法来确定孔分布。

2.5.6 表面积与水力半径

表面积：表面积是指孔内和孔表面与气相或液相接触区域的表面积。由于硅酸盐水泥非常复杂，人们对于用吸附水的方法来确定表面积存在分歧，吸附水时，表面积大约为$200m^2/g$，水灰比不同时不会产生变化，如果吸附氮、甲醇，水灰比变化时表面积则随之变化。

干燥法可以确定水的迁移过程中C-S-H凝胶层的凝聚程度，原因在于干燥时C-S-H凝胶表面积减小，发生收缩。干燥后若继续进行干湿循环并施加压力，也会使表面积减小。Winslowetal对湿润状态下的水泥浆进行低角度X射线散射分析得出表面积为$670m^2/g$。如果采用氮吸附，则表面积在$3～147m^2/g$之间变化。

水力半径：通常情况下用水力半径来表征孔结构，其值为总孔隙体积除以总表面积。如果已知内层空间的表面积（总表面积减去毛细孔表面积），就可以计算内层空间的水力半径。干燥状态下水泥浆体的孔隙体积主要是毛细孔体积，当水灰比在 0.4～0.8 范围内变化时，水力半径在 30～10.7nm 之间波动。水分子渗透情况不会影响水力半径的值，但可通过比较水或氮的渗透情况来计算孔隙体积。当内层空间部分充水时，水力半径为 0.1nm，若水灰比为 0.2，水力半径为 0.15nm。

2.5.7 力学性能

由于硅酸盐水泥浆体中含有多种不同的固相，因此理论研究非常困难。

许多研究表明硅酸盐水泥浆体的强度（f）取决于总孔隙率（P），并可以用指数形式表达$f=e^{-bP}$（b值与孔的类型有关），如果孔尺寸接近于或小于颗粒尺寸，孔隙率和颗粒尺寸对强度的影响完全不同。不同孔型的孔若都均匀分布在水泥浆体中，其强度-孔隙率曲线大致相同，只是参数b的值不同而已。孔隙对强度的影响取决于孔的位置、孔尺寸和孔的形状。一般情况下，孔的位置是影响强度的主要因素，只有当孔的存在引起非常大的破坏，孔的尺寸和形状才显得特别重要。如果孔尺寸很小，则孔的位置尤为关键。水化产物中颗粒边缘的孔对力学性能的影响要比颗粒内部的孔大得多。

环境对应力集中开裂的影响很大，当环境湿度从0增加到20%时，水泥浆体的强度大幅度下降。在高应力状态下，水蒸气会加剧开裂，使水泥浆体中硅氧烷开裂形成硅烷醇：

$$从 -(Si-O-Si)- 到 -(Si-OH\ HO-Si)-$$

Ryshkewitch提出了孔隙率和水泥浆体力学性能的经验关系式：

$$M=M_0\exp(-bP) \tag{2-10}$$

式中 M——孔隙率为 P 时，水泥浆体的强度；

M_0——孔隙率为零时，水泥浆体的强度。当孔隙率很低时，该方程非常符合实际情况。Schiller 提出另外一个经验关系式，可用于孔隙率比较大的情况：

$$M=D\ln\frac{P_{CR}}{P} \tag{2-11}$$

D 是一个常数，P_{CR} 表示强度为零时的孔隙率。

Feldman 和 Beaudoin 建立了不同的孔隙率下强度和弹性模量与孔隙率的关系。图 2-8 给出了 Ryshkewitch 方程中孔隙率和抗压强度的关系。

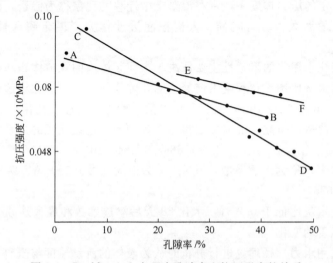

图 2-8 Ryshkewitch 方程中孔隙率和抗压强度的关系

图 2-8 中共有 3 条斜线，AB 线为室温下养护的水泥浆体，孔隙率变化幅度为 1.4%～41.5%，当孔隙率为零时，抗压强度为 290MPa。CD 线表示压蒸试样不含有粉煤灰时抗压强度和孔隙率的关系，CD 线和 AB 线在孔隙率 27% 处相交（相应的水灰比为 0.45）。当孔隙率相同时，室温养护的浆体比压蒸的浆体强度高。将 CD 线向孔隙率处外推时，可得到热压水泥浆体的强度值，这种水泥浆体在孔隙率为零时的强度可以达到 800MPa 以上。EF 线表示压蒸粉煤灰水泥的抗压强度和孔隙率的关系，EF 线和 AB 线几乎是平行的，但相同孔隙率下 EF 线强度值比 AB 线高。Beaudoin 和 Feldman 进一步研究得出结论：压蒸普通水泥的研究结果与 Ryshkewitch 方程吻合，同时他们还发现，这种水泥浆体的密度愈大，M_0 值愈大，$\lg M$-P 曲线愈陡峭。研究表明当含有少量的硅时，压蒸水泥浆体结晶度很大，结晶良好，C_2S 水化物的密度大，但当硅含量达到 20%～40% 时，则水化产物主要为 C-S-H(Ⅰ)，C-S-H(Ⅱ) 和托勃莫来石；硅含量高达 50%～65% 时，则主要形成 C-S-H(Ⅰ)、C-S-H(Ⅱ)、托勃莫来石和未反应的硅。这些研究

结果表明，当水泥浆中结晶状况差的含水硅酸钙和结晶良好的物质比例得当时，在一定的孔隙率条件下可以得到更高的强度和弹性模量；孔隙率很大时，孔隙率和各晶态之间的结合力是决定水泥浆体强度的主要因素。

显然，结晶低劣的单元由于接触面积大，容易结合在一起，形成比较小的孔隙。当孔隙率降低时，密度大、结晶良好的物质和结晶低劣的物质组合力增大，从而产生更高的强度，所以，热压状态下的强度会更高。如果采用热压，低孔隙率的劣结晶物质将结合形成密度大的物质。

2.5.8 水泥浆的渗透性

一定的压力梯度下，水在混凝土中迁移的现象称为渗透，渗透严重影响混凝土的耐久性。有时候，人们把渗透性作为混凝土耐久性的评价指标之一。

硬化水泥浆的渗透性主要取决于水泥浆体内的孔隙体积和孔结构，由于不同的水灰比和水化程度下混凝土的孔隙体积不同，因此渗透性也不同。

Nyame 和 Iwston 定义了一个参数，称为最大连续孔径（r_a），并把该参数用于渗透性研究。混凝土的渗透系数和最大连续孔径的关系如下：

$$K = 1.684 r_a 3.284 \times 10^{-22} \tag{2-12}$$

式中，K 为渗透系数，m/s；r_a 为最大连续孔径，Å。两者的相关系数为 0.9576。

当水灰比低于 0.7 时，水化 28 天后渗透系数和最大连续孔径的值不会发生显著的变化。

采用水力半径理论进行分析时认为液体的流动速度与阻碍流动的黏滞力有关，水泥浆的渗透性与孔结构有关，渗透系数和水力半径的关系如下：

$$\lg K = 38.45 + 4.08 \lg(P r_h^2) \tag{2-13}$$

式中，r_h 表示水力半径；P 表示孔隙率。

2.5.9 老化现象

老化属于表面化学的研究范畴，是指随着时间的增长，物体的表面积随之减小的现象。对于水化后的硅酸盐水泥而言，老化指的是随着时间的变化，硅酸盐水泥发生不同的化学反应而引起的固体体积、表面积和孔隙率的改变，这种改变就是人们通常说的收缩、膨胀和徐变。

(1) 收缩和膨胀 含水量不同时，水泥浆的体积不同，干燥时收缩，重新湿润时膨胀。浆体在 100%RH 下的自收缩是一个固定值，当干燥到 47%RH 时，不可恢复体积的多少取决于浆体的孔隙率的大小，因此孔隙率的多少决定了干燥收缩的数值。

不可恢复体积的多少主要取决于试件处于 40%~80%RH 的时间，在该湿度条件下 C-S-H 凝胶表面互相靠拢，加上孔隙水压力作用，使得不可恢复组分增多。这说明干燥收缩与徐变是类似的。二次干燥后收缩值和含水量的关系主要取决于试样处于47%RH环境中时间（图2-9）。图2-9表示了不同的试样处于47%RH环境不同时间后的收缩情况，干燥1天后，只有小部分收缩和失水值是不可恢复的，然而，随着干燥时间的延长，不可恢复值变大。

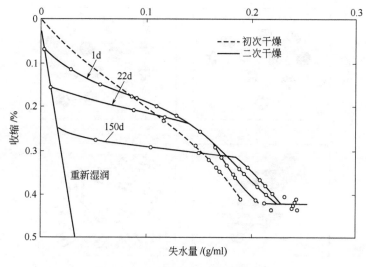

图2-9　干燥收缩值和含水量的关系

外加剂对干燥收缩有巨大的影响，原因在于外加剂不利于C-S-H凝胶的聚合，会产生分散作用。研究表明，不管掺入多少外加剂，在相同的水灰比条件下，从15%RH到D-干燥的收缩是相等的。

(2) 徐变　混凝土在长时间的应力作用下会发生徐变，徐变分为两类：当湿度保持不变时的徐变称为基本徐变；当试样干燥一定时间后的徐变称作收缩徐变。

水泥浆体徐变的增加速度越来越慢，最终的徐变值是弹性变形的几倍。徐变和干燥收缩一样，一部分是不可恢复的。当卸载时，弹性恢复使得变形恢复一部分；之后，由于徐变恢复，进一步恢复变形，剩余的变形称作不可恢复徐变。当水灰比增大时徐变增大，相对湿度、含水量、外加剂对徐变也有影响。

2.5.10　水泥水化模型

为了更好地预测混凝土的性能，建立一个水泥浆体模型来分析水泥浆体的各方面性能非常必要。目前主要有两种模型：Powers-Brunauer模型和Feldman-Sereka模型。Powers-Brunauer模型认为水泥浆体是层状的劣结晶态凝胶，凝胶的比表面积为$180m^2/g$，且孔隙率不低于28%，假定只有水分子能够进入凝胶孔，则渗入孔的水分子直径必须小于0.4nm。任何未被水泥凝胶充填的空间均叫做毛细孔。使用这种模型可以分析凝胶的力学性能，范德瓦耳斯力的作用将颗粒黏结在一起（图 2-10）。颗粒遇水后，存在于颗粒之间的水分子将颗粒分散，引起体积膨胀。当施加压力时，在压力的作用下，颗粒间的水被挤出，发生徐变［图 2-10(c)］，这种模型考虑了颗粒之间的化学键［图 2-10(b)］以及颗粒的层状结构［图 2-10(d)］。

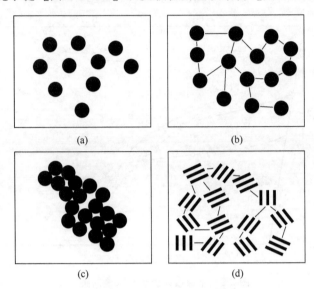

图 2-10　Powers-Brunauer 模型

Feldman-Sereka 模型则认为凝胶是结晶差的层状硅酸盐，水的作用比 Powers-Brunauer 模型更为繁杂（图 2-11）。

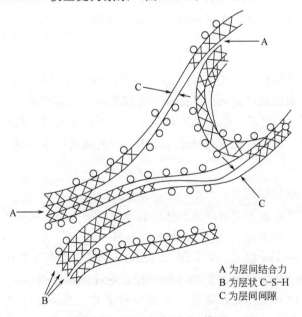

A 为层间结合力
B 为层状 C-S-H
C 为层间间隙

图 2-11　Feldman-Sereka 模型

水和 D-干燥状态下凝胶的接触形式有 4 种：①水与自由表面相互接触，形成氢键；②水物理吸附在凝胶的表面；③水进入坍塌的层状结构内部，即使是湿度低于 10%RH 也是如此；④当湿度较高时，由于毛细孔收缩，大孔被水填充。

进入内层空间的水作为固体结构的一部分，组织比普通水更具有规律，增加了整个系统的刚度。当湿度低于 10%RH 时，大部分水从结构中渗出，只有较少部分的结构水必须在更高的湿度条件下才能渗出。因此，结构水并不是孔隙水，Powers-Brunauer 模型中的凝胶孔应作为内部空间加以考虑。Feldman-Sereka 模型中并不存在着凝胶孔，在计算总孔隙率时不考虑内层空间，但如果水能够渗入内层空间，则应将这部分内层空间作为孔隙考虑。渗入液体包括甲醇、液态氮、室温下的氮。通过氮或者甲醇测得凝胶表面积在 $1\sim150m^2/g$ 之间变动，原因在于试验方法的不同以及不同的干燥方法。

将 Feldman-Sereka（0~100%RH）模型进一步修正后，可用来说明凝胶的不稳定性质和其对混凝土的力学性质的影响。凝胶的强度主要来源于范德瓦耳斯力、硅氧烷（—Si—O—Si—）氢键和硅钙的结合力（—Si—O—Ca—O—Si—）。膨胀或润湿并不是由于集料的分离或者键的破坏作用发生的，而是由下面几个因素作用产生的：①固体表面和水分子的物理作用（即 Bangham 效应），使固体表面能降低；②层间的水分子渗透和分离作用；③毛细孔收缩而引起的弯月面效应；④老化效应，通常认为是各层进一步凝聚形成畸结晶层，导致表面积减小，固体体积增大，产生收缩。

润湿状态下，任何湿度条件都会发生内层渗透。但当湿度超过 20%RH 时，老化效应处于主导地位，尤其当湿度在 35%~80%RH 时，有弯月面效应存在的地方，层间渗透都是由老化效应产生的。当湿度增加时水分子加剧收缩，硅氧烷结合力破坏，应力下降，水泥凝胶的抗压强度降低。

徐变是老化的明显征兆，例如应力和层间水使得分层进一步加剧，凝胶分层加剧导致总能量下降，在此过程中表面积降低。

长期以来，水泥科学工作者都希望建立计算机模型来分析水泥基材料的微观结构、水化反应和强度发展过程。NIST 的 Bentz 用计算机模型来分析水泥基材料的微观结构和性能，能够定量地预测材料的结构和性能。计算机模型用数学语言给出了材料各相的含量和空间分布，从而进行研究和预测材料的性能。与此同时，界面过渡区模型也应运而生，但这些模型均以混凝土性能取决于 C-S-H 凝胶和粗集料的微观结构为基础理论前提。应当注意，当材料发生流变、徐变、收缩和开裂时，对材料进行微观分析也是相当重要的。

2.6 混凝土

混凝土是以水泥、砂、石、水、化学外加剂和微细活性材料（即矿物外加剂）组成的结构材料。1824年发明水泥之后，1830年左右就出现了混凝土，随后又出现了钢筋混凝土。混凝土和钢筋混凝土的出现，是世界工程材料的重大变革，特别是钢筋混凝土的诞生，它极大地扩展了混凝土的使用范围，因而被誉为是对混凝土的一次革命。在20世纪30年代又制成了预应力钢筋混凝土，它被誉为是对混凝土的第二次重大革命。20世纪70年代，混凝土外加剂的出现，特别是减水剂的应用，可使混凝土强度非常容易地达到60MPa以上，同时应用外加剂可以改进混凝土的其他性能，为此被公认为是混凝土发展史上的第三次革命。混凝土现已发展成为一种应用最广泛、用量最大的工程材料。

混凝土之所以在工程中得到广泛应用，在于它具有以下优点。

① 生产混凝土的原材料来源丰富，价格低廉。混凝土中砂、石集料约占80%，而砂、石为地方性材料，可就地取材，价格便宜。

② 混凝土拌和物具有良好的可塑性，可按工程结构的要求浇筑成各种形状和任意尺寸的混凝土结构物。

③ 配制灵活、适应性好。通过改变混凝土组成材料的比例和品种，就可制得不同物理力学性能的混凝土，以满足不同工程的需要。

④ 抗压强度高。硬化后的混凝土其抗压强度一般在20～40MPa，可高达80～100MPa，因此非常适合于用做建筑结构材料。

⑤ 与钢筋之间有非常好的黏结力，且混凝土的线膨胀系数与钢筋基本相同，两者复合成钢筋混凝土后，能保证共同工作，从而大大扩展了混凝土的应用范围。

⑥ 耐久性好。一般情况下，混凝土不需要特别的维护保养，故维护费用低。

⑦ 耐火性好。混凝土的耐火性远比木材、钢材和塑料要好，可耐数小时的高温作用而仍保持其力学性能，有利于火灾时扑救。

⑧ 生产能耗低。混凝土生产能耗远低于金属材料。

混凝土的不足之处主要是以下几点。

① 自重大、比强度小。混凝土每立方米重达2400kg。

② 抗拉强度低。混凝土的抗拉强度约为抗压强度的$1/20\sim1/10$。

③ 热导率大，保温隔热性能差。

④ 硬化慢，生产周期长。

必须指出，随着现代混凝土科学与技术的发展，混凝土的不足之处已得到了大大改进。如采用轻集料可降低混凝土自重和改进保温隔热性能；混凝土中掺入聚合物和纤维，大大改进了混凝土的脆性；掺入早强剂等可提高混凝土的早期强度，缩短施工周期。正是混凝土的这些特点，使混凝土广泛应用于工业及民用建筑、水利工程、地下工程、公路和铁路、桥梁及国防建设中。

随着现代建筑向轻型、大跨度、高耸结构和智能化方向发展，工程结构向地下空间和海洋中扩展，以及人类可持续发展的需要，可以预计混凝土今后的发展方向将是：轻质、高强、高耐久性、多功能、节省能源和资源、环保型、智能化。例如，美国混凝土协会ACI2000委员会曾设想，今后美国常用混凝土的强度将是135MPa，如果需要，在技术上可以使混凝土强度达到400MPa；将能建造出高度达600～900m的超高层建筑以及跨度达500～600m桥梁。所有这些说明未来社会对混凝土的需求将大大超过今天的规模。这将进一步促进混凝土科学与技术的发展，并随着混凝土施工和管理的现代化，混凝土将在各类工程建设中发挥更重要的作用。

2.6.1 混凝土集料

通过前面的介绍，已经初步了解孔结构和水泥浆体对水泥基材料性能的影响。然而，占混凝土体积60%～80%的集料对混凝土的影响也应引起足够的重视。通常情况下，集料的强度要比水泥基材高很多。集料对混凝土的体积密度、弹性模量、体积稳定性及耐久性也有较大的影响。

按照分类，4.75mm以上的集料称作粗集料，4.75mm以下的集料称作细集料。粗集料的粒径范围通常在4.75～50mm之间，而细集料则在$75\mu m$～4.75mm之间。

集料又分为天然集料和人造集料。天然集料包括砂（河砂、江砂、山砂、海砂等）和各种碎石，人造集料包括膨胀土、炉渣、陶粒等。碎石又包括砂岩、花岗岩、闪长岩、辉长岩、玄武岩等，而细集料则大量使用天然硅质材料。细集料和粗集料中都含有一些杂质，如黏土渣、易碎颗粒、褐煤、碳渣、黑硅石等，这些杂质对混凝土的强度、工作性、凝结时间和耐久性都有不良的影响。

关于集料的技术性能和级配可参阅相关国家标准，本节不再赘述。

2.6.2 新拌混凝土的性能

（1）**工作性** 工作性是指混凝土拌和物易于施工操作（拌和、运输、浇灌、捣实）并能获得均匀质量的性能，是一项综合技术指标，包括流动性、黏聚性和保水性。混凝土的流变性与水泥浆体的流变参数（塑性、黏弹性）有关。同时，浇筑条件也对混凝土工作性产生影响。工作性良好的混凝土应该既不泌水也不离析。混凝土单位用水量越大，其坍落度就越大。掺用减水剂和引气剂对混凝土工作性具有极大的改善，可实现大流动性混凝土、泵送混凝土和自密实混凝土。一般而言，影响混凝土工作性的因素包括水泥浆的塑性、粗集料的最大粒径和级配、集料的形态和表面特征。有时，混凝土搅拌站或施工单位使用吸水率较大的粗集料，导致混凝土坍落度经时损失过快，在不明情况时，往往认为所用混凝土化学外加剂与水泥不适应。事实上，如果补充粗集料在1～2h内所吸收的水，混凝土工作性将保持正常状态。

混凝土工作性常用稠度或流动性来表征。流动性是表征材料流动趋势的指标,而稠度是混凝土工作性的一种形式,与工作性密切相关。大流动性混凝土的工作性比塑性混凝土好,但稠度相同的混凝土的工作性不一定相同。

虽然确定混凝土的工作性有很多不同的方法,但目前还没有能全面反映混凝土拌和物工作性的测试方法。在工地或实验室通常做坍落度试验来反映新拌混凝土的流动性,并辅以直观经验评定黏聚性和保水性。坍落度试验方法为:将新拌混凝土按规定方法装入标准坍落度筒(图 2-12),装满刮平后,垂直向上将筒提起,混凝土因自重而发生坍落现象,然后量出坍落的最大尺寸就是坍落度。坍落度越大表示流动性越大。在实验的同时,观察混凝土拌和物的黏聚性和保水性及含砂情况,全面评定混凝土的工作性。

图 2-12 坍落度筒

另外一种评定工作性的方法叫维勃稠度试验。测试方法为:开始在坍落度筒中按规定方法装满拌和物,提起坍落度筒,在拌和物试体顶面放一透明圆盘,开启振动台,同时用秒表计时,到透明圆盘的底面完全为水泥浆所布满时,可以认为混凝土拌和物已振动密实。此时,关闭秒表,停止振动,所读秒数,称为维勃稠度。

一般,用坍落度试验评价塑性混凝土和流态混凝土的工作性,用维勃稠度试验评价干硬性和半干硬性混凝土的工作性。

(2) 凝结时间 混凝土的凝结与混凝土中所含的砂浆性质有关。通常用贯入阻力法测定混凝土中水泥砂浆的初凝和终凝时间来表征混凝土凝结时间。

凝结时间的测定方法如下:测试时,将砂浆筒置于测试平台上,将试针端部与砂浆表面接触,按动手柄,徐徐加压,记录其贯入压力。每隔 1h 测定一次。以贯入阻力为纵坐标、测试时间为横坐标,绘制贯入阻力与时间关系曲线。以 3.5MPa 及 28MPa 划两条平行横坐标的直线,直线与曲线交点的横坐标即为初凝与终凝时间。

在水泥中石膏含量不足时,由于 C_3A 水化反应使混凝土发生闪凝现象,形成水化铝酸钙和单硫型水化硫铝酸钙。当混凝土发生闪凝时，重新拌和后原有的工作性会消失。当化学外加剂与水泥或混合材品种不适应时，也会发生假凝现象。掺用糖蜜减水剂、木质素磺酸盐、柠檬酸、磷酸盐、蔗糖等物质，可延缓水泥水化，从而延缓混凝土凝结时间。而掺用硫酸钠、三乙醇胺等物质时，将缩短混凝土凝结时间。混凝土凝结时间较水泥凝结时间有所延迟。

(3) 泌水和离析 当新拌混凝土处于塑性状态时，混凝土中的固体颗粒下沉导致水分子上浮，在混凝土表面引起水分蓄积，这就是泌水现象。当拌和物黏聚性不足时，混凝土内部形成局部通道，水的渗透作用将一部分小颗粒带到混凝土表面。泌水可能使混凝土表面形成水泥浆体组成的薄弱层。如果水的渗透作用是均匀稳定的，这种泌水称为正常泌水，对新拌混凝土性能影响不大。泌水使混凝土表面高度降低，引起塑性收缩。

细集料的含量较高或砂率较大时不易发生泌水现象。高碱水泥或高 C_3A 含量的水泥，一般也不会发生泌水现象。提高水泥用量，掺用矿物外加剂、引气剂、纤维素醚等，也可以降低混凝土的泌水量。

离析是指在拌和混凝土时，一些粗集料可能从拌和物中分离出来，导致混凝土拌和物匀质性不良。离析使混凝土存在蜂窝状的孔，混凝土强度降低。在混凝土的拌和、浇筑、振捣时都会发生离析。集料颗粒尺寸的差异是产生离析的主要原因。当坍落度增大、水泥用量降低、集料的用量和最大粒径变大时，都会出现离析的趋势。

目前缺乏统一的规范来评定混凝土拌和物的离析状况，可以将混凝土立方体振动 10min 后劈开，观察粗集料的分布情况来分析混凝土的离析趋势。

2.6.3 混凝土的力学性能

混凝土硬化后必须具有一定的力学性能才能满足工程要求，这些性能包括：抗压强度、劈裂抗拉强度、抗弯强度、静弹性模量、泊松比、三轴受力强度、徐变、耐磨性、混凝土与钢筋之间的结合力、抗渗性等。

应该用复合材料的观点来评价混凝土的力学性能，所谓的复合材料是指两种或两种以上的不同化学和力学性能的材料组合在一起形成三维复合体，各材料之间具有明确的分界面。复合材料的性能可能与原始材料大不相同。把混凝土作为复合材料来研究其力学性能，认为混凝土中包括水化的水泥浆体（C-S-H、CH、铝相、铁相复合物）和未水化的水泥颗粒，各组分形成网状结构，密切组合在一起。基体主要是由 C-S-H 凝胶、CH 和细孔隙组成。在建立混凝土模型时，将混凝土简化为由集料和基体两相组成，集料包含于基体中，根据此模型来分析混凝土的各项力学性能。

影响混凝土力学性能的因素有：颗粒形状、尺寸和级配、分散相和连续相的组成和分布、界面过渡区的性质和孔结构。

(1) 普通混凝土的结构 普通混凝土是指由水泥、砂、石加水拌和，经水泥水化硬化而成的一种人造石材，主要作为承受荷载的结构材料使用。为了改进混凝土的施工性能和力学性能，常常加入某些外加剂和矿物掺和料。在混凝土中，砂、石起骨架作用，称为骨料；水泥与水形成水泥浆，水泥浆包裹在骨料表面并填充其空隙。在硬化前，水泥浆起润滑作用，赋予混凝土拌和物一定的流动性，便于施工。水泥浆凝结硬化后成为水泥石，并将骨料胶结成一个坚实的整体。

通常可以把混凝土看成是一种非匀质的颗粒型复合材料，从宏观上看，混凝土是由相互胶结的各种不同形状、大小的颗粒堆积而成［图2-13(a)］。但如果深入观察其内部结构，则会发现它具有三相（固相、液相和气相）的多微孔结构，从图2-13(a)中的A放大得到的图2-13(b)中可见，硬化混凝土是由粗、细集料和硬化水泥浆组成的，而硬化水泥浆由水泥水化物、未水化水泥颗粒、自由水、气孔等组成，并且在集料表面及集料与硬化水泥浆体之间也存在孔隙及裂缝。

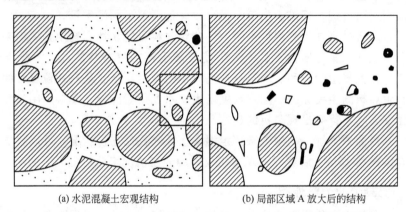

(a) 水泥混凝土宏观结构　　　(b) 局部区域A放大后的结构

图 2-13　普通混凝土的结构

通过显微镜还可以观察到，在混凝土内，从粗骨料表面至硬化水泥浆体有一厚度约为 $20\sim100\mu m$ 的区域范围，通常称为过渡层。在这一区域层内，材料的化学成分、结构状态与区外浆体有所不同。在过渡层内富集有 $Ca(OH)_2$ 晶体，且水灰比高、孔隙率大。因此过渡层结构比较疏松、密度小、强度低，从而在粗集料表面和硬化水泥浆之间形成一个弱接触层，对混凝土强度和抗渗性都很不利。

混凝土硬化后，在受力前，其内部已存在大量肉眼看不到的原始裂缝，其中以界面（石子与硬化水泥浆的黏结面）微裂缝为主。这些微裂缝是由于水泥浆在硬化过程中产生的体积变化（如化学减缩、湿胀、干缩等）与粗骨料体积变化不一致而形成的。另外，由于混凝土成型后的泌水作用，在粗骨料下方形成水隙，待混凝土硬化后，水分蒸发，也形成界面微裂缝。以上这些界面微裂缝分布于粗集料与硬化水泥浆黏结面处，对混凝土强度影响极大。

(2) 普通混凝土的强度 强度是混凝土的最重要的力学性能，这是因为任何混凝土结构物主要都是用以承受荷载或抵抗各种作用力。在一定的情况下，在工程上还要求混凝土具有其他性能，如不透水性、抗冻性、耐腐蚀性等。但是，这些性质与混凝土强度之间往往存在着密切的联系。一般来讲，混凝土的强度愈高，刚性、不透水性、抵抗风化和某些侵蚀介质的能力也愈高；另外，强度愈高，往往干缩也愈大，同时愈脆、易裂。因此，通常用混凝土强度来评定和控制混凝土的质量以及评价各种因素（如原材料、配合比、制造方法和养护条件等）的影响程度。

① 混凝土立方体抗压强度 按照国家标准《普通混凝土力学性能试验方法》(GB J81—85)，制作边长为 150mm 的立方体试件，在标准条件（温度 20℃±3℃，相对湿度 90%以上）下，养护到 28 天龄期，测得的抗压强度值为混凝土立方体试件抗压强度（简称立方抗压强度），以 f_{cu} 表示。

采用标准试验方法测定其强度是为了能使混凝土的质量有对比性。在实际的混凝土工程中，其养护条件（温度、湿度）不可能与标准养护条件一致，为了能说明工程中混凝土实际达到的强度，往往把混凝土试件放在与工程相同条件下养护，再按所需的龄期进行试验，测得立方体试件抗压强度值作为工地混凝土质量控制的依据，又由于标准试验方法试验周期长，不能及时预报施工中的质量状况，也不能据此及时设计和调整配合比，不利于加强质量管理和充分利用水泥活性。我国已研究制订出早期在不同温度条件下加速养护的混凝土试件强度推定标准养护 28 天（或其他龄期）的混凝土强度的试验方法，详见《早期推定混凝土强度试验方法》(JGJ 15—83)。

测定混凝土立方体试件抗压强度时，也可根据粗集料的最大粒径而选用不同的试件尺寸，但试件边长不得小于骨料最大粒径的 3 倍。在计算抗压强度时，应乘以换算系数，以得到相当于标准试件的试验结果。对于边长为 100mm 和边长为 200mm 的立方体试件，换算系数分别为 0.95 和 1.05。目前，美国、日本等国采用 ϕ150mm×300mm 圆柱体为标准试件，所得抗压强度值约等于 150mm×150mm×150mm 立方体试件抗压强度的 0.8。

混凝土试件尺寸愈小，测得的抗压强度值愈大。这是因为混凝土立方体试件在压力机上受压时，在沿加荷方向发生纵向变形的同时，也按泊松比效应产生横向变形。压力机上下两块压板（钢板）的弹性模量比混凝土大 5～15 倍，而泊松比则不大于混凝土的 2 倍。所以，在荷载作用下，钢压板的横向变形小于混凝土的横向变形，因而造成上、下钢压板与混凝土试件接触的上下表面之间产生摩擦阻力，它对混凝土试件的横向膨胀起着约束作用，从而对强度有提高的作用，如图 2-14 所示。

愈接近试件的端面，这种约束作用就愈大。在距离端面大约 $0.5(3)^{0.5}$

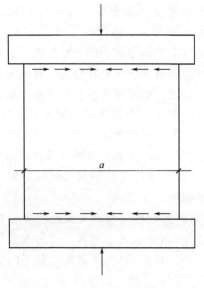

图 2-14 压板对试件的约束作用

a（a 为试件横向尺寸）的范围以外，约束作用才消失。试件破坏以后，其上下部分各呈一个较完整的棱锥体，就是这种约束作用结果（图 2-15）。

通常称这种作用为环箍效应。如在压板和试件表面间加润滑剂，则环箍效应大大减小，试件将出现直裂破坏（图 2-16），测得的强度也较低。立方体试件尺寸较大时，环箍效应的相对作用较小，测得的立方抗压强度因而偏低。反之试件尺寸较小时，测得的抗压强度就偏高。另一方面的原因是由于试件中的裂缝、孔隙等缺陷将减少受力面积和引起应力集中，因而降低强度。随着试件尺寸增大，存在缺陷的概率也增大，故较大尺寸的试件测得的抗压强度就偏低。

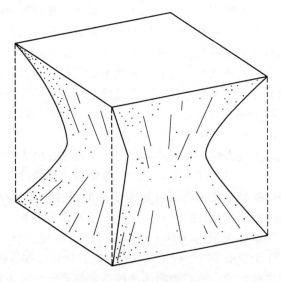

图 2-15 试件破坏后的形状

② 混凝土立方体抗压标准强度与强度等级　混凝土立方体抗压标准强度（或称立方体抗压强度标准值）系指按标准方法制作和养护的边长为 150mm 的立方体试件，在 28 天龄期，用标准试验方法测得的强度总体分布中具有不低于 95% 保证率的抗压强度值，以 $f_{cu,k}$ 表示。

混凝土强度等级是按混凝土立方体抗压标准强度来划分的。混凝土强度等级采用符号 C 为立方体抗压强度标准值（以 MPa 计）表示。普通混凝土划分为下列强度等级：C7.5、C10、C15、C20、C25、C30、C35、C40、C45、C50、C55及C60等12个等级。混凝土强度等级是混凝土结构设计时强度计算取值的依据，同时也是混凝土施工中控制工程质量和工程验收时的重要依据。结构设计时，根据建筑物的不同部位和承受荷载的不同，采用不同强度等级的混凝土，如下所述。

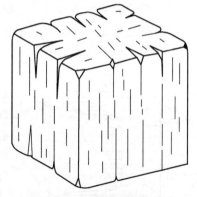

图2-16 不受压板约束时试件的破坏情况

C7.5～C15：用于垫层、基础、地坪及受力不大的结构。

C15～C25：用于普通混凝土结构的梁、板、柱、楼梯及屋架等。

C25～C30：用于大跨度结构、耐久性要求较高的结构、预制构件等。

C30以上：用于预应力钢筋混凝土结构、吊车梁及特种结构等。

③ 混凝土的轴心抗压强度　混凝土轴心抗压强度又称棱柱体抗压强度。确定混凝土强度等级是采用的立方体试件，但实际工程中，钢筋混凝土结构形式极少是立方体的，大部分是棱柱体型（正方形截面）或圆柱体型。为了使测得的混凝土强度接近于混凝土结构的实际情况，在钢筋混凝土结构计算中，计算轴心受压构件（例如柱、桁架的腹杆等）时，都是采用混凝土的轴心抗压强度f_{cp}作为依据。

根据《普通混凝土力学性能试验方法》GBJ 81—85规定，测轴心抗压强度采用150mm×150mm×300mm棱柱体作为标准试件。如有必要，也可采用非标准尺寸的棱柱体试件，但其高宽比应在2～3范围内。棱柱体试件的制作条件与立方体试件相同，但测得的轴心抗压强度f_{cp}比同截面的立方体强度值f_{cu}小，棱柱体试件高宽比愈大，轴心抗压强度愈小，但当高宽比达到一定值后，强度就不再降低。因为这时在试件压板与试件表面之间的摩擦阻力对棱柱体试件中部的影响已消失，形成了纯压状态，故测试值较稳定。但是过高的试件在破坏前由于失稳产生较大的附加偏心，又会降低其抗压的试验强度值。

关于轴心抗压强度f_{cp}与立方体抗压强度间f_{cu}的关系，通过许多组棱柱体和立方体试件的强度试验表明：在立方抗压强度$f_{cu}=10\sim55$MPa的范围内，轴心抗压强度f_{cp}与立方体抗压强度f_{cu}比值为0.70～0.80。

④ 混凝土的抗拉强度　混凝土的抗拉强度很低，只有抗压强度的1/20～1/10，且随着混凝土强度等级的提高，比值有所降低，因此，混凝土在直接受拉时，很小的变形就要开裂，破坏时没有明显的残余变形，是一种脆性破坏。

所以，混凝土在工作时一般不依靠其抗拉强度，但抗拉强度对于混凝土开裂现象有重要意义，在钢筋混凝土结构设计中抗拉强度是确定混凝土抗裂度的重要指标。有时也用它来间接衡量混凝土的抗冲击强度、混凝土与钢筋的黏结强度等。

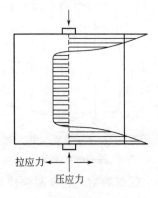

图 2-17 劈裂试验时垂直于受力面的应力分布

混凝土抗拉试验过去采用棱柱体试件直接测定轴向抗拉强度，但是这种方法由于夹具附近试件局部破坏很难避免，而且外力作用线与试件轴心方向不易成一致。所以，混凝土抗拉强度的测定，目前国内外都采用劈裂法（简称劈拉强度）。标准规定，我国混凝土劈裂抗拉强度采用边长为150mm 的立方体试件作为标准试件。该方法的原理是在试件的两个相对的表面中部划定的劈裂面位置线上，作用着均匀分布的压力，这样就能够在此外力作用的竖向平面内产生均布拉伸应力（图 2-17），这个拉伸应力可以根据弹性理论计算得出。这个方法大大地简化了抗拉试件的制作，并且较正确地反映了试件的抗拉强度。

混凝土劈裂抗拉强度计算：

$$f_{ts}=\frac{2P}{\pi A}=0.637\frac{P}{A} \tag{2-14}$$

式中　f_{ts}——混凝土劈裂抗拉强度，MPa；
　　　P——破坏荷载，N；
　　　A——试件劈裂面面积，mm²。

实验证明，在相同条件下，混凝土以轴拉法测得的轴拉强度，较用劈裂法测得的劈拉强度要小，两者比值约为 0.9。

⑤ 混凝土的抗弯强度　实际工程中常会出现混凝土在弯曲荷载的作用下发生断裂破坏的现象，例如水泥混凝土路面、桥面和机场道面主要承受弯曲荷载的作用。因此，在进行道面结构设计以及混凝土配合比设计时是以抗折强度作为主要强度指标。按 GBJ 81—85 规定，测定混凝土的抗折强度应采用 150mm×150mm×600mm（或 550mm）小梁作为标准试件，在标准养护条件下养护 28 天后，按三分点加荷方式测得其抗折强度，按式(2-15) 计算：

$$f_{ct}=\frac{PL}{bh^2} \tag{2-15}$$

式中　f_{ct}——混凝土抗折强度，MPa；
　　　P——破坏荷载，N；
　　　L——支座间距即跨度，mm；
　　　b——试件截面宽度，mm；

h——试件截面高度，mm。

当采用 100mm×100mm×400mm 非标准试件时，取得的抗折强度值应乘以尺寸换算系数 0.85，如为跨中单点加荷得到的抗折强度，按断裂力学推导应乘以换算系数 0.85。

⑥ 影响普通混凝土强度的因素 混凝土的强度取决于组成混凝土的砂浆、粗集料以及两者之间界面过渡区的强度。界面过渡区是混凝土中最薄弱的环节，破坏通常先发生在界面过渡区，使得砂浆和粗集料的强度不能充分发挥。一方面过渡区的结合键弱，另一方面水泥水化和凝结时的体积变化以及混凝土拌和时产生泌水和离析使得界面过渡区非常薄弱。通常认为集料表面 $50\mu m$ 厚度的范围内为界面过渡区，过渡区的孔隙率高、渗透性强，主要富集定向排列的氢氧化钙晶体和少量的 C-S-H 凝胶以及钙矾石。当水灰比超过 0.4 时，界面过渡区对混凝土的影响特别显著。在混凝土中掺入硅灰后，颗粒分布更加均匀、基体和集料之间的结合力更强，混凝土的黏性改变使得界面过渡区的强度提高、厚度变薄。

普通混凝土受力破坏一般出现在集料和水泥石的分界面上，因为这些部位往往存在有许多孔隙、水隙和潜在微裂缝等结构缺陷，是混凝土中最薄弱的环节。这就是常见的黏结面破坏的型式。另外，当水泥石强度较低时，水泥石本身破坏也是常见的破坏型式。在普通混凝土中，集料最先破坏的可能性小，因为集料强度经常大大超过水泥石和黏结面的强度。所以混凝土的强度主要决定于水泥石强度及其与集料表面的黏结强度。而水泥石强度及其与集料的黏结强度又与水泥强度等级、水灰比及集料的性质有密切关系。此外，混凝土强度还与施工方法、养护条件、养护龄期等有关。

水泥强度等级和水灰比对混凝土强度的影响。水泥是混凝土中的活性组分，其强度的大小直接影响着混凝土强度的高低。实验表明，在相同配合比的情况下，所用水泥强度等级越高，混凝土的强度也越高；在水泥品种、等级不变时，混凝土的强度主要决定于水灰比。因为水泥水化时所需的结合水，一般只占水泥质量的 23% 左右，但在拌制混凝土拌和物时，为了获得必要的流动性，常需用较多的水（约占水泥质量的 40%～70%），也即较大的水灰比。当混凝土硬化后，多余的水分就残留在混凝土中，形成水泡或水道，随混凝土硬化而蒸发后便留下孔隙，从而减少了混凝土抵抗荷载的实际有效面积，而且在混凝土受力时，可能在孔隙周围产生应力集中。因此，在水泥强度等级相同的情况下，水灰比愈大，多余水分愈多，混凝土强度也就愈低；反之混凝土的强度愈高。但须指出，如果加水太少（水灰比太小），拌和物过于干硬，在一定的施工条件下，无法保证混凝土能被充分振捣密实，混凝土中将出现较多的蜂窝、孔洞，反而导致混凝土强度严重下降，如图 2-18(a) 中的虚线所示。

试验证明，在材料相同的情况下，混凝土的强度（f_{cu}）与其水灰比

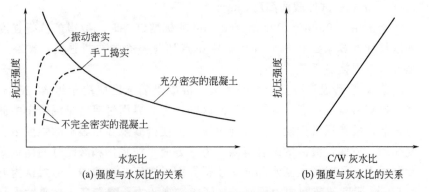

图 2-18 混凝土强度与水灰比及灰水比的关系

(W/C) 之间的关系呈近似双曲线形状，如图 2-18(a) 中的实线，则可用方程 $f_{cu}=k/(W/C)$ 表示，这样 f_{cu} 与 C/W 之间的关系就成为线性关系。实验证明，当混凝土拌和物的灰水比在 1.2～2.5 之间时，混凝土强度与灰水比的关系如图 2-18(b) 所示。实际工程中，这种线性关系很便于应用，当结合考虑水泥强度并应用数理统计方法，则可建立混凝土强度与灰水比之间的关系式，即混凝土强度经验公式又称鲍罗米公式：

$$f_{cu}=Af_{ce}\left(\frac{C}{W}-B\right) \tag{2-16}$$

式中　C——每立方米混凝土中的水泥用量，kg；

W——每立方米混凝土中的用水量，kg；

C/W——灰水比（水泥与水质量比）；

f_{cu}——混凝土 28 天抗压强度，MPa；

A、B——回归系数，主要与骨料的品种有关，其数值可通过试验求得；

f_{ce}——水泥 28 天抗压强度实测值，MPa。

一般水泥厂为了保证水泥的出厂强度等级，所生产的水泥实际抗压强度往往比其强度等级值要高。当无水泥实际强度数据时，式中的 f_{ce} 值可按式 (2-17) 确定：

$$f_{ce}=\gamma_c f_{ce,k} \tag{2-17}$$

式中　γ_c——水泥强度等级值的富余系数，可按实际统计资料确定；

$f_{ce,k}$——水泥 28 天抗压强度标准值，MPa；

f_{ce} 值也可根据已有 3 天强度或快测强度公式推断得出。

混凝土强度公式的建立，使混凝土设计成为可能。该公式具有以下两方面的作用：当已知所用水泥强度等级和水灰比时，可用此公式估算混凝土 28 天可能达到的抗压强度值；当已知所用水泥强度等级及要求的混凝土强度时，用此公式可估算应采用的水灰比值。

因此混凝土强度公式在工程中广为采用。如前所述，这一经验公式，一般只适用于流动性混凝土和低流动性混凝土即灰水比在 1.2～2.5 之间的混凝土，对干硬性混凝土则不适用。同时对流动性混凝土来说，也只是在原材料相同、工艺措施相同的条件下 A、B 才可视作常数。如果原材料变了或工艺条件变了，则 A、B 系数也随之改变。因此必须结合工地的具体条件，如施工方法及材料的质量等，进行不同的混凝土强度试验，求出符合当地实际情况的 A、B 系数来，这样既能保证混凝土的质量，又能取得较高的经济效果。若无上述试验统计资料时则可按《普通混凝土配合比设计规程》（JGJ 55—2000）提供的 A、B 经验系数值取用。

采用碎石：$A=0.46$、$B=0.07$；采用卵石：$A=0.48$、$B=0.33$。

粗集料与浆集比对混凝土强度的影响。混凝土试件在单向压力荷载作用下，当荷载达到极限荷载的 50%～70% 时，在内部开始出现垂直裂缝。对此可通过测量声波在混凝土中的传播速度和超声脉冲技术进行确定。裂缝形成时的应力大多取决于粗集料的性质。光滑的卵石制成的混凝土的开裂应力较粗糙有棱角的碎石混凝土的为低。这可能是由于表面性质对机械结合影响的缘故，粗集料的形状对机械结合也有一定程度的影响。

实验证明，在弯曲试验中梁试件的受拉面上的应变，和在单向轴心受压试件的侧向拉伸应变，在混凝土初始开裂时具有相同的数值。这就是说，骨料的性质对混凝土的初裂抗压强度和抗弯强度的影响具有相同的方式，因此，两种强度的关系与集料品种无关。另外，混凝土的极限抗压强度和抗弯强度的关系，则取决于粗集料的品种。这是因为骨料的性质，特别是骨料表面状况，对极限抗压强度的影响较对抗拉强度或初裂抗压强度要小得多（除高强混凝土外）。

集料品种对混凝土强度的影响，又与水灰比有关。当水灰比小于 0.4，用碎石制成的混凝土的强度较卵石的要高，两者的差值可高达 30% 以上。随着水灰比的增大，集料的影响减小。当水灰比为 0.65 时，用碎石和卵石制成混凝土没有发现有强度上的差异。这是因为当水灰比很小时，影响混凝土强度的主要因素是界面粗集料表面特征对水泥混凝土强度的影响，从水灰比公式中常数 A、B 的取值中也可以看出。

混凝土中水泥浆的体积与集料体积与之比，对混凝土的强度也有一定的影响，特别是高强度等级的混凝土更为明显。在水灰比相同的条件下，增加浆集比，即增加水泥浆用量，可以获得更大的流动性，从而使混凝土更易于成型密实，同时水泥浆的增加，也可以更有效地包裹集料颗粒，使集料可以通过硬化水泥浆层有效地传递荷载，因此适当增加浆集比可以提高混凝土的强度，这也是配制高强度混凝土常需大水泥用量的一个原因。但当浆集比过大以后，由于水泥浆硬化过程中产生的收缩，会形成微裂缝，返而会降低水泥混凝土的强度。因此，在达到最优浆集比后，混凝土的强度随着浆集比的增加而降低。

养护温度和湿度对混凝土强度的影响。混凝土所处的环境温度和湿度等，都是影响混凝土强度的重要因素，它们都是通过对水泥水化过程所产生的影响而起作用的。温度是决定水泥水化作用速度快慢的重要条件，养护温度高，水泥水化速度快，混凝土强度增长快。

混凝土的硬化，原因在于水泥的水化作用。周围环境的温度对水化作用进行的速度有显著的影响，如图 2-19 所示。由图可看出，养护温度高可以增大初期水化速度，混凝土初期强度也高。但急速的初期水化会导致水化物分布不均匀，水化物稠密程度低的区域将成为水泥石中的薄弱点，从而降低整体的强度；水化稠密程度高的区域，水化物包裹在水泥粒子的周围，会妨碍水化反应的继续进行，对后期强度的发展不利。

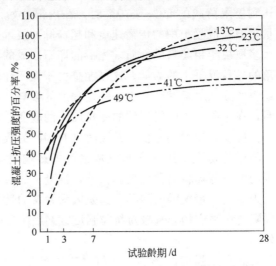

图 2-19　养护温度对混凝土强度的影响

在养护温度较低的情况下，由于水化缓慢，具有充分的扩散时间，从而使水化物在水泥石中均匀分布，有利于后期强度的发展。当温度降至冰点以下时，水泥水化反应停止，混凝土强度停止发展，而且这时还会因混凝土中水结冰而产生体积的膨胀（水结冰体积可膨胀约 9%），而对孔隙、毛细管内壁产生相当大的压应力（可达 100MPa），将使混凝土的内部结构遭受破坏，使已经获得的强度（如果在结冰前，混凝土已经不同程度地硬化的话）受到损失。但气温如再升高时，冰又开始融化，如此反复冻融，混凝土内部的微裂缝，逐渐增长、扩大、混凝土强度逐渐降低，表面开始剥落，甚至混凝土完全崩溃。混凝土早期强度低，更容易冻坏。混凝土强度与冻结龄期的关系如图 2-20 所示。所以，冬季施工时，应当特别防止混凝土早期受冻。需要指出的是，对于掺大量混合材的水泥（如矿渣水泥、火山灰水泥、粉煤灰水泥等），因存在火山灰质材料二级水化反应的问题，提高养护温度不但有利于早期水泥水化，而且对混凝土后期强度增长有利。

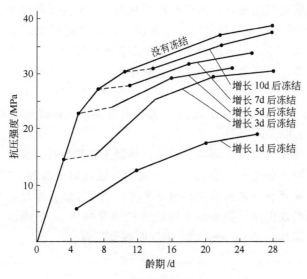

图 2-20 冻结时间对混凝土强度的影响

周围环境的湿度是决定水泥能否正常进行水化作用的必要条件。浇筑后的混凝土所处环境湿度适当，水泥水化便能顺利进行，使混凝土强度得到充分发展。如果环境湿度较低，混凝土会因失水干燥而影响水泥水化作用的正常进行，甚至停止水化，因为水泥水化只能在为水填充的毛细管内发生，而且混凝土中大量自由水在水泥水化过程中逐渐被产生的凝胶所吸附，内部供水化反应的水则愈来愈少，这不仅严重降低混凝土的强度（图 2-21）；而且，因水化不完全，使混凝土结构疏松，增大渗水性，或形成干缩裂缝，从而影响混凝土强度与耐久性。所以，为了使混凝土正常硬化，必须在成型后一定时间内维持周围环境有一定温度和湿度。混凝土在自然条件下养护时，

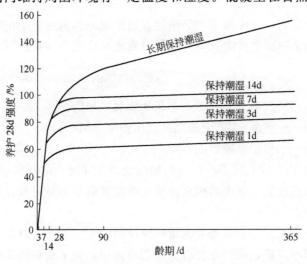

图 2-21 混凝土强度与潮湿养护时间的关系

环境的温度随气温变化，为保持潮湿状态，在混凝土凝结以后（一般在12h以内），表面应覆盖草袋等物并不断浇水以保持混凝土表面湿度，这样也同样能防止其发生不正常的收缩。夏季施工的混凝土在进行自然养护时，更要特别注意浇水保湿养护。使用在硅酸盐水泥、普通水泥和矿渣水泥时，浇水保湿应不少于7天；对掺用缓凝型外加剂或有抗渗要求的混凝土，应不少于14天。当采用其他品种水泥时，混凝土的养护应根据所采用的水泥的技术性质确定。

养护龄期对混凝土强度的影响。混凝土在正常养护条件下，其强度将随着龄期的增加而增长。最初7～14天内，强度增长较快，28天以后增长缓慢，但只要具有一定的温度和湿度条件，混凝土的强度增长可延续数十年之久。不同龄期混凝土强度随时间的增长情况如图 2-22 所示。混凝土强度与龄期的关系从图 2-19～图 2-21 中的曲线均可看出。

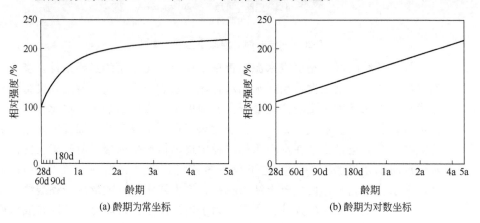

图 2-22 混凝土强度与养护时间的关系

实验证明，由中等强度等级的普通水泥配制的混凝土，在标准养护条件下，混凝土强度发展大致与龄期的对数成正比关系（龄期不小于3天）：

$$f_n = f_{28} \frac{\lg n}{\lg 28} \qquad (2\text{-}18)$$

式中　f_n——混凝土 n 天龄期的抗压强度，MPa；

　　　f_{28}——混凝土 28 天龄期的抗压强度，MPa；

　　　n——养护龄期，d，$n>3$。

根据式(2-18)可由一已知龄期的混凝土强度，估算另一个龄期的强度。但影响水泥混凝土强度的因素很多，强度发展不可能一致，故此式也只能作为参考。

在实际工程中，常需要大量高强度的水泥混凝土，以提高结构物的承载能力、减小自重，同时在混凝土施工过程中，为了加快施工速度、提高模具的周转效率，常需要加快混凝土的强度增长速度，以提高其早期强度。根据影响混凝土强度的因素，通常可以采用以下措施。

① 采用高强度等级水泥或早强型水泥　在混凝土配合比不变的情况下，采用高强度等级水泥可提高混凝土28天龄期的强度；采用早强型水泥可提高混凝土的早期强度，有利于加快施工进度。

② 减小水灰比　降低水灰比是提高混凝土强度最有效的途径。在低水灰比的干硬性混凝土拌和物中游离水少，硬化后在混凝土中留下的孔隙少，混凝土密实度高，故强度可显著提高。但水灰比减小过多，会造成新拌混凝土工作性的降低，使施工困难；因此一般采取同时掺用混凝土减水剂的方法，可使混凝土在低水灰比的情况下仍然具有良好的和易性。

③ 掺加混凝土外加剂掺和料　混凝土中掺加外加剂是使其获得早强、高强的重要手段之一。混凝土中掺入早强剂，可显著提高其早期强度，当掺入减水剂尤其是高效减水剂，由于可大幅度减少拌和用水量，混凝土可获得很高的强度。若掺入早强减水剂，则能使混凝土的早期和后期强度均明显提高。另外在混凝土中掺入高效减水剂的同时掺入具有高活性的掺和料，如超细粉煤灰、硅灰等，可以制备出混凝土强度等级达C100以上的混凝土。

④ 采用机械搅拌和振捣　当工程中采用干硬性混凝土或低流动性混凝土时，必须同时采用机械搅拌和机械振捣混凝土，只有这样，才能使混凝土拌和物搅拌均匀并在振动作用下充分密实成型，内部孔隙大大减小，从而使混凝土的密实度和强度大大提高。

⑤ 采用湿热处理养护混凝土　为了在早期使混凝土获得较高的强度，提高模具的周转效率，实际生产中，常对混凝土构件进行湿热养护。所谓湿热养护，就是通过提高混凝土养护时的温度和湿度，以加快水泥的水化硬化，提高早期强度。常用的湿热处理方法主要有以下两种。

a. 蒸汽养护　蒸汽养护是将浇筑好的混凝土构件经一定时间预养后，放置于100℃的常压饱和水蒸气中进行养护，以加速水泥水化，促进混凝土强度的快速增长。普通水泥混凝土经过蒸汽养护后，早期强度提高快，一般经过8~16h的蒸汽养护，混凝土强度能达到标准养护条件下混凝土强度的70%~80%。但对用普通水泥或硅酸盐水泥配制的混凝土养护温度不宜太高，一般养护温度控制在60~80℃，恒温养护时间5~8h为宜。

对用火山灰质水泥和矿渣水泥配制的混凝土，蒸汽养护效果比普通水泥混凝土好，不但早期强度增加快，而且后期强度比自然养护还稍有提高。对这两种水泥配制的混凝土可以采用较高的温度养护，一般可达90℃。

b. 蒸压养护　蒸压养护是将浇筑完的混凝土构件经一定时间预养后，放入蒸压釜内，通入高压、高温饱和蒸汽对混凝土进行养护。在高温、高压蒸汽下，水泥水化时生成的氢氧化钙不仅能充分与活性的氧化硅结合，而且也能与结晶状态的氧化硅结合而生成结晶较好的水化硅酸盐钙，从而加速水泥的水化和硬化，提高了混凝土的强度。此法对掺活性混合材料的水泥更为有效。

2.6.4 普通混凝土的脆性断裂

(1) 混凝土材料的理论强度与实际强度　根据格雷菲斯（Griffith）理论，固体材料的理论抗拉强度可近似地用式(2-19)计算：

$$\sigma_c = \left(\frac{E\gamma_s}{a_0}\right)^{1/2} \tag{2-19}$$

式中　σ_c——材料的理论抗拉强度；
　　　E——弹性模量；
　　　γ_s——单位面积的表面能；
　　　a_0——原子间的平衡距离。

σ_c 也可粗略地估计为：$\sigma_c \approx 0.1E$。

这样，普通混凝土及其组分水泥石和集料的理论抗拉强度，就可能高达 10^3 MPa 的数量级。但实际混凝土抗拉强度则远远低于这个理论值。混凝土的这种现象，像其他工程材料一样，可用格雷菲斯脆性断裂理论来加以解释。这就是说，在一定应力状态下混凝土中裂缝到达临界宽度后，处于不稳定状态，会自发地扩展，以至断裂。如前所述，由于混凝土中裂缝的存在，受力时在裂缝两端引起了应力集中，相当于将外加应力放大了 $(a/a_0)^{1/2}$ 倍，使局部区域达到了材料的理论强度，而导致断裂。如 $a_0 \approx 2 \times 10^{-8}$ cm，则在材料中存在着一个 a 为 2×10^{-4} cm 的裂缝，就可以使断裂强度降为理论值的 1%。

(2) 混凝土的裂缝扩展过程　在研究混凝土材料的断裂力学时，必须弄清楚混凝土在受力状态下的裂缝扩展机理。在受力状态下混凝土裂缝的扩展，可通过下列的一些方法来检验：混凝土应力-应变曲线斜率的减小；泊松比的增大；对涂于试块表面的脆性硝基漆或光弹表面涂层的直接显微观察；以及通过试块的声波的降低等。在受力后截下试块，对其截面上裂缝的几何性质，可以通过扫描电子显微镜或将裂缝染色后用显微镜观察的方法来研究。

硬化后的混凝土在未受外力作用之前，由于水泥水化造成的化学收缩和物理收缩引起砂浆体积的变化，在粗集料与砂浆界面上产生了分布极不均匀的拉应力。它足以破坏粗集料与砂浆的界面，形成许多分布很乱的界面裂缝。另外还因为混凝土成型后的泌水作用，某些上升的水分为粗集料颗粒所阻止，因而聚积于粗集料的下缘，混凝土硬化后就成为界面裂缝。混凝土受外力作用时，其内部产生了拉应力，这种拉应力很容易在具有几何形状为楔形的微裂缝顶部形成应力集中，随着拉应力的逐渐增大，导致微裂缝的进一步延伸、汇合、扩大，最后形成几何可见的裂缝。试件就随着这些裂缝扩展而破坏。

以混凝土单轴受压为例，绘出的静力受压时的荷载-变形曲线的典型形式如图 2-23 所示。

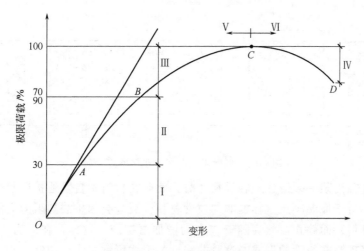

图 2-23 混凝土受压变形曲线
Ⅰ—界面裂缝无明显变化；Ⅱ—界面裂缝增长；
Ⅲ—出现砂浆裂缝和连续裂缝；Ⅳ—连续裂缝迅速发展；
Ⅴ—裂缝缓慢发展；Ⅵ—裂缝迅速发展

通过显微观察所查明的混凝土内部裂缝的发展可分为如图2-23所示的6个阶段。每个阶段的裂缝状态示意如图2-24所示。当荷载到达"比例极限"（约为极限荷载的30%）以前，界面裂缝无明显变化（图2-23第1阶段，图2-24Ⅰ）。此时，荷载与变形比较接近直线关系（图2-23曲线OA段）。荷载超过"比例极限"以后，界面裂缝的数量、长度和宽度都不断增大，界面借摩阻力继续承担荷载，但尚无明显的砂浆裂缝（图2-24Ⅱ）。此时，变形增大的速度超过荷载增大的速度，荷载与变形之间不再接近直线关系（图2-23曲线AB段）。荷载超过"临界荷载"（约为极限荷载的70%～90%）以后，在界面裂缝继续发展的同时，开始出现砂浆裂缝，并将邻近的界面裂缝连接起来成为连续裂缝（图2-24Ⅲ）。此时，变形增大的速度进一步加快，荷载-变形曲线明显地弯向变形轴方向（图2-23曲线BC段）。超过极限荷载以后，连续裂缝急速地发展（图2-24Ⅳ）。此时，混凝土的承载能力下降，荷载减小而变形迅速增大，以至完全破坏，荷载-变形曲线逐渐下降而最后结束（图2-23曲线CD段）。

由此可见，荷载与变形的关系，是内部微裂缝发展规律的体现。混凝土在外力作用下的变形和破坏过程，也就是内部裂缝的发生和发展过程，它是一个从量变发展到质变的过程。只有当混凝土内部的微观破坏发展到一定量级时才使混凝土的整体遭受破坏。

需要指出的是混凝土中的比例极限与金属材料的屈服点具有类似的意义。但是，在比例极限以后，混凝土结构的连续性受到破坏，那些建立在连续性基础上的力学定律，对于混凝土就不能严格地适用了。对于理想的脆性

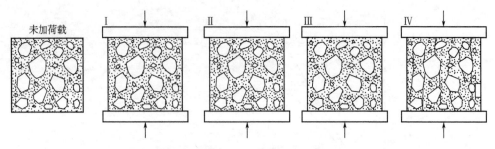

图 2-24　混凝土不同受力阶段裂缝示意

材料,当某一裂缝达到临界尺寸时,就会在材料中自发地扩展起来,以致断裂。对于像混凝土这样的非匀质性材料,裂缝会因扩展到阻力大的区域(例如集料)而停止,然后随着应力的增加再扩展。这样,在应力-应变曲线上就表现为非线性的形式。这种非线性的形式可称之为假塑性,它与金属的塑料变性不同,金属在整个塑性变形区域内仍保持其结构的连续性。

在荷载作用下,混凝土中的裂缝扩展会发生在:

① 水泥石-集料的界面上;

② 水泥石或砂浆基体内;

③ 集料颗粒内。

(3) 混凝土的强度理论　混凝土的强度理论有微观力学和宏观力学之分。混凝土强度的细观力学理论,是根据混凝土细观非匀质性的特征,研究组成材料对混凝土强度所起的作用。混凝土强度的宏观力学理论,则是假定混凝土为宏观匀质且各向同性的材料,研究混凝土在复杂应力作用下的普适化破坏条件。虽然两种强度理论目前还不成熟,但是,从发展的观点来讲,前者应为混凝土材料设计的主要理论依据之一,而后者对混凝土结构设计则很重要。

通常研究混凝土细观力学强度理论的基本观念,都是把水泥石性能作为主要影响因素,并建立一系列的说明水泥石孔隙率或密实度与混凝土强度之间关系的计算公式。如前面所述的混凝土强度与水灰比的关系式,就是一个例子。它在混凝土配合比设计中起着很重要的理论指导作用。但按照断裂力学的观点来看,决定断裂强度的是某处存在的临界宽度的裂缝,它和孔隙的形状和尺寸有关,而不是总的孔隙率。因此,用断裂力学的基本观念来研究混凝土的强度,是一个新的方向。随着混凝土材料科学的不断进步,尤其是混凝土断裂力学理论和试验研究的进展,较以往更深刻地揭示了混凝土受力发生变形直至断裂破坏的机理。人们对混凝土的力学行为有了了解,就有可能通过合理选择组成材料、正确设计配合比以及控制内部结构配制具有指定性能(力学行为)的混凝土,从而实现混凝土力学行为综合设计的目标。

2.6.5 普通混凝土的变形

混凝土在凝结硬化和使用过程中，由于受外力及环境等因素的影响，常会发生相应的变形。水泥混凝土的变形对于混凝土的结构尺寸、受力状态、应力分布、裂缝开裂等都有明显影响。混凝土的变形主要分为两大类：非荷载型变型和荷载型变形。非荷载型变形主要是由混凝土内部及外部环境因素引起的各种物理化学变化产生的变形，荷载变形是混凝土构件在受力过程中，根据其自身特定的本构关系而产生的变形。

(1) 物理化学因素引起的变形

① 化学收缩 混凝土在硬化过程中，由于水泥水化生成物的体积，比反应前物质的总体积（包括水的体积）小，而使混凝土产生体积收缩，这种收缩称为化学收缩。其收缩量是随混凝土硬化龄期的延长而增加的，大致与时间的对数成正比，一般在混凝土成型后 40 多天内增长较快，以后就渐趋稳定。化学收缩是不能恢复的。混凝土化学收缩值约 $(4\sim100)\times10^{-6}$ mm/mm。

② 塑性收缩 混凝土拌和物在刚成型后，固体颗粒下沉，混凝土表面产生泌水现象。当混凝土表面水分蒸发的速度大于泌水速度时，由于表面张力的作用，混凝土表面产生收缩，称为塑性收缩。在桥梁墩台等大体积混凝土中，有可能产生沉降裂缝。塑性收缩的可能收缩值约 1%。

③ 碳化收缩 空气中二氧化碳会与水泥的水化产物发生碳化反应，而引起混凝土体积的减小，称为碳化收缩。当空气相对湿度为 30%～50% 时碳化最严重，收缩值也最大。

④ 干湿变形 干湿变形是混凝土最常见的非荷载变形。干湿变形取决于周围环境的湿度变化。混凝土在干燥过程中，首先发生气孔水和毛细水的蒸发。气孔水的蒸发并不引起混凝土的收缩。毛细孔水的蒸发，使毛细孔中形成负压，随着空气湿度的降低负压逐渐增大，产生收缩力，导致混凝土收缩。当毛细孔中的水蒸发完后，如继续干燥，则凝胶体颗粒的吸附水也发生部分蒸发，由于分子引力的作用，粒子间距离变小，使凝胶体紧缩。混凝土这种收缩在重新吸水以后大部分可以恢复，但有 30%～50% 是不可逆的。混凝土的干缩变形对混凝土的危害较大，当收缩受到约束时，往往引起混凝土开裂，从而降低混凝土的抗渗透性、抗冻性、抗化学侵入性等耐久性能。混凝土的湿胀干缩变形如图 2-25 所示。

混凝土的干缩变形是用 100mm×100mm×515mm 的标准试件，在规定试验条件下测得的干缩率来表示，其值可达 $(300\sim500)\times10^{-6}$。用这种小试件测得的混凝土干缩率，只能反映混凝土的相对干缩性，而实际构件的尺寸要比试件大得多，又由于构件内部的干燥过程较为缓慢，故实际混凝土构件的干缩率远较试验值小。结构设计中混凝土的干缩率取值为（150～

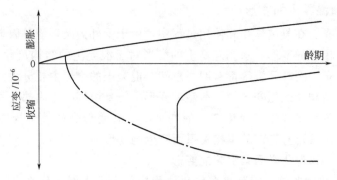

图 2-25 混凝土的干缩变形

$200) \times 10^{-6}$，即每米混凝土收缩 $0.15 \sim 0.20$ mm。

影响混凝土干缩的因素很多，主要有以下几方面。

① 水泥用量、细度及品种的影响　由于混凝土的收缩主要是由水泥石的干缩所引起的，而骨料对干缩具有制约的作用，因此在水灰比不变的情况下，混凝土中水泥浆量愈多，混凝土干缩率就愈大。采用矿渣水泥配制的混凝土比采用普通水泥配制的混凝土干缩率大；采用高强度等级水泥，由于水泥颗粒较细，混凝土收缩也较大；粉煤灰水泥混凝土的收缩率较小。

② 水灰比的影响　当混凝土中的水泥用量不变时，混凝土的干缩率随水灰比的增大而增加，塑性混凝土的干缩率较干硬性混凝土大得多。混凝土单位用水量的多少是影响其干缩率的重要因素。一般用水量平均每增加1%，干缩率约增加2%～3%。

③ 集料质量的影响　砂石在混凝土中形成骨架，对收缩有一定的限制作用。故混凝土的收缩率比水泥砂浆小得多。而水泥砂浆的收缩量又比水泥净浆小得多。集料的弹性模量越高，混凝土的收缩越小，故轻集料混凝土的收缩一般说来比普通混凝土大得多。吸水率大的集料配制的混凝土其干缩率也大。集料的含泥量较多时，会增大混凝土的干缩性。集料最大粒径较大、级配良好时，由于能减少混凝土中水泥浆用量，故混凝土干缩率较小。

④ 混凝土施工质量的影响　混凝土浇筑成型密实并延长湿养护时间，可推迟干缩变形的发生和发展，但对混凝土的最终干缩率无显著影响。采用湿热养护处理的混凝土，可减小混凝土的干缩率。

⑤ 温度变形　混凝土与其他材料一样，也具有热胀冷缩的性质。混凝土的温度膨胀系数约为 $(0.6 \sim 1.3) \times 10^{-5}$ mm/(mm·℃)，一般取 1.0×10^{-5} mm/(mm·℃)，即温度升高 1℃，每米膨胀 0.01mm。温度变形对大体积混凝土及大面积混凝土工程极为不利，易使这些混凝土造成温度裂缝。

在混凝土硬化初期，水泥水化放出较多的热量，混凝土又是热的不良导体，散热较慢，因此在大体积混凝土内部的温度较外部高，有时可达 50～70℃。这将使内部混凝土的体积产生较大的膨胀，而外部混凝土却随气温降低而收缩。内部膨胀和外部收缩互相制约,在外表混凝土中将产生很大拉应力,严重时使混凝土产生裂缝。因此,对大体积混凝土工程,必须尽量设法减少混凝土发热量,如采用低热水泥、减少水泥用量、采用人工降温等措施。一般纵长的混凝土结构物,应每隔一段距离设置一道伸缩缝,以及在结构中设置温度钢筋等措施。

(2) 荷载作用下的变形 作为现代土木工程的主要承重材料,水泥混凝土在使用过程中,往往都承受着较大的荷载,在不同的荷载作用下,混凝土会表现出不同的变形性能。

① 混凝土在短期荷载作用下的变形

a. 混凝土的弹塑性变形 混凝土内部结构中含有砂石集料、水泥石(水泥石中又存在着凝胶、晶体和未水化的水泥颗粒)、游离水分和气孔,这就决定了混凝土本身的不匀质性。它不是一种完全的弹性体,而是一种弹塑性体。它在受力时,既会产生可以恢复的弹性变形,又会产生不可恢复的塑性变形,其应力与应变之间的关系不是直线而是曲线,如图 2-26 所示。

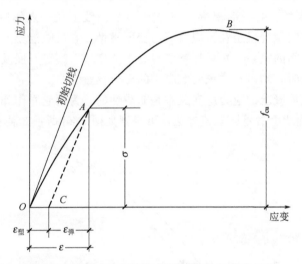

图 2-26 混凝土在压应力作用下的应力-应变曲线

在静力试验的加荷过程中,若加荷至应力为 σ、应变为 ε 的 A 点,然后将荷载逐渐卸去,则卸荷时的应力-应变曲线如 AC 所示。卸荷后能恢复的应变 $\varepsilon_{弹}$ 是由混凝土的弹性作用引起的,称为弹性应变;剩余的不能恢复的应变 $\varepsilon_{塑}$,则是由于混凝土的塑性性质引起的,称为塑性应变。

在重复荷载作用下的应力-应变曲线,因作用力的大小而有不同的型式。当应力小于极限强度的 30%～50% 时,每次卸荷都残留一部分塑性变形 ($\varepsilon_{塑}$)。但随着重复次数的增加,$\varepsilon_{塑}$ 的增量逐渐减小,最后曲线稳定于 $A'C'$ 线。它与初始切线大致平行,如图 2-27 所示。若所加应力极限强度的 50%～70% 重复时,随着重复次数的增加,塑性应变逐渐增加,将导致混凝土疲劳

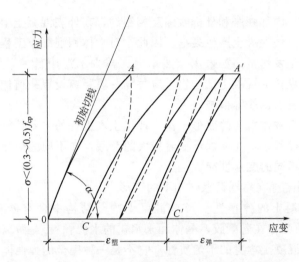

图 2-27 混凝土在低应力重复荷载下的应力-应变曲线

破坏。

b. 混凝土的变形模量　在应力-应变曲线上任一点的应力 σ 与其应变 ε 的比值，叫做混凝土在该应力下的变形模量。它反映混凝土所受应力与所产生应变之间的关系。在计算钢筋混凝土的变形、裂缝开展及大体积混凝土的温度应力时，均需知道该时混凝土的变形模量。

水泥混凝土的应力应变关系是非线性的，为将它看作弹性体，根据在应力-应变曲线上的不同取值方法，可得到如图 2-28 所示 3 种不同模量：

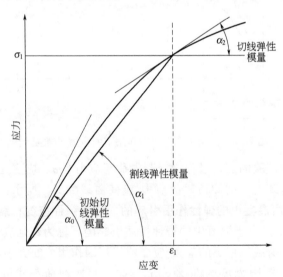

图 2-28 混凝土的各类模量定义

由应力-应变曲线的原点上切线的斜率求得，即 $E_i = \tan\alpha_0$，称为"初始切线模量"；

由应力-应变曲线上任一点切线斜率求得，即 $E_t = \tan\alpha_2$，称为"切线模量"。

由应力-应变曲线上任一点与原点的连线的斜率求得，即 $E_s = \tan\alpha_1$，称为"割线模量"。为提高工程适用性，通常采用割线模量来表示水泥混凝土的弹性模量。

通常，混凝土的强度越高，弹性模量越高，两者存在一定的相关性。当混凝土的强度等级由 C10 增加到 C60 时，其弹性模量大致是由 1.75×10^4 MPa 增至 3.60×10^4 MPa。

混凝土的弹性模量与钢筋混凝土构件的刚度很有关系，一般建筑物须有足够的刚度，在受力下保持较小的变形，才能发挥其正常使用功能，因此所用混凝土须有足够高的弹性模量，但模量高，则分担的荷载也大。

按我国 GBJ 81—85 的规定，混凝土弹性模量的测定，是采用 150mm×150mm×300mm 的棱柱体试件，取其轴心抗压强度值的 40% 作为试验控制应力荷载值，经 3 次以上重复加荷和卸荷后，测得应力与应变的比值，即为混凝土的弹性模量。由此定义得：

$$E_c = \frac{\sigma_{(0.4f_{cp})}}{\varepsilon_c} \tag{2-20}$$

式中 E_c——混凝土弹性模量，MPa；

$\sigma_{(0.4f_{cp})}$——相当于棱柱体试件极限抗压强度 40% 的应力，MPa；

ε_c——对应应力下的应变。

混凝土弹性模量受很多因素的影响，主要有以下几方面。

当混凝土中水泥浆用量较少，集料用量较多时，混凝土弹性模量较大。

当混凝土中所用集料的弹性模量较大时，则混凝土的弹性模量也较大。

早期养护温度较低的混凝土具有较高的弹性模量。因此，相同强度等级的混凝土，经蒸汽养护的比在标准条件下养护的混凝土弹性模量要小。

引气混凝土的弹性模量较普通混凝土约低 20%～30%。

试验时潮湿试件测得的混凝土弹性模量，比干燥试件测得的要大。

② 长期荷载作用下的变形-徐变　在恒定荷载的长期作用下，混凝土的塑性变形随时间延长而不断增加，这种变形称为徐变，一般要延续 2～3 年才趋向稳定。徐变是一种不可恢复的塑性变形，几乎所有的材料都有不同程度的徐变。金属及天然石材等材料，在正常温度及使用荷载下徐变是不显著的，可以忽略。而混凝土因徐变较大，且受拉、受压、受弯时都会产生徐变，所以不可忽略，在结构设计时，必须予以考虑。

图 2-29 表示混凝土的徐变曲线。当混凝土受荷后立即产生瞬时变形，瞬时变形的大小与荷载成正比；随着荷载持续时间的增长，就逐渐产生徐变变形，徐变变形的大小不仅与荷载的大小有关，而且与荷载作用时间有关。徐变初期变形增长较快，以后逐渐减慢，经 2～3 年后渐行停止。混凝土的

徐变变形为瞬时变形的 2～3 倍，一般可达 (3～15)×10⁻⁴，即 0.3～1.5mm/m，混凝土在长期荷载作用一段时后，如卸掉荷载，则一部分变形可以瞬间恢复，而另一部分变形可以在几天内逐渐恢复，此称为徐变恢复，最后留下来的是大部分不可恢复的残余变形，称为永久变形。

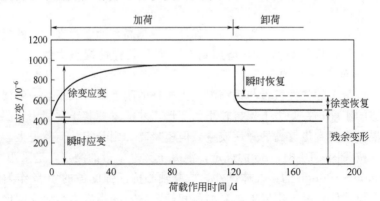

图 2-29　混凝土的应变与持荷时间的关系

混凝土徐变，一般认为是由于水泥石凝胶体在长期荷载作用下的黏性流动，并向毛细孔中迁移，同时吸附在凝胶粒子上的吸附水因荷载应力而向毛细孔迁移渗透的结果。

从水泥凝结硬化过程可知，随着水泥的逐渐水化，新的凝胶体逐渐填充毛细孔，使毛细孔的相对体积逐渐减小。在荷载初期或硬化初期，由于未填满的毛细孔较多，凝胶体的移动较易，故徐变增长较快。以后由于内部移动和水化的进展，毛细孔逐渐减小，徐变速度因而愈来愈慢。

混凝土的最终徐变值受荷载大小及持续时间、材料组成（如水泥用量及水灰比等）、混凝土受荷龄期、环境条件（温度和湿度）等许多因素的影响。混凝土的水灰比较小或混凝土在水中养护时，同龄期的水泥石中未填满的孔隙较少，故徐变较小。水灰比相同的混凝土，其水泥用量愈多，即水泥石相对含量愈大，其徐变愈大。混凝土所用集料弹性模量较大时，徐变较小。此外，徐变与混凝土的弹性模量也有密切关系，一般弹性模量大者，徐变小。对预应力混凝土构件，为降低徐变可采取下列措施：①选用小的水灰比，并保证潮湿养生条件，使水泥充分水化，形成密实结构的水泥石；②选用级配优良的集料，并用较高的集浆比，提高混凝土的弹性模量；③选用快硬高强水泥，并适当采用早强剂，提高混凝土早期强度；④延长养生期，推迟预应力张拉时间。

混凝土不论是受压、受拉或受弯时，均有徐变现象。混凝土的徐变对钢筋混凝土构件来说，能消除钢筋混凝土内的应力集中，使应力较均匀地重新分布；对大体积混凝土，能消除一部分由于温度变形所产生的破坏应力。但在预应力钢筋混凝土结构中，混凝土的徐变，将使钢筋的预加应力受到损失，影响结构的承载能力。

2.6.6 混凝土耐久性

混凝土具有抵抗环境介质作用的能力。混凝土破坏形式很多，如碱集料膨胀、冻融膨胀、由于盐的作用引起的剥落、混凝土的收缩和碳化引起的钢筋锈蚀、地下水环境下的硫酸盐的侵蚀、海水侵蚀等。同时，提高混凝土耐久性的措施也有很多：在混凝土中掺入引气剂可以提高混凝土抗冻融破坏的能力，掺入阻锈剂可以防止钢筋锈蚀，在混凝土中掺入硅灰可以降低渗透能力，抵抗 Cl^- 的侵入，掺入矿渣可防止硫酸盐侵蚀。关于混凝土耐久性，将在以后的章节专门讨论。

2.6.7 碱集料反应

虽然所有的集料都有活性，但一般只考虑那些对混凝土的性能有不良影响的集料。已有的试验研究表明，由于胶凝材料中含有大量的碱，使得含有活性集料的混凝土易发生碱集料反应，导致混凝土膨胀开裂。即使活性集料的用量很低，当有水分存在时，混凝土的温度很高也会激发碱集料反应的发生。

关于混凝土碱-集料反应，将在以后的章节专门讨论。

2.7 混凝土配合比设计

2.7.1 混凝土配制强度的确定

(1) 混凝土配制强度应按式(2-21)计算。

$$f_{cu,o} \geqslant f_{cu,k} + 1.645\sigma \tag{2-21}$$

式中 $f_{cu,o}$——混凝土配制强度，MPa；

$f_{cu,k}$——混凝土立方体抗压强度标准值，MPa；

σ——混凝土强度标准差，MPa。

(2) 遇有下列情况时应提高混凝土配制强度：

① 现场条件与试验室条件有显著差异时；

② C30 级及其以上强度等级的混凝土，采用非统计方法评定时；

(3) 混凝土强度标准差宜根据同类混凝土统计资料计算确定，并应符合下列规定。

① 计算时，强度试件组数不应少于 25 组。

② 当混凝土强度等级为 C20 和 C25 级，其强度标准差计算值小于 2.5MPa 时，计算配制强度用的标准差应取不小于 2.5MPa；当混凝土强度等级等于或大于 C30 级，其强度标准差计算值小于 3.0MPa 时，计算配制强度用的标准差应取不小于 3.0MPa。

③ 当无统计资料计算混凝土强度标准差时，其值应按现行国家标准

《混凝土结构工程施工及验收规范》(GB 50204)的规定取用。

2.7.2 混凝土配合比基本参数

表 2-2 干硬性混凝土的用水量　　　　　单位：kg/m³

拌和物稠度		卵石最大粒径			碎石最大粒径		
项目	指标	10(mm)	20(mm)	40(mm)	16(mm)	20(mm)	40(mm)
维勃稠度/s	16~20	175	160	145	180	170	155
	11~15	180	165	150	185	175	160
	5~10	185	170	155	190	180	165

(1) 每立方米混凝土用水量的确定，应符合下列规定。

① 干硬性和塑性混凝土用水量的确定　当水灰比在0.40~0.80范围时，根据粗集料的品种、粒径及施工要求的混凝土拌和物稠度，其用水量可按表2-2、表2-3选取。

表 2-3 塑性混凝土的用水量　　　　　单位：kg/m³

拌和物稠度		卵石最大粒径				碎石最大粒径			
项目	指标	10(mm)	20(mm)	31.5(mm)	40(mm)	16(mm)	20(mm)	31.5(mm)	40(mm)
坍落度/mm	10~30	190	170	160	150	200	185	175	165
	35~50	200	180	170	160	210	195	185	175
	55~75	210	190	180	170	220	205	195	185
	75~90	215	195	185	175	230	215	205	195

注：1. 本表用水量系采用中砂时的平均取值。采用细砂时，每立方米混凝土用水量可增加5~10kg；采用粗砂时，则可减少5~10kg。

2. 掺用各种外加剂或掺和料时，用水量应相应调整。

当水灰比小于0.40的混凝土以及采用特殊成型工艺的混凝土用水量应通过试验确定。

② 流动性和大流动性混凝土的用水量宜按下列步骤计算　以本坍落度90mm的用水量为基础，按坍落度每增大20mm用水量增加5kg，计算出未掺外加剂时的混凝土的用水量；

掺外加剂时的混凝土用水量可按式(2-22)计算：

$$m_{wa} = m_{w0}(1-\beta) \tag{2-22}$$

式中　m_{wa}——掺外加剂时每立方米混凝土的用水量，kg；

m_{w0}——未掺外加剂时每立方米混凝土的用水量，kg；

β——外加剂的减水率，%。

③ 外加剂的减水率应经试验确定。

(2) 当无历史资料可参考时，混凝土砂率的确定应符合下列规定。

① 坍落度为 10~60mm 的混凝土砂率，可根据粗骨料品种、粒径及水灰比按表 2-4 选取。

② 坍落度大于 60mm 的混凝土砂率，可经试验确定，也可在表 4.0.2 的基础上，按坍落度每增大 20mm，砂率增大 1% 的幅度予以调整。

③ 坍落度小于 10mm 的混凝土，其砂率应经试验确定。

表 2-4 混凝土的砂率   单位:%

水灰比(W/C)	卵石最大粒径			碎石最大粒径		
	10(mm)	20(mm)	40(mm)	16(mm)	20(mm)	40(mm)
0.40	26~32	25~31	24~30	30~35	29~34	27~32
0.50	30~35	29~34	28~33	33~38	32~37	30~35
0.60	33~38	32~37	31~36	36~41	35~40	33~38
0.70	36~41	35~40	34~39	39~44	38~43	36~41

注：1. 本表数值系中砂的选用砂率，对细砂或粗砂，可相应地减少或增大砂率。
2. 只用一个单粒级粗集料配制混凝土时，砂率应适当增大。
3. 对薄壁构件，砂率取偏大值。
4. 本表中的砂率系指砂与集料总量的质量比。

在进行混凝土配合比设计时，应控制最大水灰比和最小水泥用量（有时还要限制最大水泥用量），按 JGJ 55—2000 中表 4.0.4 规定进行控制。当用活性掺和料取代部分水泥时，表中的最大水灰比和最小水泥用量即为替代前的水灰比和水泥用量；配制 C15 级及其以下等级的混凝土，可不受本表限制。

外加剂和掺和料的掺量应通过试验确定，并应符合国家现行标准《混凝土外加剂应用技术规范》(GB 50119)、《粉煤灰在混凝土和砂浆中应用技术规程》(JGJ 28)、《粉煤灰混凝土应用技术规程》(GBJ 146)、《用于水泥与混凝土中粒化高炉矿渣粉》(GB/T 18046) 等的规定。

当进行混凝土配合比设计时，混凝土的最大水灰比和最小水泥用量，应符合 JGJ 55—2000 表 4.0.4 中的规定。

长期处于潮湿和严寒环境中的混凝土，应掺用引气剂或引气减水剂。引气剂的掺入量应根据混凝土的含气量并经试验确定，混凝土的最小含气量应符合表 2-5 的规定；混凝土的含气量亦不宜超过 7%。混凝土中的粗集料和细集料应作坚固性试验。

表 2-5 长期处于潮湿和严寒环境中混凝土的最小含气量

粗集料最大粒径/mm	最小含气量/%
40	4.5
25	5.0
20	5.5

(3) 混凝土配合比的计算 进行混凝土配合比计算时,其计算公式和有关参数表格中的数值均系以干燥状态集料为基准。当以饱和面干集料为基准进行计算时,则应做相应的修正。

注:干燥状态骨料系指含水率小于 0.5% 的细集料或含水率小于 0.2% 的粗集料。

混凝土配合比应按下列步骤进行计算:

① 计算配制强度 $f_{cu,0}$ 并求出相应的水灰比;

② 选取每立方米混凝土的用水量,并计算出每立方米混凝土的水泥用量;

③ 选取砂率,计算粗集料和细集料的用量,并提出供试配用的计算配合比。

混凝土强度等级小于 C60 时,混凝土水灰比宜按式(2-23)计算:

$$W/C = \frac{\alpha_a f_{ce}}{f_{cu,0} + \alpha_a \alpha_b f_{ce}} \tag{2-23}$$

式中 α_a,α_b——回归系数;

f_{ce}——水泥 28 天抗压强度实测值,MPa。

当无水泥 28 天抗压强度实测值时,式(2-23)中的 f_{ce} 值可按 $f_{ce} = \gamma_c f_{ce,g}$ 确定。式中,γ_c 为水泥强度等级值的富余系数,可按实际统计资料确定;$f_{ce,g}$ 为水泥强度等级值,MPa。

f_{ce} 值也可根据 3 天强度或快测强度推定 28 天强度关系式推定得出。

回归系数 α_a 和 α_b 宜按下列规定确定:

① 回归系数 α_a 和 α_b 应根据工程所使用的水泥、集料,通过试验由建立的水灰比与混凝土强度关系式确定;

② 当不具备上述试验统计资料时,其回归系数可按表 2-6 采用。

表 2-6 回归系数 α_a、α_b 选用

系 数	碎石	卵石
α_a	0.46	0.48
α_b	0.07	0.33

每立方米混凝土的用水量(m_{w0})可按表 2-2 或表 2-3 选用。

每立方米混凝土的水泥用量(m_{c0})可按式(2-24)计算:

$$m_{c0} = \frac{m_{w0}}{(W/C)} \tag{2-24}$$

混凝土的砂率可按表 2-4 的规定选取。

粗集料和细集料用量的确定,应符合下列规定:

① 当采用重量法时,应按下列公式计算:

$$m_{c0} + m_{g0} + m_{s0} + m_{w0} = m_{cp} \tag{2-25}$$

$$\beta_s = \frac{m_{s0}}{m_{g0}+m_{s0}} \times 100\% \tag{2-26}$$

式中 m_{c0}——每立方米混凝土的水泥用量，kg/m^3；

m_{g0}——每立方米混凝土的粗集料用量，kg/m^3；

m_{s0}——每立方米混凝土的细集料用量，kg/m^3；

m_{w0}——每立方米混凝土的用水量，kg/m^3；

β_s——砂率，%；

m_{cp}——每立方米混凝土拌和物的假定重量，kg/m^3，其值可取 2350～2450。

② 当采用体积法时，应按下列公式并结合式(2-26)进行计算：

$$\frac{m_{c0}}{\rho_c}+\frac{m_{g0}}{\rho_g}+\frac{m_{s0}}{\rho_s}+\frac{m_{w0}}{\rho_w}+V_a=1 \tag{2-27}$$

式中 ρ_c——水泥密度，kg/m^3；

ρ_g——粗集料的表观密度，kg/m^3；

ρ_s——细集料的表观密度，kg/m^3；

ρ_w——水的密度，kg/m^3；

V_a——混凝土的含气量，在不使用引气型外加剂时，可取为1%。

③ 粗集料和细集料的表观密度（ρ_g，ρ_s）应按现行行业标准《普通混凝土用碎石或卵石质量标准及检验方法》(JGJ 53)和《普通混凝土用砂质量标准及检验方法》(JGJ 52)规定的方法测定。

(4) 混凝土配合比的试配、调整与确定

① 试配 进行混凝土配合比试配时应采用工程中实际使用的原材料。混凝土的搅拌方法，宜与生产时使用的方法相同。

混凝土配合比试配时，每盘混凝土的最小搅拌量应符合表2-7的规定；当采用机械搅拌时，其搅拌量不应小于搅拌机额定搅拌量的1/4。

表2-7 混凝土试配的最小搅拌量

集料最大粒径/mm	拌和物数量/L
31.5 及以下	15
40	25

按计算的配合比进行试配时，首先应进行试拌，以检查拌和物的性能。当试拌得出的拌和物坍落度或维勃稠度不能满足要求，或黏聚性和保水性不好时，应在保证水灰比不变的条件下相应调整用水量或砂率，直到符合要求为止。然后提出供混凝土强度试验用的基准配合比。

混凝土强度试验时至少应采用3个不同的配合比。当采用3个不同的配合比时，其中一个应为由计算确定的基准配合比，另外两个配合比的水灰比，宜较基准配合比分别增加和减少0.05；用水量应与基准配合比相同，砂率可分别增加和减少 1%。

当不同水灰比的混凝土拌和物坍落度与要求值的差超过允许偏差时，可通过增、减用水量进行调整。

制作混凝土强度试验试件时，应检验混凝土拌和物的坍落度或维勃稠度、黏聚性、保水性及拌和物的表观密度，并以此结果作为代表相应配合比的混凝土拌和物的性能。

进行混凝土强度试验时，每种配合比至少应制作一组（3 块）试件，标准养护到 28 天时试压。

需要时可同时制作几组试件，供快速检验或较早龄期试压，以便提前定出混凝土配合比供施工使用。但应以标准养护 28 天强度或按现行国家标准《粉煤灰混凝土应用技术规程》(GBJ 146)、现行行业标准《粉煤灰在混凝土和砂浆中应用技术规程》(JGJ 28) 等规定的龄期强度的检验结果为依据调整配合比。

② 配合比的调整与确定　根据试验得出的混凝土强度与其相对应的灰水比（C/W）关系，用作图法或计算法求出与混凝土配制强度（$f_{cu,0}$）相对应的灰水比，并应按下列原则确定每立方米混凝土的材料用量。

a. 用水量（m_w）应在基准配合比用水量的基础上，根据制作强度试件时测得的坍落度或维勃稠度进行调整确定。

b. 水泥用量（m_c）应以用水量乘以选定出来的灰水比计算确定。

c. 粗集料和细集料用量（m_g，m_s）应在基准配合比的粗集料和细集料用量的基础上，按选定的灰水比进行调整后确定。

经试配确定配合比后，尚应按下列步骤进行校正。

a. 根据最终确定的材料用量按式(2-28)计算混凝土的表观密度计算值 $\rho_{c,c}$：

$$\rho_{c,c} = m_c + m_g + m_s + m_w \tag{2-28}$$

b. 按式(2-29)计算混凝土配合比校正系数 δ：

$$\delta = \frac{\rho_{c,t}}{\rho_{c,c}} \tag{2-29}$$

式中　$\rho_{c,t}$ ——混凝土表观密度实测值，kg/m^3；
　　　$\rho_{c,c}$ ——混凝土表观密度计算值，kg/m^3。

c. 当混凝土表观密度实测值与计算值之差的绝对值不超过计算值的 2% 时，由计算得到的配合比即为确定的设计配合比；当两者之差超过 2% 时，应将配合比中每项材料用量乘以校正系数 δ，即为确定的设计配合比。

根据各自单位常用的材料，可设计出常用的混凝土配合比备用；在使用过程中，应根据原材料情况及混凝土质量检验的结果予以调整。但遇有下列情况之一时，应重新进行配合比设计：对混凝土性能指标有特殊要求时；水泥、外加剂或矿物掺和料品种、质量有显著变化时；该配合比的混凝土生产间断半年以上时。

2.7.3 有特殊要求的混凝土配合比设计

(1) 抗渗混凝土 抗渗混凝土所用原材料应符合下列规定。

① 粗集料宜采用连续级配，其最大粒径不宜大于 40mm，含泥量不得大于 1.0%，泥块含量不得大于 0.5%。

② 细集料的含泥量不得大于 3.0%，泥块含量不得大于 1.0%。

③ 外加剂宜采用防水剂、膨胀剂、引气剂、减水剂或引气减水剂。

④ 抗渗混凝土宜掺用矿物掺和料。

抗渗混凝土配合比的计算方法和试配步骤除应遵照上述规定外，尚应符合下列规定。

① 每立方米混凝土中的水泥和矿物掺和料总量不宜小于 320kg。

② 砂率宜为 35%～45%。

③ 供试配用的最大水灰比应符合表 2-8 的规定。

表 2-8 抗渗混凝土最大水灰比

抗渗等级	最大水灰比	
	C20～C30 混凝土	C30 以上混凝土
P6	0.60	0.55
P8～P12	0.55	0.50
P12 以上	0.50	0.45

掺用引气剂的抗渗混凝土，其含气量宜控制在 3%～5%。

进行抗渗混凝土配合比设计时，尚应增加抗渗性能试验；并应符合下列规定。

① 试配要求的抗渗水压值应比设计值提高 0.2MPa。

② 试配时，宜采用水灰比最大的配合比作抗渗试验，其试验结果应符合式 (2-30) 要求：

$$P_t \geqslant P/10 + 0.2 \tag{2-30}$$

式中 P_t——6 个试件中 4 个未出现渗水时的最大水压值，MPa；

P——设计要求的抗渗等级值。

③ 掺引气剂的混凝土还应进行含气量试验，试验结果应符合相关规定。

(2) 抗冻混凝土 抗冻混凝土所用原材料应符合下列规定。

① 应选用硅酸盐水泥或普通硅酸盐水泥，不宜使用火山灰质硅酸盐水泥。

② 宜选用连续级配的粗集料，其含泥量不得大于 1.0%，泥块含量不得大于 0.5%。

③ 细集料含泥量不得大于 3.0%，泥块含量不得大于 1.0%。

④ 抗冻等级 F100 及以上的混凝土所用的粗集料和细集料均应进行坚固

性试验,并应符合现行行业标准《普通混凝土用碎石或卵石质量标准及检验方法》(JGJ 53)及《普通混凝土用砂质量标准及检验方法》(JGJ 52)的规定。

⑤ 抗冻混凝土宜采用减水剂,对抗冻等级 F100 及以上的混凝土应掺引气剂,掺用后混凝土的含气量应符合表 2-5 的规定。

抗冻混凝土配合比的计算方法和试配步骤除应遵守上述有关规定外,供试配用的最大水灰比尚应符合表 2-9 的规定。

表 2-9 抗冻混凝土的最大水灰比

抗冻等级	无引气剂时	掺引气剂时
F50	0.55	0.60
F100	—	0.55
F150 及以上	—	0.50

进行抗冻混凝土配合比设计时,尚应增加抗冻融性能试验。

(3) 高强混凝土 配制高强混凝土所用原材料应符合下列规定。

① 应选用质量稳定、强度等级不低于 42.5 级的硅酸盐水泥或普通硅酸盐水泥。

② 对强度等级为 C60 级的混凝土,其粗集料的最大粒径不应大于 31.5mm,对强度等级高于 C60 级的混凝土,其粗集料的最大粒径不应大于 25mm;针片状颗粒含量不宜大于 5.0%,含泥量不应大于 0.5%,泥块含量不宜大于 0.2%;其他质量指标应符合现行行业标准《普通混凝土用碎石或卵石质量标准及检验方法》(JGJ 53)的规定。

③ 细骨料的细度模数宜大于 2.6,含泥量不应大于 2.0%,泥块含量不应大于 0.5%。其他质量指标应符合现行行业标准《普通混凝土用砂质量标准及检验方法》(JGJ 52)的规定。

④ 配制高强混凝土时应掺用高效减水剂或缓凝高效减水剂。

⑤ 配制高强混凝土时应掺用活性较好的矿物掺和料,且宜复合使用矿物掺和料。

⑥ 高强混凝土配合比的计算方法和步骤除应按上述有关规定进行外,尚应符合下列规定。

a. 基准配合比中的水灰比,可根据现有试验资料选取。

b. 配制高强混凝土所用砂率及所采用的外加剂和矿物掺和料的品种、掺量,应通过试验确定。

c. 计算高强混凝土配合比时,其用水量可按本规程第 4 章的规定确定。

d. 高强混凝土的水泥用量不应大于 $550kg/m^3$;水泥和矿物掺和料的总量不应大于 $600kg/m^3$。

高强混凝土配合比的试配与确定的步骤应按有关规定进行。当采用 3 个不同的配合比进行混凝土强度试验时,其中一个应为基准配合比,另外两个配合比的水灰比,宜较基准配合比分别增加和减少 0.02~0.03。

高强混凝土设计配合比确定后,尚应用该配合比进行不少于 6 次的重复试验进行验证,其平均值不应低于配制强度。

(4) 泵送混凝土 泵送混凝土所采用的原材料应符合下列规定。

① 泵送混凝土应选用硅酸盐水泥、普通硅酸盐水泥、矿渣硅酸盐水泥和粉煤灰硅酸盐水泥,不宜采用火山灰质硅酸盐水泥。

② 粗集料宜采用连续级配,其针片状颗粒含量不宜大于 10%;粗集料的最大粒径与输送管径之比宜符合表 2-10 的规定。

表 2-10 粗集料的最大粒径与输送管径之比

石子品种	泵送高度/m	粗集料最大粒径与输送管径比
碎石	<50	≤1:3.0
	50~100	≤1:4.0
	>100	≤1:5.0
卵石	<50	≤1:2.5
	50~100	≤1:3.0
	>100	≤1:4.0

③ 泵送混凝土宜采用中砂,其通过 0.315mm 筛孔的颗粒含量不应少于 15%。

④ 泵送混凝土应掺用泵送剂或减水剂,并宜掺用粉煤灰或其他活性矿物掺和料,其质量应符合国家现行有关标准的规定。

泵送混凝土试配时要求的坍落度值应按式(2-31)计算:

$$T_t = T_p + \Delta T \tag{2-31}$$

式中 T_t——试配时要求的坍落度值;

T_p——入泵时要求的坍落度值;

ΔT——试验测得在预计时间内的坍落度经时损失值。

泵送混凝土配合比的计算和试配步骤除应有关规定进行外,尚应符合下列规定。

① 泵送混凝土的用水量与水泥和矿物掺和料的总量之比不宜大于 0.60。

② 泵送混凝土的水泥和矿物掺和料的总量不宜小于 300kg/m³。

③ 泵送混凝土的砂率宜为 35%~45%。

④ 掺用引气型外加剂时,其混凝土含气量不宜大于 4%。

(5) 大体积混凝土 大体积混凝土所用的原材料应符合下列规定。

① 水泥应选用水化热低和凝结时间长的水泥,如低热矿渣硅酸盐水泥、中热硅酸盐水泥、矿渣硅酸盐水泥、粉煤灰硅酸盐水泥、火山灰质硅酸盐水

泥等；当采用硅酸盐水泥或普通硅酸盐水泥时，应采取相应措施延缓水化热的释放。

② 粗集料宜采用连续级配，细集料宜采用中砂。

③ 大体积混凝土应掺用缓凝剂、减水剂和减少水泥水化热的掺和料。

大体积混凝土在保证混凝土强度及坍落度要求的前提下，应提高掺和料及集料的含量，以降低每立方米混凝土的水泥用量。

大体积混凝土配合比的计算和试配步骤应按有关标准规定进行，并宜在配合比确定后进行水化热的验算或测定。

2.7.4 高性能混凝土及其配合比设计

所谓高性能混凝土，实际上是一种低水胶比混凝土，于1990年由美国正式提出，立即受到全世界的注意，被称为"21世纪混凝土"。各国由于对混凝土要求不同，对 HPC 的认识尚未统一。

Zia 等在1991年为美国战略公路研究项目准备的一份报告中提出了以下用于公路建设的几种高性能混凝土类型。

① **超早强**（very early strength，VES） 混凝土在施工后4h抗压强度至少达到21MPa，4h之后不再对混凝土进行养护。当然，额外的养护是有益的。此类混凝土计划用于道路修补，以便在最短时间内开放交通。

② **高早强**（high early strength，HES） 混凝土在施工后24h抗压强度至少达到34MPa，用于道路建设时，HES须使用机械施工，并且在24h以后极少或不再进行养护。

③ **高强度**（high strength，HS） 混凝土28天抗压强度至少达到42MPa。

④ **超高强**（very high strength，VHS） 混凝土28天抗压强度至少达到69MPa。VHS混凝土适用于体形较大的建筑，须加强养护以保证性能最优。

⑤ **纤维增强混凝土**（fiber-reinforced concrete，FRC） 通过掺用足够体积的纤维增强混凝土，使混凝土的韧性至少达到对比混凝土应力-应变曲线所包围的面积的5倍。

⑥ **高耐久性混凝土**（high-durability concrete） 水灰比小于等于0.35时，混凝土经 ASTMC666 方法检测，其耐久性指数（冻融循环）不小于80%。选择最大水灰比为0.35，是为了在相对短的养护时间内（正常为1天）获得非连续的毛细孔体系，从而使混凝土具有抗渗性能和抗化学侵蚀的能力。

⑦ **高强轻集料混凝土**（high-strength lightweight concrete） 利用轻集料配制混凝土，可以使轻混凝土体积密度较常规混凝土降低20%~50%。某些轻混凝土抗压强度超过69MPa。此类混凝土用于需要减少静荷载的

场合。

美国 NIST 与 ACI 认为 HPC 是用优质水泥、水和活性细掺料与高效外加剂制成的,同时具有优良耐久性、工作性和强度的匀质混凝土。欧洲重视强度与耐久性,常与高强混凝土并提（HSC/HPC）,法国与加拿大正在研究开发超高性能混凝土（UHPC）。北欧则在开发高强高性能混凝土。

吴中伟在《混凝土与水泥制品》2000 年 1 期"高性能混凝土-绿色混凝土"一文中,提出了 HPC 的定义:HPC 是一种新型高技术混凝土,是在大幅度提高常规混凝土性能的基础上,采用现代混凝土技术,选用优质原料,在妥善的质量管理条件下所制成的,除水泥、集料、水以外,必须采用低水胶比,掺加足够的细掺料与高效外加剂。HPC 应同时保证下列诸性能：耐久性、工作性、各种力学性能、适用性、体积稳定性与经济合理性。

(1)"按性能设计"高性能混凝土要点　混凝土是当前城市化、高速公路、港口码头、立交桥、机场、大坝、隧道等建设中应用最广、用量最大的基础材料。尽管每立方米混凝土耗能 1750MJ,排放 CO_2 气体 0.25t,产生酸化气体相当于 SO_2 0.763kg,但与其他材料相比,混凝土的能耗要小得多：以生产直径 0.5m,长 1m 的污水管为例,混凝土管的能耗为陶瓷管的 1/2、铸铁管的 1/3、聚氯乙烯管的 1/4。20 世纪 90 年代以来,由于高效能外加剂应用技术的推动作用,引发了高性能混凝土的技术革命。但是,高性能混凝土仍存在某些性能缺陷：由于掺用了高效减水剂,使泌水大大减小,塑性收缩明显增加；水灰(胶)比的降低,又使得混凝土自收缩增加。上述两种作用带来的开裂,使抗渗性提高的效果付之东流。

和发达国家相比,我国在进行混凝土配合比设计时,往往以强度为主要指标,而一些国家已经在强调混凝土配合比要从"强度设计"过渡到"性能设计",例如欧洲的 RILEM 已经制定了混凝土性能设计准则；1995 年美国混凝土学会修订的 ACI 318 建筑法则,也根据性能设计原则,对原来的条款进行了不少修改。我国现行的 JGJ 55—2000《普通混凝土配合比设计规程》虽参照 CEB-FIP 模式增加了按性能设计的条文,但尚待完善。

本节对高性能混凝土配合比设计的要点问题及"按性能设计"高性能混凝土的基本原理和方法进行讨论。

(2) 高性能混凝土用水量　混凝土工作性特别是流动性主要取决于混凝土单位用水量。我国现行混凝土设计规范中混凝土用水量的取值是依据混凝土坍落度和石子最大粒径确定的。设计高性能混凝土配合比时,用水量仍以满足其工作性为条件,按经验选用。

已经知道,用水量对高性能混凝土的性能存在一定影响。以高性能混凝土的早期开裂为例,由于高性能混凝土水胶比低,混凝土水化引起的早期自收缩有时达到混凝土总收缩的 50% 以上,因而对于早期(甚至在初凝后)养护不当的高性能混凝土,常出现早期开裂。解决问题的主要途径是：采取多种手段,加强早期湿养护;降低胶凝材料用量,减小混凝土总收缩值。对于后者,最有效的办法是降低单位用水量,常通过掺用高效减水剂来实现。在这方面,美国的设计规范中,设定高性能混凝土中水泥浆与集料的体积比为 35:65,对不同强度等级的混凝土设定用水量。日本的设计规范则设定:C50~C60 混凝土,单位用水量为 165~175kg/m³;C75 混凝土,单位用水量为 150kg/m³,对 C75 以上混凝土,强度每增加 15MPa,每立方米混凝土用水量减少 10kg。

对于密实的混凝土,胶凝材料浆的体积应略多于集料的空隙率。根据吴中伟院士的研究结果,砂石配合适当时,集料最小空隙率为:

$$\alpha = \frac{表观密度-体积密度}{表观密度} \tag{2-32}$$

α 通常为 20%~22%。在进行混凝土配合比计算时,根据原材料与工作性的要求,决定胶凝材料浆量的富余值(β)。对于大流动性混凝土,富余值为 9%~10%。

1m³ 高性能混凝土中胶凝材料(cementitious materials)的质量 CM (kg/m³) 由式(2-33) 计算:

$$CM = \frac{1000(\alpha+\beta)}{\sum_{i=1}^{n}(R_i/\rho_i)+(W/cm)} \tag{2-33}$$

式中 R_i——胶凝材料各组分占胶凝材料总质量的比例;

ρ_i——胶凝材料各组分的密度,kg/m³。

则高性能混凝土用水量 W(kg/m³) 的计算公式为:

$$W = CM \times (w/cm) \tag{2-34}$$

对于不掺减水类外加剂的混凝土,其用水量可参照 JGJ 55—2000 中的规定取值。借助于数值分析方法可知:混凝土单位用水量对粗集料最大粒径的偏导数与粗集料最大粒径的乘积是该偏导数与粗集料最大粒径的线性组合;单位用水量与坍落度成线性关系。经数学推导,可得到使用碎石和卵石的混凝土用水量 W_1 和 W_2 计算公式如下:

$$W_1 = 182.441 + 50s/11 + 1.11D - 73.61\lg(D/4.086 - 2.671) \tag{2-35}$$

$$W_2 = 174.091 + 5[s/7] + 50s/11 + 1.005D - 100\lg(D/10) \tag{2-36}$$

式中,D 为粗集料最大粒径,mm;s 为坍落度表征值,当坍落度为 10~30mm、30~50mm、50~70mm、70~90mm 时,s 分别为 1.3、3.5、5.7、7.9;$[s/7]$ 为取整函数。

由此可计算出混凝土坍落度介于 70~90mm 时,外加剂减水率 u (%):

$$u_1 \geqslant 100\% \times (W_1 - W)/W_1 \tag{2-37}$$

$$u_2 \geqslant 100\% \times (W_2 - W)/W_2 \tag{2-38}$$

对于大流动性混凝土和泵送混凝土,先计算坍落度 70~90mm 时的用水量，再计算对应于此用水量的减水率 u_0，将计算结果加 10%~12% 即为所需减水率。

2.7.5 低收缩中低强度混凝土配合比设计

中低强度混凝土是指混凝土强度等级为 C20~C45 级的普通水泥混凝土。

(1) 术语

① **减缩型减水剂** 通过降低水的表面张力减少硬化混凝土收缩量的高性能减水剂。

② **自（内）养护材料** 通过建立内引水机制，提高水泥水化体系内部相对湿度、加速水泥水化、减少化学收缩作用的材料。本规程中主要指无机类自养护材料颗粒和高吸水树脂（SAP）颗粒。

③ **内引水量** 通过自养护材料引入混凝土中的水的质量，不计入混凝土拌和用水。

④ **填埋型相变材料** 在混凝土浇筑时，采用管道密封并预埋于混凝土浇筑部位，用于吸收和储存水泥水化放热的相变储热材料。

⑤ **导热流体** 通过相变吸收水化热，并通过预埋于混凝土中的管道流动导出混凝土体外，而实现降温的流体。

⑥ **低干缩混凝土** 7天干燥收缩不大于 100×10^{-6}，7天自收缩不大于 80×10^{-6}；28天干燥收缩不大于 250×10^{-6}，28天自收缩不大于 100×10^{-6}；塑性状态失水量不大于 $1kg/m^2$ 的混凝土。

⑦ **超低干缩混凝土** 7天干燥收缩不大于 80×10^{-6}，7天自收缩不大于 60×10^{-6}；28天干燥收缩不大于 150×10^{-6}，28天自收缩不大于 80×10^{-6}；塑性状态失水量不大于 $1kg/m^2$ 的混凝土。

⑧ **低冷缩混凝土** 满足下列性能指标的混凝土。

a. 混凝土热物性能参数应符合如下要求：7天混凝土的热膨胀系数不大于 $10\times10^{-6}/℃$，热导率不小于 $2.5W/(m\cdot K)$，比热容不小于 $0.9J/(g\cdot K)$。

b. 混凝土拌和物入模温度，混凝土入模温度应控制在 30℃ 以下。浇注后混凝土内部最高温度不大于 70℃，最大温差不大于 25℃。

⑨ **低收缩混凝土** 低干缩混凝土与低冷缩混凝土的总称。

(2) 原材料技术要求

① **水泥** 应采用 42.5 或 52.5 级普通硅酸盐水泥或硅酸盐水泥，比表面积不大于 $380m^2/kg$，3天水化热不大于 $290J/g$，7天水化热不大于 $350J/g$；其他性能指标应符合国家现行标准《通用硅酸盐水泥》（GB 175）的相关规定。混凝土拌和时水泥温度不高于 60℃。

② **粉煤灰** 选用 F 类 Ⅰ 级粉煤灰或烧失量不超过 5% 的 Ⅱ 级粉煤灰。其他指标应符合《用于水泥和混凝土中的粉煤灰》（GB/T 1596）和《粉煤

灰混凝土应用技术规范》(GBJ 146)的规定。

③ 磨细矿渣粉 选用《用于水泥与混凝土中的粒化高炉矿渣粉》(GB/T 18046)中规定的S95级磨细矿渣粉。

④ 细集料 选用细度模数为2.4~3.0的天然砂,含泥量不大于1.0%,泥块含量不大于0.5%。其他指标应符合《普通混凝土用砂、石质量及检验方法标准》(JGJ 52)的规定。

⑤ 粗集料 选用连续级配的粗集料,最大粒径不大于31.5mm,针片状含量不大于10%,石粉含量不大于3.0%,含泥量不大于0.5%,泥块含量不大于0.3%,吸水率不大于1.5%,堆积空隙率不大于42%。其他指标应符合《普通混凝土用砂、石质量及检验方法标准》(JGJ 52)的规定。

⑥ 水 应符合《混凝土用水标准》(JGJ 63)的要求。

⑦ 化学外加剂 选用《混凝土外加剂》(GB 8076)中规定的标准型或缓凝型高效减水剂、高性能减水剂。

⑧ 减缩型减水剂 混凝土使用减缩型减水剂时,7天收缩率比不大于90%,28天收缩率比不大于90%,其他指标应符合《混凝土外加剂》(GB 8076)高性能减水剂的有关规定。

⑨ 自养护材料 可选用的自养护材料有:符合《超轻陶粒和陶砂》(JC 487)的陶砂;符合《混凝土和砂浆用天然沸石粉》(JG/T 3048)的天然沸石、以托贝莫来石为主要相的蒸压硅酸盐颗粒;高吸水树脂(SAP)。技术要求如下。

a. 无机类自养护材料粒径宜为2.5~5mm;压碎指标不大于15%;陶砂吸水率不小于8%,天然沸石和蒸压硅酸盐颗粒吸水率不小于20%。

b. 高吸水树脂(SAP)粒径应在0.05~0.1mm之间,吸水膨胀50~100倍。

⑩ 填埋型相变材料 固液相变温度范围应为15~40℃,相变焓不小于120J/g,过冷度不大于5℃。

⑪ 导热流体 导热流体在相变前后的平均表观比热容不小于4.8J/(g·K),使用过程中不分层。

⑫ 膨胀剂 膨胀剂性能指标应符合《混凝土膨胀剂》(GB 23439)的规定。

⑬ 减缩剂 掺用减缩剂的混凝土的7天收缩率比不大于70%,28天收缩率比不大于70%;掺用减缩剂的混凝土抗压强度比不小于85%。

(3) 配合比设计 供试配用的混凝土配合比中最大单位用水量、最大胶凝材料用量、最低集料体积分数应符合表2-11规定。砂率宜为35%~45%。

掺和料宜优先选用粉煤灰。在粉煤灰与矿渣粉复掺使用时,矿渣粉用量不宜超过掺和料总量的1/3。混合材与矿物掺和料的总量宜为胶凝材料总质量的20%~50%。

表 2-11 最大用水量、最大胶凝材料用量和最低集料体积分数

强度等级	最大用水量/(kg/m³)	最大胶凝材料用量/(kg/m³)	最低集料体积分数
C20、C25	≤180	≤350	
C30、C35	≤170	≤380	0.68
C40、C45	≤160	≤450	

配制 C20~C35 低干缩混凝土时宜优先选用减缩型减水剂，其用量通过工作性、强度和收缩试验确定；配制 C40~C45 低干缩混凝土时，宜采用减缩型减水剂与自养护材料，自养护材料用量可按如下方法确定。

① 无机类自养护材料等体积取代细集料，其用量以最大内引水量计算。最大内引水量为水泥质量的 0.02 倍。

② 高吸水树脂（SAP）用量按最大内引水量进行计算，方法同①。

配制超低收缩混凝土时，高性能减水剂与减缩剂复合使用。减缩剂的用量不超过 8kg/m³；在对混凝土抗冻性要求较高的结构中，应适当降低减缩剂用量；使用减缩剂时应减少单位用水量、降低水胶比。使用前应结合实际混凝土原材料进行减缩剂与水泥、矿物掺和料、减水剂等的相容性试验。

在采用膨胀剂配制低收缩混凝土时，施工和使用阶段混凝土内部的最高温度不宜大于 70℃，施工阶段需加强湿养护，使用阶段混凝土内部最低相对湿度不宜低于 70%。膨胀剂使用方法应按《混凝土外加剂应用技术规范》（GB 50119）的规定执行。

配制低冷缩混凝土时，宜优先选用石灰岩、大理岩等线膨胀系数较低的粗集料；采用缓凝型高性能减水剂，并降低水泥用量。在确定水泥、矿物掺和料品种和用量时，应进行水化热试验。宜以 60 天或 90 天强度进行设计。

低收缩中低强度混凝土设计配合比确定后，应使用该配合比进行不少于 3 组试件的重复试验，进行收缩性能和强度验证，分别测量低干缩混凝土的干燥收缩、自收缩、塑性状态失水量，低冷缩混凝土的线性热膨胀系数、比热容、热导率、绝热温升，其平均值应分别满足相关要求，强度不应低于配制强度。

参考文献

[1] Pressler B. Reinforced Concrete Engineering, Wiley-Interscience. 1974.

[2] Lehmann H, Locher F W, Prussog D. Quantitative Bestimmung des Calcium Hydroxide in Hydratisierten Zementen, Ton-Ztg., 1970 (94): 230-235.

[3] Ramachandran V S. Differential Thermal Method of Estimating Calcium Hydroxide in Calcium Silicate and Cement Pastes, Cem. Concr. Res., 1979 (9): 677-83.

[4] Midgley H G. The Determination of Calcium Hydroxide in Set Portland Cements,

Cem. Concr. Res., 1979 (9): 77-83.

[5] Feldman R F, Ramachandran V S. A Study of the State of Water and Stoichiometry of Bottle Hydrated Ca_3SiO_5, Chem. Concr. Res., 1974 (4): 155-166.

[6] Stein H N, Stevels J. Influence of Silica on Hydration of $3CaO \cdot SiO_2$, J. App. Chem., 1964 (14): 338-346.

[7] Tadros M E, Skalny J, Kalyoncu R. Early Hydration of C_3S, J. Amer. Cer. Soc., 1976 (59): 344-347.

[8] Maycock J N, Skalny J, Kalyoncu R. Crystal Defects and Hydration: I Influence of Lattice Defects, Cem. Concr. Res., 1974 (4): 835-847.

[9] Bogue R H, Lerch W. Hydration of Portland Cement Compounds, Ind. Eng. Chem., 1934 (26): 837-847.

[10] Beaudoin J J, Ramachandran V S. A New Perspective on the Hydration Characteristics of Cement Pastes, Cem. Concr. Res., 1992 (22): 689-694.

[11] Young J F. Hydration of Portland Cement, J. Edn. Mod. Mat. Sci. Eng., 1981 (3): 404-428.

[12] Ramachandran V S 等. 混凝土科学. 黄士元等译. 北京：中国建筑工业出版社，1986.

[13] 陈建奎. 混凝土外加剂的原理与应用. 北京：中国计划出版社，1997.

[14] 吴中伟，廉慧珍. 高性能混凝土. 北京：中国铁道出版社，1999.

[15] 申爱琴. 水泥与水泥混凝土. 北京：人民交通出版社，2000.

[16] 李维凯，翁大汉，张勋利. 我国高炉矿渣资源化利用进展. 中国废钢铁，2007 (3): 34-38.

[17] 刘晓华，盖国胜. 微硅粉在国内外应用概述. 铁合金，2007 (5): 41-42.

第 3 章 混凝土外加剂生产技术

3.1 概述

3.1.1 主导产品

在混凝土外加剂中,减水剂是目前应用最广的一种外加剂。其中减水剂的发展一般分为 3 个阶段:以木钙为代表的第一代普通减水剂阶段;以萘系为主要代表的第二代高效减水剂阶段和目前以聚羧酸盐为代表的第三代高性能减水剂阶段。目前,混凝土外加剂仍以萘系高效减水剂及其复合产品为主,市场占有率高达 90%。

国内外加剂主导产品主要是:以高浓萘系高效减水剂为母体的泵送剂,多以液体产品销售;以粉状萘系泵送剂与硫铝酸盐类膨胀剂复合的产品。或许可以认为,当前混凝土外加剂的主导产品是萘系高效减水剂和硫铝酸盐类膨胀剂。

但是,由于工业萘的来源以及生产萘系产品过程中的环保问题,加之萘系产品本身的性能缺陷,国际混凝土外加剂研究开发的主流是高性能减水剂和减缩剂(SRA, shrinkage reducing agent)。

近来的混凝土工程中,在高强混凝土、泵送混凝土、自密实混凝土等制造时,没有不使用高性能 AE 减水剂的。多数国家将高效减水剂(high range water reducer)和高性能 AE 减水剂(air entraining high range water reducer)统称为超塑化剂(superplasticizer)。而日本则根据混凝土流动性保持性能的差异,将高效减水剂中有流动性保持性能的称为高性能 AE 减水剂。

聚羧酸盐减水剂、氨基磺酸盐减水剂、磺化三聚氰胺甲醛树脂减水剂、脂肪族减水剂及改性木质素磺酸盐减水剂是新型减水剂的发展方向,可望在将来部分或全部取代萘系产品。

3.1.2 主要原材料

生产混凝土外加剂所用的原材料种类很多,本节仅介绍主要原材料的性能。

(1) 萘（别名精萘、骈苯、煤焦脑，naphthalene） 相对分子质量128.7。白色结晶，有极强樟脑气味，相对密度1.0253（20/4℃），熔点80.55℃，沸点218℃。不溶于水，溶于乙醇，易溶于热的乙醇、丙酮、苯、二硫化碳、四氯化碳和氯仿，易挥发，并易升华，能点燃，光弱烟多，能防蛀。生产萘系高效减水剂时，常用95%含量的工业萘作为原料。

(2) 蒽（别名绿脑油，anthracene；anthranece oil；green oil） 分子式$C_{14}H_6$，相对分子质量178.09。是一种有蓝色荧光的黄色结晶体，具有半导体的性质，溶于乙醇及乙醚，不溶于水，相对密度1.25，熔点217℃，沸点340℃，闪点121.1℃，可燃。是生产蒽系减水剂的原料。

(3) 三聚氰胺（别名蜜胺、三聚氰酰胺，melamine；cyanurtriamide） 分子式$C_3H_6N_6$，相对分子质量126.12。为白色单斜晶体，不能燃烧，相对密度1.573，熔点354℃，加热时升华，微溶于水、乙二醇、甘油及吡啶，溶于热水，不溶于苯、乙醚和四氯化碳等，是生产磺化三聚氰胺甲醛树脂高效减水剂的原料。

(4) 苯酚（别名石炭酸，phenol） 分子式C_6H_5OH，相对分子质量94.12。纯粹的苯酚是白色结晶体。露置于空气中及光线的作用，即变成淡红色甚至红色，相对密度1.0576（20/4℃），熔点41℃，沸点181.75℃。苯酚能自空气中吸收水分而液化，有强烈的特殊气味，腐蚀性极强，具有刺激性和毒性。苯酚能溶于水，呈酸性反应。能溶于乙醇、氯仿和二硫化碳，易溶于乙醚，与丙酮、苯和四氯化碳可以任何比例混合。是生产酚系减水剂和氨基磺酸盐减水剂的原料，也可作为生产引气剂的原料。

(5) 水杨酸（又称为邻羟基苯甲酸，salicylic acid；2-hydrobenzoic acid） 分子式HOC_6H_4COOH，相对分子质量138.12。白色针状结晶或结晶性粉末，有辛辣味，相对密度（20/4℃）1.443，熔点158～161℃，沸点211℃（20毫米汞柱），在76℃开始升华。溶于丙酮、松节油、乙醇、乙醚、苯和氯仿，微溶于水，其水溶液呈酸性反应。在空气中较稳定，但遇光要逐渐变色。对水泥基材具有缓凝作用，也可作为合成三聚氰胺系高效减水剂时的原料之一。

(6) 丙烯酸（Acrylic acid） 分子式$CH_2=CHCOOH$，相对分子质量72.06。无色液体，有刺激辛辣臭味，相对密度1.052，熔点12.1℃，沸点140.9℃，闪点55℃。易聚合，可与水、乙醇和乙醚混溶。丙烯酸对皮肤有强烈刺激性及腐蚀性。眼部接触可能会造成无法治愈的角膜烧伤，吸入相当量的蒸气可能会对呼吸系统造成刺激，导致昏睡或头痛。少量接触危害不大，但高浓度的接触可能会引起肺水肿。丙烯酸可由炼油厂得到的丙烯原料氧化制备得到，是生产多羧酸系高性能减水剂的原料。丙烯酸可发生羧酸的特征反应，与醇反应也可得到相应的酯类，最常见的丙烯酸酯包括丙烯酸甲酯、丙烯酸丁酯、丙烯酸乙酯，这些衍生的丙烯酸酯可和丙烯酸配合使用生产聚羧酸减水剂，调节其 HLB 值。

(7) 甲基丙烯酸（别名巴豆酸和1-羧基丙烯，crotonic acid）分子式 $CH_3CH=\!=\!CHCOOH$，相对分子质量 86.09。有顺反两种异构体，反式甲基丙烯酸稳定，一般商品都是这种异构体，本文默认为反式丙烯酸，具有刺激性气味，相对密度 1.0265，熔点 15℃，沸点 169℃，闪点 87.8℃。15℃ 以下为一种无色晶体，易溶于水、乙醇。甲基丙烯酸对鼻、喉有刺激性，对皮肤有刺激性，可致灼伤。眼接触可致灼伤，对皮肤有致敏性，能引起皮肤刺痒和皮疹，车间空气中有害物质的最高容许浓度为 $10mg/m^3$。生产来源为由巴豆醛经空气或氧气氧化而得，也可由乙醛与丙二酸在吡啶中缩合而成。甲基丙烯酸极性弱于丙烯酸，是生产多羧酸系高性能减水剂的原料。

(8) 甲基丙烯磺酸钠、丙烯磺酸钠 甲基丙烯磺酸钠分子式 $CH_2C(CH_3)CH_2SO_3Na$，相对分子质量 158.16。外观为白色片状晶体，熔点 270～280℃，易溶于水，微溶于乙醇及二甲亚砜，不溶于其他有机溶剂。包装、运输及储存：①采用牛皮纸袋内衬 PE 集装袋包装；②运输时应防雨、防潮、防日光暴晒；③应储藏在干燥凉爽处。作为高效减水剂——聚羧酸类混凝土减水剂的单体原料，为聚羧酸类减水剂提供重要且稳定的磺酸基团，强极性的磺酸基团对聚羧酸在水泥粒子表面吸附发挥重要作用。丙烯磺酸钠分子式 $C_3H_5NaO_3S$，相对分子质量 144.12。白色结晶粉末。无味，易溶于水和乙醇，由氯丙烯与亚硫酸钠反应制得。极易吸潮，长时间受热不稳定，较易聚合。丙烯磺酸钠与甲基丙烯磺酸钠均可为聚羧酸减水剂提供强极性的磺酸基团，两者的区别在于：丙烯磺酸钠的聚合活性高于后者，极性强于后者，便于调节聚羧酸的 HLB 值，价格上也低于后者。但是由于工业生产中分离纯化存在一定困难，丙烯磺酸钠氯离子含量远高于甲基丙烯磺酸钠，不适合作为聚羧酸减水剂单体使用，可以通过增加一步重结晶或阴离子交换手段来降低氯离子含量，同样可以有较好的经济性。

(9) 对苯二酚、苯醌 对苯二酚分子式为 $C_6H_6O_2$，相对分子质量为 110.11，亦称为氢醌（四氢苯醌）。无色或白色结晶体，露置在空气中易变色。密度 $1.358g/cm^3$，熔点 170.59℃，沸点 286.2℃，闪点 165℃，自燃点 515.56℃。易溶于醇和醚，微溶于苯，能溶于水，水溶液在空气中能氧化变成褐色，在碱性介质中氧化更快。能与氧化剂发生反应，与氢氧化钠反应剧烈。遇明火能燃烧。触及皮肤有腐蚀性。吸入蒸气有毒。空气中最高容许浓度 10^{-6}。苯醌分子式 $C_6H_4O_2$，相对分子质量 108.09，亦称对苯醌，简称醌。是醌类中最重要的一种。黄色晶体，有特殊刺激气味。熔点 115.7℃，密度（20/4℃）$1.318g/cm^3$。能升华。微溶于水，溶于乙醇和乙醚，能随水蒸气一起挥发，由苯胺经氧化制备。对苯二酚和苯醌可用做聚羧酸反应性大单体制备过程中的阻聚剂，可有效捕获体系中的自由基，阻止不饱和双键在高温作用下发生自由基共聚反应，使得反应主要以大单体酯化反应为主。通常可以将对苯二酚、苯醌与其他阻聚剂（如硝基类阻聚剂）复合使用，效果优于单一组分。

(10) 聚醚大单体 通常具有$+CH_2CH_2O+_n$结构，亦称为聚乙二醇醚，相对分子质量从几百到几万不等，随着分子量增大，由无色液体向白色或淡黄色蜡状固体物质转变，熔点升高。可以和丙烯酸（甲基丙烯酸）、马来酸在阻聚剂和催化剂存在条件下进行酯化反应，生成能够进行聚合反应的活性大单体，可比作为聚羧酸梳形结构中的齿。还有一类聚醚大单体具有$+CH(CH_3)CH_2O+_n$结构，引入到聚羧酸分子结构中可以起到消泡的作用。

(11) 丙酮（别名二甲酮，acetone；dimethyl ketone） 分子式CH_3COCH_3，相对分子质量58.08。为无色透明易流动液体，有芳香味，相对密度（d_{20}^{20}）0.792，熔点$-94.3℃$，沸点$56.2℃$，闪点（开杯）$-9.5℃$，与水、乙醇、乙醚、氯仿及大多数油类混溶。是生产脂肪族减水剂的原料。

(12) 环己酮（Cyclohexanone） 相对分子质量98.14。为无色透明或微黄色透明油状的液体，具有丙酮和薄荷气味。相对密度0.9478（20/4℃），熔点$-16.4℃$，沸点155.65℃，折射率1.4507（20℃），闪点63.9℃。能溶于水，能溶于乙醇、乙醚、丙酮、苯和氯仿。有微毒，对皮肤、黏膜有刺激性，无腐蚀性。是生产脂肪族减水剂的原料。

(13) 对氨基苯磺酸 由苯胺磺化得到，是生产氨基磺酸盐高效减水剂的主要原料之一。

(14) 氨基磺酸（学名氨磺酸、磺酰胺酸，sulfamic acid；amidosulfonic acid） 分子式H_2NSO_3H，相对分子质量97.09。白色结晶体，无臭，溶于水，微溶或不溶于有机溶剂。相对密度2.126，熔点205℃（分解）。氨基磺酸水溶液的pH值比甲酸、磷酸、草酸的pH值低。除钙、钡、铅以外的普通盐都不溶于水。可作为磺化剂使用。

(15) 焦亚硫酸钠（别名偏重亚硫酸钠，sodium pyrosulfite；sodium metabisulfite） 分子式$Na_2S_2O_5$，相对分子质量190.11。白色结晶或粉末，带有二氧化硫的臭气，一般市售产品是亚硫酸氢钠与焦亚硫酸钠的混合物。易溶于水和甘油，水溶液呈酸性，微溶于乙醇，性质不稳定，露置在空气中极易氧化变质，并不断放出二氧化硫，具有强烈的还原性。焦亚硫酸钠的漂白作用原理与亚硫酸钠同。可作为磺化剂使用。

(16) 无水亚硫酸钠（sodium sulfite, anhydrous） 分子式Na_2SO_3，相对分子质量126.04。白色沙砾状或粉末结晶，相对密度2.633，易溶于水，水溶液呈碱性，难溶于乙醇，在潮湿的空气和日光作用下容易氧化。亚硫酸钠与空气接触易氧化成Na_2SO_4。与强酸接触，则分解成相应的盐类和放出SO_2。可作为磺化剂使用。

(17) 松香（Resin） 主要组分为树脂酸，有许多同分异构体，分子式

为 $C_{19}H_{29}COOH$。淡黄至褐红色透明、硬脆的固体，带松节油气味，相对密度 1.070～1.085。易溶于乙醇、丙酮、乙醚、松节油、氯仿、四氯化碳和苯等，在汽油、煤油、糠醛中的溶解性较差，不溶于冷水，在热水中部分被乳化。是生产引气剂的原料。

(18) 甲醛（别名蚁醛、福美林，formaldehyde；farmalin；methanal；formic aldehyde） 分子式 HCHO，相对分子质量 30.03。为无色具有刺激性气体，溶于水、乙醇和氯仿，与乙醚、丙酮、苯等溶剂可以混溶。商品常以水溶液出售（含甲醛 37% 左右），是有刺激性气体的无色液体，加入 8%～12% 的甲醇作阻聚剂，其相对密度 0.82，沸点 101℃，闪点 122℃，是较强的还原剂。在减水剂生产中，甲醛可作为羟甲基化原料及产品缩合时的重要原料。

(19) 过氧化氢（别名双氧水，hydroqen peroxide） 分子式 H_2O_2，相对分子质量 34.01。无色透明液体。相对密度 1.4422，熔点 -0.41℃，沸点 150.2℃，溶于水、醇、醚；不溶于石油醚；不稳定；遇热、遇光、重金属和其他杂质会引起分解，同时放出氧和热。有较强的氧化作用。在酸性介质中较稳定。有腐蚀性。浓度高的过氧化氢能使有机物燃烧。与二氧化锰作用能引起爆炸。可作为氧化剂使用。

(20) 过硫酸钾（别名高硫酸钾、过二硫酸钾，potassium persulfate），分子式 $K_2S_2O_8$，相对分子质量 270.32，相对密度 2.48，白色结晶，无气味，有潮解性。可作为引发剂生产聚羧酸减水剂。

(21) 过硫酸铵（别名高硫酸铵、过二硫酸铵，ammonium persulfate），分子式 $(NH_4)_2S_2O_8$，相对分子质量 228.20，相对密度 1.98，工业级含量不小于 95%，无色单斜晶体，有时略带浅绿色，有潮解性。可作为引发剂生产聚羧酸减水剂。

(22) 冰醋酸（别名乙酸、冰乙酸、醋酸，acetic acid） 分子式 CHCOOH，相对分子质量 60.05。无色透明液体，有强烈刺激气味。相对密度 1.0492（20/4℃），熔点 16.6℃，沸点 117.9℃，闪点 43.3℃。极易溶于水，与水可任意比例混溶，水溶液呈酸性反应，溶于醇、醚及甘油，不溶于二硫化碳。是合成改性木质素磺酸盐的原料。

(23) 硫酸（sulfuric acid；oil of vitrol） 分子式 H_2SO_4，相对分子质量 98.07。工业硫酸泛指 SO_3 与 H_2O 以任何分子比结合的物质，不同分子比组成各种不同浓度的硫酸。市场上将浓度为 98% 左右的浓硫酸为"九八酸"，把 20% 发烟硫酸称为"104.5% 酸"，简称"105 酸"。由于含 20% 游离的 SO_3 的发烟硫酸每 100kg 折算为 100% 硫酸 104.5kg，也就是说每 100kg 20% 的发烟硫酸，加入 4.5kg 水后可获得 100% 的硫酸 104.5kg。纯硫酸（无水硫酸）是无色、无臭、透明而黏稠的油状液体，呈强酸性；市售的工业硫酸，颜色从无色到微黄色，甚至红棕色。98% 硫酸在 20℃ 时的相对密度为1.8365，93%硫酸钠则为1.8276，在浓度高于98%时，相对密度又下降，100%硫酸的相对密度（20℃）为1.8305。发烟硫酸的相对密度则随着SO_3含量的增加而上升，当游离SO_3的含量达到62%时，相对密度最大，然后又逐渐下降。硫酸的结晶温度随着H_2SO_4含量的不同而变化，但无规律性：92%硫酸的结晶温度为-25.6℃，93.3%硫酸的结晶温度最低，为-37.85℃，98%硫酸为0.1℃，100%无水硫酸则为10.45℃，20%发烟硫酸为2.5℃，65%发烟硫酸-0.35℃。硫酸的沸点，当含量在98.3%以下时是随着浓度的升高而升高的，98.3%硫酸的沸点最高，为338.8℃，高于98.3%浓度的硫酸，其沸点则下降。发烟硫酸的沸点，随着游离SO_3的增加，由279.6℃逐渐降到44.7℃，当硫酸溶液蒸发时，它的浓度不断增高，直到98.3%后保持恒定，不再继续升高，浓硫酸在蒸发过程中会放出大量酸雾；发烟硫酸能游离出SO_3蒸气，与空气中的水分结合成白色酸雾，故称发烟硫酸。硫酸与水可以按任何比例混合，混合时能放出大量的热；浓硫酸有很强的吸水能力，也有很强的腐蚀性。硫酸是无机强酸，化学性很活泼，既具有酸的通性，也有一些特殊性。而浓酸和稀酸的性质又有差别。主要有如下的化学性质：与碱类起中和反应，生成各种硫酸盐。硫酸沸点高，与沸点低的酸所组成的盐共热时，起复分解反应，把沸点低的酸逐出。浓硫酸是一种强氧化剂，与碳、硫等共热时，碳能被氧化成二氧化碳，硫被氧化成二氧化硫。能与金属和金属氧化物作用。直接和金属反应生成该金属的硫酸盐：浓硫酸在高温时能使铜、银等金属氧化成金属氧化物，这种金属氧化物常溶解在过量的硫酸中而成硫酸盐；浓硫酸与氢位前的金属反应，能被还原成SO_2、S甚至H_2S；稀硫酸无氧化性，不能溶解铜和银，但与锌、镁、铁等金属反应，被置换出氢并生成硫酸盐；铁与稀硫酸会反应，但浓硫酸对金属铁有钝化作用；铅能耐稀硫酸，但不能耐浓硫酸，浓硫酸和稀硫酸均能和金属氧化物反应生成盐和水。浓硫酸和水有强烈的结合作用，不但能直接吸水，且能从碳水化合物中分离出氢、氧元素，按水的组成比脱水，只留下碳元素，因而使有机物焦化。在硫酸（或硫酸盐）的水溶液中加可溶性钡盐，如氯化钡或硝酸钡，使产生白色硫酸钡沉淀。硫酸能使有机物起磺化作用。硫酸常作为混凝土减水剂生产时的磺化剂或催化剂使用，例如在聚羧酸反应性大单体酯化反应时作为催化剂使用。

（24）对甲苯磺酸 对甲苯磺酸分子式$C_7H_8O_3S$，相对分子质量172.20，亦称为4-甲基苯磺酸。为白色柱状或单斜片状结晶，熔点106~107℃，沸点140℃/2.67kPa。易溶于水（100ml水可溶解67g），溶于乙醇和乙醚，难溶于苯和甲苯。对甲苯磺酸常以一水或四水合物形态存在。对甲苯磺酸的一水合物，其熔点103~106℃，沸点140℃/3.6kPa。对甲苯磺酸在聚羧酸大单体制备过程中可用做酯化反应催化剂，催化效率高于浓硫酸，且较硫酸氧化性小，制备的产品颜色较浅，但在低温储存时，对甲苯磺酸钠易结晶析出。

(25) 烧碱（学名氢氧化钠，别名苛性钠、火碱、固碱、液体烧碱，sodium hydroxide；causticsoda） 分子式 NaOH，相对分子质量 40.00。市售的烧碱有固体和液体两种状态。纯净的固体烧碱为白色，有块状、片状、棒状、粒状，质脆，相对密度 2.130，熔点 318℃，沸点 1390℃，有很强的吸湿性，易溶于水，溶解时放热，水溶液有滑腻感。纯净的液体烧碱是无色透明液体。烧碱能在水里完全电离，水溶液呈强碱性，烧碱也溶于乙醇、甘油，但不溶于丙酮、乙醚等有机溶剂。烧碱腐蚀性极强，破坏纤维素、毁坏有机组织，侵蚀皮肤、衣服，还能侵蚀玻璃、陶瓷以及极为稳定的金属铂，只有银、镍、钛三种金属能抗烧碱的腐蚀。烧碱能和金属铝和锌、非金属硼和硅等反应放出氢；能同氯、溴、碘等卤素发生歧化反应；与酸类起中和作用而生成盐和水；与氯化铵、硫酸铁、磷酸氢钠等盐类反应生成新的碱和新的盐；烧碱具有皂化油脂的能力，生成皂和甘油；熔融的烧碱具有与非金属氧化物起反应和溶解某些金属氧化物如氧化锌、三氧化二铝等的能力。常用于调节外加剂的 pH 值。

(26) 乙醇胺（ethanolamine） 乙醇胺有三个异构体：一乙醇胺、二乙醇胺和三乙醇胺。它们在室温下均为无色透明黏稠液体，冷时变成白色结晶固体，有轻微氨臭味，有吸潮性和强碱性，能与水、甲醇及丙酮混溶。可作为促凝剂和防水剂使用。

(27) 芒硝（glauber salt） 分子式 $Na_2SO_4·10H_2O$，相对分子质量 322。芒硝为钠的含水硫酸盐类矿物，无色透明，条痕为白色，具有玻璃光泽，硬度 1.5~2.0，性脆，相对密度 1.4~1.5，味清凉略苦咸，极易潮解结块，在干燥空气中逐渐失去水分而转变为白色粉末状无水硫酸钠或元明粉，可作混凝土早强剂原料。

(28) 纯碱（学名碳酸钠、无水碳酸钠 sodium carbonate；soda ash）分子式 Na_2CO_3，相对分子质量 105.99。碳酸钠是一种由强碱和弱酸组成的盐，但在一定条件下能表现出碱类的性质，可代替烧碱用于某些行业，且纯度较高。故习惯上称它为"纯碱"。纯碱为白色粉末或细粒结晶，相对密度 2.532，熔点 851℃，沸点分解，味涩，易溶于水，溶解度随温度的升高而增大；微溶于无水酒精；不溶于丙酮。干燥的纯碱不侵蚀皮肤，但它是强碱弱酸盐，在水中能水解而具有较强的碱性，有一定腐蚀性，能伤害皮肤和丝毛织物纤维；能与酸中和作用，生成盐和水并放出二氧化碳。纯碱暴露在空气中会吸收水分和二氧化碳，生成碳酸氢钠并结成硬块、重量增加、品质降低；纯碱在高温下会分解成氧化钠和二氧化碳；纯碱能与硫酸钙、碳酸镁等起复分解反应而生成不溶性沉淀碳酸钙、碳酸镁；纯碱与铵盐也起复分解反应生成氨；纯碱与石灰乳反应可得到氢氧化钠和碳酸钙沉淀；纯碱与水能生成多种水合物，如一水碳酸钠，七水碳酸钠，十水碳酸钠。十水碳酸钠俗称老碱、石碱、晶碱等。可用于调节pH值，代替烧碱生产松香皂化物，也可作为混凝土速凝剂使用。

(29) 氧化锌（别名锌氧粉、锌白粉、铝华、亚铝华，zinc oxide） 分子式ZnO，相对分子质量81.37。白色六角晶体或粉末，无毒，无臭。相对密度5.606。系两性氧化物，溶于酸、碱和氯化铵中，不溶于水和乙醇。在空气中能吸收二氧化碳和水。熔点1975℃。加热到1800℃升华。在高温时为黄色，冷后恢复白色。可作为混凝土缓凝剂使用。

(30) 三聚磷酸钠（别名磷酸五钠、五钠，sodium tripolyphosphate；tripoly sodium phosphate） 分子式$Na_5P_3O_{10}$，相对分子质量367.86。为白色粉末，是链状缩合磷酸盐类，能溶于水，常见的三聚磷酸钠有无水物和六水物两种。无水物由于制取条件不同，有两种变体，即Ⅰ型、Ⅱ型，Ⅰ型较Ⅱ型稳定。六水物在水中的溶解度小于无水物。三聚磷酸钠与其他无机盐不同，在水中的溶解度有瞬时溶解度和最后溶解度之分。经数日后，溶解度便降低一半，最后达到平衡，有白色沉淀产生，此时的溶解度为最后溶解度，生成的沉淀为六水物晶体。如在无水物的浓溶液中加入乙醇，同样可以得到六水物。三聚磷酸钠具有良好的络合金属离子能力，它能与钙、镁、铁金属络合，生成可溶性络合物。三聚磷酸钠还具有对油脂类悬浮分散、胶溶及乳化作用。在pH值4.3～14范围内，具有很强的缓冲作用。无水的Ⅱ型，在小于450℃时较稳定，在500～600℃时会转变为Ⅰ型，当大于620℃时可分解成焦磷酸钠结晶体和一个含有49.5%（质量）的聚偏磷酸钠熔体。六水物为立方柱体结晶物，在70℃以上脱水时即起分解反应，生成正磷酸钠和焦磷酸钠，120℃以上又化合成三聚磷酸钠。可作为混凝土缓凝剂使用。

(31) 磷酸三钠（别名正磷酸钠，sodium phosphate, tribasic） 分子式$Na_3PO_4 \cdot 12H_2O$，相对分子质量380.20。工业磷酸三钠有无水物、一水物、十水物和十二水物等几种，国产产品主要是十二水物，为无色或白色大方晶系细粒结晶。相对密度1.62。熔点73.3～76.7℃（分解）。在干燥空气中易风化，受热到100℃时失去十一个结晶水变成一水物（$Na_3PO_4 \cdot H_2O$）。能溶于水，其水溶液呈强碱性对皮肤有一定的侵蚀作用。不溶于乙醇、二硫化碳等有机溶剂。可作为混凝土缓凝剂使用。

(32) 六偏磷酸钠（别名六聚偏磷酸钠、格雷姆盐、磷酰钠玻璃，sodium hexametaphosphate） 分子式$(NaPO_3)_6$，相对分子质量611.77。是偏磷酸钠（$NaPO_3$）聚合体的一种。无色透明玻璃片状或白色粒状结晶。相对密度2.484。熔点616℃（分解）。溶于水，不溶于有机溶剂。在水中溶解度较大，但溶解速率缓慢，水溶液呈酸性。在温水、酸或碱溶液中易水解成正磷酸盐，吸湿性很强，露置在空气中会水化或溶化，水化后变成焦磷酸钠，然后再变成正磷酸钠。对钙、镁等金属离子有生成可溶性络合物的能力。可作为混凝土缓凝剂使用。

(33) 柠檬酸（别名枸橼酸、2-羟基丙烷-1,2,3-三羧酸，citric acid）分子式 $C_6H_8O_7 \cdot H_2O$，相对分子质量 210.14。为无色半透明结晶或白色结晶粉末，有悦人的酸味，易溶于水和醇，水溶液具有酸性，在干燥空气中微有风化性，在潮湿空气中略有潮解性。正常的使用量可认为是无害的，生物试验结果柠檬酸及其钾盐、钠盐、钙盐对人体没有明显的危害。可作为混凝土缓凝剂使用。

(34) 柠檬酸钠（别名枸橼酸钠、柠檬酸三钠，sodium citrate；trisodium citrate）分子式 $HOC(COONa)(CH_2COONa)_2 \cdot 2H_2O$，相对分子质量 294.12。白色细小结晶体，相对密度 1.857，在 150℃ 失去结晶水，继续加热，则分解。溶于水，难溶于醇，在湿空气中微有可能潮解，在热空气中则可能风化。可作为混凝土缓凝剂使用。

(35) α-酒石酸钾钠（别名 α-2,3-二羟基丁二酸钠、α-罗谢尔盐，α-2,3-potassium sodium tartrate）分子式 $KNaC_4H_4T_6 \cdot 4H_2O$，相对分子质量 282.23。无色透明结晶，相对密度 1.79，熔点 75℃。在热空气中有风化性，在 60℃ 失去部分结晶水，在 215℃ 失去全部结晶水。水中溶解度 302℃ 时 100ml 为 138.3g，其溶解度较大。不溶于醇。具有络合性，能与铜、铁、铅、铬、镍等金属离子在碱性溶液中形成可溶性的络合物。可作为混凝土缓凝剂使用。

(36) 葡萄糖酸及其盐 可作为混凝土缓凝、保塑剂使用。

(37) 硼砂（别名硼酸钠、月石粉，borax；sodium tetraborate；sodium borate）分子式 $Na_2B_4O_7 \cdot 10H_2O$，相对分子质量 381.36。硼砂系无色半透明晶体或白色结晶粉末，无臭，味咸，相对密度 1.73，在 60℃ 时失去 8 个分子结晶水，在 320℃ 时失去全部结晶水。在空气中风化。无水物 ($Na_2B_4O_7$) 熔点 741℃，沸点 1575℃，同时分解。稍溶于冷水，较易溶于热水，微溶于乙醇。水溶液呈碱性反应。熔融时呈无色玻璃状物质。可作为混凝土缓凝剂使用。

(38) 亚硝酸钠（sodium nitrite）分子式 $NaNO_2$，相对分子质量 69.00。白色或淡黄色的结晶或粉末。无臭而微有咸味。有潮解性。易溶于水，微溶于酒精及醚，相对密度 2.168，熔点 271℃。露置在空气中，亚硝酸钠有时可作还原剂，有时还能作重氮使用。可作为混凝土防冻剂和钢筋阻锈剂使用。

(39) 三氯化铁（别名氯化铁、氯化高铁，ferric trichloride）分子式 $FeCl_3$，相对分子质量 162.21。无水三氯化铁是带有绿色闪光的紫黑色结晶，相对密度 2.898，熔点 282℃，沸点 315℃。在空气中易潮解，吸湿性强，易溶于水、醇，水溶液呈酸性，有腐蚀性。水解后生成氢氧化铁，有极强的凝聚力。因而常用做净水剂。液态三氯化铁为红棕色液体，相对密度 1.42，易与水混溶，水溶液呈酸性，对金属有氧化腐蚀作用。可作为素混凝土防水剂和防冻剂使用。

(40) 硅酸钠（别名泡化碱、水玻璃，sodium silicate） 分子式 $Na_2O \cdot nSiO_2 \cdot xH_2O$。硅酸钠性质随分子中二氧化硅和氧化钠的比值而不同，此比值称为模数，模数在 3 以上时称为中性硅酸钠，模数在 3 以下时称为碱性硅酸钠。硅酸钠外形有固体和液体两种，商品以液体较为普遍。液体硅酸钠外形为无色、青灰、微红透明或半透明黏稠液体，能溶于水。硅酸钠水溶液有黏性，特别是高模数的黏度很大。遇酸则分解析出硅酸的胶质沉淀。固体硅酸钠是天蓝色或黄绿色的玻璃状物质，其比例随模数降低而增大，当模数从 3.33 下降到 1 时，其相对密度从 2.413 增大到 2.560。无固定熔点。可作混凝土速凝剂和防水剂使用。

(41) 磷酸三丁酯（tributyl phoshate） 相对分子质量 266.31。无色、无臭、易燃液体。常温下稳定，与多数溶剂和稀释剂混溶，溶于水。相对密度 0.978 (20/4℃)，沸点 292℃，凝固点低于 -80℃，闪点 295℃。常作为混凝土消泡剂使用。

(42) 硬石膏 相对分子质量 136，为天然矿物，是生产混凝土膨胀剂的重要原料。

(43) 明矾石 相对分子质量 414。呈白色、灰色、浅黄色或粉红色。三斜晶系。相对密度 2.6～2.9，硬度 3.4～4.0。在碱性溶液中易溶解。明矾石不稳定，加热以后易于分解。明矾石可用于生产混凝土膨胀剂，但由于其碱含量高，使用时应慎重。

(44) 偏高岭土 由高岭土经煅烧而得，可抑制混凝土碱集料反应，也可作为膨胀剂的配料。

3.1.3 混凝土外加剂物理复合技术

复合型外加剂通常具有特殊功能，针对特定施工要求，配制满足新拌混凝土工作性和硬化混凝土性能的外加剂，如缓凝高效减水剂、防冻剂、防水剂。

物理复合是除分子设计外，按使用要求设计混凝土外加剂的又一种技术途径，是按照整体论的原理，通过集成，获得满足混凝土性能要求的外加剂。在进行复合后，外加剂组分之间进行性能互补，所得到的产品成本较低。例如，将高效减水剂、膨胀剂与适量其他化学物质复合后，既能满足预拌混凝土运输和泵送施工要求，又能起到抗渗、防裂、抗硫酸盐侵蚀和补偿收缩作用，这是化学合成无法做到的。

物理复合同样需要使用含有 COOH 和 SO_3H 组分。通常 COOH 来源于羧酸、羟基羧酸及其盐，SO_3H 主要来源于减水剂。复合外加剂中还掺用低聚盐、多元醇、引气剂等。有时，这些补充性的物质具有化学合成的新型减水剂无法比拟的性能。

国产水泥由于外掺物质种类繁杂，即使掺用聚羧酸盐或氨基磺酸盐减水剂，也需要复合适量其他材料后才能使用。

在进行液体复合外加剂生产时，应注意各组分之间的相容性，避免出现因组分之间相互作用而产生沉淀。冬季生产时，还应防止低浓萘系减水剂液体中的硫酸钠结晶，应选用高浓萘系减水剂作为复配母液。

适宜于粉状外加剂物理复合的设备主要有锥形混合机和犁刀形混合机。在进行生产工艺设备选型时，应根据生产工艺特点，选用恰当的设备。

复合外加剂产品中，混凝土泵送剂、混凝土膨胀剂及其复合的产品（例如市场上常用的抗渗防裂剂）的生产配方应根据施工条件、混凝土性能及水泥品种变化进行适当调整，在水泥含有硬石膏或煅烧石膏时，不得使用木质素磺酸盐、糖钙或糖蜜。

一般来说，混凝土泵送剂中含有下列成分：主要减水剂；辅助减水剂；保塑剂；保水剂；调凝剂；引气剂。

抗渗防裂剂中的膨胀剂应主要选用无水硫铝酸钙及其与硅铝熟料等复合的低碱产品，所用的萘系高效减水剂应为高浓产品。

3.2 按使用要求设计混凝土外加剂的概念

3.2.1 高性能混凝土外加剂主导官能团理论

蔡希高认为，高性能混凝土外加剂的活性部分是一些极性官能团，外加剂分子是由极性的亲水官能团和非极性的憎水基两部分组成。外加剂分子结构中含有不同的极性亲水官能团时，就会表现出不同的性能，对水泥的作用也不同，因此，高效减水剂与高性能减水剂在性能方面是有一些区别的。他将混凝土外加剂的极性官能团分为主导、非主导两大类。

主导、非主导官能团多为含氧、氮的极性亲水性基团，并可生成氢键。酰基、羟基是非常重要的官能团，因为所有外加剂的官能团都可以通过酰基、羟基来认识。将—SO_3H 及—$COOH$ 定义为混凝土外加剂的主导官能团，将它所起的主要作用称为主导作用，并以此为条件，对高效减水剂、高性能AE减水剂一同进行分类，将所有高性能外加剂分成：磺酸、羧酸及"磺酸-羧酸"三大系列。

减水剂中的非主导官能团包括：醛、酮、酯、酸酐、酰胺、羟基和醚等，它们是水和氨分别用烷基或酰基进行取代而得到的官能团。

3.2.2 主导官能团的分类

(1) 磺酸系列（—SO_3H） 主导官能团—SO_3H 又称作磺酰基，—SO_3H 在外加剂中的主导作用是吸附-减水和增加外加剂的水溶性，磺酸基的表面活性剂在水泥分散剂中具有很重要的地位。由于水化早期水泥粒子表面带正电荷，有利于阴离子表面活性剂的吸附，从而起到了延缓水泥水化的作用，特别是芳类磺酸盐的缓凝效果更加明显。含—SO_3H 的外加剂因形成分子间氢键而具有吸附-减水作用,并可增加外加剂的水溶性。

在含—SO_3H官能团的外加剂中,既可以引入非主导官能团与—SO_3H组合,也可以不引入非主导官能团。非主导官能团可以是官能团、极性基团或原子团中的极性原子,依据相应分子结构的憎水基的差异,可以是碳链、碳环或杂环。

磺酸系列外加剂又可分为:纯磺酸类、酮基磺酸类、羟基磺酸类和氨基磺酸类。

纯磺酸类高分子化合物中,—SO_3H不与其他任何官能团、极性亲水基团相互组合,其憎水基是碳环或杂环。

在脂肪族减水剂等酮基磺酸类减水剂的分子中,由于磺化反应引入了主导官能团—SO_3H,此外还含有酮基和羟基,而憎水部分为碳氢链。

在木质素磺酸盐等羟基磺酸类外加剂分子中,主导官能团也是—SO_3H,而木质素本身还含有羟基。

理论上,氨基磺酸类外加剂属于比较典型的高性能外加剂,它除了含有主导官能团—SO_3H外,非主导官能团NH_2的作用也非常重要。在以苯酚和对氨基苯磺酸为原料合成的芳基氨基磺酸盐聚合物结构中,由苯酚引入的—OH和由对氨基苯磺酸引入的NH_2,存在于极性亲水基或原子团中;以三聚氰胺树脂为原料合成的磺化三聚氰胺甲醛树脂,主导官能团是—SO_3H,三聚氰胺本身结构中的—NH_2具有极性。

(2) 羟基系列(—OH) 羟基(—OH)化合物典型的有脂肪醇类、糖类等,羟基的主导作用是缓凝作用。简单的一元醇对硅酸盐水泥和硅酸三钙的水化反应在某种程度有延缓作用,随着羟基的增多,醇类化合物的缓凝作用越明显,如丙三醇可使水泥浆体缓凝到停止水化反应。不同的水泥矿物组成对羟基化合物呈现出不同的吸附性能,由强到弱的顺序为$C_3A>C_4AF>C_3S>C_2S$。糖类一般为多羟基缩醛化合物(如葡萄糖、果糖等),糖类的弱酸性能与水泥水化产物氢氧化钙反应形成络合物,在水化早期,降低水中pH值,影响水泥水化速率,在后期糖类化合物则可提高水泥的强度。

(3) 羧酸系列(—COOH) 羧基(—COOH)由一个羟基和羰基组成。羧基的主导作用是延缓水泥水化反应进程和降低混凝土坍落度经时损失。可以将羧酸看成是酰基化的水,而羧酸去掉羟基后剩下的则是酰基。水中的一个氢经酰基取代后变成酸,这个羟基和醇内的羟基有共同之处。羟基可以发生取代反应,例如被酰氧基取代,生成含有新官能团的化合物-酯和酸酐;如氨被酰基取代,生成酰基取代的氨,叫酰胺。由此可见,在主导官能团羧基中,酰基的地位非同一般。同样,可以把羟基理解为水中的一个氢被烷基取代后的剩余基团;醚基则可被看成是水中的两个氢被相同的或不相同的烷基取代后的剩余基团。如果分别用烷基或酰基进行一元、二元或三元取代水和氨,便可得到一系列含有新官能团的化合物。

羧酸系列外加剂可分为多羧酸类和反应性高分子共聚物。多羧酸盐由于主链短、支链较长，因而具有优异的保塑作用，混凝土坍落度经时损失非常小。多羧酸类高性能 AE 减水剂包括：苯乙烯-马来酸盐共聚物、丙烯酸-丙烯酸酯多元聚合物等。这类减水剂的亲水性主导官能团是—COOH。

反应性高分子共聚物不溶于水，其在水泥水化产物 $Ca(OH)_2$ 攻击下发生水解反应，缓慢释放出水溶性的水解产物，在一定时间内，混凝土坍落度不仅没有损失，反而会略有增加。

(4) 磺酸-羧酸系列 该系列减水剂是今后发展的方向之一。接枝共聚物属于磺酸-羧酸系列，是按使用要求，通过分子设计手段，获得水溶性的减水剂，具有—COOH、—SO_3H 双重主导官能团，分子结构中极性单体以合适的比例出现在高分子主链上，并有一定的侧链长度。

(5) 外加剂分子中的氢键 减水剂分子中的极性基团多含有氧或氮，符合生成氢键的各种条件。组成羧基的—OH 基和=O 基是能生成氢键的两个基团。而非主导官能团醛、酮、酯、酰胺、酸酐的成键官能团都有酰基的结构。氢键存在两种类型：分子内的氢键和分子间的氢键，其中分子内的氢键在保持物质分子的立体结构方面，有重要意义。外加剂同一分子里含有羧基主导官能团的碳链和含有氧、氮非主导官能团存在的碳链，具有生成分子内氢键的充分和必要条件。分子内氢键的生成，与羧基及非主导官能团直接相关，同时也受到两碳链长短的影响。

3.2.3 主导官能团组合与设计

主导官能团—COOH、—SO_3H 两者之间及其与非主导性官能团、极性基、原子团极性原子，可以组合成具有不同性能特点的外加剂，例如可获得：①含有一种主导官能团，没有非主导官能团或极性基团存在的减水剂；②含有一种主导官能团和一种以上非主导官能团或极性基团的减水剂；③含有一种主导官能团，一种或多种非主导亲水官能团分别与主导官能团组合成多亲水基的高性能减水剂；④含有—COOH、—SO_3H 双主导官能团，具有两种主导作用，而成为双主导官能团的特殊型式。双主导官能团也可以同时与其他非主导官能团、极性基团或极性原子团的极性原子组合在同一个大分子里。

主导官能团与憎水基团的连接具有以下规律。

磺酸系列：①—SO_3H 直接与憎水基团相连；②—SO_3H 与憎水基团之间存在其他键；③憎水基团直接与磺化芳香核相连；④憎水基团与芳香核之间存在其他键。—SO_3H 与憎水基团之间插入一个中间键，中间键可以是酯、酰胺或醚类。

羧酸系列：①—COOH 直接与憎水基团连接；②—COOH 与憎水基团之间存在其他键。

"磺酸-羧酸"系列：减水剂分子中同时含有—COOH、—SO₃H 两种官能团时，—COOH、—SO₃H 与憎水基的连接应符合—COOH、—SO₃H 分别与憎水基连接的要求。

能够与—COOH、—SO₃H 主导官能团连接的憎水基主要有：①由天然脂肪酸得到的直链烷基；②含 3～8 个碳原子的烷基和苯、萘等芳香核形成的憎水基团；③丙烯、异丁烯及戊烯、己烯的某些同分异构体轻度聚合成带支链的含 8～20 个碳的单烯烃。一般，选用的烯烃，以碳原子数小于 8 为好，亦可采用含 5 个碳以下的混合烯烃，但以异丁烯使用效果最好。

在进行主导官能团的组合设计时，重点主导官能团、非主导官能团的确定及其组合比例，以获得满足预定性能需求的高性能减水剂。设计时，应在大分子长链上引入—COOH、—SO₃H 中的一种或两种，并选择相符的非主导官能团、极性基团或极性原子团中的极性原子进行组合。单一或双主导官能团外加剂极性单体中的亲水官能团与非极性基的组合比例应恰当，双主导官能团的接枝共聚物中—COOH/—SO₃H 的比例以及非主导官能团、极性基团与主导官能团的比例对接枝共聚物的分散效果具有影响。为满足使用要求，有时还在外加剂分子中引入某些特殊基团。

3.3 松香引气剂的合成技术

引气剂是一种低表面张力的表面活性剂，在混凝土搅拌过程中，掺入微量引气剂，即能在新拌和硬化混凝土中引入适量微小的独立分布气泡。这些气泡微细、封闭、互不连通。混凝土中引入这些气泡后，毛细管变得细小、渗透通道减少，在混凝土中掺用优质引气剂已成为提高混凝土耐久性的一种重要措施。引气剂引入的微细气泡在新拌混凝土中类似滚珠轴承，帮助填充集料与材料之间空隙，可以提高新拌混凝土的流动性和施工性。由于气泡包裹于胶凝浆体中，相当于增强新拌混凝土胶凝材料浆体的体积量，可以提高混凝土的和易性，减少新拌混凝土的泌水和离析。

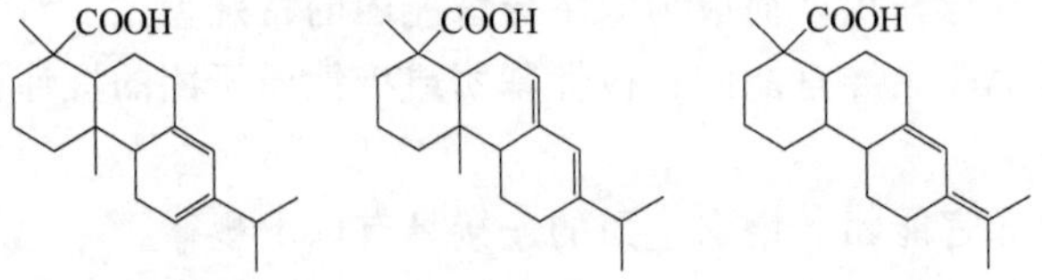

(a) 左旋海松酸　　(b) 枞酸　　(c) 新枞酸

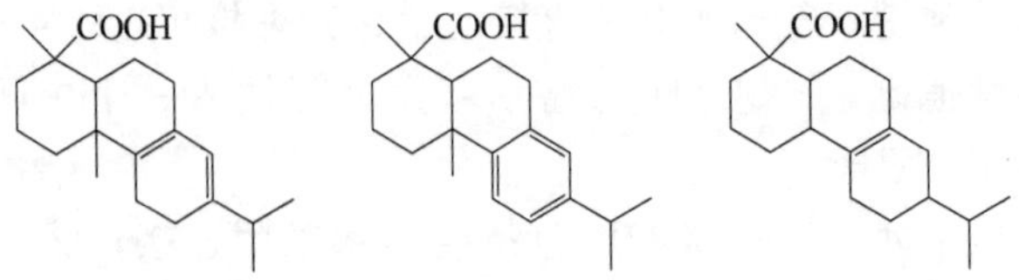

(d) 长叶松酸　　(e) 去氢枞酸　　(f) 二氢枞酸

(3-1)

松香是多种树脂酸和少量脂肪酸以及中性物质的混合物［式(3-1)］，其中树脂酸的主要成分约占其总量的90%以上。树脂酸具有一个三元环菲架结构、两个双键及一个羧基，可分为共轭双键型（枞酸型）树脂酸、非共轭双键型（海松酸型）树脂酸和去氢（脱氢）树脂酸、氢树脂酸，其分子构型如图3-1所示。各种松香改性方法都是围绕着这两个活性中心进行的，利用羧基和双键发生化学反应，引入各种基团，通过这些基团的作用赋予松香新的性质，达到改性或增强的目的。

基于羧基的改性松香树脂分子中的羧基和其他有机一元羧酸一样，可以进行典型的羧基反应，包括酯化、皂化、分子间脱水、还原、氨解为腈，然后还原成胺等，通过这些衍生物又进行一系列的反应。松香的双键可以与不饱和烯烃进行自由基聚合反应，在松香的改性中占有重要的地位。尤其是共轭型的双键，反应活化能小，很容易发生各种聚合反应。

3.3.1 松香酯化改性

酯化反应是松香改性中研究得最多的反应，通过酯化，可以降低松香的酸值，提高其软化点，并改善其热稳定性，扩大使用范围。由于松香的羧基反应位阻大、活化能高，不利于亲核进攻，反应条件较为苛刻，反应温度较高（一般要到250~300℃）、时间较长（7~11h），反应实质上为一种可逆反应，需要维持高温将反应生成的水除去，推动反应向缩聚方向进行。酯化反应中选择具有高活性催化剂十分重要，可以降低反应活化能，起到降低反应温度、缩短反应时间的作用。松香树脂酸酯化反应通式为［式(3-2)］：

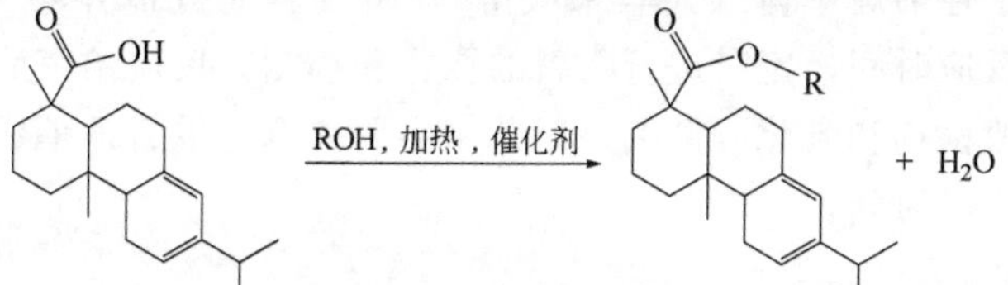

$$\text{松香-COOH} \xrightarrow{\text{ROH, 加热, 催化剂}} \text{松香-COOR} + H_2O \quad (3-2)$$

3.3.2 松香皂化改性

皂化生产上制备树脂酸盐是使松香和碱金属、碱土金属或重金属粉末其氧化物等反应［式(3-3)］，如氢氧化钠、氢氧化钾、氢氧化钙、氧化钠、氧化钾和氧化钙等，可用作造纸胶料和制造洗涤肥皂的原料，此外还可用做水泥凝固剂和合成橡胶的乳化剂。

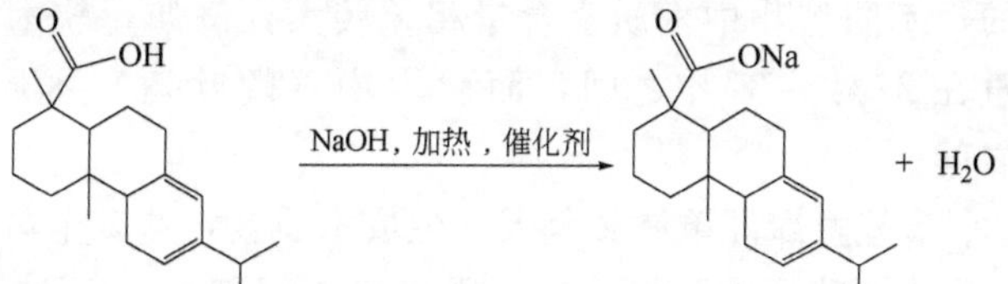

$$\text{松香-COOH} \xrightarrow{\text{NaOH, 加热, 催化剂}} \text{松香-COONa} + H_2O \quad (3-3)$$

3.3.3 松香双烯加成反应改性

松香与马来酸酐的发生 Diels-Alder 反应,生成马来海松酸即马来松香。松香中的树脂酸除左旋海松酸外,都不直接与马来酸酐发生加成反应,但枞酸、新枞酸和长叶松酸在加热条件下可发生异构反应,生成左旋海松酸,就能发生 Diels-Alder 关环反应,顺酐与混合体系中的左旋海松酸发生双烯加成反应后,降低了体系中左旋海松酸浓度,推动反应向生成左旋海松酸并与顺酐双烯加成反应方向进行 [式(3-4)]。

马来松香比普通松香分子增加了两个极性羧酸根基团,具有较高的软化点、酸度和皂化值,极大改善了其亲水性,从而扩大了其使用范围。歧化、氢化、脱氢歧化使松香树脂酸的分子趋于脂环和芳环的稳定结构,降低了松香的反应活性,改善了其物理性质。反应需要在贵金属催化剂催化下的高温进行。

$$(3-4)$$

3.3.4 引气剂的合成工艺

松香在氮气保护下加热、搅拌,当体系温度上升到 150℃时,分批次加入亲水性烯烃单体(如马来酸酐),待物料充分搅拌均匀后,加入催化剂,记录反应时间,定时进行物料的取样和检测。反应结束后,以液碱中和,并加入改性剂和乳化分散剂。工艺中需要注意选取合适催化剂,控制好反应温度和反应时间。

3.4 主要减水剂合成技术

3.4.1 木质素磺酸盐减水剂

(1) 木质素磺酸盐生产和化学性质 木质素的英文名称 lignin,是由拉丁文的 lignum 衍生而来,意思是木材。木质素是由苯基丙烷单体组成的天然聚合物,是植物脉管的主要成分。在同一植物中,木质素的含量是恒定的,不同植物中木质素含量相差较大,例如,软木(针叶树)中木质素含量在 27%~37% 之间,而硬木中(阔叶树)木质素含量在 16%~29% 之间。

3 个苯基丙烯烃单体脱氢聚合生成木质素,这 3 个单体是:3-(4-羟基丙基)-2-丙烯-1-醇即香豆醇,3-(3-甲氧基-4-羟苯基)-2-丙烯-1-醇即松柏醇,3-(3,5-二甲氧基-4-羟苯基)-2-丙烯-1-醇即芥子醇。由于木质素磺酸盐的主要有效成分为木质素。不同的树木、不同部位、不同的树龄，几种单体的比例不同，其聚合物结构、分子量的大小也不同。另外糖分的含量也有变化，其中五碳糖与六碳糖的含量、比例都不一样。木材中所含的松香成分还会影响减水剂的含气量。这些变化最终会影响混凝土性能。

大分子木质素结构的生物化学形成的第一步是将苯基丙烷单体经过酶催化脱氢而生成4种中间体苯氧基团。

与纤维素和蛋白质不同，木质素缺少规则的重复单元。苯基丙烷单体的不规则耦合反应导致了立体的非结晶质的聚合物。由于木质素的结构和多相性的性质，结构极其复杂，尽管已经提出了许多典型的结构模型，但至今还没有一个公认的木质素结构被完全确定下来。

在硫酸盐制浆过程中，木质素的反应主要是亲核反应。由于制浆化学品（氢氧化钠和硫化物）在醌的甲基化中间体上发生亲核反应，使主键及酚羟基上的芳基甘油-β-芳基醚发生断裂，而导致醚键断裂，如反应式(3-5)所示。

因亲核性强，硫氢离子也会使木质素上的甲基芳醚发生断裂（脱甲基化学反应）形成甲硫醇［式(3-6)(a)］和邻苯二酚结构。继而邻苯二酚又可被空气氧化生成醌，这就是造成木质素呈棕色的主要原因［式(3-6)(b)］。

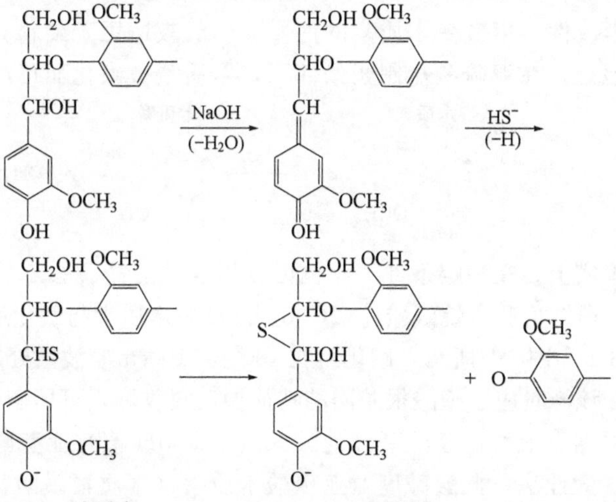

(3-5)

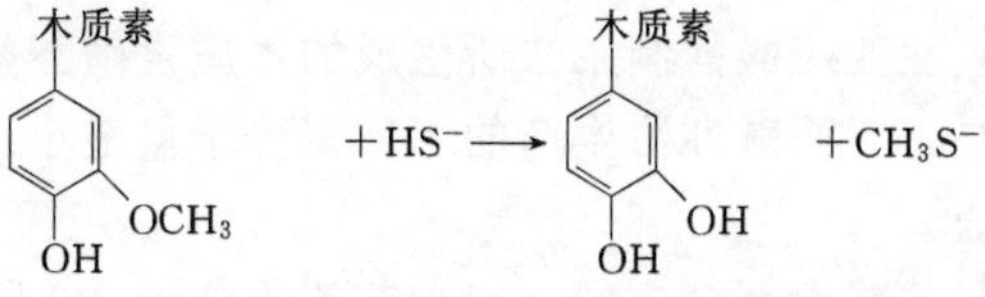

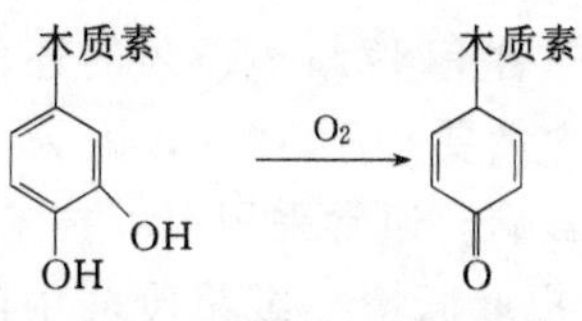

(3-6)

蒽氢醌（AHQ）与硫化物有着同样的催化作用，可以使木质素降解，蒽氢醌在醌的甲基化物上亲核反应导致中间加成物的生成，这些加成物再经过环芳醚键的裂解，得到共振结构和蒽醌［式(3-7)］。

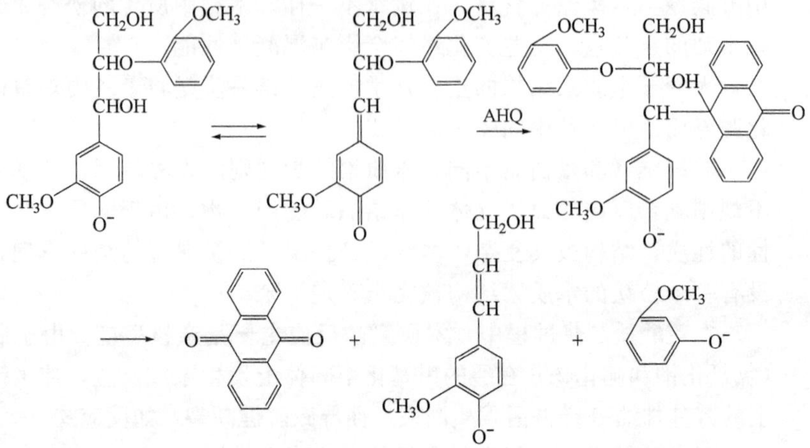

$$(3-7)$$

一般而言，硫酸盐木质素含有 1%～1.5% 的结合硫元素，且相对分子质量偏低（约 2000～3000）。用上述工艺方法得到的木质素，其结构可以进行化学改性，以改变木质素的性质，一般较适用于染料分散剂。

但是，在亚硫酸盐制浆条件下，木质素被磺化而可溶于水。

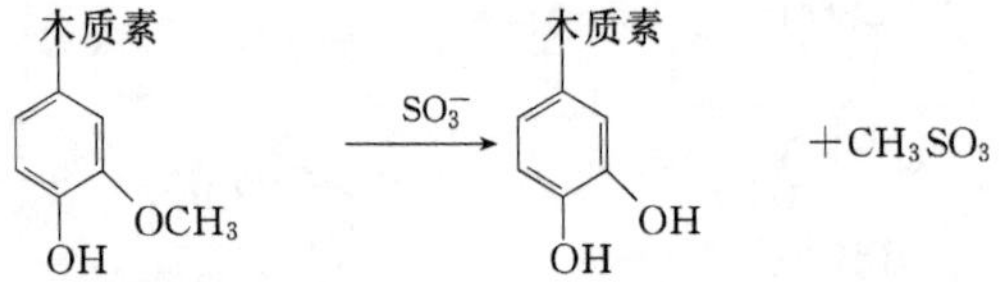

$$+CH_3SO_3 \quad (3-8)$$

事实上，在一定条件下，也可以用亚硫酸盐脱去木质素上的甲基而生成邻苯二酚结构和甲烷磺酸［式(3-8)］。纸浆木质素与磺化后产品的红外光谱图如图 3-1 和图 3-2 所示，磺化后在 1000～1100cm^{-1} 波数处出现了强而尖锐的吸收峰，该峰对应于磺酸根基团的特征振动吸收峰，可用于区别磺化与否。

根据亚硫酸制浆蒸煮液的酸碱度（即 pH 值）亚硫酸盐法可分碱法、中性法、酸性法，此酸碱度对亚硫酸木质素（木质素磺酸盐）分子量的大小影响较大。酸性亚硫酸盐制浆法所生成的木质素磺酸盐比中性法的木质素磺酸盐分子量要高，而碱性法生产的木质素分子量最小。一般亚硫酸盐制浆厂均采用酸性法。

木质素系减水剂合成的一般工艺流程如图 3-3 所示。

亚硫酸制浆液中含有 17%～18% 的还原糖，有五碳糖和六碳糖，减水剂标准要求还原糖含量要小于 12%，因为木质素磺酸盐中的还原糖含量对水泥性能存在一定影响。通常采用以下技术方法降低还原糖含量。

① 发酵降糖，提取酒精　纸浆废液中的六碳糖，在酶的作用下，经发酵降糖转变成乙醇，然后分离出去，剩下的废液还原糖含量小于 12%，经

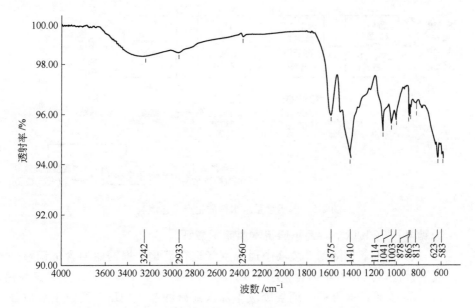

图 3-1 纸浆木质素的红外光谱图

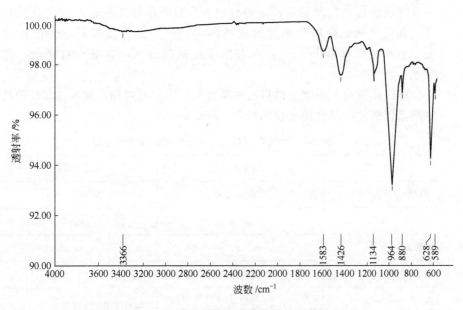

图 3-2 磺化纸浆木质素的红外光谱图

干燥得到木质素磺酸钙产品。

② 氢氧化钙降糖 纸浆废液中加入氢氧化钙溶液，经反应、保温，使还原糖降至12%以下，然后过滤除掉钙盐沉淀，液体经干燥得木质素磺酸钙产品。

③ 氢氧化钠降糖 纸浆废液中加入氢氧化钠溶液，经反应、保温，还

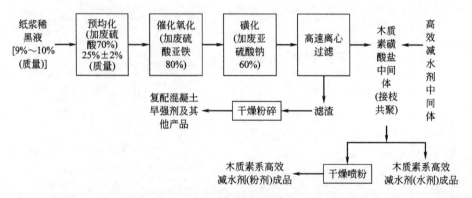

图 3-3 木质素系减水剂的生产工艺流程

原糖降至12%以下,经干燥得木质素磺酸钙。

④ 空气氧化降糖 废液中通入空气进行氧化,根据糖的含量调整进气量和反应时间,直至糖含量小于12%。产品经喷雾干燥,得木质素磺酸钙。

⑤ 亚硫酸盐降糖 纸浆废液中加入亚硫酸盐,加压,高温下反应数小时,还原糖小于12%的,喷雾干燥后得木质素磺酸钙。

比较而言,发酵制酒精后得到的木质素磺酸钙质量较好,含量相对提高;而氢氧化钙降糖除钙过程虽然困难,但产品质量较好,含量相对不变;氢氧化钠降糖由于10%左右氢氧化钠的加入,含量相对降低,性能较差。

就产品而言,市场上销售的木质素衍生物只有两种,即木质素磺酸盐和木质素硫酸盐,其性能比较见表3-1和表3-2。

表 3-1 木质素硫酸盐与木质素磺酸盐性能比较

性　能	木质素硫酸盐	木质素磺酸盐
相对分子质量	2000～3000	20000～50000
多分散性(MMN/MN)	2～3	6～8
磺酸基(mg/g)	0	1.25～2.5
有机硫/%	1～1.5	4～8
溶解度	不溶于水,可溶于碱性物质(pH值>10.5)和丙酮、二甲基酰胺等溶剂	可溶于各种pH值的水溶液中,不溶于有机溶剂
色泽	深褐色	浅褐色

木质素硫酸盐可溶于碱性水溶液（pH值>10.5）、二烷、丙酮、二甲基甲酰胺等。通常需要用亚硫酸盐和甲醛作用使其磺甲基化,而成为水溶性产物,图3-4为磺甲基化木质素的结构模型。

表 3-2 木质素衍生物主要化学性能

性　　能	木质素硫酸盐	木质素磺酸盐
基础组成	C 66% H 58% S 1.6%	C 53% H 4.5% S 6.5%
杂质	无	碳水化合物降解产品
酚羟基 phenolie-oh	4.0%	1.9%
脂肪羟基 Aliphalie-oh	9.5%	7.5%
硫酸盐—SOH		16%
硫醇基—SH	3.3%	
甲氧基—OCH_3	14.0%	12.5%
分子中主要连接链	C—C 键 聚苯乙烯型 侧链和芳环 二烷基	芳基-烷基醚

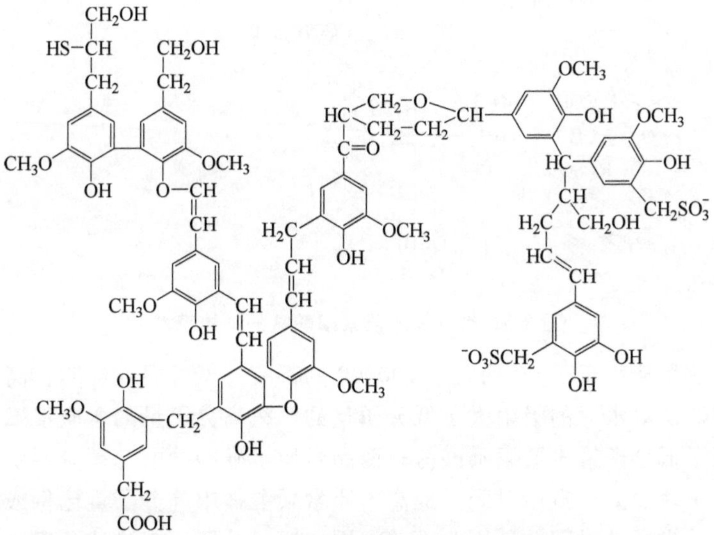

图 3-4 磺甲基化木质素的结构模型

木质素磺酸盐是亚硫酸盐法制浆中的副产品，它的结构和分子多分散性是极不均一的。木质素磺酸盐可溶于各种不同 pH 值的水溶液中，由于磺酸根极性较大，难溶于有机溶剂，图 3-5 为针叶树木质素磺酸盐的结构模型。木质素磺酸盐可以通过各种方法进行改性得到不同性能、不同用途的产品。

(2) 木质素磺酸盐减水剂的改性

① 分子量分级改性　分子量大小及分子量分布是木质素磺酸盐质量的重要表征。亚硫酸盐造纸法得到的木质素磺酸盐属于高分子聚合物，其相对

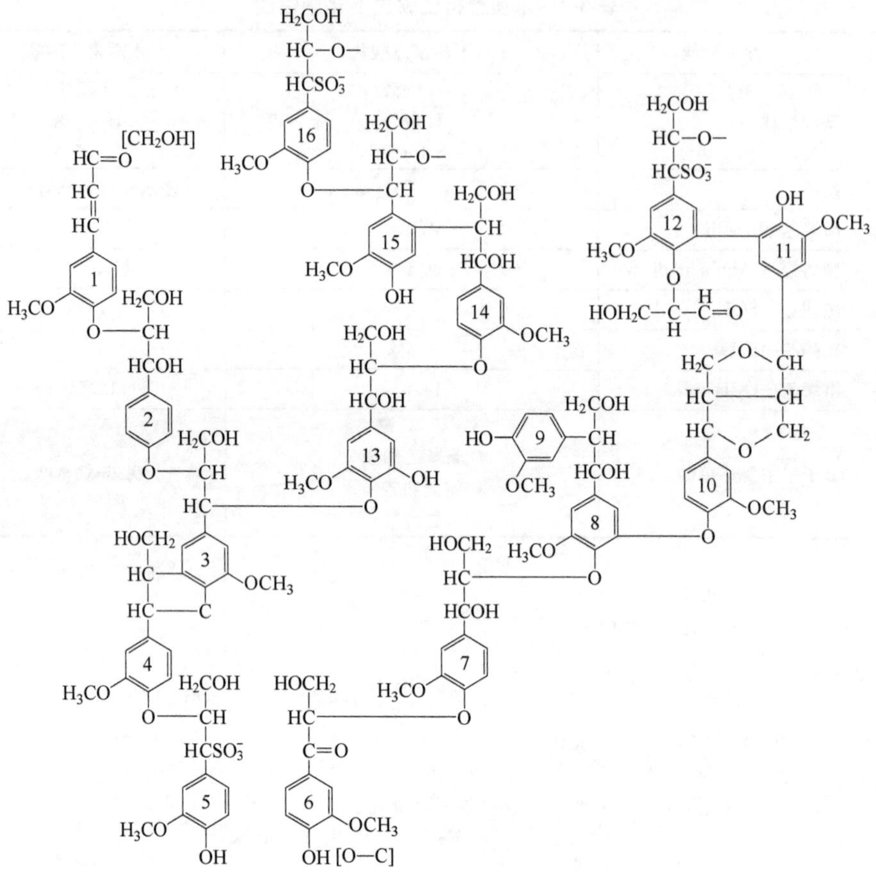

图 3-5 针叶树木质素磺酸盐的结构模型

分子质量从小于 1000 到大于 100000 的都有。试验研究证明：高分子量木质素磺酸盐对水泥的吸附大于低分子量的，故高分子量的木质素磺酸盐的减水率高于低分子量木质素磺酸盐；商品木质素磺酸盐的含糖量特别是六碳糖含量会延缓混凝土凝结时间。提高木质素磺酸盐中高分子量比例或减少含糖量都会减少凝结时间差。因为上述原因，通过分子筛来过滤分级，把产品按分子量大小分开，产品已实现商品化。

② 磺化法改性 通过对木质磺酸盐产品进行进一步磺化处理，使其分子结构接上更多的（—SO_3）基团，可通过其活性，改善其分散性能。

③ 氧化法改性 将木质磺酸盐与冰醋酸等反应，使其分子中引入羧基（—COOH），以提高其活性。同时可进一步缩合，增加高分子量比例。

④ 引发催化氧化改性 木质素磺酸盐是强还原剂，能与高锰酸钾、重铬酸钾、过氧化氢等氧化剂反应。杨东杰等采用引发氧化，以过氧化氢为氧化剂对木质素磺酸钙进行化学改性，并复合化学改性剂，使改性木质素磺酸钙的减水率提高 1 倍以上。

3.4.2 萘系减水剂

1936 年 9 月 1 日，美国专利（US Pat. N. 2052586）萘磺酸甲醛缩合物（naphthalenesulfonic acid formaldehyde condensate）首次公开了萘系减水剂的合成方法。

1962 年，日本花王石碱公司的服部健一博士研制成功了 β-萘磺酸盐甲醛缩合物高效减水剂（萘系高效减水剂），并投入生产应用。萘系高效减水剂的化学名称为聚亚甲基萘磺酸钠。

萘系高效减水剂各反应阶段简介如下。

(1) 磺化　磺化旨在取代萘核上的氢原子以形成磺基（—SO_3H），使之成为磺酸衍生物，引入强极性的磺酸基后能够有效提高其水溶性，磺酸根与水泥水化颗粒具有较强作用，可以帮助萘磺酸减水剂的吸附和分散。

一般使用浓硫酸作为磺化剂。影响磺化反应的主要因素有：硫酸浓度、硫酸用量、磺化温度、磺化时间等。

为获得结构稳定的 β-萘磺酸，磺化温度宜为 160～165℃。磺化温度过低时，易生成 α-萘磺酸，会影响外加剂性能。而且，高温磺化对缩合反应有益，因为萘磺酸的缩合发生在萘的异核上，β 位有磺基时，其空间障碍较小。在磺化反应阶段，系统的酸度宜控制在合适范围内。磺化时间不宜过长，否则副反应增多。当实测到磺化程度基本不变或已达到所需的磺化程度时即可终止磺化反应。考虑缩合过程在酸性条件下进行，磺化时，控制萘与浓硫酸的摩尔比为 1∶(1.5～1.55) 较为适宜，磺化反应时间宜控制在 2～2.5h。

(2) 水解　水解过程主要是为了除去磺化时生成的 α-萘磺酸。水解过程一般在系统温度降至 120℃ 时开始，此时 β-萘磺酸比较稳定，而 α-萘磺酸易被水解除去。

水解时，加水量不宜太多，否则将对缩聚反应带来不利影响。

(3) 缩聚　在酸性介质中，β-萘磺酸首先进行羟甲基化反应，羟甲基化 β-萘磺酸继而发生亲电取代反应，由低缩聚物逐步变成高缩聚物，直至达到平衡成端基而终止。

影响缩聚反应的主要因素有温度、酸度、配比、反应时间等。

(4) 中和　生产中常采取 NaOH 中和法（低浓型）或石灰乳-NaOH 中和法（高浓型）。高性能混凝土多掺用高浓型萘系高效减水剂。

日本减水剂的研究机构很早就发现了萘系减水剂受到分子结构的制约，保坍性能无法从根本上改变，故必须开发新型的、多功能活性基团的减水剂，近年来也有人提出对萘系减水剂进行化学接枝的设想，从对聚合物分子结构改造出发，使其达到更高的减水率，而又适当引气，并能有效地控制坍落度损失。制造时混合烷基萘或添加改性木质素磺酸盐或徐放型高分子化合物等,以保持适度的引气性及降低混凝土坍落度损失的性能。该系列减水剂主要由分散性组分和分散性保持组分组成。

萘系减水剂可溶于水,由于主链的亲油性和磺酸基的亲水性,它是一个两亲性分子。它可吸附在水泥粒子的表面,形成扩散和偶电层,水泥粒子带同种电荷而产生排斥,从而使水泥粒子分散,这就是DLVO理论。粒子表面的 ζ 电位可以表示粒子的稳定性。在一定范围内,体系对外加剂的吸附量增加,电位进一步变负,由于静电斥力的作用,使水泥颗粒得以分散,提高了浆体的工作性能。另外,萘系减水剂的相对分子质量越大,分子链越长,每个分子中的磺酸基越多,吸附在水泥粒子表面的扩散层越厚,分散效果越好。萘系减水剂有强的分散作用,大大提高新拌混凝土的流动性或大幅度减小用水量(减水率达18%~25%)。无缓凝作用,引气作用小,不含氯离子,对钢筋无腐蚀作用,与其他外加剂复合性能好。

萘系减水剂的优点是价格较低,最大的缺点是其坍落度损失大,而且对水泥品种适应性不太好,不利于混凝土商品化及高性能化,对人和环境也有一定毒害(萘有致癌性),随着工业萘价格的升高,其成本在逐渐上升。

3.4.3 氨基磺酸系减水剂

氨基磺酸系(ASP)高效减水剂是一种非引气型的树脂型高效减水剂,具有分散保持功能,缓凝作用较强。最早于20世纪80年代末在日本得到开发和应用,一般由带磺酸基和氨基的单体,与三聚氰胺、尿素、苯酚等一类的单体,通过滴加甲醛,在含水条件下温热或加热缩合而成,也可以联苯酚及尿素为原料加成缩合制备。

合成工艺过程包括酚的羟甲基化反应和缩合反应。

(1) 酚的羟甲基化 在碱的催化作用下,苯酚被甲醛进攻的能力得到加强,由于酚羟基邻、对位的氢都活泼,可能生成二羟甲基或三羟甲基苯酚,反应式(3-9)如下:

$$\text{(3-9)}$$

(2) 缩合反应 羟甲基苯酚与对氨基苯磺酸的活泼氢发生反应,如式(3-10)所示。

$$\text{(3-10)}$$

在反应过程中可能会存在其他副反应，如氨基与甲醛的反应，羟甲基苯酚之间的缩合等。对于这些副反应可以通过调节工艺参数加以控制。

张孝兵、赵石林等研究了影响氨基磺酸系减水剂性能的工艺参数，主要包括以下几点。

① 共聚单体比例的影响　共聚物含有 3 种单体链节，由于各单体的反应活性不一致，聚合物主链上单体单元的比例与实际投料比也不一致。最终共聚产物性能由单体链节在主链上所占的比例决定，因而控制不同的投料比是获得理想物理性能的一种方式。

对氨基苯磺酸与苯酚的配比对分散性能有一定的影响。对氨基苯磺酸分子结构中带有主导官能团磺酸基与非主导官能团氨基，苯酚分子结构中带有非主导官能团羟基，两者的配比对产品性能有较大的影响，如图 3-6 所示。

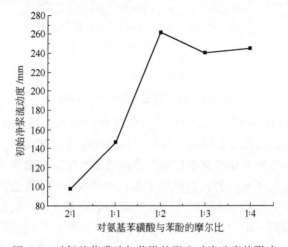

图 3-6　对氨基苯磺酸与苯酚的配比对流动度的影响

当对氨基苯磺酸与苯酚的摩尔比为 1∶2 时，产品的分散性能最好。这是因为氨基磺酸系高效减水剂属于高分子表面活性剂，在其分子中具有亲水基和亲油基，在同系物中的某一个化合物的亲水性和亲油性平衡值适当时，应用到指定的体系中可达到最高效率。即分子中的亲水基的亲水性和亲油基的亲油性配合恰当时对指定的分散体系才具有最佳效果。若对氨基苯磺酸用量大时，对氨基苯磺酸上的氨基在碱性条件下与甲醛发生副反应，生成 N-次甲基并可进一步发生交联反应，导致产品的水溶性变差，分散性能下降。

甲醛用量对分散性能同样存在影响。甲醛作为苯酚羟甲基化的原料，在三元共聚中起纽带作用，甲醛的加入量对产品性能影响较大，试验结果如图 3-7 所示。

试验研究与生产实践表明，用碱性工艺生产时，当（对氨基苯磺酸＋苯酚）∶甲醛为 1∶(1.25～1.5) 时，水泥浆的初始流动度与流动度经时保持性最好。

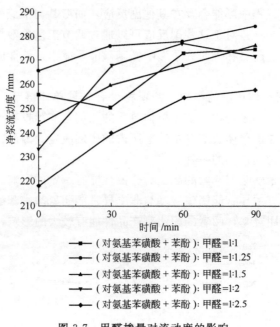

图 3-7 甲醛掺量对流动度的影响

② 反应体系的酸碱度对产品分散性能的影响 反应体系的酸碱度对产品性能的影响如图 3-8 所示。可见，在酸性条件下合成的产品的分散性能很差。这是由于经羟甲基化反应后，在酸性条件下，三者极易发生缩合，生成分子量很高的体型产物，而影响了最终的性能。pH 值达到 7.5 时，分散性能显著提高；而在 pH 值不小于 8 的条件下产物可以与水任意比例混合，为均一稳定溶液。pH 值达 8.5 以上时，增加不再明显。这是由于酚羟基的含量是一定的，在氢氧化钠过量以后，就不再增加，当碱性过大时，产物的分散性能反而有所下降。

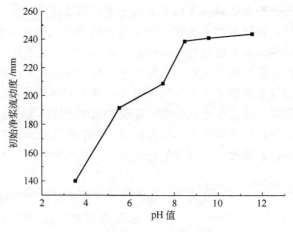

图 3-8 酸碱度对流动度的影响

针对水泥pH值，调节所合成氨基磺酸减水剂产品的pH值与之相近，也能有效解决经时损失大的问题，但是pH值也不能过高，否则带入混凝土的碱含量超标，一般pH值最大为9。

③ 反应温度对产品分散性能的影响　合成反应温度和反应时间都有很大影响。反应温度对产品分散性能的影响如图3-9所示。从图3-9可以看出，当反应温度为75℃时，水泥浆体的初始流动度以及经时保持性最好，温度过低过高都不利于产品的性能。温度过低时，达不到反应要克服的活化能，不足以进行缩聚反应，副反应少，反应时间相对延长；提高反应温度能够缩短反应时间，但温度过高时则反应不易控制，使产品的分子量下降，且会存在一些其他的副反应，分散性能变差。

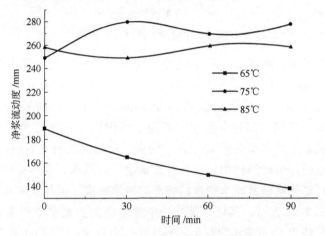

图3-9　反应温度对流动度的影响

④ 反应时间对产品分散性能的影响　在一定聚合反应温度条件下，通常共缩聚反应物的分子量随反应时间的延长而增大，而减水剂的性能又与其分子量密切相关。因此，在优化反应温度条件下，控制反应时间是至关重要（图3-10）。随着共缩聚反应时间的延长，掺用氨基磺酸系减水剂的水泥净浆流动度增大，说明必须具有一定分子量的缩合物才具有良好的分散性。但当反应时间继续延长，分子量进一步增大，产物的黏度增大，甚至生成不溶于水的凝胶，产品的分散性能开始下降，而不具备减水剂的性能特征。将反应时间控制在3h左右较为适宜。

(3) 氨基磺酸盐减水剂的绿色合成　氨基磺酸盐减水剂中主要生产原料苯酚为易挥发、有毒、刺激性物质，氧化后颜色较深，易给环境造成较大的污染等缺点，限制了其应用。吴晓明等研究了使用无毒的双酚A原料代替苯酚生产氨基磺酸盐高效减水剂的方法，将定量双酚A与对氨基苯磺酸钠溶于水，加入装有搅拌器、温度计、滴液漏斗和回流冷凝管的反应瓶中，升温到70～80℃，加速搅拌直到双酚A完全溶解为止，加入氢氧化钠调至碱

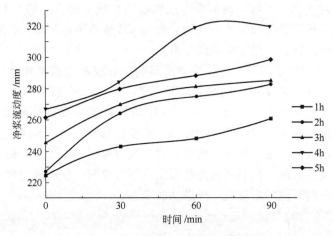

图 3-10　反应时间对流动度的影响

性，滴加甲醛。在滴加过程中应控制滴加速度使体系温度不超过 80℃。在 90～100℃ 反应 5～7h，反应后期加入相对分子质量调节剂，反应至终点，除去低分子物，得到固含量约为 30% 的深红色 AS 高效减水剂。掺量到 0.5% 时，AS 减水剂在水泥颗粒表面上吸附已经基本完全，到达了饱和吸附点，混凝土减水率达到 25.9%。混凝土应用性能研究表明，AS 减水剂对混凝土有明显的增强作用，且具有掺量小、高减水、成本低的特点。

(4) 氨基磺酸盐减水剂结构特点与减水机理　氨基磺酸盐减水剂分子结构可用图 3-11 表示。其特点是分子中憎水性的主链是亚甲基连接的单环芳烃，而在环上分布着 $-SO_3^-$，$-OH$、$-NH_2$ 和 $-COOH$ 等亲水基团，图 3-12 是一个典型的氨基磺酸系高效减水剂的红外光谱，分子结构中 $-SO_3$ 基团对应的波数是 $1182cm^{-1}$，$-OH$ 基团对应的波数是 $2919.25cm^{-1}$、$-NH_2$ 基团对应的波数是 $2852.72cm^{-1}$、$3417.02cm^{-1}$。烷基、烷氧基等取代基，或有可能使主链上带有聚氧乙烯基等长链基团的结构，所带负离子基团多（$-SO_3^-$，$-OH$，$-NH_2$），极性强，结构的分支链多，而且在水泥颗粒上吸附呈环圈及尾状吸附，因而空间位阻较大。空间位阻和静电斥力的共同作用，使得氨基磺酸盐减水剂具有优良的减水分散性能，其中 $-SO_3H$ 主要显示高减水率，$-NH_2$、$-OH$ 等显示优良的缓凝保坍作用。氨基磺酸系高效减水剂的分子结构为线性主链附带较多支链的体型结构，它在水泥颗粒上的吸附属于齿轮型、引线型。

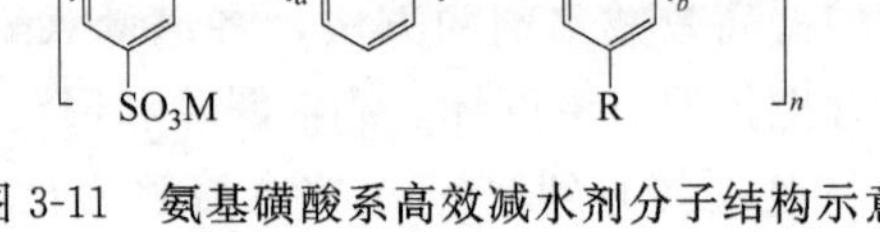

图 3-11　氨基磺酸系高效减水剂分子结构示意

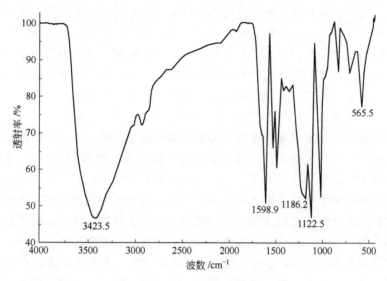

图 3-12　氨基磺酸系高效减水剂的红外光谱图

氨基苯磺酸高效减水剂合成时，由于甲醛与苯酚的反应能力较强，所以甲醛与对氨基苯磺酸钠反应浓度较低，只能形成一个羟甲基化合物，多羟甲基化合物难以形成。因此，对氨基苯磺酸钠—NH_2 羟甲基化生成仲胺后，仲胺上的 H 难以或不能再和甲醛缩合反应。所以甲醛只能以等物质的量与对氨基苯磺酸钠反应。

对氨基苯磺酸钠在 3200～3500cm^{-1} 处有两个吸收峰，弱而尖锐，是伯胺的特征吸收峰。氨基磺酸盐减水剂在 3300～3500cm^{-1} 之间的吸收峰明显增强，双峰逐渐减小，说明有羟基存在，反应生成了羟甲基化合物。在 829～834cm^{-1} 处存在一个吸收峰，是苯环 1,4 二取代的特征峰，可证明 —CH_2OH 不在苯环上，而和对氨基苯磺酸钠—NH_2 反应生成仲胺。在 900cm^{-1}、818cm^{-1} 处有两个吸收峰，是苯环的 1,2,4-三取代特征峰，即对氨基苯磺酸钠苯环上有 3 个取代。氨基磺酸盐减水剂的特征峰：3700～3100cm^{-1}、1600～1300cm^{-1}、1205cm^{-1}、1131cm^{-1}、1044cm^{-1}。

比较对氨基苯磺酸与苯酚混合物的红外光谱图与合成减水剂的红外光谱图可知，在混合物图中 3048cm^{-1} 处芳烃 C—H 的伸缩振动峰在减水剂图中已非常微弱，说明苯环上活泼氢大部分发生了反应；此外，混合物图中特别是 818cm^{-1} 处吸收峰变弱也说明了这个问题。在波数为 1598.01cm^{-1} 处的吸收峰是苯环上 C—C 的特征吸收峰，在减水剂图中有所增强，说明苯酚、对氨基苯磺酸发生了反应；1479cm^{-1} 为 CH_2 剪式振动，1383cm^{-1} 为 CH_2 弯曲振动，吸收峰变强可以说明产物中甲醛参与了交联反应。减水剂图中 3420cm^{-1} 处—NH_2 吸收峰的大大增强还说明了对氨基苯磺酸参与了聚合反应；1218cm^{-1}、1126cm^{-1} 为 S—O 特征吸收峰，其增强也说明了这个问题。

在与水泥介质的相互作用中,随着介质碱性的逐步增强,氨基磺酸系高效减水剂分子中的活性官能团逐步电离,分子结构的极性增强,众多体型支链结构使分子之间形成空间立体斥力。由于空间立体斥力的作用,使得在一定时间内,水泥浆体的絮凝结构不断解体,所包裹的水分不断被释放,水泥浆体的黏度系数与屈服剪切应力不断减小,水泥水化受到抑制,从而净浆流动度的经时损失得到有效控制,甚至出现经时增大的情况。

氨基磺酸系高效减水剂小掺量时即可获得高减水率,不但能显著提高混凝土的早期7天强度,也能大幅提高混凝土的后期28天强度。运用氨基磺酸系高效减水剂配制混凝土时,随着掺量的增大,新拌混凝土在初期产生一定数量的泌水而使混凝土的黏聚性稍差,但却可使混凝土在一定时间内保持较好的流动性,混凝土坍损得到控制。空间位阻理论认为,由于聚合物结构中支链多且长,在水泥颗粒表面吸附时形成庞大的立体吸附结构,尽管其饱和吸附量减少,ζ电位值较低,但空间位阻大,能有效地防止水泥颗粒的聚集,同时在水泥颗粒表面形成较大的吸附区,吸附力增强。因此,高效减水剂不易随水化的进行而脱离颗粒表面,即其吸附量随初期水化的进行而减少的幅度较小,从而有利于水泥浆体在较长时间内保持较好的流动性,混凝土坍落度损失小。减水效果显著,掺量为0.30%时,减水率即达13.5%,且随减水剂掺量的增大,减水率可达30%以上,且混凝土强度显著提高。氨基磺酸系减水剂减水率可达25%以上,可配制C50~C100的高强、超高强混凝土,坍落度损失小。

掺氨基磺酸系高效减水剂的混凝土坍落度在90min内基本保持不变,但对掺量及水泥都较敏感,过量则容易泌水使混凝土粘罐;而萘系及三聚氰胺系高效减水剂的坍落度损失很快,60min后已基本上不能流动。通常情况下,将氨基磺酸盐类高效减水剂与萘系高效减水剂进行复配,不仅可以改善萘系减水剂与水泥的适应性,而且能增强混凝土的坍落度保持性。氨基磺酸系高效减水剂在应用过程中对掺量比较敏感,若掺量过低,水泥粒子不能充分分散,混凝土坍落度较小,若减水剂掺量过大,则容易使水泥粒子过于分散,混凝土保水性不好,离析泌水现象严重,甚至浆体板结与水分离,在施工中很难掌握。另外目前生产氨基磺酸系高效减水剂的原料为苯酚及甲醛,均为易挥发的有毒物质,生产工艺控制不好会给环境造成较大的污染,生产价格也较高,一定程度上限制了其应用范围。

3.4.4 三聚氰胺系减水剂

1963年,德国研制成功三聚氰胺甲醛树脂磺酸盐高效减水剂(蜜胺系高效减水剂),是以1:3:1(摩尔)的三聚氰胺、甲醛、亚硫酸氢钠在一定的条件下经羟甲基化、磺化、缩聚而成,其分子结构如图3-13所示。羟甲基化属于加成反应,目的是在三聚氰胺单体中引入羟甲基($-CH_2OH$),

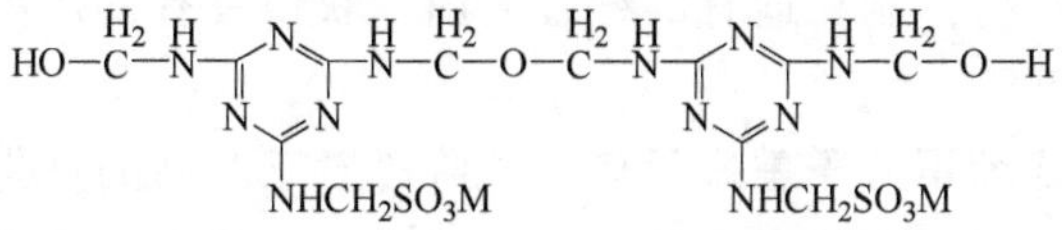

$$\text{HO—C—N—C—N—C—O—C—N—C—N—C—OH}$$
（分子结构示意，上方含 H₂ 基团，下方支链为 NHCH₂SO₃M）

图 3-13　蜜胺系减水剂分子结构示意（M 代表 Na^+，K^+，NH_4^+）

为磺化和缩合做准备，磺化的目的是引入极性亲水基团—SO_3M，同时封闭部分活性基，避免在缩合时形成体型分子，缩合的目的就是为了形成具有一定聚合度的长链分子。

三聚氰胺为白色粉状晶体，分子中有3个活性氨基，曾经有少数企业以部分尿素取代三聚氰胺生产蜜胺系高效减水剂，但产品性能低劣，贮存不稳定。也可用氨基磺酸作磺化剂，但应控制好反应条件。

市场上还有所谓的高磺化三聚氰胺系高效减水剂，是在现有生产工艺基础上，调整材料配比获得的。

在合成工艺方面，三聚氰胺系高效减水剂合成的要点是控制好各反应阶段体系的温度和酸、碱度、反应时间，防止凝胶化和副反应的发生。有分别进行羟甲基化反应和磺化反应的，也有将两步反应同时进行的。主要区别在于，后者有一个急剧升温过程，须在生产操作时加以注意。下面将按工艺流程介绍其注意事项，如式(3-11) 所示。

(1) 羟甲基化反应　三聚氰胺为弱碱性，当其在甲醛水溶液中加热到60℃以上时，会由于生成羟甲基衍生物而溶解，反应是放热反应。三聚氰胺与甲醛的加成反应是由于三聚氰胺对甲醛的亲核加成，三聚氰胺羟甲基化成一羟甲基、二羟甲基、三羟甲基三聚氰胺时的速度常数差别不大，具体生成什么由两种物质的摩尔比决定，传统的生产方法将三聚氰胺/甲醛摩尔比控制在 1/5～1/3。这对以后的磺化及缩合不利，因为羟甲基三聚氰胺很容易进一步缩合成树脂甚至失去水溶性，因此在工业生产中应通过控制反应温度、时间及体系的酸碱度使缩聚尽量不发生。

(2) 磺化反应　磺化反应过程是有机化合物分子中引入磺酸基（—SO_3）的化学过程，属于可逆反应，因此选择合适的酸碱度、反应温度、反应时间等参数对产品的性能较为重要。选用的磺化剂不同，反应机理也有所不同，一般多用亚硫酸氢钠为磺化剂。这一步反应对减水效果的影响较大，必须严格控制其工艺参数，以保证较高的磺化率。

(3) 低温缩聚反应　低温缩聚反应是由低分子物质（单体）合成高分子化合物的重要反应，反应为逐步缩聚进行，伴随有低分子物质（如水等）的生成，最终形成分子量较大的缩聚物，反应历程较为复杂，一般可分为链开始、链增长和链增长的停止三个阶段。反应发生在磺化三羟甲基三聚氰胺上的羟甲基之间，并通过甲醚键连接起来。反应速度随温度升高而增加，而且反应体系的 pH 值也有强烈的影响，所以反应应该控制温度、pH 值以及反应时间,将产物控制在适宜的缩合度内,获得具有良好物理性能和分散性能的高效减水剂。

(4) 高温缩聚分子重排反应 该阶段对于产品的物化性能和长时间贮存性至关重要,它主要是在高温碱性环境下使不稳定的分子链断开,从而增强了减水剂的稳定性。

$$\underset{NH_2}{\underset{|}{H_2N-}}\underset{}{\overset{}{\bigcirc}}-NH_2 \xrightarrow[\Delta]{HCHO} HOH_2CHN-\underset{NHCH_2OH}{\overset{}{\bigcirc}}-NHCH_2OH \xrightarrow[\Delta]{HSO_3Na} HOH_2CHN-\underset{NHCH_2SO_3Na}{\overset{}{\bigcirc}}-NHCH_2OH$$

$$\xrightarrow[\Delta]{H^+,HCHO} HO-\underset{NHCH_2SO_3M}{\overset{H_2}{C}}-N-\underset{}{\overset{}{\bigcirc}}-N-\underset{}{\overset{H_2}{C}}-O-\left[\underset{NHCH_2SO_3M}{\overset{H_2}{C}}-N-\underset{}{\overset{}{\bigcirc}}-N-\underset{}{\overset{H_2}{C}}-O\right]_n H$$

(3-11)

与一般混凝土减水剂相比较,蜜胺树脂系高效减水剂具有显著的减水效果(减水率大于25%,略小于萘系高效减水剂),对水泥分散性能好,增强、早强效果明显,基本不影响混凝土凝结时间,能显著提高混凝土的强度和耐久性,无引气性,不会在混凝土内部形成大量气泡。对纯铝酸盐水泥有很好的适应性,和其他品种外加剂相容性好,可一起使用或复配多功能复合外加剂,对蒸汽养护工艺适应性优于其他类型高效减水剂。作为分散剂既能用于硅酸盐水泥,也可用于石膏制品,改善石膏制品的塑性黏度,还可以作为防水材料的主要成分来使用。但是该类减水剂在混凝土中坍落度损失较快,对水泥品种适应性不是太好。另外也存在生成本高,难以制成粉剂,库存与运输费用高,以及反应要求要求严格、质量难以控制等缺点。

目前主要有两种降低成本的途径:以廉价活性单体(如尿素等)代替部分昂贵的三聚氰胺单体,在合成好的蜜胺树脂高效减水剂中掺入适量廉价的外加剂如糖蜜、糖钙等。目前尿素的取代量(质量)一般在5%~12%,最高不超过15%,同时掺尿素的蜜胺树脂高效减水剂的性能有比较显著的降低。

就三聚氰胺高效减水剂而言,它的分子结构都是线型的,而且只有一种极性基团—SO_3^-,从作用机理来看,这种减水剂主要以静电斥力为主。因此,首先应该充分挖掘其自身的优点,尽可能多的引入磺酸根,提高磺化率,优化分子量分布,其次通过复配发挥叠加效应,改善其综合性能。

3.4.5 蒽系减水剂

蒽系高效减水剂(以下简称蒽系减水剂)的合成主要经历磺化反应、水解反应、缩合反应和中和反应。由于蒽油中含有的菲、咔唑的结构、化学性质与蒽相似,化学反应也应相似。

(1) 磺化反应 蒽易磺化,磺化反应极为复杂。蒽环上有 α, β, γ 位之分，γ位由于位阻效应，一般较难进行反应；α位电子云密度较大，比较容易磺化，磺化物也比较容易水解；而β位电子云密度小，较难磺化，磺化物也较难水解，所以发生磺化取代反应时，因反应条件不同就可形成α-蒽磺酸、β-蒽磺酸和蒽二磺酸等产物。由于蒽磺酸和甲醛的缩合也是一个亲电缩合反应，而磺酸基是一个吸电子基团，会降低蒽环的反应活性，相比之下，α-蒽磺酸和蒽二磺酸等更易降低蒽环的反应活性，不利于缩合反应的进行。所以必须严格控制磺化反应，使其能得到较高比例的β-蒽磺酸，以使缩合反应较易进行。

磺化反应方程式［式(3-12)］如下：

$$\text{蒽} + H_2SO_4 \longrightarrow \text{蒽-SO}_3H + H_2O \quad (3\text{-}12)$$

影响磺化反应的主要因素有以下几点。

① 投料比例　为了提高磺化反应的转化率，使反应体系中的蒽能够充分参与反应，硫酸的投料量应略超过理论量，但不可超量过多，否则易发生形成蒽二磺酸的副反应。

② 反应温度　反应温度过低，α-蒽磺酸的比例将提高；反应温度过高，蒽二磺酸比例将提高。

③ 反应时间　通常有机反应速度较慢，反应时间太短，转化率将较低。但反应时间过长，则降低了生产效率，也易生成蒽二磺酸等异构物。

磺化反应控制的水平，直接影响β-蒽磺酸的含量，对缩合后产品质量影响很大。磺化效果好，并经充分缩合后，蒽系减水剂产品性能就好；反之，产品性能就较差。

$$\text{α-蒽磺酸} + H_2O \longrightarrow \text{蒽} + H_2SO_4$$

$$\text{蒽二磺酸} + 2H_2O \longrightarrow \text{蒽} + 2H_2SO_4$$

$$\text{蒽二磺酸} + H_2O \longrightarrow \text{β-蒽磺酸} + H_2SO_4 \quad (3\text{-}13)$$

(2) 水解反应　水解反应的主要目的是除去α-蒽磺酸和蒽二磺酸，以防止它们给后续的缩合反应造成影响，从而确保产品质量。水解反应如式(3-13)所示。

水解温度控制在110～120℃时，水解反应可进行得较完全。水解补水量应使补水后的物料酸度能够满足缩合要求，既不会因补水过多，酸度过低而导致缩合反应难以进行，但也不能因水解补水过少，缩合物料酸度过高，使缩合反应太快而难以控制,甚至出现物料溢锅和固化现象。

(3) 缩合反应 缩合反应是合成蒽系高效减水剂的关键反应过程。β-蒽磺酸与甲醛在硫酸催化下,可发生缩合反应,见式(3-14)。

$$n\text{(蒽-SO}_3\text{H)} + (n-1)\text{HCHO} \xrightarrow{\text{酸}} \text{H[(蒽)-CH}_2\text{]}_{n-1}\text{(蒽-SO}_3\text{H)} + (n-1)\text{H}_2\text{O} \qquad (3-14)$$

硫酸的作用是将甲醛转化成反应性强的羰离子,然后这个离子再与 β-蒽磺酸化合物反应生成多核产物。

影响缩合反应的主要因素如下所述。

① 缩合酸度。

② 甲醛量 甲醛量直接影响缩合反应进行的程度,甲醛和蒽的摩尔比高,易生成多蒽核的磺酸盐,得到的减水剂性能就好。但甲醛加入量应适当,过多的甲醛用量既造成原料浪费,又会因高聚合度的蒽磺酸甲醛缩合物影响产品质量。

③ 反应温度 缩合反应宜采用低温、较慢的速度滴加甲醛,并应采取分段升温,一方面减少甲醛的挥发量,另一方面保证在整个滴加甲醛的过程中,反应体系的黏度基本保持相同,使后加入的甲醛能迅速分散于物料中,易于缩合反应。甲醛滴加完毕后,适当提高温度可促进缩合反应的进行,但温度过高则易使反应剧烈进行,可导致溢锅、结釜等严重事故。

④ 反应时间 实际生产中,反应时间应适宜,既能使反应基本完全以保证产品质量,又能适当提高生产效率。

(4) 中和反应 和萘系高效减水剂一样,蒽系减水剂也可分为高浓度和低浓度产品。采用液碱和石灰乳两步中和时,得到聚次甲基蒽磺酸钠(高浓产品),如式(3-15)所示,可降低产品中的硫酸钠含量,提高产品性能。中和时须控制好加碱速度,并调节好 pH 值。

$$\text{H[(蒽-SO}_3\text{H)-CH}_2\text{(蒽-SO}_3\text{H)}]_{n-1} + n\text{NaOH} \longrightarrow \text{H[(蒽-SO}_3\text{Na)-CH}_2\text{(蒽-SO}_3\text{Na)}]_{n-1} + n\text{H}_2\text{O} \qquad (3-15)$$

$$\text{H}_2\text{SO}_4 + \text{Ca(OH)}_2 \longrightarrow \text{CaSO}_4 + 2\text{H}_2\text{O}$$

3.4.6 聚羧酸盐减水剂

由于掺用高效减水剂的混凝土,坍落度经时损失大,人们利用羧酸盐与水泥的相互作用,可在一定程度上降低坍落度经时损失,但仍不能从根本上解决问题。后来日本发明了以马来酸-烯烃为主要成分的反应性高分子化合物，掺用后具有徐放功能，但引气量较大。在日本，高性能 AE 减水剂的主流，已从过去的以 β-萘磺酸甲醛缩合物为主要成分的萘系高效减水剂，逐渐向以有聚醚侧链的聚羧酸高分子为主要成分的聚羧酸系高效减水剂转移。向聚羧酸系转移的最大理由，是提高了预拌混凝土的流动性保持性能。其特点是：①掺量低，分散性能好；②流动性保持性好；③在相同流动度时，比萘系复合外加剂缓凝小；④在分子结构上自由度大，外加剂制造技术上可控制的参数也多，高性能化的潜力大。

(1) 分子设计 聚羧酸盐减水剂属于高性能类混凝土减水剂，是按照使用要求和高分子设计原理，在聚合物主链上引入一定比例的阴离子极性基团（如羧基、磺酸基）来提供电斥力，同时引入聚氧乙烯基醚长链形成梳形聚合物。聚氧乙烯基醚长链中醚键上的氧与水分子形成氢键，并对水泥颗粒有较强的吸附作用。通过调整聚合物主链上各官能团的相对比例，接枝侧链的长度和数量以及聚合物分子量等，使主链上带电荷基团的静电斥力和侧链上的空间位阻效应的协同作用充分发挥，可提高外加剂的综合性能。

(2) 选择溶剂 羧酸酸盐高性能减水剂的合成涉及多种原料和多步反应，需选用合适的溶剂。试验研究表明，醋酸乙酯既可溶解丙烯酸、苯乙烯和丙烯酸丁酯，又可溶解端羟基聚氧乙烯基醚，并与接枝产物、磺化产物和浓硫酸相溶，因此既是聚合溶剂又是接枝溶剂和磺化溶剂，聚合、接枝后可不经分离直接磺化。共聚反应可采用自由基溶液共聚合。与本体聚合相比，溶液聚合体系具有黏度较低、较易混合及传热、凝胶效应少、可以避免局部过热等特点。由于醋酸乙酯的沸点仅为 77℃，共聚时可进行回流反应，温度容易控制。接枝反应所进行的实际上是羧基与羟基的酯化反应，提高温度有利于反应的进行。实验表明在催化剂作用下，75℃的反应温度能使酯化反应较快地进行，而且随着溶剂和水不断地蒸出，可以进一步提高反应温度促进反应的进行。在磺化反应中，由于低分子酯类是比较活泼的化合物，容易发生一些化学反应，因此磺化反应在较低温度下进行，可有效地抑制某些副反应的发生。

(3) 聚羧酸盐高效减水剂的原材料 包括苯乙烯、丙烯酸、丙烯酸丁酯、醋酸乙酯、偶氮二异丁腈、甲苯-4-磺酸、NaOH、浓硫酸、端羟基聚氧乙烯基醚。

(4) 聚羧酸盐高效减水剂合成工艺 在装有冷凝回流装置的反应釜中，加入额定量的丙烯酸、苯乙烯和丙烯酸丁酯，以醋酸乙酯为溶剂、偶氮二异丁腈为引发剂，加热回流反应数小时，得到共聚产物。在共聚产物中加入一定量的端羟基聚氧乙烯基醚及适量催化剂进行酯化反应，反应过程中常压蒸馏出醋酸乙酯和水的混合物，反应一定时间，得到棕黄色接枝产物。在接枝产物中加入适量的醋酸乙酯，以浓硫酸为磺化剂进行磺化反应，反应产物呈深棕色，用 NaOH 溶液进行中和，至磺化产物完全溶解，得到聚羧酸盐高效减水剂产品。

(5) 工艺参数控制 聚羧酸盐高效减水剂生产过程中，应控制好引发剂用量以便获得主链分子量适宜的减水剂，因为主链分子量对水泥分散性的影响较大。根据自由基引发聚合的一般机理，共聚物的分子量应随引发剂用量的增多而减小。随着主链分子量的降低，外加剂对水泥粒子的分散作用提高。同时，根据立体效应理论，聚羧酸盐高效减水剂侧链越长，减水剂的分散效果越好，即聚羧酸盐减水剂的减水率随外加剂聚合度的增加而提高，生产中应控制聚氧乙烯基醚的聚合度不小于 15。在进行分子设计时，应合理平衡主导官能团磺酸基和羧基。

有多种合成技术路线合成聚羧酸盐减水剂，各有千秋。今后应着重研究开发成本低、满足各种使用要求的产品。

聚羧酸减水剂的发展方向为无溶剂酯化及可与缩聚型减水剂复合使用。

3.4.7 脂肪族减水剂

脂肪族减水剂利用羰基化合物做原料，在适当条件下，通过碳负离子的产生而缩合成脂肪族大分子链，用亚硫酸盐对碳基的加成在分子链中引入磺酸基。脂肪族磺酸盐减水剂最早是由我国科研工作者作为油井水泥外加剂开发出来的，主要应用于油田固井，作为油田水泥的分散剂。由于其具有优良的耐高温特性和减水效果，能明显的改善并保持水泥的流变性，使水泥浆具有良好的和易性的同时，且对后期强度增加明显，因而迅速取代了萘系磺酸盐减水剂在油井水泥中的地位。作为液体产品应用于商品混凝土中，因其不含硫酸盐，避免了硫酸钠因低温结晶沉淀而在商品混凝土泵送过程中引起的堵管现象。脂肪族高效减水剂除了具有原材料来源广、价格低、掺量小、减水率高、与水泥适应性好、无污染的优点，总体上性价比优于萘系减水剂产品，但缺点是容易泌水，浇注的混凝土颜色比较难看、易渗色等。

脂肪族减水剂分子中，除主导官能团—SO_3H 外，还含有羰基、羟基，而憎水部分是碳氢链。其结构如图 3-14 所示，红外光谱图如图 3-15 所示。

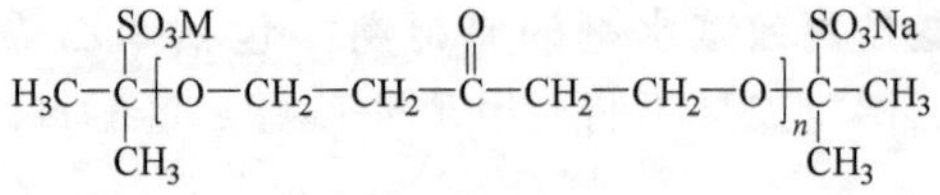

$$H_3C-\underset{\underset{CH_3}{|}}{\overset{\overset{SO_3M}{|}}{C}}+O-CH_2-CH_2-\overset{\overset{O}{\|}}{C}-CH_2-CH_2-O\underset{n}{\Big]}\underset{\underset{CH_3}{|}}{\overset{\overset{SO_3Na}{|}}{C}}-CH_3$$

图 3-14 脂肪族减水剂分子结构示意

(1) 脂肪族减水剂的原材料 丙酮或环己酮；甲醛；亚硫酸盐磺化剂；引发剂（含磺酸基团）。

(2) 合成工艺 脂肪族羟基磺酸盐高效减水剂的合成主要是基于碱催化条件下 $NaHSO_3$ 对羰基的加成反应（磺化）和羟醛缩合反应，同时伴有一定的甲醛 Cannizzaro 副反应。但反应历程较为复杂，反应实施的过程可以是先磺化甲醛再缩合，也可以是先磺化丙酮再缩合，各有利弊。近年来，发

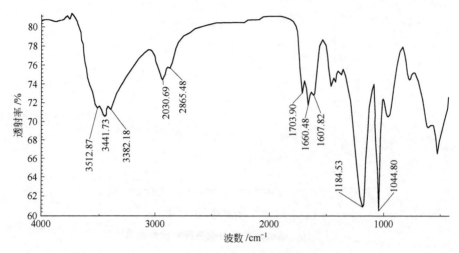

图 3-15 脂肪族减水剂红外光谱图

展了通过合理控制甲醛滴加速度,控制放热反应进行,并利用反应热,实现脂肪族减水剂生产的工艺,大大节省了能源。

较适宜的合成方法是先磺化丙酮工艺,将亚硫酸钠配成适当浓度的溶液,低温下加入丙酮/环己酮;反应一定时间后,滴加甲醛,使碳负离子对活性羟基化合物的加成有利;控制反应体系中亚硫酸氢钠的用量与浓度;调节体系的 pH 值是防止凝胶化产生的主要手段。混合物在碱性条件下反应一定时间后即得红色/棕黄色液体产品,有一定黏度,固含量为 30%~40%,该方法为"一锅煮"方法,工序简单,反应过程中丙酮挥发较少,设备要求较低。还有一种方法为先磺化甲醛工艺法,将焦亚硫酸钠加入甲醛溶液中搅拌磺化,反应放热;在适当降温后加入丙酮,搅拌,配制成磺化液;同时将无水亚硫酸钠加入水中进行水解反应;然后将磺化液滴加到水解液中进行缩合反应,控制好滴加速度和反应温度。反应实施时需要磺化和缩合两套装置。

生产中,应通过冷凝回流装置使挥发的丙酮回流到反应釜中参与反应。

(3) 关键工艺参数 合成脂肪族减水剂的关键参数主要是酮醛摩尔比和磺化剂。

① 酮醛摩尔比 减水剂性能与酮醛摩尔比的关系如图 3-16 及图 3-17 所示。可以看出,随酮醛摩尔比增加,减水剂分子量增大(表现为产物溶液黏度增大),而后又下降。减水剂分散能力随酮醛摩尔比增加而提高,但当酮醛摩尔比继续增加时,分散作用反而下降,说明只有适当分子量的产物才具有较好的分散作用。适宜的醛/酮摩尔比为 2.1~2.2。

② 磺化剂 磺化反应的实质是 $NaHSO_3$ 对羰基的加成反应,因此可以选择的磺化剂有亚硫酸氢钠、无水亚硫酸钠和焦亚硫酸钠。其中,亚硫酸氢钠可以直接使用;无水亚硫酸钠通过水解可以产生一分子的亚硫酸氢钠,同

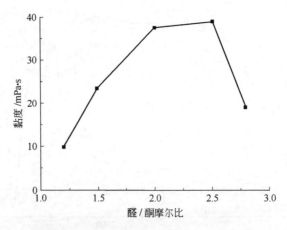

图 3-16　减水剂黏度与酮醛摩尔比的关系

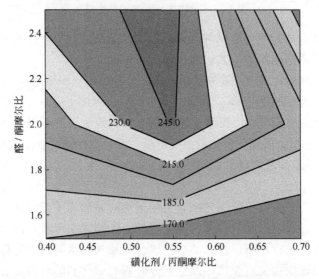

图 3-17　水泥净浆流动度随甲醛、磺化剂用量变化的等高线

时产生一分子的可以提供碱性环境的氢氧化钠；而焦亚硫酸钠水解可以产生两分子的亚硫酸氢钠。

随引发剂/磺化剂摩尔比增加，外加剂溶液黏度增大，增加引发剂/磺化剂比值有利于酮醛聚合反应（分子量提高）。但试验研究发现，当引发剂/磺化剂摩尔比超过 2 后，反应中出现凝胶现象，所得产物为不溶于水的凝胶体。浊点盐度随引发剂/磺化剂比例变化，曲线表明增大引发剂/磺化剂得不到高磺化度的产品（产品浊点盐度越大，即说明产品磺化度越高，其耐盐能力就越强，在高磺化度的水中不易沉淀析出）。由此可见，增大引发剂/磺化剂对脂肪族外加剂产品是一个分子量增加而磺化度降低的过程。

由掺该类外加剂的水泥净浆流动度与引发剂/磺化剂的关系曲线可以看

出，当引发剂/磺化剂<1.5时，外加剂分散能力随引发剂/磺化剂增大而提高；当引发剂/磺化剂>1.5时，外加剂对水泥的分散作用效果则逐渐降低。因此，结合图3-17可知，对于减水剂来说，分子量和磺化度是影响其分散性能的两个主要因素，而引发剂/磺化剂是决定产物分子量和磺化度的关键条件。当引发剂/磺化剂为1.5时，外加剂分子量与磺化度得以最佳配合，产品表现出最好的分散效果。

对脂肪族减水剂，磺化剂与丙酮的摩尔比约为0.55时，减水剂具有最佳的分散性能（图3-17）。

③ 反应温度和反应时间　控制脂肪族减水剂的反应温度对保证产品具有优异分散性能具有重要意义。

合成时，首先应控制磺化温度和磺化时间。试验研究与生产实践表明，磺化温度为60℃±5℃，磺化反应1h，减水剂分散性能较好。

磺化反应结束后，通过控制滴加甲醛的速度，控制反应温度的升高。一般，甲醛滴加速度应逐渐减慢，并应随时观察冷凝回流情况，防止因升温过快导致物料从反应釜中溢出。最高反应温度不宜超过105℃，适宜的聚合反应温度为95～100℃，反应时间为2～3h（图3-18）。

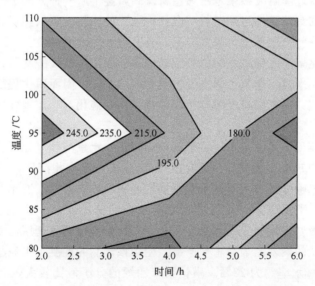

图3-18　水泥净浆流动度随甲醛、磺化剂用量变化的等高线

④ 脂肪族减水剂改性技术　鉴于脂肪族减水剂着色能力强及泌水大的性能特点，可通过接枝适量的木质素磺酸盐或以对氨基苯磺酸钠部分取代亚硫酸钠，对脂肪族减水剂进行改性。以木质素磺酸盐改性脂肪族减水剂时，其技术关键是木质素磺酸盐的氧化工艺。以对氨基苯磺酸钠改性脂肪族减水剂时，对氨基苯磺酸钠与亚硫酸钠的质量比约为1∶1，可添加适量NaOH，以促进聚合反应的进行。

3.4.8 磺化聚苯乙烯减水剂

磺化聚苯乙烯减水剂在环境保护和绿色经济中具有特殊的意义，受到了广泛关注。聚苯乙烯磺酸的钠盐和钙盐均可作为高效混凝土减水剂使用，具有较高分散性，钙盐减水率高是它的独特之处，采用钙盐避免了引入钠、钾等碱金属离子。添加这种减水剂的混凝土能够避免碱集料反应，还有泌水少、坍落度损失小的优点，性能优于国内常用的木质素磺酸盐及萘磺酸钠甲醛缩合物，缺点是生产过程需要用到大量有机溶剂，生产工艺较为复杂。

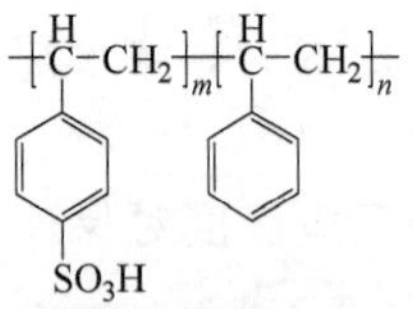

图 3-19 磺化聚苯乙烯减水剂分子结构

聚苯乙烯磺酸盐结构如图 3-19 所示，有两种合成方法，一种是苯乙烯单体先磺化为苯乙烯磺酸，再聚合为聚苯乙烯磺酸，然后中和为盐；另一种方法是苯乙烯先聚合，再磺化，然后中和为盐。苯乙烯不能直接磺化，因此前一种方法通常是先将 2-卤代乙苯磺化，再用碱脱去氯化氢制得苯乙烯磺酸单体，然后再聚合。此方法过程复杂，成本较高。后一种方法所用的磺化原料聚苯乙烯可以通过离子聚合或自由基聚合得到，也可以通过降解废旧聚苯乙烯塑料得到，鉴于后一种方法工艺简单，而且我国又面临聚苯乙烯泡沫塑料"白色污染"的威胁，可以实现变废为宝、循环利用，原料价廉易得、来源广泛，具有较大的发展潜力。

磺化聚苯乙烯减水剂的分子结构中，强极性的磺酸基团是其减水和分散性的主要来源，聚苯乙烯主链主要为疏水基团，因而磺化程度对其减水效果非常关键，提高磺化度关键在于寻找到高效催化剂，控制好反应温度和反应时间。

具体工艺条件如下，将聚苯乙烯溶于一定量溶剂（如环己烷、二氯乙烷等，其中二氯乙烷具有一定毒性），形成乳白色均相溶液，将定量的催化剂五氧化二磷分批加入溶液中，缓慢均匀滴加浓硫酸（或液化 S_2O_3），于 60~80℃ 条件下反应 2h，当反应物完全水溶后静置过滤，用水洗涤后加入氢氧化钠溶液（或氢氧化钙溶液）中和，有机溶剂可循环套用，干燥后白色固体产形状的聚苯乙烯减水剂产品。使用该产品的混凝土水泥净浆流动度约为 20cm，减水率约为 23%。磺化聚苯乙烯的分子量比较大，其在混凝土中可起到胶黏剂的作用，混凝土具有优良的防水性能；产品中氯离子含量极低，对钢筋无锈蚀作用；耐久性也优于普通混凝土减水剂。

3.5 矿物外加剂生产工艺

常用的矿物外加剂中，粉煤灰和硅灰可直接应用于混凝土中，矿渣微粉则是经过磨细后得到的产品。本节主要介绍利用湿排粉煤灰生产活性矿物外加剂的生产技术。

目前，国内外关于粉煤灰的活性激发方面的研究有很多报道，主要的活化方法有物理激发、化学激发、粉煤灰地聚合物和预水化活化技术。

3.5.1 物理激发

物理激发是通过磨细工艺，使粉煤灰中的多孔玻璃体和部分空心玻璃微珠被破碎，从而改善了粉煤灰的颗粒级配形状和结构。粉煤灰颗粒与$Ca(OH)_2$反应成为其被激发水化的驱动力。含有粉煤灰的水泥浆体，颗粒表面反应速率决定于表面的溶解和扩散。而粉煤灰颗粒中SiO_2和Al_2O_3的溶解受玻璃体结构制约。自然细灰中，玻璃微珠表面结构致密，对Ca^{2+}的吸附能力差，在早期的水化反应中，颗粒表面层的SiO_2和Al_2O_3很难溶解，其活性难以发挥。而磨细后，粉煤灰颗粒表面形状发生改变，表面能增高，表面层对Ca^{2+}的吸附能力增强，促进了SiO_2和Al_2O_3的溶解，从而提高了粉煤灰的活性。

3.5.2 化学激发

化学激发是采用化学试剂的方法激发粉煤灰（主要是低钙粉煤灰）活性。

水泥水化过程中，产生约占水泥质量20%～25%的$Ca(OH)_2$，其对水泥混凝土强度无增强作用。$Ca(OH)_2$溶于水，当掺用粉煤灰时，$Ca(OH)_2$便与粉煤灰结合形成稳定的水泥水化产物（图3-20），这些水化产物对水泥混凝土强度具有增强作用。

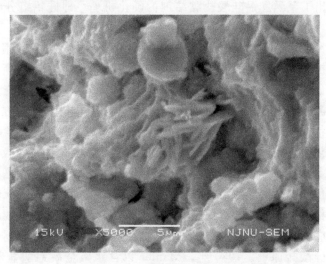

图3-20 粉煤灰的水化产物

在粉煤灰-水体系中，OH^-能促进粉煤灰中铝、硅的溶解。OH^-可从NaOH、低SiO_2/Na_2O模数的水玻璃等强碱中获得，也可从Na_2CO_3、$Ca(OH)_2$及高SiO_2/Na_2O模数的水玻璃等弱碱中获得。

我国的粉煤灰主要为低钙灰。低钙粉煤灰作为水泥基材料，其固有的本质特征是活性相对较低，因而需引入活性激发剂以加速水化反应。其机理为：化学激发剂腐蚀粉煤灰颗粒表面，能促进 Si—O 键的分裂和颗粒表面的蜂窝化，从而提高粉煤灰与 $Ca(OH)_2$ 的水化进程。

可选择的化学激发剂有：NaOH、$Ca(OH)_2$、Na_2CO_3、Na_2SO_4、NaCl、硝酸盐（钠、铵、钙等）以及上述某些化合物的复合物。

3.5.3 粉煤灰地聚合物

粉煤灰地聚合物即 Geopolymer。地聚合物是近年来新发展起来的一类新型无机非金属材料，是含有多种非晶质至半晶质相的三维铝硅酸盐的矿物聚合物，其英文同义词还有 mineral polymer，geopolymeric materials，aluminosilicate polymer，inorganic polymeric materials 等。这类材料多以天然铝硅酸盐矿物或工业固体废弃物为主要原料，与高岭石黏土和适量碱硅酸盐溶液充分混合后，在 20~120℃ 的低温条件下成型硬化，是一类由铝硅酸盐胶凝成分黏结的化学键陶瓷材料。

地聚合物材料的应用可追溯到古代，即以高岭土、白云岩或石灰岩与盐湖成分 Na_2CO_3、草木灰成分 K_2CO_3 以及硅石的混合物，加水拌和后产生强碱 NaOH 和 KOH，与其他组分发生反应，生成矿物聚合黏结剂而制成人造石。

20 世纪 30 年代末，Purdon 研究了硅铝矿物和玻璃与 NaOH 溶液的反应，提出了碱激发铝硅酸盐黏结剂的硬化机理，即硅铝组分溶解于 NaOH 溶液中，然后沉淀出水化硅酸钙和铝酸钙，再产生 NaOH，使反应不断进行。70 年代，Davidovits 等通过对古建筑的研究发现，其所用胶凝材料的耐久性、抗酸性和抗融冻能力极强，其中不仅含有波特兰水泥所具有的 C-S-H 凝胶组分，而且含大量的沸石相。80 年代，Malone 等的研究发现，碱激发炉渣水泥的硬化机理为：碱金属、碱土金属离子进入溶液，在炉渣颗粒表面形成胶状硅酸钠层；铝氧化物直接溶解于硅酸钠中，形成半晶态托贝莫来石；水化铝酸钙生成并排出水分，最后形成不同组成的沸石及类沸石相。

Geopolymer 一词最早由 Joseph Davidovits（1978 年）提出，其原意指由地球化学作用形成的铝硅酸盐矿物聚合物。此后，Davidovits 不断改进矿物聚合材料形成的化学机理和力学性能表征，并证实了这类材料在许多工业领域的应用。Davidovits 最初使用高岭石和煅烧高岭石作为制备矿物聚合材料的铝硅酸盐原料。1980 年，Mahler 以含水碱金属铝酸盐和硅酸为反应物，取代固体铝硅酸盐，制备了类似的铝硅酸盐聚合物材料。此后，Helferich 和 Shook、Neuschaeffer 等先后取得了制备非晶质铝硅酸盐聚合材料的专利，其制备工艺和材料的化学性能、力学性能等与 Davidovits 的实验相似。Palomo 等以煅烧高岭石为原料，加入硅砂作为增强组分，制备了抗压强度高达 84.3MPa 的矿物聚合材料,而材料的固化时间仅 24h。20 世纪 90 年代后期,Van Jaarsveld 和 Van Deventer 等致力于由粉煤灰等工业固体废弃物制备矿物聚合材料及其应用的研究,包括固化有毒金属及化合物等。

矿物聚合材料的制备工艺简单,能耗低,性价比高,因而引起了国际学术界的广泛关注。大量研究成果以专利文献的形式发表,并出现了许多商业产品,如 Pyrament cements, Dynamit Nobel AG (Germany), Trolit binders, Geopolymite, Geopolymere-Frane 等。该类物质的结构与有机高分子聚合物的三维架状结构相似,但其主体为无机的 SiO_4 和 AlO_4 四面体(图 3-21),其性状与沸石和似长石相似,可用于有害物质和半固态废弃物的固定化。其优异的性能包括:高早强、低收缩、耐酸、耐腐、抗冻、抗硫酸盐侵蚀。可以把地聚合物水泥看成是单体缩聚的结果。这种水泥在常温下固化极快,20℃条件下反应 4h,抗压强度可达 20MPa,28 天抗压强度可达 70~100MPa。

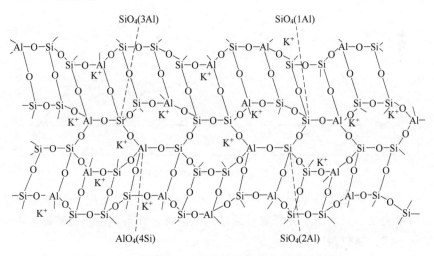

图 3-21　J.Davidovits 提出的地聚合物分子结构模型

地聚合物是由适量偏高岭土和少量碱性激发剂与大量天然或人工硅铝质材料相混合,在低于 150℃ 下甚至常温条件下养护,得到不同强度等级混凝土的无水泥熟料胶凝材料。地聚合物及其混凝土在市政、桥梁、道路、水利、地下、海洋以及军事等领域具有非常广阔的应用前景,有可能成为硅酸盐水泥的替代产品。

粉煤灰是低钙的 Si-Al 质材料,具有潜在活性,可代替部分偏高岭土(约 30%)制备地聚合物水泥,并已有公开文献报道。

3.5.4　湿排粉煤灰的预水化活化技术研究

(1) 技术原理　粉煤灰在氢氧化钙作用下,其火山灰效应反应方程如式

(3-16)和式(3-17)所示。

$$xCH + yS + zH \longrightarrow C_xS_yH_{x+z} \tag{3-16}$$

$$xAS_2 + yCH + zH \longrightarrow C_{y-2x}S_xH_{y+z-8x} + xC_2ASH_8 \tag{3-17}$$

在特定条件下，通过低温煅烧处理，上述水化产物将转化为两种主要矿物相：C_2S 和 $C_{12}A_7$，尤其在 $CaSO_4$ 存在时，粉煤灰中的铝氧化物与氢氧化钙、石膏水化生成钙矾石，经低温煅烧处理后，亦转化为 $C_{12}A_7$。

为获得目标矿物，需按图 3-22 水泥矿物相图所示化学组成进行配料。

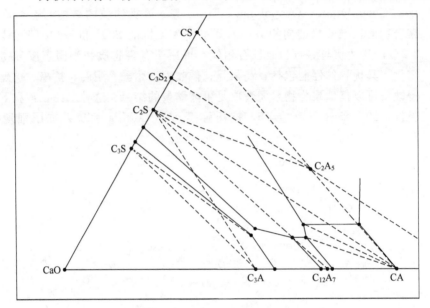

图 3-22　水泥矿物组成三相图

预水化活化技术包含两方面含义：通过火山灰反应，破坏湿粉煤灰结构，使之形成水泥水化产物；通过低温煅烧，获得低温熟料矿物。

(2) 原材料

① 低钙湿排粉煤灰　含水率控制在 30%～40%。

② 石灰质材料　可选用化工厂副产品氢氧化钙，氢氧化钙含量应不低于 40%。

③ 石膏质材料　可选用化学石膏，二水石膏含量应不小于 55%。

(3) 原料配比　根据原料化学成分，按照理论计算，预水化粉煤灰较为合理的物料组成是：100 份湿粉煤灰，12～16 份工业副产品氢氧化钙，1.8～2.2 份化学石膏。

(4) 预水化工艺　将湿粉煤灰、工业副产品氢氧化钙、化学石膏和适量水用搅拌机混合，成型块状坯料，经养护至一定龄期进行热处理。热处理制度为：1h 升温至 75℃，随后在 75～85℃条件下密闭保持 10h，然后迅速升温至目标温度，排湿并保温 5h。

(5) 磨细

将块状半成品，经破碎、磨细，便可获得性能优异的预水化粉煤灰矿物外加剂。

(6) 湿粉煤灰预水化活化效果 试验结果示于表 3-3。

表 3-3 湿粉煤灰预水化活化效果

预处理类别	预水化程度/%	28 天抗压强度/MPa	28 天强度比/%
未预水化	0	4.7	100
预水化	16	3.9	83
	24	7.1	151
	35	15.7	334
	52	26.2	557
	72	36.5	777

由表 3-3 可知，未经预水化处理的湿排粉煤灰活性较低，仅略高于预水化程度为 16% 时的强度。对湿排粉煤灰进行预水化处理的效果由此可见一般。

(7) 预水化粉煤灰中的活性矿物 经 SEM 扫描分析、XRD 衍射分析和红外光谱分析可知，预水化粉煤灰中的活性矿物主要为 C_2S 和 $C_{12}A_7$。萃取分析结果表明，C_2S 和 $C_{12}A_7$ 的含量分别约为 20% 和 8%。

参考文献

[1] 蔡希高. 高性能外加剂主导、非主导官能团与氢键. 化学建材, 2003, 19 (4): 41-44.

[2] 蔡希高. 混凝土外加剂主导官能团理论. 混凝土, 2005, 4: 3-6.

[3] 朱德仁, 宋树良. 木质素磺酸盐系列减水剂. 混凝土外加剂, 1999 (1): 1-14.

[4] 熊大玉, 王小虹. 混凝土外加剂. 北京: 化学工业出版社, 1998.

[5] 蒋亚清等. 改性草浆碱木素减水剂的制备与性能. 江苏大学学报: 自然科学版, 2008, 29 (5): 406-409.

[6] 史昆波等. 氨基磺酸系高效减水剂的实验室研制. 延边大学学报（自然科学版）, 2002, 28 (2): 107-109.

[7] 张孝兵, 赵石林, 钱晓琳. 氨基磺酸系高效减水剂的合成及其性能研究. 化学建材, 2002, 18 (6): 39-45.

[8] 吴晓明, 赵晖等. 绿色高性能氨基磺酸系高效减水剂的制备与性能. 精细石油化工, 2008, 25 (1): 44-48.

[9] Joseph Davidovits. Properties of Geopolymers cements. Geopolymer Institute, Cordi-Geopolymère SA, 16 rue Galilée, 02100 Saint-Quentin, France.

[10] 张云升等. 粉煤灰地聚合物混凝土的制备及其特性. 混凝土与水泥制品, 2003 (2): 13-15.

第4章　混凝土外加剂作用机理

在水泥-水悬浮体系中，水泥浆体中的相界面因具有较高的界面能而导致其不稳定；水泥浆体有自动减小界面、水泥颗粒相互聚结的趋势。另外，水泥颗粒之间通过引力作用，如范德瓦耳斯力和静电引力或者是化学键和次化学键聚集到一起形成絮凝体。由于减水剂多为阴离子表面活性剂，而表面活性剂是能显著改变（一般为降低）液体表面张力或二相间界面张力的物质，其分子结构由极性基团（亲水基团）和非极性基团（憎水基团）组成，分为离子型表面活性剂和非离子型表面活性剂，其中离子型表面活性剂又分为阴离子型表面活性剂、阳离子型表面活性剂、两性表面活性剂。表面活性剂具有表面吸附作用、分散作用、湿润作用、起泡与消泡作用。水泥浆体中掺入减水剂后，减水剂吸附于水泥颗粒表面，改变了"水泥-水"体系固-液界面的性质（如颗粒表面电荷分布、空间位阻等），使水泥颗粒之间的作用力发生变化。

不同的表面活性剂因其分子结构不同，对水泥水化所产生的影响也不同。例如：羟基类化合物中的醇类同系物，随着羟基数的增多，它们对水泥的缓凝作用越来越强；羧酸在水泥浆体系中，随着生成不溶性的盐类（如钙盐），使水泥水化速度减慢，而某些羧酸盐则对水泥水化硬化具有促进作用（如甲酸钙等），同时随着烷基的增大，羧酸及羧酸盐的表面活性作用、憎水作用增强；羟基羧酸、氨基羧酸及其盐类能显著抑制水泥的初期水化，有效地提高新拌混凝土的塑性和混凝土后期强度；磺酸盐类的阴离子表面活性剂，易被水泥颗粒吸附，可对水泥产生分散、缓凝作用。若将两种以上表面活性剂复合使用，则对水泥的作用效果会更好。

可将常用的化学外加剂按与水泥的相互作用分为3类。

（1）**缓凝剂**　例如蔗糖、羟基羧酸，常用于调节水泥水化速率和凝结时间。

（2）**减水剂**　例如木质素磺酸盐、萘磺酸盐甲醛缩合物、磺化三聚氰胺甲醛缩合物、聚羧酸酸盐等，常用来调节混凝土工作性和用水量。

(3) 引气剂 常用以改善混凝土抗冻融性能和匀质性。还有某些无机外加剂（例如钙盐、膦酸盐或磷酸盐），有时被用来调节水泥浆的凝结和硬化性能或塑性保持能力。然而掺用无机外加剂的水泥浆比较特殊，因而无机外加剂难以纳入到一般的分类中去。

4.1 表面吸附

掺入到水泥悬浮体中的超塑化剂可分成三部分。第一部分是水泥水化尤其是形成 AFt 和 C-S-H 过程中消耗的超塑化剂，第二部分是吸附在水泥颗粒表面且在混凝土可浇筑时间内不会成为有机金属矿物相（OMP）组成部分的超塑化剂，第三部分是为满足应用需求掺入了足够量的超塑化剂后残留在液相中的超塑化剂（可认为体系被超塑化剂饱和），既没有被水泥颗粒吸附，也没有参与形成 OMP，可能对分散水泥颗粒起一定作用。依据吸附动力学，在完全覆盖水泥颗粒表面之前，超塑化剂可能保留在液相中。部分超塑化剂能插入各种水化产物中，插入水化产物中的超塑化剂不再能够分散水泥絮凝体。似乎这个过程在钙矾石（AFt）通常具有最高形成速率的最初几分钟的水化时间内极其重要。可用的硫酸盐是允许 AFt 快速形成的关键因素，对提高减水剂与水泥的适应性具有重要作用。

大多数化学外加剂，与水泥颗粒或水泥水化颗粒表面具有亲和力，因而吸附作用显著。外加剂中带电荷的有机物基团（SO_3^-、COO^-）通过静电作用与颗粒表面相互作用（颗粒的表面电荷与外加剂分子的离子团相互作用）。以蔗糖为例，其极性作用基团 OH^- 也能通过静电力及氢键作用与高极性的水化相强烈作用。带有离子（$-COO^-$）和极性基团（$-OH$）的典型外加剂是葡萄糖酸盐。对于含有憎水的、极性的以及离子基团的多聚型外加剂（如木质素磺酸盐），吸附是各种作用共同作用的结果，也可能是熵增的原因，熵增常常使吸附状态稳定。

含有大量憎水基团（脂肪族或芳香族）的外加剂，可以通过它们的极性基团或它们的憎水部分与水化表面起作用。

通常认为减水剂对水泥的减水作用是只有在其对水泥粒子的吸附后才发生。外加剂与水泥颗粒或水泥水化颗粒表面具有亲和力，因而吸附作用显著。减水剂溶液的吸附量随着外加剂溶液的平衡浓度的增加而增加，并在一定浓度下达到平衡，低浓度时基本符合式(4-1) Langmuir 等温吸附公式，按式(4-2)作图，获得饱和吸附量。

$$\Gamma = \Gamma_\infty \frac{kc}{1+kc} \tag{4-1}$$

$$\frac{1}{\Gamma} = \frac{1}{\Gamma_\infty} + \frac{1}{\Gamma_\infty kc} \tag{4-2}$$

式中　Γ——吸附量，mg/g；

Γ_∞——饱和吸附量，mg/g；
c——外加剂的浓度，g/L；
k——吸附常数。

吸附量可采用 TOC 法或紫外分光光度计法进行测定。采用紫外分光光度计法测定时的步骤为：用去离子水配制 20ml 不同浓度的减水剂溶液，加入 0.5g P.Ⅰ52.5 级水泥，搅拌 5min 并静置 5min 后离心分离，采用 UV-2450 紫外分光光度计于减水剂最大吸收波长下测定离心后的减水剂溶液浓度。根据吸附前后减水剂溶液浓度变化计算水泥对减水剂的吸附量。

图 4-1 是一种丙烯酸类聚羧酸减水剂（PCA）在某 P.Ⅰ水泥表面的等温吸附曲线。可见，可溶性硫酸盐因使聚羧酸减水剂分子中的 EO 链产生收缩，妨碍了空间位阻效应的发挥，对 PCA 的吸附-分散作用具有不利影响；而葡萄糖酸钠对 PCA 的吸附-分散具有一定的增强效果。目前，通过在 PCA 合成时，接枝适量甲基丙烯磺酸钠，提高 PCA 与可溶性硫酸盐的相容性。

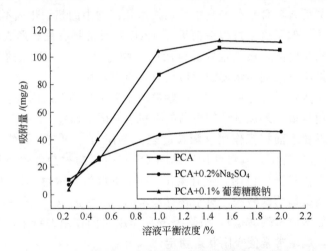

图 4-1 丙烯酸类聚羧酸减水剂的吸附等温曲线

不同减水剂在同一种水泥颗粒表面的吸附量通常具有差异性。如图 4-2 所示，萘系减水剂（PNS）在水泥表面的吸附量明显高于马来酸类聚羧酸减水剂（PCA2），按式(4-2)进行作图并拟合，得到 PNS 和 PCA2 的最大吸附量分别为 189.4mg/g 和 378.8mg/g，表明萘系减水剂的分散效能低于 PCA2。

目前，大多数水泥中含有磨细石灰石粉，改变了减水剂与水泥的适应性及水泥化学。研究发现，$CaCO_3$ 的存在将导致萘系减水剂与水泥不相容，但可提高马来酸类聚羧酸减水剂的减水率和保塑能力。图 4-3 表明，在掺用 PCA2 的水泥分散体系中，复合磨细石灰石粉后，水泥对 PCA2 的吸附量大幅度降低，主要原因是形成了大量的单碳型水化铝酸钙（AFmc），其吸附减水剂的量要比 C_3A 吸附减水剂的量小很多。

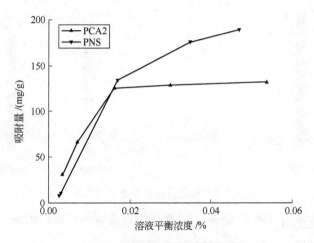

图 4-2　不同减水剂的吸附等温曲线

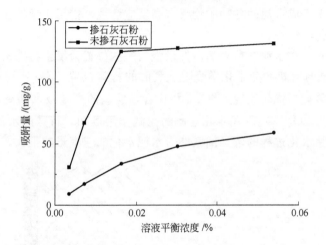

图 4-3　石灰石粉对 PCA2 等温吸附特性的影响

4.1.1　外加剂吸附对表面性能的影响

除了水泥相和化学外加剂之间的化学反应，吸附的化合物将改变水泥颗粒的表面特性从而影响其与液相以及其他水泥颗粒之间的相互作用。吸附的阴离子表面活性剂和聚合物会向颗粒表面传递带负电的静电荷，即负 ζ 电位，这会引起相邻水泥粒子间的排斥并且有助于提高分散效果（图 4-4）。对于高分子聚合物，物理阻碍（空间位阻）会导致额外的小范围排斥力。因而"静电的"和"空间的"力都有助于提高水泥浆的流动性能。空间作用是很重要的作用，因为低分子量的分散剂通常减水率较低，浆体流动度小。一般，静电的和空间的影响对颗粒之间排斥的作用，受聚合物的化学特性（组成、结构）以及分子量的影响。

对于引气减水剂，水泥-溶液界面对活性剂分子的吸附能反映分子的排

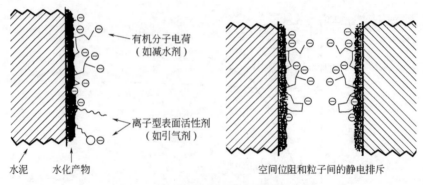

图 4-4　空间位阻与粒子间的静电斥力

列。这些排列导致了气-液或固-液界面处薄膜的形成，如图 4-5 所示。

4.1.2　外加剂吸附的化学过程

由于组成水泥的各种矿物具有高反应活性，掺用化学外加剂可参与或干预一些化学作用。

首先，在水泥颗粒表面活性最强的一些位置会发生特殊的表面作用（图 4-6），同时有机物分子化学吸附于表面的特殊位置。SO_4^{2-} 与粒子表面上暴露的铝酸盐相优先反应。SO_4^{2-} 相比含磺酸基的高效减水剂更易与铝酸盐相反应。由 SO_4^{2-} 对 C_3A 水化速率的控制作用可知，特殊的水泥-外加剂的相互作用从水化过程的较早期就能对水泥水化的速率影响很大。

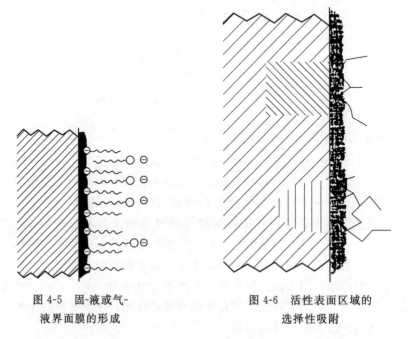

图 4-5　固-液或气-　　　　图 4-6　活性表面区域的
液界面膜的形成　　　　　　　　选择性吸附

许多化学外加剂，例如，蔗糖类和羟基羧酸，可以通过联合或络合使离

子基团 [如 Ca^{2+}、SiO_x^{n-}、$Al(OH)_4^-$] 溶液化,如图 4-7 所示。一方面,络合反应能使溶解过程和初始反应速率加快(如蔗糖吸附于 C_3A);另一方面,络合反应允许液相中离子基团的浓度较高,从而延迟了不溶水化物 [如 $Ca(OH)_2$,C-S-H] 的沉淀。然而,一旦外加剂消耗后,络合反应的影响就会消失。

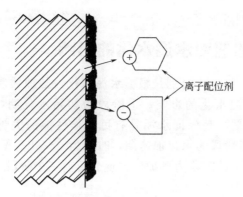

图 4-7 化学外加剂的络合作用

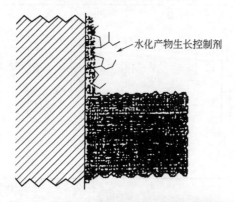

图 4-8 化学外加剂对水泥水化的抑制作用

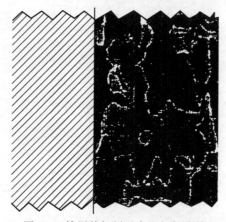

图 4-9 掺用外加剂对水泥相的改善

无论外加剂的吸附是以特殊的还是正常的方式发生，它都会影响水泥的水化过程。固-液界面上有机物分子的存在会出现晶体成核和长大（图 4-8）。晶核中心所发生的吸附会阻碍晶核获得最小临界尺寸。另外，吸附外加剂的存在使水化产物的长大可能通过嵌入导致结构变化（图 4-9）和/或水化颗粒形态的改变。值得注意的是：木质素磺酸盐、蔗糖及葡萄糖酸盐的吸附并没有延缓钙矾石的形成。

4.2 化学外加剂对水泥水化的影响

图 4-10 和图 4-11 分别是根据水泥水化放热曲线表示的水泥水化过程和外加剂对水泥水化的影响。Ⅰ阶段为初始水化期，时间为 0～15min；Ⅱ阶段为诱导期，是保证水泥具有可操作性能的关键阶段，时间通常为 15min～4h；Ⅲ阶段为水化加速期，时间为 4～8h；Ⅳ阶段为水化减速期，时间为 8～24h；Ⅴ阶段为养护期。现介绍前三个阶段外加剂对水泥水化的影响。

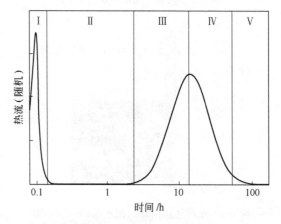

图 4-10 水泥水化放热曲线

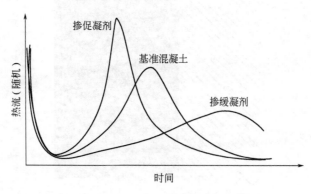

图 4-11 外加剂对水泥水化的影响示意

4.2.1 初始阶段（Ⅰ阶段）

图 4-12 反映了萘系高效减水剂 PNS 在普通硅酸盐水泥 OPC、掺 8% 硅灰 SF 的普通硅酸盐水泥以及硅灰（$20m^2/g$）上的吸附情况。试验数据是在材料与含外加剂的溶液最初接触 10min 后得到的，吸附数量为在特定测量时间单位 BET（N_2）表面积上的干物质（mg/m^2）与溶液中自由 PNS 浓度（$[PNS]_{soln}$）的函数关系图。

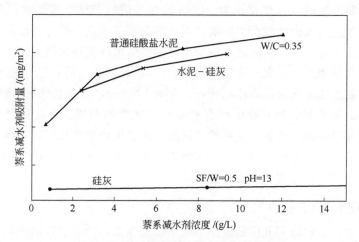

图 4-12　水泥及硅灰对萘系减水剂的吸附

在实验条件下（中性 pH 值，负表面电荷），二氧化硅（硅灰或石英粉）对 PNS 的吸附量相对较低，与溶液浓度无关；水泥的吸附数据（规定为单位表面积）显示出 5~10 倍高的 PNS 吸附值，后者依赖于外加剂的溶液浓度。值得一提的是含有硅灰的水泥的规定的吸附量与 OPC 是可比的。这对 Ca^{2+} 的影响是有利的，促进 PNS 在二氧化硅和其他"惰性"物质上的吸附。

前已述及，PNS 以及其他化学外加剂的吸附优先发生在铝酸盐相上。也有报道说这种吸附依赖于水泥的碱含量（Na_2SO_4、K_2SO_4）；在这些盐类存在时，PNS 吸附量下降，即相同掺量时，减水率下降。

萘磺酸盐可急剧降低水泥在早期水化过程中所产生的热量，PNS 对熟料表面水化的抑制作用甚至会超过 $CaSO_4$ 的影响。

外加剂对硅酸盐水泥水化反应的延迟作用也是很显著的。外加剂的有效性依赖于其化学特性和分子特征。低分子量 PNS 比高分子量产物在相同的溶液浓度时表现出更高的有效性。木质素磺酸盐同样使水泥初始水化热降低。由初始水化热数据反映出来的外加剂的特殊性能表明：①在活性最强之处存在优先吸附；②水化产物成核和长大受到阻碍。

4.2.2 诱导期（Ⅱ阶段）

诱导期中 PNS 外加剂的主要作用是抑制水化颗粒的发展。

外加剂-水泥相互作用对诱导期所发生现象的影响可从时间（15min～4h）与表征Ⅰ阶段现象的反应参数，即吸附、流变以及放热之间的相关关系来表示。

研究表明，PNS在浆体（OPC、OPC-SF）的液相中的含量随时间而下降。以这种方式表示的吸附数据，除了最初的快速吸附（使活性最高的相"饱和"），外加剂被水泥水化产物吸收的速度持续下降。持续吸附的主要原因是新形成的水化颗粒长大。PNS的逐步消耗必然对水泥水化反应速率和水泥浆体的流变性能产生影响。当减水剂溶液浓度下降时，水泥浆体的流动性发生经时损失，相应地，混凝土就会产生坍落度经时损失。

诱导期中，水泥水化速度在PNS存在时明显下降，这与稀砂浆中PNS对初始水化反应的优先作用相符。含有PNS的水泥浆表现出的较低放热量，实际上意味着在静止期中仅有有限的水化产物形成。在这种情况下，PNS的消耗主要由于成核水化颗粒的吸附和向已形成的水化产物中嵌入。嵌入的易变形的新"有机矿物"相被发现与钙矾石同时存在。诱导期中PNS外加剂的主要作用是抑制水化颗粒的发展。

4.2.3 加速期（Ⅲ阶段）

由于Ⅰ阶段和Ⅱ阶段外加剂与水泥的相互作用，加速期的初始点事实上被推迟了。正常掺量的PNS（0.5%C）降低了表观凝结时间。提高PNS浓度可以使诱导期延长，并可延缓水泥浆体的凝结时间。在诱导期末，孔溶液中仅残留少量的PNS。而初始（保护性）水化层的破坏不足以控制大规模的成核-反应-沉淀过程的发生。如果外加剂本身参与或促使水化物的形成（如Ca^{2+}盐），则外加剂的作用会更显著。同样，如果在加速期水化产物的相变将外加剂释放到溶液中去，就会产生更为显著的效果。

Joana Roncero等利用核磁共振技术和X射线衍射技术研究了萘系减水剂（SN）、三聚氰胺系减水剂（SM）、聚丙烯酸系减水剂（SC）以及萘系与三聚氰胺系减水剂以1∶1复合的减水剂（SMN）与水泥的相互作用（图4-13和图4-14）。

在水泥浆体中掺用超塑化剂显然会影响水泥水化过程，尤其会影响水化产物的发展。超塑化剂对C-S-H凝胶的形成施加影响，使硅酸盐聚合物的数量减少，亦即形成的C-S-H凝胶数量减少。根据NMR分析和XRD衍射分析，在硬化过程中，掺SC减水剂的浆体，形成C-S-H的初始点提前。测试结果表明，掺用超塑化剂明显改变了钙矾石的生长速度。在水泥与水混合15min时，对比浆体的XRD图谱上无Aft（钙矾石）的特征峰，而掺超塑化剂时则出现明显的AFt（钙矾石）特征峰，说明掺超塑化剂具有加速钙矾石形成的倾向。同样，掺超塑化剂尤其是掺有萘系和三聚氰胺系外加剂的浆体随后的钙矾石晶体长大亦更为明显。

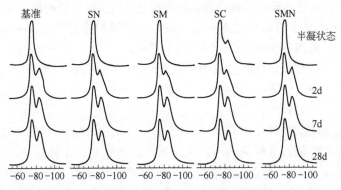

图 4-13 基准及掺用 SN，SM，SC，SMN 的浆体处于半凝状态及 2 天、7 天、28 天时的 ^{29}Si MAS NMR 谱图

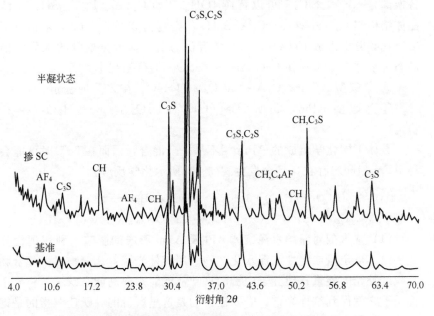

图 4-14 基准浆体和掺 SC 的浆体在半凝状态时的 XRD 图

4.2.4 减水剂对 AFt 及 AFm 形成的影响

钙矾石（ettringite），又称作 AFt（$C_3A \cdot 3CaSO_4 \cdot 32H_2O$），是水泥主要的水化产物之一。AFt 呈短针状或棒状，通常情况下长度不超过几微米。AFt 中主要的替换为 Fe^{3+} 和 Si^{4+} 替换 Al^{3+}，多种阴离子如 OH^-、CO_3^{2-}、Cl^- 替换 SO_4^{2-}。硅酸盐水泥水化后很快就会形成 AFt，AFt 对水泥的凝结有着非常大的影响。水泥水化数小时后，单硫型水化硫铝酸钙即 AFms（$C_3A \cdot CaSO_4 \cdot 12H_2O$）开始形成。通常，钙矾石的数量在水化 24h 后可达到最大值，且随着水化反应的持续进行，当水泥中的石膏耗尽，钙矾石会与 C_3A 反应，转化为 AFms。当水泥中复合磨细石灰石粉时，AFt 的生成

量较多，没有 AFms 形成，取而代之的是单碳型水化铝酸钙（AFmc）。

AFm 是水泥水化过程中形成的与水化铝酸盐相关的一类特定水化产物的缩写，可用分子式 $[Ca_2(Al,Fe)(OH)_6] \cdot X \cdot xH_2O$ 表示。其中，X 代表氯盐、硫酸盐、碳酸盐或铝硅酸盐。以下几种 AFm 较为多见。

① 羟基型 AFm，$C_3A \cdot Ca(OH)_2 \cdot xH_2O$，在 25℃时不稳定，可分解为水石榴石和氢氧钙石。

② 单硫型 AFms，$C_3A \cdot CaSO_4 \cdot 12H_2O$，仅在 40℃以上稳定，温度较低时有可能会分解为 AFt，水石榴石和水铝矿。单硫型 AFm 呈六边形形状，厚度为微米量级，密度为 $2.02g/cm^3$。单硫型 AFm 中的主要替换为：Fe^{3+} 替换 Al^{3+}；OH^-、CO_3^{2-}、Cl^- 等替换 SO_4^{2-}。水泥浆体中的晶态水化水石榴石相不到总体积的 3%，其表达式为 $Ca_3Al_2(OH)_{12}$，其中 Fe^{3+} 可以替换部分 Al^{3+}，SiO_4^{4-} 可以替换 $4OH^-$ [如 $C_3(A_{0.5}F_{0.5})SH_4$]。该相的晶体结构与 C_3AS_3 有关，$C_6AFS_2H_8$ 的密度为 $3.042g/cm^3$，水榴石可以被二氧化碳分解形成 $CaCO_3$。一些学者认为硫酸盐含量最低的水化硫铝酸钙晶态固溶体也会出现在 $CaO-Al_2O_3-CaSO_4-H_2O$ 系统中。

③ 单碳型 AFmc，$C_3A \cdot CaCO_3 \cdot 11H_2O$，在 25℃时稳定。

④ 半碳型 AFm，$C_3A \cdot Ca[(OH)_{0.5}(CO_3)_{0.5}] \cdot xH_2O$，在 25℃时稳定。

具体不同化学组成的 AFm 相不易完全混合，因而在 25℃时可能会有几种 AFm 相同时存在，且会发生式(4-3)所示化学反应。

$$2x(C_3A \cdot CaCO_3 \cdot nH_2O) + 3y(C_3A \cdot CaSO_4 \cdot nH_2O) + 2zCa(OH)_2 \xrightarrow{+H_2O}$$
$$y(C_3A \cdot 3CaCO_3 \cdot 32H_2O) + 2(x+z)\{C_3A \cdot Ca[(OH)_{0.5}(CO_3)_{0.5}] \cdot nH_2O\} \quad (4-3)$$

(1) 减水剂对新拌水泥浆体 AFt 及 AFm 形成的影响 利用现代分析测试手段，可定量或定性水泥水化产物。用红外光照射化合物时，化合物分子吸收红外光的能量，使分子中键的振动从低能态向高能态跃迁，将整个过程记录下来就得到红外光谱，需要注意的是这里所说的"跃迁"指的是键的振动能级。化合物中的基团可以吸收特定波长的红外光，即使这些基团所处的化学环境略有不同。因此，可利用红外吸收光谱来鉴别化合物中的基团。硅酸盐水泥部分矿物和水泥水化产物的红外光谱波数见表 4-1。

表 4-1 硅酸盐水泥中矿物相和水化产物的红外光谱波数

矿物或水化产物	红外光谱吸收波长/cm^{-1}
C_3S	920～925
C-S-H	970～1100
石膏	1100～1200
$CaCO_3$	1400～1500
结晶水	1600～1650
$Ca(OH)_2$	3600～3680

掺聚羧酸减水剂（PCA）、萘系减水剂（PNS）及对比试样的 FTIR 谱图示于图 4-15～图 4-18。波数 1100～1200cm^{-1} 归属石膏中 SO_4^{2-} 的弯曲振动，随水泥水化，石膏的吸收峰由 1100cm^{-1} 向 1200cm^{-1} 移动，这相当于随石膏的消耗生成了钙矾石，而后又进一步转变为单硫酸盐。红外光谱图中，波数 1600～1650cm^{-1} 归属石膏中结晶水的弯曲振动，可用以表征石膏的消耗量。由图 4-15～图 4-18 可见，水化 15min 后，随着水化反应的进行，

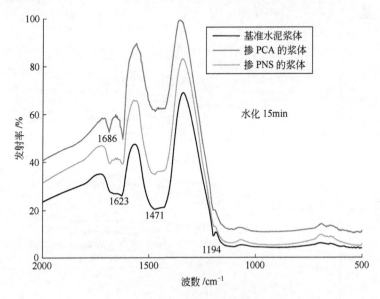

图 4-15 水泥水化 15min 的 FTIR 图谱

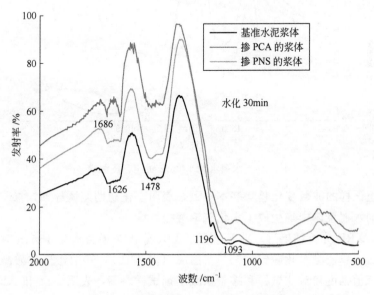

图 4-16 水泥水化 30min 的 FTIR 图谱

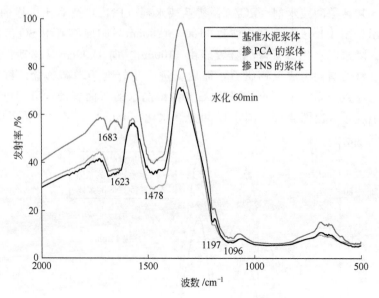

图 4-17 水泥水化 60min 的 FTIR 图谱

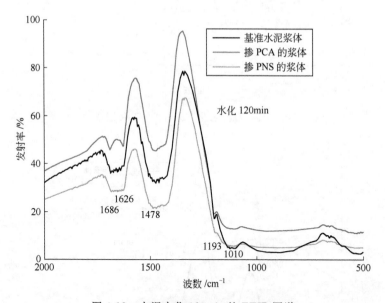

图 4-18 水泥水化 120min 的 FTIR 图谱

各组试样的波数变化趋势基本一致，表明水化初期至诱导期，掺与不掺减水剂的水泥浆体中均生成了水化硫铝酸盐。

XRD 分析结果进一步证实了 FTIR 分析结果。水化 15min 时，可见钙矾石和单硫型水化硫铝酸钙的衍射峰（图 4-19），其中掺聚羧酸减水剂试样的峰值强度较对比试样和掺萘系减水剂试样略高，表明 AFt 和 AFm 的结晶程度更好。

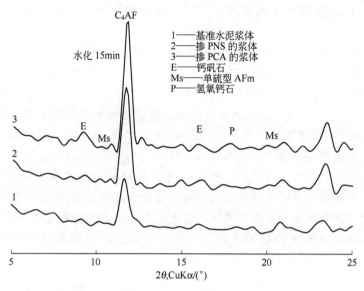

图 4-19 水灰比为 0.3 的水泥浆体 XRD 谱图

根据化学分析结果（图 4-20），水化 15min 时，掺聚羧酸减水剂的试样、掺萘系减水剂的试样及对比试验的 AFt 生成量分别为 2.7%（质量），0.8%（质量）和 0.2%（质量）。水化 60min 后，AFt 的数量分别增加到 4.0%（质量），3.8%（质量）和 2.1%（质量）。随后，AFt 的增量均较小。由此可见，共聚型减水剂和缩聚型减水剂可促进水泥水化初期和诱导期钙矾石形成，但水化初期掺萘系减水剂的浆体中 AFt 的生成量仅为掺聚羧酸减水剂时的 30%。化学分析结果还表明，掺萘系减水剂时，水泥浆体

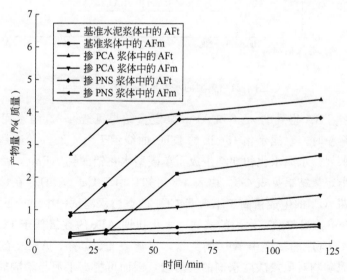

图 4-20 AFt 和 AFm 随时间的变化

AFm生成量与对比试样基本相同,为掺聚羧酸减水剂的试样中AFm的20%~30%。

水泥浆体中AFt和AFm的数量还可通过差热分析、背散射电子图像进行半定量分析。典型的DTG如图4-21所示。差热分析结果与化学分析结果较为吻合,进一步证明聚羧酸减水剂可促进水泥水化初期及诱导期AFt和AFm形成。也即,大量钙矾石和单硫型水化硫铝酸钙的形成,降低了水泥对减水剂的吸附量。Uchikawa研究发现,C_3A、C_4AF、AFt对萘系减水剂的最大吸附量分别为94.3mg/g、91.4mg/g、37.4mg/g。通常,AFt对减水剂的最大吸附量是AFm的2~4倍。因此,水化初期AFt和AFm的形成,尤其是马来酸类聚羧酸减水剂可显著促进水化初期AFm的形成,使水泥对减水剂的吸附量显著降低,这意味着分散体系的溶液中,存在更多可用于分散水泥的聚羧酸减水剂,可更有效地发挥聚羧酸减水剂的空间位阻效应。

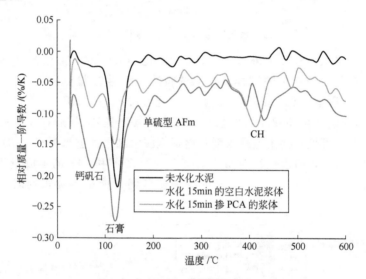

图4-21 典型的水泥浆体DTG曲线

由TGA得到的AFt和AFm来定量结果见表4-2。当水泥中含有磨细石灰石粉时,水泥水化15min的DTG曲线示于图4-22。无论是否掺用聚羧酸减水剂,水泥水化初期均生成了单碳型水化铝酸钙AFmc。由差热分析得到的半定量结果见表4-3。由表4-3可知,由于$CaCO_3$的存在,对比试样水化初期AFt的生成量高于不含$CaCO_3$的空白水泥试样中AFt的生成量(表4-2),但掺聚羧酸减水剂的试样,水化初期AFt的数量低于PCA分散的未掺用$CaCO_3$的试样中AFt的数量。对比表4-3可知,AFmc的形成,降低了水泥矿物对聚羧酸减水剂的吸附量,因而可提高水泥与聚羧酸减水剂的适应性。

表 4-2　由 TGA 得到的 AFt 和 AFm 半定量结果　　　单位:%

水化产物		15min	30min	1h	2h
AFt	空白	0.19	0.33	2.28	2.66
	PCA	2.57	3.83	4.11	4.49
AFm	空白	0.26	0.33	0.42	0.48
	PCA	0.81	1.05	1.18	1.59

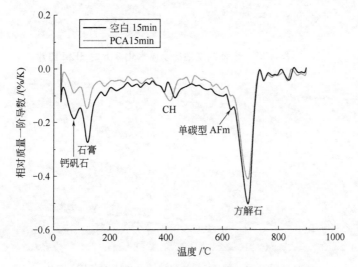

图 4-22　掺 5% 磨细石灰石粉的水泥浆体的 DTG 曲线

表 4-3　由 TGA 得到的 AFt 和 AFmc 半定量结果　　　单位:%

水化产物		15min	30min	60min
AFt	空白	1.42	1.52	1.60
	PCA	1.51	1.63	1.71
AFmc	空白	2.30	2.57	3.09
	PCA	2.96	3.68	4.12

(2) 减水剂对硬化水泥浆体 AFt 及 AFm 形成的影响　图 4-23 是基准水泥浆体（W/C=0.29）水化 24h 的 SEM 图片，经过 24h 水化，水泥颗粒表面的水化产物已开始相互连接，形成较致密的结构，但水泥水化程度较低，未见大量特征水化产物。同水灰比的塑化水泥浆体水化 24h 的水化产物形貌如图 4-24～图 4-26 所示，可见 3 种聚羧酸盐减水剂都促进了水泥水化反应进程，其中丙烯酸类聚羧酸减水剂（PCA、PCA1）既促进了水泥中硅酸盐矿物的水化，又促进了三硫型水化硫铝酸钙（钙矾石）的形成，水化体系中形成了连通的网络结构，钙矾石晶体随处可见。SEM 观察结果与 Joana Roncero, SusannaValls 和 Ravindra Gettu 通过核磁共振分析水泥凝结过程

图 4-23　未掺减水剂的浆体水化 24h 的 SEM 图片

图 4-24　掺 PCA 的浆体水化 24h 的 SEM 图片

图 4-25　掺 PCA1 的浆体水化 24h 的 SEM 图片

中硅酸盐聚合、通过 X 射线衍射分析 $Ca(OH)_2$ 数量得到的聚羧酸减水剂促进 C-S-H 形成的结论一致。但由图 4-26 发现，掺马来酸类聚羧酸减水剂（PCA2）的水泥浆体水化产物与掺丙烯酸类梳形减水剂的水泥浆体水化产物有所不同，可见大量板状结构的单硫型水化硫铝酸钙存在，而钙矾石晶体数量较少，表明该类聚羧酸减水剂对水化硫铝酸钙形成的促进作用较丙烯酸类梳形减水剂强，以致当石膏消耗殆尽时，部分钙矾石与水化铝酸钙作用，

图 4-26 掺 PCA2 的浆体水化 24h 的 SEM 图片

生成单硫型水化硫铝酸钙。由此可见，聚羧酸减水剂在发挥高分散性及其经时保持性能时，并不延缓水泥水化。

图 4-27 表明，基准水泥浆体在经 60h 的水化反应后，形成了大量网络状的水化硅酸钙（C-S-H）和一定数量的钙矾石晶体。经过 60h 的水化反应后，掺 PCA 的水泥浆体中，钙矾石数量明显增多（图 4-28），而掺 PCA1 的水泥浆体中的钙矾石数量则稳步增加（图 4-29）。分析图 4-30 发现，掺马来酸类聚羧酸减水剂的水泥浆体水化 60h 后，生成了不规则的花瓣状产物，这是单硫型水化硫铝酸钙的典型形貌。少量的钙矾石晶体与大量的单硫型水化硫铝酸钙同时存在，说明在水泥水化早期，马来酸类聚羧酸减水剂加剧了水泥中铝酸盐矿物的水化进程。因此，在混凝土工程选用聚羧酸减水剂时，应按照使用要求，在参考不同类别的聚羧酸盐对水泥早期水化作用的基础上，合理确定减水剂品种。

图 4-27 未掺减水剂的浆体水化 60h 的 SEM 图片

试验研究发现，当水泥中含有磨细石灰石粉时，掺萘系减水剂的水泥浆体微观形貌与掺马来酸类聚羧酸减水剂的水泥微观形貌具有较大差别。如图 4-31 所示水灰比为 0.30 的水泥浆体水化 1d 的 SEM 图，马来酸类聚羧酸减水剂的掺量为 0.2%（质量），萘系减水剂的掺量为 0.5%（质量），水泥中

图 4-28 掺 PCA 的浆体水化 60h 的 SEM 图片

图 4-29 掺 PCA1 的浆体水化 60h 的 SEM 图片

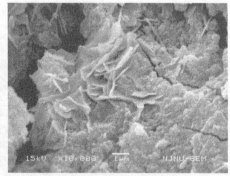

图 4-30 掺 PCA2 的浆体水化 60h 的 SEM 图片

含有 5% 磨细石灰石。根据能谱分析，空白试样及掺马来酸类聚羧酸减水剂的试样，经 1d 水化，生成了较多的单碳型水化铝酸钙 AFmc，且马来酸类聚羧酸减水剂具有与 C_4AF 配位的能力，因而水化产物中含有一定量的 Fe。掺萘系减水剂的试样水化 1d 后，主要的铝酸盐水化产物为针状的钙矾石，并可见大量方解石晶体存在。铝酸盐水化产物的差异可用以解释 PNS 与 $CaCO_3$ 的不相容性。

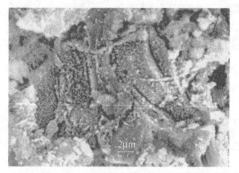 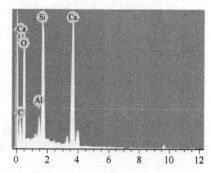

(a) 空白试样

 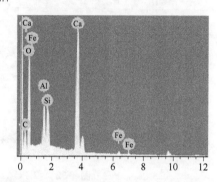

(b) 掺 PCA2 的试样

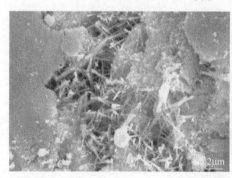 

(c) 掺 PNS 的试样

图 4-31 含 5% 磨细石灰石的水泥浆体水化 1d 的微观形貌

掺减水剂的水泥浆体（W/C=0.30）水化 3d 和 28d 的 SEM、BSE 图片示于图 4-32～图 4-34。随着水化反应的进行，低水灰比水泥浆体的结构逐步致密。根据 Powers 理论，水灰比为 0.30 时，水泥的最大水化程度约为 72%，3d 和 28d 水化程度分别为 57% 和 62% 左右，胶空比分别达到 0.7751 和 0.8162，浆体已较为致密，因毛细孔隙较少，通过 SEM 难以观察到 AFt 和 AFm，但可见大量的 AFmc 存在。

AFt 和 AFm 可利用 BSE 图像进行定量分析。背散射电子是指入射电子

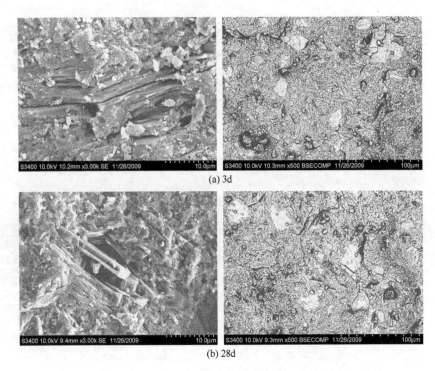

图 4-32 掺 PCA2 的水泥浆体的 SEM 和 BSE 图片

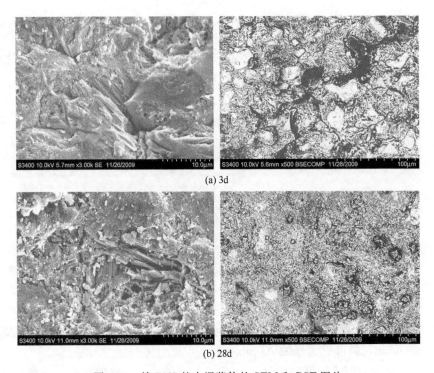

图 4-33 掺 PNS 的水泥浆体的 SEM 和 BSE 图片

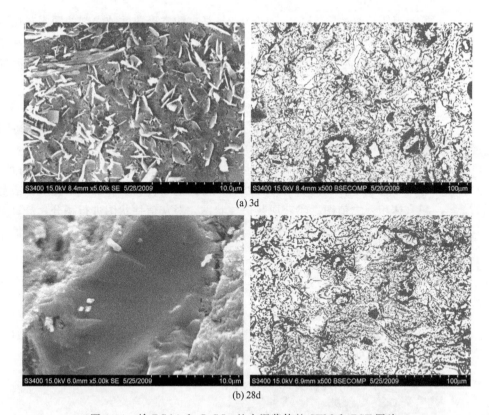

图 4-34 掺 PCA2 和 CaCO₃ 的水泥浆体的 SEM 和 BSE 图片

与样品相互作用（弹性和非弹性散射）之后，再次逸出样品表面的高能电子（>50eV）。与二次电子图像相比，较高的能量导致较大的空间相互作用和较低的空间分辨率。背散射电子的产额随样品的原子序数增大而增加，所以背散射电子信号的强度与样品的化学组成有关，即与组成样品的各元素平均原子序数有关。背散射电子图像的形成，就是因为样品表面上平均原子序数大的部位而形成较亮的区域，产生较强的背散射电子信号；而平均原子序数较低的部位则产生较少的背散射电子，在荧光屏上或照片上就是较暗的区域，这样就形成了原子序数衬度。

背散射衍射技术已广泛地成为金属学家、陶瓷学家和地质学家分析显微结构及织构的强有力的工具。BSI 系统中自动花样分析技术的发展，加上显微镜电子束和样品台的自动控制使得试样表面的线或面扫描能够迅速自动地完成，从采集到的数据可绘制取向成像图 OIM、极图和反极图，还可计算取向（差）分布函数，这样在很短的时间内就能获得关于样品的大量的晶体学信息，如：织构和取向差分析；晶粒尺寸及形状分布分析；晶界、亚晶及孪晶界性质分析；应变和再结晶的分析；相鉴定及相比计算等。

经差热分析，含磨细石灰石粉的空白水泥浆体水化 3d 时的 AFmc 生成量为固体质量的 8.88%,而掺 0.2%马来酸类聚羧酸减水剂的同水灰比浆体中 AFmc 的生成量为 12.24%。马来酸类聚羧酸减水剂既可促进 AFt 和单硫型 AFm 的形成,又可促进 AFmc 的形成,因而与水泥的适应性优于丙烯酸类聚羧酸减水剂。

利用 BSE 图像处理技术对 AFt 和 AFm 进行定量分析的方法如下。①将放大 500 倍 BSE 图像进行二值化处理,阈值为 104~120。经计算,AFt 的平均原子序数与 AFm 的平均原子序数分别为 10.76 和 11.66,二者的对比度为 7.72%,因而可加以区别。②将二值图转化为彩色电子特征图。③对彩色电子特征图进行分相处理,得到电子特征灰度图和水化硫铝酸盐面积(体积)二值图。④获取灰值柱状图,对灰值柱状图进行积分,计算 AFt 和 AFm 的面积(体积)分数,并按式(4-4)计算 AFt 和 AFm 的质量分数(湿基)。

$$R_m = \frac{100 V_{BSE} M(v_c + W/C)}{V^o(1+W/C)} \tag{4-4}$$

式中,R_m,V_{BSE},M,v_c,W/C,V^o 分别为 AFt 或 AFm 的质量分数(%),AFt 或 AFm 的分子量,水泥比容,AFt 或 AFm 摩尔体积(对 AFt 和 AFm,V^o 分别取 $717 cm^3/mol$ 和 $309 cm^3/mol$)。

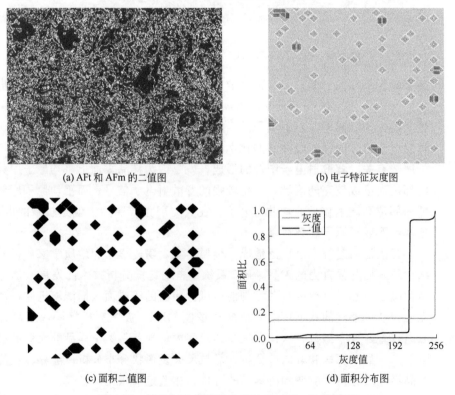

(a) AFt 和 AFm 的二值图   (b) 电子特征灰度图

(c) 面积二值图   (d) 面积分布图

图 4-35 掺 PCA2 的浆体中 AFt 和 AFm 定量分析

对图 4-32～图 4-34 中水化 28d 的浆体 BSE 图像进行转换和计算，得到图 4-35～图 4-37。定量分析结果示于表 4-4，并与化学分析结果进行了对比。由表 4-4 可知，BSE 定量分析结果与化学分析结果之间具有很好的相关性。

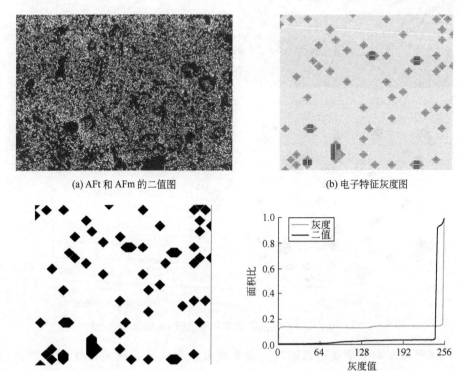

图 4-36　掺 PNS 的浆体中 AFt 和 AFm 定量分析

表 4-4　BSE 技术定量分析结果　　　　　　　　　　　单位：%

水化产物		掺 PCA2	掺 PNS	掺 PCA2+CaCO$_3$
AFt	BSE	7.61	7.93	11.75
	化学分析	7.43	7.61	11.42
AFm	BSE	6.67	6.53	—
	化学分析	6.92	6.96	—

4.2.5　外加剂与胶凝材料的适应性

适应性（compatibility）是指将检验合格的化学外加剂掺入到以符合国家标准的水泥、矿物外加剂配制的混凝土或砂浆中，获得预期性能的特征。外加剂与水泥的不适应性主要表现在以下几点。

(1) 水泥异常凝结　水泥以硬石膏为调凝剂时，当硫酸盐被消耗殆尽，

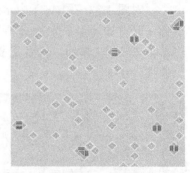

(a) AFt 和 AFm 的二值图　　　　　　(b) 电子特征灰度图

(c) 面积二值图　　　　　　　　　(d) 面积分布图

图 4-37　掺 PCA2 和石灰石的浆体中 AFt 和 AFm 定量分析

或硫酸根离子浓度过低时，大量木质素磺化盐分子消失，与 C_3A 相结合，水泥和减水剂的适应性变差。

水泥过分缓凝是减水剂导致水泥异常凝结的另一种表现形式。

(2) 混凝土工作性不良　具体表现在：诱导期开始时，流动性急剧下降；混凝土泌水、离析；炭吸附减水剂导致分散效能变差；缓凝、保塑不足；减水剂与缓凝剂不相容。

(3) 砂浆、混凝土强度下降　因外加剂抑制水泥水化硬化、过量引气、导致界面区弱化或匀质性问题，使砂浆、混凝土强度大幅下降。

提高减水剂与水泥适应性的一个重要技术途径是采取技术措施，减少水泥水化产物包裹减水剂的数量，即减少因减水剂插层形成有机金属矿物相 (OMP) 的数量。图 4-38 和图 4-39 分别列示了萘系减水剂和聚羧酸减水剂形成有机金属-AFm 的示意。

具有层状结构的水化铝酸钙包裹减水剂后，减少了溶液中分散水泥的减水剂量，导致水泥浆体流动性急剧下降。减水剂插入到水化产物分子中，使立方状的 C_3AH_6 转化为稳定的六方状 C_4AH_{13}。但 C_3S 仅仅吸附减水剂，其水化产物 C-S-H 凝胶不会包裹减水剂。

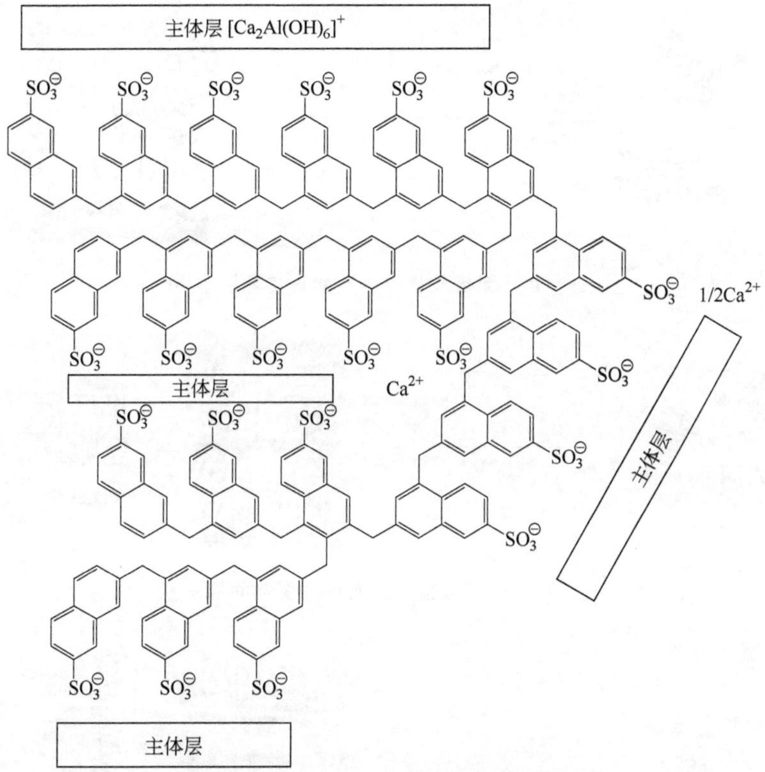

图 4-38 有机金属-AFm 中的 PNS

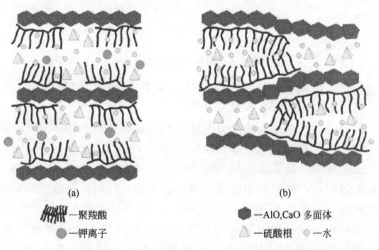

图 4-39 有机金属-AFm 中 PCA 与 K_2SO_4（a）及硫酸根（b）

如图 4-40～图 4-42 所示，铝酸盐水化时，若水化体系中无硫酸盐存在，则聚羧酸可直接插入铝酸盐水化产物的层状结构中。低硫酸盐含量时（SO_4^{2-}/C_3A 摩尔比 0.1～0.35），聚羧酸与硫酸钾被水化铝酸盐层状结构包

图 4-40 无硫酸盐时聚羧酸直接插层示意

图 4-41 低硫酸盐含量时的插层与间层示意

  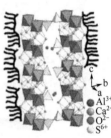

AFm　　　　　AFt

图 4-42 高硫酸盐含量时聚羧酸吸附于 AFt 和 AFm 表面

裹，并可能形成图 4-41 所示的间层。当水化体系中的硫酸盐含量达到足够高的浓度时（SO_4^{2-}/C_3A 摩尔比大于 0.75），聚羧酸不再插入层状结构中，取而代之的是具有较高负电荷密度的硫酸盐填充于夹层空间中，并形成具有不同结晶水含量的单硫型水化硫铝酸钙（AFm）。

由此可见，硫酸盐对减水剂与水泥品种的适应性具有至关重要的影响。适量的硫酸盐，使溶液中的减水剂总量增加，有利于提高减水剂的分散能力和保坍能力（图 4-43 和图 4-44）。

水泥中的碱是影响减水剂与水泥适应性的另一重要因素。图 4-45～图 4-50 反映了水泥含碱量对萘系减水剂掺量、分散性能及保坍性能的影响，可见水泥含碱量尤其是可溶碱的含量对萘系减水剂的性能具有较大的影响。通常，水泥中的可溶碱多为可溶性硫酸盐（Na_2SO_4，K_2SO_4），当水泥与水混合后，可溶碱首先溶解，提高了液相中 SO_4^{2-} 的浓度，可促进水泥水化初期钙矾石的形成，降低水泥矿物对萘系减水剂的吸附及水化体系 ζ-电位，因

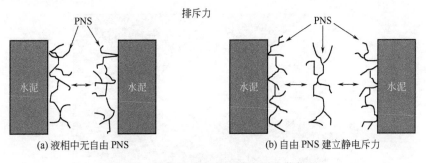

图 4-43 硫酸盐提高萘系减水剂分散作用

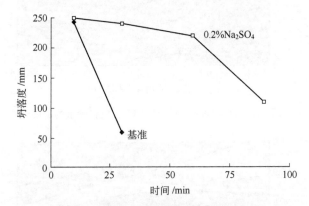

图 4-44 硫酸盐对 PNS 保坍性能的影响

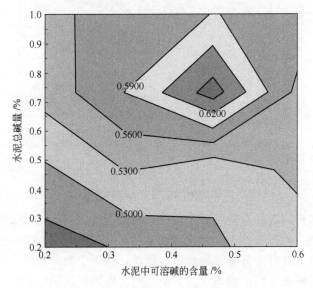

图 4-45 水泥含碱量对 PNS 饱和掺量的影响

为钙矾石（AFt）和单硫型水化硫铝酸钙（AFm）的 ζ-电位较低，分别为 +4.15mV 和 +2.84mV。对应于某特定可溶碱含量，水泥总碱量较高时，

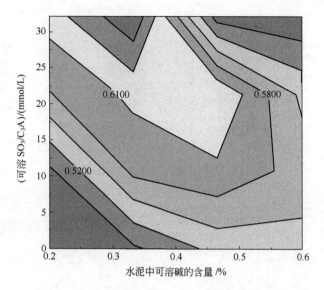

图 4-46 水泥可溶碱含量对 PNS 饱和掺量的影响

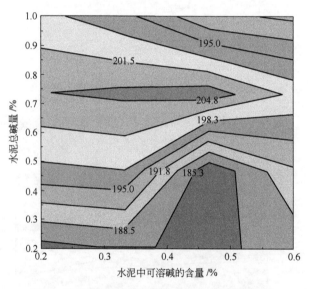

图 4-47 水泥含碱量对混凝土初始坍落度的影响

萘系减水剂的饱和掺量也随之增加；而适当高的可溶碱含量和高 SO_3，sol/C_3A 比值，对减少萘系减水剂掺量，提高混凝土初始坍落度和坍落度经时保持能力，具有十分有益的作用。所以，水泥中的可溶碱尤其是可溶性硫酸盐，是影响萘系减水剂与水泥适应性的重要因素之一。在普通混凝土中使用萘系减水剂时，不必过分强调选用高浓萘系减水剂。某些工程中掺用高浓萘系减水剂后，出现的减水剂与水的不适应性，多由可溶性硫酸盐不足引起，可通过掺用低浓萘系减水剂加以解决。水泥可溶碱含量对减水剂应用性能的

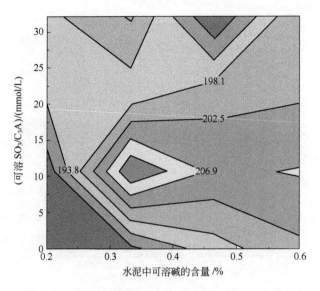

图 4-48 水泥可溶碱含量对混凝土初始坍落度的影响

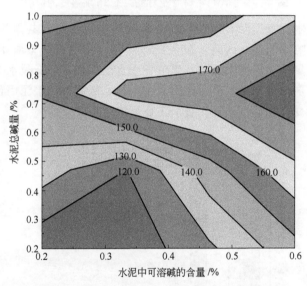

图 4-49 水泥含碱量对混凝土 1h 坍落度的影响

影响,可解释分散低碱水泥所需减水剂量比在一般的通用水泥中的掺量大得多的现象。

4.2.6 后掺法及其作用机理

对某些品种的减水剂,采用后掺法可节约 30%～50% 的减水剂用量,甚至可在不掺用缓凝剂的情况下,获得理想的坍落度经时保持能力。图 4-51 对比了磺化三聚氰胺缩合物减水剂(PMS)、萘系减水剂(BNS)和三种聚羧酸减水剂,在同掺及后掺时的最大吸附量。由图 4-51 可知,后掺法对

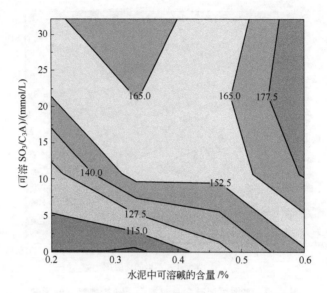

图 4-50 水泥可溶碱含量对混凝土 1h 坍落度的影响

缩聚型减水剂（PMS、BNS）具有有益的作用，而对共聚型减水剂的最大吸附量影响不明显。因此，在条件许可时，掺用缩聚型减水剂的水泥混凝土，应尽量采用后掺法工艺，以节省减水剂用量，降低减水剂应用成本，或保持减水剂用量不变，减少混凝土用水量，从而节约水泥用量，或保持减水剂用量不变，降低水胶比，提高工业废渣用量。

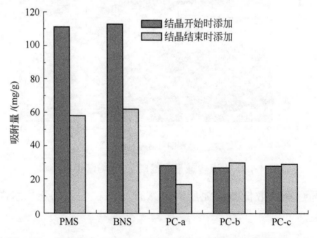

图 4-51 同掺法与后掺法时水泥对减水剂最大吸附量的对比

研究发现，在结晶过程末期掺加缩聚型减水剂，吸附量约为同掺时的 50%，因此在结晶过程中减水剂的存在将导致用量增加。

水泥水化产物对减水剂的吸附量与水化相的电位密切相关。正电位是影响吸附的主要因素。CH、石膏电位为负，吸附量可忽略不计。

采用后掺法时，减水剂在水泥矿物表面的吸附层厚度大幅度减小（图4-52），减少了减水剂在层状铝酸盐水化产物中的插层及化学沉积（图4-53），因而在分散性能相同时，后掺法比同掺法所需减水剂用量减少。

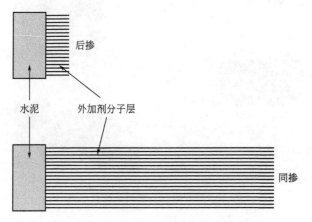

图 4-52 由原子力显微镜得到的减水剂吸附层厚度

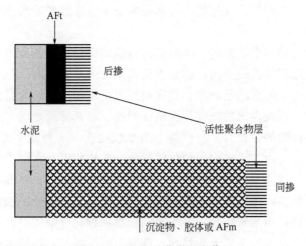

图 4-53 OMP 及化学沉积作用

4.3 常用混凝土外加剂的作用机理

4.3.1 缩聚型减水剂作用机理

当代混凝土工业普遍使用的超塑化剂绝大部分是萘磺酸盐甲醛缩合物和脂肪族高效减水剂，其作用机理主要为分子间的静电斥力。众所周知，聚合体是超塑化剂的主要成分，其性质非常重要（如萘系磺化盐中磺化盐基团 SO_3—在苯环中必须以 β 的位置存在，而不能以 α 的位置存在，如图 4-54 所示）。同时，磺化作用的最大程度必须是适宜的，平均聚合度为 9~10。在这种聚合度下，聚合链不可能出现过多的跨越连接。

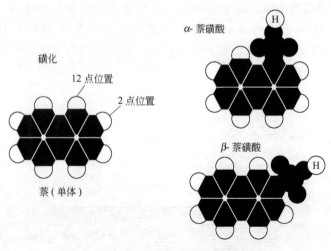

图 4-54 单体萘及其磺化位置示意

对萘系减水剂的聚合物分子量已经有了具体范围，而且在合成技术方面也可以控制它们的聚合过程，使其基本分子能够很好地聚合以产生高质量的超塑化剂。

以脂肪族减水剂为例，磺酸基与丙酮的摩尔比约为 0.5～0.55，磺化不足或引入过多的磺酸基团，都会弱化减水剂的分散能力。

理论上，所有满足标准、具有相同水化硬化特性的水泥在掺入相同的超塑化剂时，所表现出的流变特性是相同的。然而试验表明，这种理论并不一定是非常准确的，尤其是当混凝土的水胶比在 0.3 和 0.4 之间时更是如此。其原因主要是由于水泥中各种化学成分和矿物相以及水泥中的硫酸钙含量是根据不同的试验条件加以调整的，与低水灰比条件下，在混凝土中掺入了超塑化剂后的实际情况有所不同而引起的。可以通过改变用水量来改变混凝土的流变特性，当水灰比为 0.5 的时候，水泥颗粒分散度很大，水泥颗粒的分散性直接决定混凝土的流变特性，随着时间的增长，初始水化产物与水泥颗粒开始交叉分散，混凝土的流变特性发生变化。

关于水泥和磺酸盐聚合物之间的相互作用，由于测试各种性能的试验条件很严格，不便采用，所以一些学者采用了较简单和快速的试验方法，通过评估浆体在 60～90min 的流动性，来研究超塑化剂与水泥之间的相互作用。其试验结果表明，当磺化盐的含量为 0.6%～0.8%时，水泥超塑化剂复合物在 60～90min 内具有稳定的流变性，然而在其他一些情况下，在 15min 后水泥超塑化剂复合物的流变性就会有所变化。然而，就我国的情况而言，水泥的组成材料复杂多变，上述方法的准确性已受到怀疑。试验表明，水泥和磺酸盐聚合物之间的相互作用非常复杂，且受以下因素影响：水泥的物理特性，如比表面积；水泥的化学特性，如水泥的组成，可溶性的 SO_4^{2-} 量；

水泥颗粒的形态,特别是其外部结构的形态(如颗粒表面 C_3A 的数量);水泥中可溶碱性物(Na^+、K^+)的数量;水泥中混合材的品种与用量;超塑化剂的特性,如磺化程度以及 β 位置的基团数量;超塑化剂的形态,特别是聚合物的平均尺寸和分子分布;技术方面,如搅拌剂功率、外加剂掺加方法。

水泥颗粒形态的重要性:由于水泥和超塑化剂之间的相互作用是一种表面现象,所以研究者开始越来越关注水泥颗粒的表面特征,认为水泥颗粒表面的形态至关重要,影响着水泥表面各相生成物的数量和性质。水泥表面生成物主要有两种形式:带正电荷的空隙相和带负电荷的硅酸盐相。

图 4-55 给出了 5 种水泥颗粒模型,表面上看 5 种水泥颗粒模型相差不大,各种模型中的空隙相和硅酸盐相均具有相同的比例(硅酸盐相占 20%)。但对其附近的木质素磺酸盐分子而言,这 5 种水泥颗粒模型是完全不同的:G1 的表面仅存在 C_3S 相;G2 的表面仅存在 C_3A 相和 C_4AF 相;G3 的表面主要由 C_3S 相包裹,另外同时存在少量的 C_3A 相和 C_4AF 相;G4 和 G5 两种水泥颗粒模型具有相同的形态,但其中 C_3A 相和 C_4AF 相的含量不同,G4 表面 C_3A 相的数量是 G5 表面 C_3A 相的数量的 2 倍。

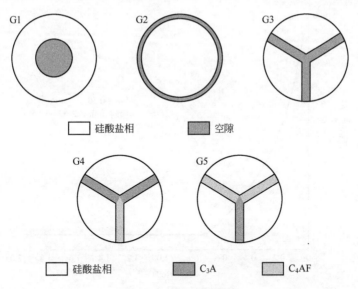

图 4-55 理论水泥颗粒

水泥颗粒除了表面形态不同外,颗粒中 C_3A 的晶态结构也是不相同的(常常把 C_3A 的晶态结构假定为两种:立方体状和斜方晶状),不同晶态结构的水泥颗粒与水反应的情况不同。同时,由于超塑化剂中存在大量的聚合体,其分子分布情况很大程度上影响着超塑化剂的性能。以上分析表明,水泥和超塑化剂之间的相互作用是一种非常复杂的物理化学现象,必须做严谨的分析。

减水剂的主要成分是表面活性剂，其对水泥的作用主要是表面活性，本身不与水泥发生化学反应。减水剂在水泥混凝土中的作用包括：吸附分散作用、湿润作用、润滑作用等。

(1) 吸附分散作用　水泥在加水搅拌及凝结硬化过程中，会因水泥矿物在水化过程中所带电荷不同使得异性电荷相吸、水泥颗粒在溶液中的热运动于某些边棱角处互相碰撞吸附相互吸引、粒子间的分子引力作用等产生絮凝，导致新拌混凝土工作性变差。在混凝土中掺用减水剂后，减水剂的疏水基团定向吸附于水泥质点表面，亲水基团指向水溶液，组成了单分子或多分子吸附膜。由于表面活性剂的定向吸附，水泥颗粒固-液界面自由能降低，这有利于提高水泥浆体的分散性，同时水泥质点表面上带相同符号的电荷，在电性斥力作用下，即使水泥-水体系处于相对稳定的悬浮状态，又使水泥在加水初期所形成的絮凝状结构解体，絮凝状絮凝体内的游离水被释放出来，从而达到减水、提高工作性的目的。

掺萘系高效减水剂的水泥浆体表观黏度与吸附平衡浓度的关系如图4-56所示，图4-57、图4-58则分别是水泥对减水剂的吸附量与吸附平衡浓度的关系、ζ-电位与吸附平衡浓度的关系。

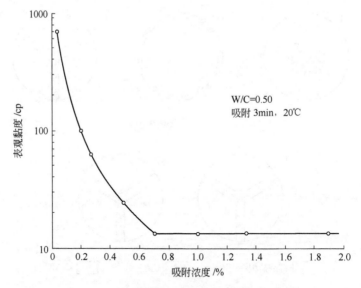

图4-56　掺萘系高效减水剂的水泥浆体表观
黏度与吸附平衡浓度的关系

试验表明，掺减水剂的浆体，其吸附水量随时间而变化（图4-59）。

但是，水泥对萘系减水剂的吸附量，在减水剂用量达到一定比例后便不再增加（图4-60，图中同时标注所对应的电位值）。

(2) 湿润作用　水泥加水拌和后，颗粒表面被水湿润，而湿润的状况对新拌混凝土的性能影响很大。当这类扩散自然进行时，可由吉布斯方程计算

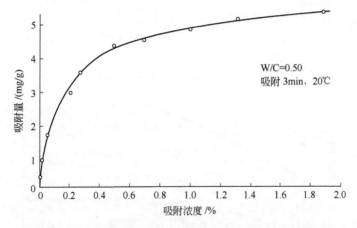

图 4-57 水泥对萘系减水剂的吸附量与吸附平衡浓度的关系

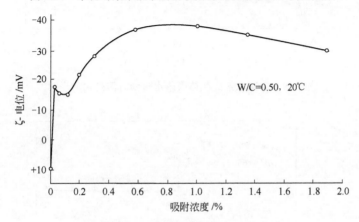

图 4-58 ζ-电位与吸附平衡浓度的关系

出表面自由能减少的数量：

$$dG = \sigma_{cw} dS \tag{4-5}$$

式中　dG——表面自由能的变化量；

　　　σ_{cw}——水泥-水界面上的界面张力；

　　　dS——扩散湿润的面积变化量。

将式(4-5) 积分得：

$$G = \sigma_{cw} S + C \tag{4-6}$$

假如整个体系中某一瞬时自由能为定值时，则 σ_{cw} 与 S 成反比。因此，若掺入使整个体系界面张力降低的表面活性剂（如减水剂），不但能使水泥颗粒有效地分散，而且由于湿润作用，使水泥颗粒水化面积增大，影响水泥的水化速度。

另外，与湿润有关的是水分向水泥毛细管渗透的问题。渗透作用越强，水泥颗粒水化越快。水分向颗粒内部毛细管的渗透，取决于溶液的毛细管压力，按 Laplace 方程：

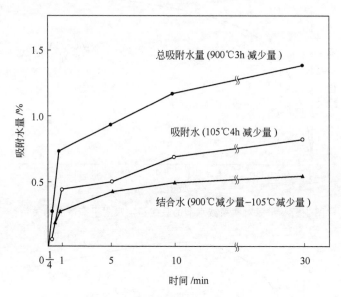

图 4-59 掺减水剂的浆体吸附水量随时间变化的规律

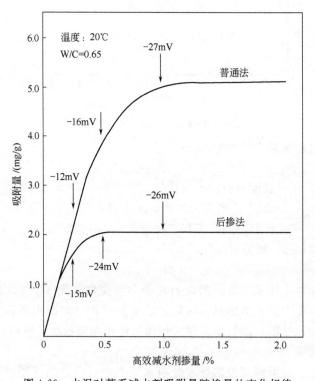

图 4-60 水泥对萘系减水剂吸附量随掺量的变化规律

$$\Delta p = \frac{2\sigma \cos\theta}{R} \tag{4-7}$$

式中 σ——表面张力；

θ——湿润角或接触角；

R——毛细管半径或缝隙。

由式(4-7)可知，当 $\theta<90°$ 时，Δp 为正值，因而溶液会渗入水泥颗粒内部；当 $\theta>90°$ 时，则 Δp 为负值，溶液渗入水泥颗粒内部受阻。因此，减水剂在一定时间内能增加水向水泥毛细管中的渗透作用。

(3) 润滑作用 减水剂离解后的极性亲水基团定向吸附于水泥颗粒表面，很容易和水分子以氢键形式缔合。这种氢键缔合作用的作用力远大于该分子与水泥颗粒间的分子引力。当水泥颗粒吸附足够的减水剂后，借助于极性亲水基团与水分子中氢键的缔合作用，再加上水分子间的氢键缔合，使水泥颗粒间形成一层稳定的溶剂化水膜，阻止了水泥颗粒间的直接接触，并在颗粒间起润滑作用。另外，掺入减水剂后，将引入一定量的微细气泡，它们被减水剂定向吸附的分子膜包围，并与水泥质点吸附膜带有相同符号的电荷，气泡与水泥颗粒间的电性斥力使得水泥颗粒分散从而增加了水泥颗粒间的滑动能力，如同滚珠轴承一样。

此外，有些减水剂还具有调凝作用。

在水泥基材料中掺入减水剂特别是高效减水剂后，由于大幅度减少了用水量，从而改善了水泥石孔结构，使孔结构中小孔增多，大孔减少，总孔隙率下降，平均孔径减小，有利于水泥石强度的提高，并直接影响着混凝土的长期性能、耐久性能和抗化学腐蚀能力。

4.3.2 调凝剂作用机理

(1) 缓凝剂作用机理 关于缓凝剂的作用机理尚存在不同的观点。缓凝剂之所以能延缓水泥水化，可能是因为：缓凝剂分子沉淀于水泥颗粒表面，阻碍水泥与水的接触，从而延缓水泥水化；无机缓凝剂与水泥浆体系中的 Ca^{2+} 形成络盐，抑制 $Ca(OH)_2$ 结晶的析出；水泥颗粒表面吸附缓凝剂，阻碍水泥水化进程；缓凝剂从水泥水化反应诱导期到加速期，始终阻碍从液相中析出 $Ca(OH)_2$ 结晶成核。

(2) 早强剂作用机理 高性能混凝土常用的早强剂主要是三乙醇胺，多与其他品种外加剂复合使用。三乙醇胺不改变水泥的水化生成物，但促使 C_3A 与石膏之间形成硫铝酸钙的反应，而且与无机盐类材料复合使用时，既能催化水泥本身的水化，又能在无机盐类与水泥的反应中起催化作用。所以，三乙醇胺复合早强剂的早强效果优于单掺早强剂的效果。

4.3.3 引气剂作用机理

引气剂是在混凝土搅拌过程中引入许多微小的独立分布气泡，起到改善混凝土的和易性，提高抗冻融耐久性作用的外加剂。优质引气剂还具有改善混凝土抗渗性，以及有利于降低碱骨料反应危害性膨胀的作用；优质引气剂可与减水剂及其他类型的外加剂复合使用，并进一步改善混凝土的性能。

引气剂通常具有以下作用：即使混凝土处于潮湿环境并使用各种除冰盐，引气可戏剧性地改善混凝土的抗冻融耐久性；引入的空气可大大提高混凝土抵抗除冰盐引起的表面剥蚀（surface scaling）能力；引气可显著改善新拌混凝土的工作性；引气可减少或消除混凝土离析和泌水。

混凝土在搅拌、成型过程中带入的气泡，很大程度上取决于集料的性能，与引气剂引入的气泡迥然不同：引气剂引入的气泡直径为 $10 \sim 1000 \mu m$，多介于 $10 \sim 100 \mu m$ 之间，互不连通，良好分散，随机分布；而混凝土中固有的气泡直径通常为 $1000 \mu m$ 或更大。通常情况下，粗集料最大直径为 25mm 的非引气普通混凝土的含气量约为 1.5%，同配比的混凝土用于严酷冻融环境时，包括较粗的空气泡和引入的微气泡在内，含气量应为 6% 左右。

气泡间距和尺度是引气混凝土重要的参数。CSA A23.1 规定，在潮湿或除冰盐存在时，处于冻融循环环境的混凝土，气泡间距系数及气泡体系应满足 ASTM C457 规定。

对于海工结构等长期处于含 Cl^- 环境但不遭受冻融破坏作用、集料最大直径为 40mm 的混凝土，理想的气泡体系是：平均气泡间距系数不大于 $230 \mu m$，且单个试验数据最大值不大于 $260 \mu m$，硬化混凝土含气量大于等于 3.0%。而对集料最大直径 20mm、暴露在 Cl^- 环境的钢筋混凝土，不论遭受冻融破坏作用与否，或集料最大直径 20mm、暴露在 Cl^- 环境且遭受冻融破坏作用的素混凝土，含气量超过 5% 才是理想的。水胶比不大于 0.36 的高性能混凝土，平均气泡间距系数应不超过 $250 \mu m$，单个试验数据最大值应不大于 $300 \mu m$。

CSA A23.1 还规定，对 C-1、C-2 或 F-1，须在建设前证实混凝土具有满意的气泡体系。用与施工混凝土相同的原材料、配合比和搅拌方式，制作圆柱体试件测定气泡间距系数。如果业主认为有必要，可在施工过程中于施工现场制作圆柱体试件或钻取混凝土芯样测定气泡间距系数。对于后一种情况，应在工程说明中加以阐述。

(1) 界面活化作用 引气剂的界面活化作用即引气剂在水中被界面吸附，形成憎水化吸附层，降低界面能，使界面性质显著改变。

表面活性剂的化学结构和性能的相关关系有一定的规律性。表面活性剂同时具有亲水部分和憎水部分。其基本性质和憎水基的含碳数目、亲水基的不同类型，以及亲水、憎水基相互关系导出的 HLB 值有关。通常直链表面活性剂憎水基中的碳原子数为 $8 \sim 20$ 个，在此范围以外的没有明显的表面活性作用。HLB 值在 12 左右，渗透、起泡、润湿等性能较好。引气剂的憎水基部分，如松香酸中的环烃基、烷基苯磺酸钠 R—O—SO$_3$Na、OP 乳化剂 R—O—(CH$_2$—CH$_2$O)$_n$—H 中的芳香族烃基等。亲水基部分如磺酸基—SO$_3$H、羧基—COOH、乙氧基—(CH$_2$CH$_2$O)$_n$ 等。

阴离子引气剂的负电荷被带正电荷的水泥粒子吸引，增加了气泡的稳定性。引气剂形成一层坚固的、憎水的膜（hydrophobic film），类似于肥皂膜，具有足够的强度和弹性，包容并稳定气泡，同时防止气泡汇集（coalescing）。憎水膜还阻止水进入气泡中。搅拌和机械混合使气泡分散。细集料颗粒也像三维栅格一样提高气泡在基体中的稳定性。

表面活性剂的界面吸附、定向排列、胶束生成以及由此产生的表面张力下降等基本性能与其所产生的渗透作用、分散作用、发泡、消泡作用密切相关。因此，选用引气剂，首先要比较测定其溶液的表面张力和起泡性能。起泡性测定可用罗氏泡沫仪法（Ross-Miles 法）。表面张力的测定可采用铂环法。

(2) 起泡作用 引气剂在混凝土中形成的泡，属于溶胶性气泡，彼此独立存在，其周围被水泥浆体、集料等包裹而不易消失。

混凝土中的气泡为何能够稳定存在，尚未认识清楚，但已经知道，在饱和氢氧化钙溶液中，气泡的稳定时间较长。

(3) 降压作用 当处于潮湿环境的混凝土中的水结冰时，水泥浆体和集料的毛细孔中便产生渗透压和水压。当压力超过浆体或集料的抗拉强度时，孔腔发生膨胀并破裂。如果浆体和集料连续遭受冻融循环作用，最终将导致混凝土严重膨胀并劣化，表现为开裂、表面剥落和崩溃。

毛细孔中的水结冰时体积膨胀 9%，冰晶排挤未结冰的水。如果毛细孔处于过饱和状态（充水 91.7% 以上），因冰冻过程持续发展而产生水压；反之，如果毛细孔中的含水量较少时，则不会产生水压。

当水泥浆体中的碱溶液存在浓度梯度时，将产生渗透压。水结冰时，冰晶周围形成高浓度碱溶液区。根据渗透机理，高浓度碱溶液将汲取孔隙低浓度碱溶液中的水。这种渗透迁移直至流体的碱浓度达到平衡为止。如果存在的话，渗透压被认为是集料遭受冰冻作用的次要因素，但在某些水泥浆体受冻时，渗透压又可能起主导作用。如上所述，渗透压是盐剥蚀（salt scaling）的主要起因。

毛细孔中的冰（或任何大孔及裂缝中的冰）从孔隙中汲取水以促进冰晶生长。同样，由于浆体和一些集料中的孔太小以至难以形成冰晶，其中的水趋于迁移到能够结冰的地方。

引入的空气起空室的作用，可容纳冰冻水和迁移水，从而使水压和渗透压得以释放，防止混凝土遭受破坏。由于毛细作用和气泡受到的空气压力，大部分水在融化时又回到毛细孔中，引入的气泡又严阵以待，时刻准备抵御下一次的冻融循环破坏。

水结冰时产生的压力值很大程度上取决于水向最临近的气泡迁移以释放压力所必须经过的距离。因此，气泡必须足够密集才能使压力不超过混凝土抗拉强度。水压值还与结冰速率及浆体的渗透性能有关。

混凝土剥蚀量与含气量的关系如图 4-61 所示。剥蚀量随含气量增加而减少，当混凝土含气量大于 4%，混凝土具有较好的抗冻融破坏性能，因为混凝土中的气泡间距系数已小于 $250\mu m$（图 4-62）。

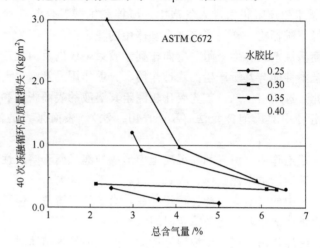

图 4-61 剥蚀量与含气量的关系

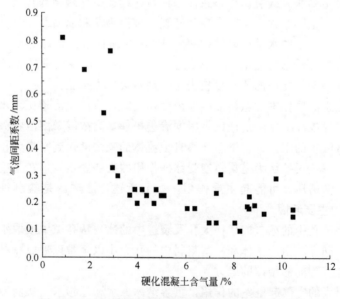

图 4-62 硬化混凝土含气量与气泡间距系数关系曲线

引气混凝土具有抗除冰盐剥蚀的能力。用于清除冰、雪的化学物质可引起和加重混凝土表面剥蚀（图 4-63）。这种破坏主要是物理作用。引气不足

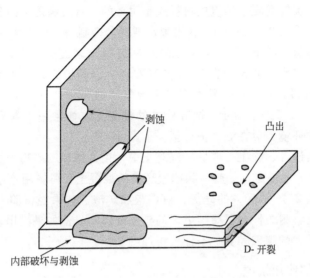

图 4-63 除冰盐对混凝土的剥蚀破坏

或非引气混凝土的除冰盐剥落被确定为受渗透压和水压双重作用的结果。除非引入气泡作"减压阀"使用；否则，这两种压力将对混凝土造成危害，并最终引起剥落。盐的吸湿性能使其吸收的水分造成混凝土过饱和，使混凝土增加了受冻融破坏劣化的潜在危险。合理设计和施工的引气混凝土能承受若干年的除冰盐作用。

已有的研究结果表明，混凝土中形成的盐晶体对混凝土剥落和劣化的作用类似于岩石的盐风化。混凝土中引入的气泡为盐晶体提供了生长空间，像气泡消除混凝土冰冻时的应力一样消除盐晶体生长产生的内应力。

除冰盐可对混凝土产生诸多作用，使用后即给环境带来负面影响。所有除冰盐都会加剧不适当引气的混凝土的剥落。NaCl、$CaCl_2$ 和尿素是最常用的除冰物质。非冰冻时，NaCl 对混凝土仅有很少或没有化学作用，但会破坏植物并腐蚀金属。$CaCl_2$ 的微弱溶液对混凝土和植物的作用小，但对金属有腐蚀作用。

研究表明，浓缩的 $CaCl_2$ 溶液会对混凝土造成化学侵蚀。尿素不会对混凝土、植物或金属产生化学破坏作用。无氯除冰剂被用以减少对增强钢筋的腐蚀和地下水的氯污染。严禁使用含硝酸铵和硫酸铵的除冰剂，因为它们会迅速攻击并裂解混凝土。$MgCl_2$ 除冰盐由于加剧剥落而受到批评。一项研究发现，$MgCl_2$、$Mg(CH_3COO)_2$、$Mg(NO_3)_2$ 和 $CaCl_2$ 比 NaCl 对混凝土的危害更大。

剥落的程度取决于除冰盐的用量和频度。相对低浓度 [2%～4%（质量）] 的除冰盐比高浓度或无除冰盐时造成的剥落更严重。

要使暴露在严酷冻融循环和除冰盐环境下的混凝土具有高耐久性和抗剥

落能力，引气混凝土的组成材料应是耐久的，且应满足下列条件：①采用低水胶比（最大 0.40）；②不掺用减水剂时，控制坍落度不大于 100mm；③胶凝材料用量 335kg/m³；④泌出的水从混凝土表面蒸发时，进行适当抹面；⑤通畅的排水；⑥至少在 10℃或 10℃以上湿养护 7 天，或湿养护至混凝土达到 70％设计强度；⑦暴露在遭受反复冻融循环的环境时，混凝土抗压强度应大于 35MPa；⑧处于饱和状态的混凝土，如果用于暴露在冻融循环和除冰盐的环境，应在湿养护后至少干燥 30 天。

适当设计、施工、养护的混凝土中，正常掺量的矿物外加剂对剥落无影响。ACI 318 规定，暴露在除冰盐环境的混凝土，可掺用不超过胶凝材料总量 10％、25％和 50％的硅灰、粉煤灰和矿渣。如果经试验室或实际应用证实具有足够耐久性，可掺用更多的矿物外加剂。但如果滥用矿物外加剂，并伴随着低劣的施工和养护条件，将加剧剥蚀。

4.3.4 防水剂作用机理

(1) 减水剂防水机理 减水剂对水泥具有强烈的分散作用，它借助于极性吸附作用，大大降低了水泥颗粒间的吸引力，有效地阻碍和破坏了颗粒间的絮凝作用，并释放出絮凝体中的水，从而减少混凝土用水量，提高混凝土工作性，使硬化后孔结构的分布得以改善，混凝土的均质性、抗渗性得以提高。

(2) 引气剂防水机理 引气剂是具有憎水作用的表面活性物质，能显著降低混凝土拌和水的表面张力，经搅拌可在混凝土拌和物中产生大量微细、密闭、互不连通的气泡，使毛细管变得细小、曲折、分散，减少了渗水通道。引气剂还可增加黏滞性，改善和易性，减少沉降泌水和分层离析，弥补混凝土的结构缺陷，从而提高混凝土的密实性和抗渗性。

(3) 三乙醇胺防水机理 三乙醇胺是水泥水化的激发剂，使水泥在水化早期生成较多的水化产物，部分游离水结合为结晶水，相应减少了毛细管通道和孔隙，从而提高了混凝土的抗渗性。

(4) 膨胀剂防水机理 膨胀剂与水泥水化产物反应，生成体积增大的结晶体（如钙矾石、氢氧化钙），填充和堵塞孔隙，并产生一定的体积膨胀，补偿混凝土收缩，改善混凝土抗裂性，从而提高混凝土防水能力。

(5) 其他防水剂作用机理 其他防水剂包括无机质防水剂、有机质防水剂和复合防水剂。

无机质防水剂有铁盐、水玻璃、硅质粉末等。铁盐、水玻璃与水泥水化产物氢氧化钙反应，分别形成氢氧化铁胶体和不溶性硅酸钙，填充砂浆或混凝土中的孔隙，使抗渗性提高。硅质粉末（如粉煤灰、火山灰、石英粉、硅灰）主要通过与水泥水化生成物反应，反应产物堵塞孔隙，同时，矿物质粉末还能增加水泥的水化反应，使混凝土抗渗性提高。

有机质防水剂，主要是具有憎水作用的表面活性剂或化合物，通过憎水作用使混凝土防水。

复合防水剂中的各组分共同作用，优势互补，使混凝土抗渗防水能力大大提高。

4.3.5 膨胀剂作用机理

(1) 硫铝酸钙类膨胀剂作用机理 硫铝酸钙类膨胀剂在水泥水化硬化过程中，生成钙矾石结晶体，产生体积膨胀，对混凝土起补偿收缩、防止开裂等作用，并能使混凝土中的钢筋在承载前受到一定的拉应力、混凝土获得一定的预压应力。掺用此类膨胀剂的混凝土，因钙矾石填充于水泥石的毛细孔或气孔中，并能与纤维状的 C-S-H 凝胶微晶交织成网络结构，使水泥石结构更为致密，对提高混凝土强度和防水等性能极为有利。

(2) 石灰类膨胀剂作用机理 石灰类膨胀剂中的 CaO，在水泥水化初期，水化成凝胶状的 $Ca(OH)_2$ 产生体积膨胀；凝胶状的 $Ca(OH)_2$ 发生晶形转化，变为较大的异方型、六方板状晶体，再次产生体积膨胀。

(3) 铁粉类膨胀剂作用机理 铁粉类膨胀剂中的铁质表面，在助剂作用下被氧化，这些铁的氧化物，在水泥混凝土中被逐渐溶解，Fe^{3+} 与水泥水化体系中的 OH^- 生成胶状的 $Fe(OH)_3$ 而产生体积膨胀。

4.3.6 防冻剂作用机理

关于防冻剂作用机理，目前亦无定论。主要认为防冻剂的作用是：降低液相冰点；可使混凝土受冻的临界强度降低；可改变混凝土内形成的冰的晶形，防冻剂析出的冰对混凝土不产生显著的损害。

4.3.7 泵送剂作用机理

泵送剂因其成分不同，作用机理有所区别。总的来说，泵送剂的主要作用机理是改善混凝土工作性，提高混凝土的流动能力、扩展能力（或通过钢筋的能力）、填充能力和抗离析能力，并具有减小混凝土坍落度经时损失的能力，从而改善混凝土可泵性。

4.3.8 减缩剂作用机理

减缩剂通过降低硬化水泥浆体毛细孔和胶孔水的表面张力，减小毛细孔应力和收缩应变，从而减少水泥基材料自收缩和干燥收缩。

减缩剂主要由含烷氧基的低级醇组成，属于非离子表面活性剂。

近来在减缩剂应用方面，发展了减缩-补偿收缩协同作用模式。基于绝热温升及其对力学性能的影响，建立了预测热膨胀和开裂的模型。这项技术可有效控制由温缩、自收缩、干燥收缩引起的开裂。

减缩剂应用中，须控制含气量和气泡尺度分布，以保障混凝土抗冻融耐久性。

在实际应用中,常发现减缩剂会延缓水泥水化及混凝土强度发展,可使混凝土1d抗压强度下降25%以上。

减缩剂作为两性表面活性剂,由亲水基团和憎水基团组成(图4-64)。亲水端可为离子的或非离子的,被带氢键的极性溶剂(如水)或带相反电荷的表面吸引。憎水端为非极性的碳氢链,被非极性溶剂(例如油)吸引,但被极性分子(例如水)排斥。

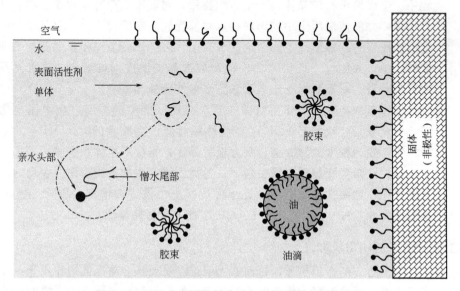

图4-64　两性表面活性剂分子与极性溶剂之间的作用

通常,两性分子既溶于极性溶剂又溶于非极性溶剂。两性分子在水溶液中被非极性界面(水-气界面或水-油界面)吸引。表面活性剂在界面的吸附导致界面能降低。因此,减缩剂使水-空气界面的表面张力下降。能够吸附于某一界面的表面活性剂存在一个极限饱和度,这由相邻的表面活性剂分子极性基团间的静电斥力决定。但在高表面活性剂浓度的溶液中,水-气界面表面张力的降低存在一个极值,未被吸附的过量表面活性剂分子将滞留于水中。低浓度溶液中,表面活性剂分子不能以单体溶于水,而高浓度溶液中的两性物质倾向于形成胶束以减少憎水端与水之间的接触。球形胶束是表面活性剂集合体常见的形式。每一胶束的直径约为几纳米,由2~100个表面活性剂分子集聚而成。除了球形胶束,根据表面活性剂分子特性和液体性能不同,还存在椭球形、圆柱形、双分子层和囊状集合体。集聚现象与表面活性剂浓度阈值即临界胶束浓度(critical micelle concentration,CMC)有关。浓度低于CMC时,表面活性剂分子主要被界面吸附,表面张力随浓度增加而下降。浓度高于CMC,过量的表面活性剂分子在水中形成胶束,不能继续降低表面张力。除了表面活性剂分子,市售减缩剂通常含有油性杂质。一般，油性物质不能与水融合，与水混合并静置后会出现油水分离现象。但在表面活性剂存在时，两性物质被油滴吸附。当两滴油滴彼此接近，亲水基团间的静电斥力与范德瓦耳斯力抗衡；否则，将引起油滴的集聚与合并，形成稳定或不稳定的乳液。如果两性表面活性剂间的斥力大于油滴之间的吸引力，乳液将会稳定，不会分离为明显的两相。这样的乳液中含有数以百万计的微细油滴（直径 10～40nm），油滴表面被表面活性剂覆盖。这些"微乳液"可能是透明的，也可能是半透明的，具有宏观匀质性。反之，如果油滴间的吸引力大于表面活性剂间的斥力时，油滴会合并为越来越大的颗粒。这样的"粗乳液"是不稳定的，并最终完全分离为明显的两相。当油滴大到足以分散光线时（直径为数微米），粗乳液呈乳白色，表现为各向异性。当然，也可能存在其他形式的油-水-表面活性剂混合物。

Farshad Rajabipour 等研究了减缩剂与水泥孔溶液的相互作用。采用比表面积为 $360m^2/kg$ 的 I 型普通硅酸盐水泥，根据 Bogue 公式计算的矿物组成为 $60\%C_3S$，$12\%C_2S$，$12\%C_3A$，$7\%C_4AF$，水泥等当量 Na_2O 含量为 0.72%。试验在 (23±1)℃条件下进行。将减缩剂分别与去离子水（DIW）和合成孔溶液（0.35mol/L KOH＋0.05mol/L NaOH 的去离子水溶液，SPS）混合，配制了不同浓度的减缩剂溶液。同时，研究了水灰比为 0.3，掺与不掺 SRA 的水泥浆体的凝结时间、孔溶液离子组成（Na、K、Ca）、离子色谱（SO_4^{2-}）、酸滴定（OH^-）随时间的变化和孔溶液中 SRA 的浓度。

SRA 浓度为 5%、10% 和 20% 的去离子水溶液，静置 60 天后，仍然为澄清、稳定、宏观各相同性的乳液。但 SRA 与合成孔溶液的混合物，浓度为 5% 和 20% 时，乳液也为澄清、稳定、宏观各相同性；浓度为 10% 的乳液呈乳浊状，静置 12h 后，分离为两相：顶层富含 SRA，其余为 SRA 的稀溶液，如图 4-65 所示。电导率测试结果表明，顶部溶液中的 SRA 浓度接近 50%，而底部溶液中的 SRA 含量约为 7.5%。

研究表明，合成孔溶液中的 SRA 浓度较低时（<7.5%），可得到稳定、透明、各项同性的微乳液，这种微乳液具有微粒结构，微细的油滴被分散在连续的液相介质中，并被吸附的表面活性剂分子保护。在中等浓度时（7.5%～15%），形成不稳定的粗乳液。有趣的是，这种粗乳液分离为浓度约为 7.5% 的稳定的微乳液（底部）和不易与孔溶液混合的富-SRA 相。SRA 浓度较高时（>15%），又形成了稳定、透明、宏观各向同性的乳液。这可能是因为微粒体系向双层连续结构转移的结果。

图 4-66 表明，SRA 乳液的表面张力与 SRA 浓度呈双线性关系（对数值），在较低的浓度范围内，表面张力随 SRA 浓度提高而急剧下降。浓度大于临界阈值（critical threshold）后，继续增加 SRA 浓度，并不能显著降低表面张力。这与因液-气界面饱和，达到临界胶束浓度（CMC）的概念类

图 4-65 合成孔溶液含 10%SRA 出现的相分离
左为刚混合完毕的溶液,右为溶液静置 12h 的情形

似。此外,液相中油滴的形成,会引起表面活性剂分子在油-水界面的吸附。进一步提高 SRA 浓度,导致形成更多油滴,在与空气接触的界面,和表面活性剂分子竞争吸附。因而在超过临界浓度后,继续提高 SRA 浓度,不会大幅增加乳液-空气界面吸附的表面活性剂浓度,这可能是由于界面饱和与油界面竞争吸附共同作用的结果。由图 4-66 可知,SRA 在去离子水和合成孔溶液中的临界浓度分别约为 11% 和 7.5%,表明溶液中存在离子时,会降低 SRA 的临界浓度。显然,试验得到的 7.5% 临界浓度取决于孔溶液的组

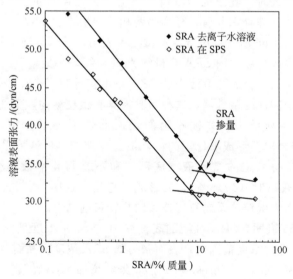

图 4-66 SRA 乳液的表面张力

成，孔溶液的离子强度越高，SRA 的临界浓度越低。同时，应该注意，SRA 临界浓度和稳定的微乳液浓度（7.5%）与非稳态的粗乳液浓度（7.5%～15%）的边界线浓度一致。试验结果对实际应用具有指导意义。可以断定在混凝土中添加低掺量的 SRA，将具有显著的减缩效应，高 SRA 掺量（>7.5%）可能对减缩无效。但须注意，即使混凝土中，SRA 的掺量小于临界浓度，孔溶液中的 SRA 浓度也会随水泥水化或混凝土水分蒸发而提高。

萃取的孔溶液中的 SRA 浓度，可通过测定电导率进行评价。图 4-67 是空白浆体和掺 5%SRA 浆体孔溶液的电导率测定结果。对空白浆体，预测的孔溶液电导率与试验结果较为吻合，而掺 SRA 的浆体试验结果与预测值相差较大，主要是因为预测模型仅仅考虑了离子浓度，而没有考虑溶液中存在非传到的 SRA。试验采用的 SRA 电导率为 5×10^{-4} S/m，比典型孔溶液的电导率小 4 个数量级。可用测定的孔溶液电导率（σ_{meas}）与预测的溶液电导率（$\sigma_{est-0SRA}$）之比对孔溶液中的 SRA 浓度进行预估。根据试验结果，得到了如图 4-68 所示的结果。

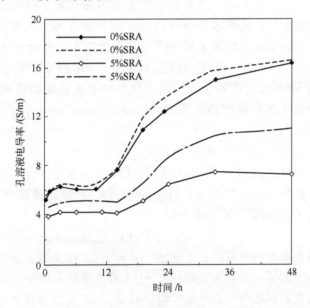

图 4-67 测定（实线）和预测（虚线）的孔溶液电导率

孔溶液电导率 σ_{0SRA} 为 6.72S/m，对试验结果进行拟合，得到 Maxwell 拟合方程，如式(4-8) 所示。

$$\frac{\sigma_{meas}}{\sigma_{0SRA}}=\frac{(d-1)(100-SRA\%)}{100(d-1)+SRA\%} \tag{4-8}$$

式(4-8) 是非传导的颗粒分散于传导介质中的复合模型。SRA% 是溶液中 SRA 的质量百分数 d 为体系的尺寸（这里为拟合参数），试验得到的 d

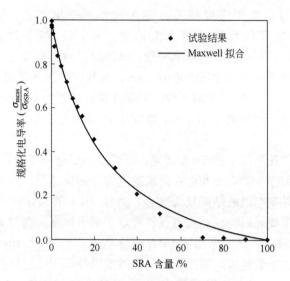

图 4-68　孔溶液中 SRA 浓度测定值校正曲线

值为 1.24。根据式(4-8)计算的孔溶液 SRA 浓度示于图 4-69。由图 4-69 可知，随水泥水化，孔隙水逐渐被消耗，SRA 浓度随水泥水化时间的延长而增大。类似的现象在混凝土发生干燥、水分蒸发时也会出现。由图 4-69 还可发现，水化 1h 后，SRA 的浓度为 3.1%，低于初始添加的浓度（5%），这是因为 SRA 在水泥颗粒和水泥水化产物表面吸附的缘故。根据 Powers 理论，硬化水泥浆体中的可蒸发水（evaporable water）含量可按式(4-9)进行计算。

$$\phi_{\text{evaporable}} = p - 0.72(1-p)\alpha \tag{4-9}$$

式中，$\phi_{\text{evaporable}}$ 为可蒸发水体积分数；α 为水泥水化程度；p 为水泥浆体初始孔隙率（水灰比为 0.3 时，$p=0.486$）。由此得到 SRA 浓度的计算式(4-0)。计算结果亦示于图 4-69。

$$\text{SRA}\% = 5\%/(p/\phi_{\text{evaporable}}) \tag{4-10}$$

由电导率方法和可蒸发水方法计算得到的 SRA 浓度相差较大。主要是因为电导率方法中，界面、仪器对 SRA 存在吸附，因而计算结果低于实际值；可蒸发水方法中，未考虑吸附，假定了 SRA 完全存在于孔溶液中，因而计算结果高于实际值。

研究表明，SRA 会使水泥终凝时间延缓 2h 左右，但采用后掺法时，SRA 对水泥凝结时间的影响较小。实际应用中，可在施工现场添加 SRA，从而减轻 SRA 对水泥水化的延缓。

萃取的孔溶液中 5 种离子的浓度化学分析结果示于图 4-70。离子浓度随水化时间延长而变化。Ca^{2+} 来自于石膏溶解、水泥 f-CaO 以及 C_3S 和 C_3A 的水化。由于水泥矿物水化，以及 $Ca(OH)_2$ 的沉淀，向溶液中释放 Ca^{2+}，

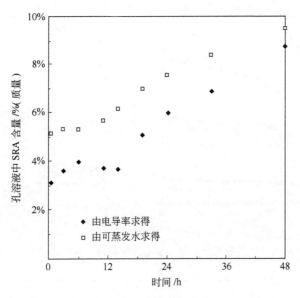

图4-69 孔溶液中SRA浓度逼近值与龄期的关系

其浓度通常接近（略大于）$Ca(OH)_2$的饱和点。K^+和Na^+来源于水泥中的可溶性硫酸盐（K_2SO_4和Na_2SO_4）在孔溶液中的溶解。通常，K^+和Na^+浓度受控于水泥可用碱的含量和溶解动力学（溶解速率）。由K_2SO_4溶解得到的K^+浓度极限值为1.4mol/L，说明孔溶液中的K^+和Na^+通常处于不饱和状态。

SO_4^{2-}来自于石膏及可溶性硫酸盐的溶解。搅拌过程中，大量的SO_4^{2-}溶解于孔隙水中。随着水泥水化的进行，溶液中的硫酸盐随C_3A的水化而逐渐消耗（即生成AFt和AFm），只要存在固态的石膏，消耗的硫酸盐会被持续溶解的石膏补充，因而SO_4^{2-}在一定时间内基本恒定（由图4-70可见，SO_4^{2-}离子浓度恒定值最多可保持14h）。SO_4^{2-}离子浓度下降的同时，OH^-离子浓度增大。水泥水化24h以后，孔溶液基本为KOH和NaOH的水溶液。

比较孔溶液的离子组成发现，空白试样的K^+和SO_4^{2-}浓度要比掺SRA的试样高，随着水泥水化的发展，SO_4^{2-}被OH^-取代，空白试样又具有更高的OH^-浓度。为解释这种结果，假设SRA（一种表面活性剂与非极性油的混合物）削弱了水的极性，K_2SO_4溶解并离子化于这种极性较低的溶剂的能力被抑制。SRA抑制K_2SO_4溶解的假设已被试验证实（图4-71）。

研究发现，SRA使K_2SO_4的初始溶解度下降（K_2SO_4在去离子水中溶解1.12g，在95%DI+5%SRA的溶液中溶解0.79g），且使K_2SO_4的溶解速率降低。同样的结果，在以Na_2SO_4取代K_2SO_4时也可观察到。

碱性硫酸盐是水泥的有效促凝剂，孔溶液中高含量的碱离子对水泥早期水化和强度发展的加速作用极大，因而SRA对水泥中碱的溶解性能的抑制，

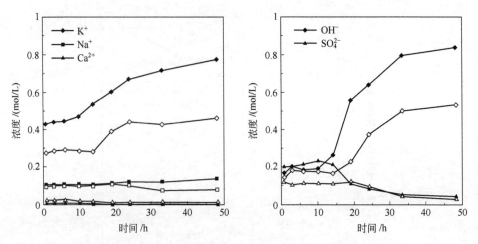

图 4-70 孔溶液离子浓度（实心为空白样，空心为 SRA 试样）

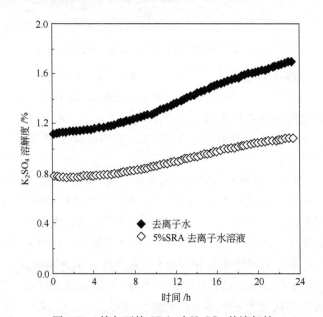

图 4-71 掺与不掺 SRA 时 K_2SO_4 的溶解性

导致了水泥水化速度和强度发展速度的降低，并延缓水泥凝结时间。这也可以解释后掺 SRA 对减轻 SRA 延缓水泥水化的有益作用。

关于 SRA 的作用机理，尚需做进一步的深入研究。

4.3.9 内养护剂作用机理

内养护剂通过建立内引水养护机制，提高水泥基材内部相对湿度，加速水泥水化，提高水泥石密实度。

常用的内养护材料包括轻砂（天然的或人工合成材料）、超吸水颗粒（SAP）和低掺量内养护剂。

每克水泥完全水化，产生的化学收缩为 0.064ml。根据 Powers 理论，水泥水化产生的化学收缩 V_{cs} 可用式(4-11) 表示，水泥石毛细孔体积可按式(4-12) 进行计算。

$$V_{cs}=0.20(1-p)\alpha \qquad (4-11)$$
$$V_{cw}=p-1.32(1-p)\alpha \qquad (4-12)$$

由水泥化学可知，每克水泥完全水化，其可蒸发水和不可蒸发水分别为 0.23g 和 0.19g。即当水灰比大于等于 0.42 时，水泥可完全水化。

通常，低水灰比水泥浆体的化学收缩较大。由图 4-72 可知，自收缩是化学收缩的一部分，是由于水泥石自干燥（图 4-73）而产生的收缩。当水泥浆体处于流动状态时，化学收缩完全转化为外部体积变化。水泥凝结硬化后，硬化水泥浆体中的气泡聚集，形成较大的气孔。图 4-74 是某水泥浆体的截面图，图 4-74(a) 水泥水化程度较低，图 4-74(b) 水化程度较高。深灰色表示水化产物和未水化水泥，浅灰色表示孔隙水，白色表示因化学收缩产生的孔隙。这些孔隙引起水-气弯月面的形成和内部相对湿度下降（Kelven 方程），弯月面的存在使孔溶液产生拉应力（Laplace 方程）。相对湿度下降导致吸附在固体表面的水膜层厚度变化，并伴随着固相表面张力变化和固体间分离压的变化。在早期水化阶段，水泥浆体刚度低，黏性行为显著，以致微小的应力会引发大的变形。

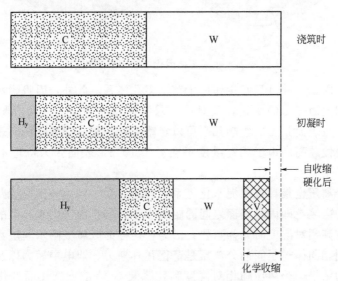

图 4-72 自收缩和化学收缩
C 为水泥，W 为水，H_y 为水化物

水泥浆体的收缩与膨胀也是水泥胶体粒子表面张力变化的结果。吸附水降低了水泥胶体粒子的表面张力并导致膨胀。相反，吸附水的脱附会导致收缩。表面张力机理仅可用来解释总收缩中的一小部分收缩，因为表面张力只

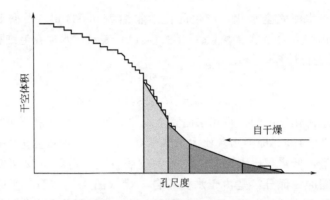

图 4-73 水泥基材料自干燥过程

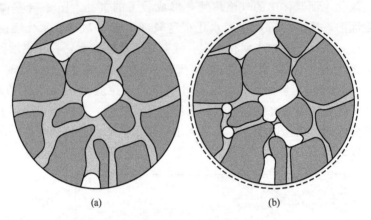

图 4-74 水泥浆体因化学收缩形成孔隙

作用于固相，并且只间接作用于整个多孔体系。此外，因吸附水分子而引起的固相表面张力的变化，只对内三层吸附水有意义，外层吸附水结合力微弱，其对表面张力的影响几乎可以忽略不计。相对湿度越低，表面张力的相对重要性越高。由于相对湿度不会低于 75%，表面张力机理不会在自生体积变形中起主导作用。

分离压也是导致水泥水化体系收缩的因素之一。分离压活跃于存在吸附障碍的区域，即固相表面之间的距离小于两层自由吸附水厚度的区域。这种作用在高相对湿度时尤为重要，因为在这样的区域吸附水膜层数量的变化非常急剧。固体粒子间的分离压是范德瓦耳斯力、双电层斥力以及结构力共同作用的结果。分离压随相对湿度和孔溶液 Ca^{2+} 浓度变化而变化。当相对湿度下降时，分离压降低，引起收缩。

通过测定孔溶液的毛细张力、水泥浆体内部饱和度和可变形能力，可预测水泥浆体的自生体积变形。

试验研究发现，硬化水泥浆体约在水化 12h 以前，出现相对湿度下降，因而促使水泥浆体发生自干燥。水泥浆体处于流动状态（凝结前），孔隙体系完全饱和时，内部相对湿度约为98%。初始相对湿度的下降是可溶盐溶解于孔溶液引起的。孔溶液中溶解盐分后，相对湿度可按式（4-13）所示 Raoult 公式计算。

$$\mathrm{RH_s} = X_1 \tag{4-13}$$

式中，X_1 为孔溶液中水的摩尔分数。

根据孔溶液组成和 Raoult 方程，溶解的盐可使相对湿度下降几个百分点。使水泥浆体相对湿度下降的主要是碱金属的氢氧化物，而不是 Ca^{2+}，Ca^{2+} 的溶解度因为碱金属离子的存在被抑制了。

随着水化反应的进行，水泥浆体形成坚固的骨架，化学收缩不再转化为外部体积变形。若养护水供应不足，浆体中会形成干孔，并出现气-水弯月面，气泡存在于水泥浆体中首先干空的孔隙中，与此同时，相对湿度下降。圆柱状孔隙中弯月面形成后的相对湿度，可由 Kelvin 方程计算，如式（4-14）所示。

$$\mathrm{RH_k} = \exp\left(-\frac{2\gamma M \cos\theta}{\rho r R T}\right) \tag{4-14}$$

式中　γ——水的表面张力（纯净水为 0.073N/m，盐使 γ 降低）；

　　　M——水的摩尔质量，0.01802kg/mol；

　　　θ——水固界面接触角；

　　　ρ——水的密度，约为 1000kg/m³；

　　　r——弯月面半径；

　　　R——理想气体常数，8.314J/(mol·K)；

　　　T——绝对温度。

假设完全湿润，水-固界面接触角为 0°，则充满水的最大毛细孔的孔径可按式（4-15）进行计算。

$$r = -\frac{2\gamma M}{\ln(\mathrm{RH_k})\rho R T} \tag{4-15}$$

如果同时考虑弯月面形成和盐的溶解造成的相对湿度降低（图 4-75），则总的相对湿度可近似利用式（4-16）求得。

$$\begin{aligned}\mathrm{RH} &= \mathrm{RH_s RH_k} \\ &= X_1 \exp\left(-\frac{2\gamma M}{\rho r R T}\right)\end{aligned} \tag{4-16}$$

值得注意的是，孔溶液中溶解的盐通过 $\mathrm{RH_k}$ 间接影响总的相对湿度值，因为溶解的盐降低了水的表面张力。可通过测定总的相对湿度，同时考虑溶解于孔隙水中的盐的影响，直接计算充满水的最大毛细孔的孔径 [式（4-17）]。如果已知因自干燥导致的相对湿度降低值，则可利用测定的相对湿度值计算 Kelvin 半径 r（图 4-76），并由此计算圆柱状孔的溶液拉应力 σ_{cap} [式（4-18）]。

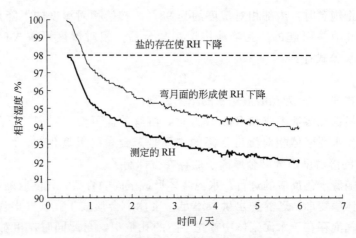

图 4-75 密闭条件下水泥浆体的相对湿度

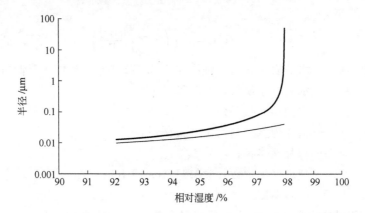

图 4-76 r 计算值：考虑（粗线）及不考虑（细线）盐的影响

$$r = -\frac{2\gamma M}{\ln\left(\dfrac{RH}{RH_s}\right)\rho RT} \tag{4-17}$$

$$\sigma_{cap} = \frac{2\gamma}{r} \tag{4-18}$$

水泥浆体的变形 ε_{LIN} 由式(4-19) 计算。

$$\varepsilon_{LIN} = \frac{S\sigma_{cap}}{3}\left(\frac{1}{K} - \frac{1}{K_s}\right) \tag{4-19}$$

式中 S——浆体饱和度；

σ_{cap}——孔溶液的应力，MPa；

K——多孔体的模量，MPa；

K_s——固体材料的模量，MPa。

严格地说，式(4-19) 只适用于完全饱和的线弹性材料，在不考虑徐变及部分饱和时，只能获得近似值。

密闭条件下硬化水泥浆体的饱和度 S 可通过可蒸发水体积含量 V_{ew} 和浆体的总孔体积率 V_p，按式(4-20)进行计算。V_{ew} 和 V_p 都是水灰比 W/C 和水泥水化程度 α 的函数。

$$\begin{aligned} S &= \frac{V_{ew}(\alpha)}{V_p(\alpha)} \\ &= \frac{V_{cw}(\alpha)+V_{gw}(\alpha)}{V_{cw}(\alpha)+V_{gw}(\alpha)+V_{cs}(\alpha)} \\ &= \frac{p-0.72(1-p)\alpha}{p-0.52(1-p)\alpha} \end{aligned} \quad (4\text{-}20)$$

式中，$p = \dfrac{(W/C)}{(W/C)+(\rho_w/\rho_c)}$

水泥浆体的模量 K 由式(4-21)计算。根据文献资料，K_s 可取值为 44GPa，$\nu=0.20$。

$$K = \frac{E}{3(1-2\nu)} \quad (4\text{-}21)$$

式中，E 为弹性模量，MPa；ν 为泊松比。

一般认为，内养护对水灰比小于 0.42 的水泥基材料有效。当水灰比小于等于 0.36 时，内引水量可按照 0.18 (W/C) 计算；当水灰比介于 0.36~0.42 之间时，内引水量为 0.42-(W/C)。根据内引水量，按式(4-22)计算内养护剂用量。

$$M_{ICA} = \frac{C \cdot CS \cdot \alpha_{max}}{S\Phi} \quad (4\text{-}22)$$

式中　M_{ICA}——内养护剂用量（干基），kg/m³；
　　　C——混凝土水泥用量，kg/m³；
　　　CS——水泥完全水化时的化学收缩，可取 0.064 等当量 W/C；
　　　α_{max}——混凝土中水泥的最大水化程度；
　　　S——内养护剂饱和度；
　　　Φ——内养护剂质量吸水率。

根据 Powers 理论，水灰比大于等于 0.42 时，水泥可完全水化。水灰比小于 0.42 时，达到最大水化程度的水泥浆体中，提供水泥水化空间的毛细孔体积为 0，即 $p-1.32(1-p)\alpha_{max}=0$，由此可推算出水泥最大水化程度与 W/C 的关系，如式(4-23)所示。

$$\begin{aligned} \alpha_{max} &= \frac{p}{1.32(1-p)} \\ &= 2.386(W/C) \end{aligned} \quad (4\text{-}23)$$

对内养护的水泥浆体，当化学收缩为 0 时，式(4-24)成立，由此可计算内养护条件下，水泥的最大水化程度。

$$V_{gw}+V_{gs}+V_{uc}=1 \quad (4\text{-}24)$$

或

$$0.60(1-p)\alpha_{max} + 1.52(1-p)\alpha_{max} + (1-p)(1-\alpha_{max}) = 1 \quad (4-25)$$

对式(4-25)进行转换,可得到式(4-26)。可见,内养护条件下,水灰比为 0.36 时,水泥可完全水化。

$$\alpha_{max} = 2.81(W/C), W/C \leqslant 0.36 \quad (4-26)$$

基于混凝土用水量平衡的原理,低水灰比混凝土的用水量 W_o 与补偿化学收缩所需的水 ΔW_c 之和等于部分水泥完全水化所需的用水量,式(4-27)和式(4-28)成立,同样可得到式(4-26)。

$$w_o + \Delta w_c^\infty = w_e^\infty + w_n^\infty \quad (4-27)$$

$$c(W/C) + 0.064 c\alpha_{max} = 0.42 c\alpha_{max} \quad (4-28)$$

根据 Powers 模型,绘制水灰比为 0.3 的水泥浆体的相分布,示于图 4-77 和图 4-78。可见,正常养护的水泥浆体,其最大水化程度为 0.72,存在化学收缩。而掺内养护剂的同水灰比水泥浆体,最大水化程度为 0.84,内养护消除了化学收缩。

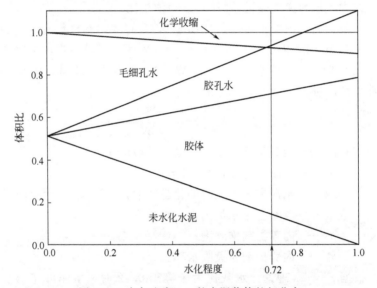

图 4-77 水灰比为 0.3 的水泥浆体的相分布

内养护对加速水泥早期水化尤为有效。如图 4-79 所示,内养护条件下,水灰比为 0.3 的水泥浆体,其 7d 的水化程度随内引水量的增加而提高,引入相当于 0.03 和 0.04 水灰比的水,水泥 7d 的水化程度分别与未采取内养护措施的水灰比为 0.42 和 0.75 的浆体相当,经对试验研究结果进行拟合得到 $\alpha(7) = 0.35396 + 593/\{40000000[(W/C)_e - 0.0435]^2 + 955\}$,$R^2 = 0.9996$。

综上所述,内养护剂的主要作用机理如下:

① 通过提高水泥浆体内部相对湿度,减少化学收缩;

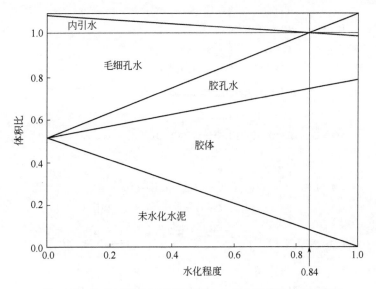

图 4-78　内养护条件下水灰比为 0.3 的水泥浆体的相分布

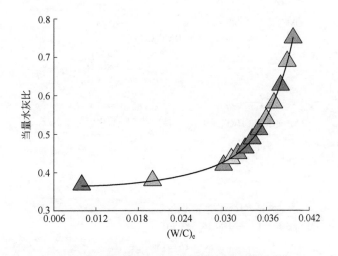

图 4-79　等当量水灰比与内引水量的关系（7d）

② 提高水泥最大水化程度；

③ 提高水泥浆体密实度和强度；

④ 加速水泥早期水化硬化。

4.3.10　高性能减水剂作用机理

(1) 空间位阻与静电斥力双效分散机制　高性能减水剂主要指混凝土减水率达到 25％及以上的减水剂，主要是聚羧酸减水剂（包括标准型、缓凝型、早强型）和共聚型-缩聚型复合减水剂。5 种典型的聚羧酸减水剂分子结构如下。

Ⅰ. $H-(CH_2-\underset{\underset{OM}{\overset{\overset{R_1}{|}}{C=O}}}{C})_l-(CH_2-\underset{\underset{O(CH_2CH_2O)_nR_2}{\overset{\overset{R_1}{|}}{C=O}}}{C})_m-H$

(R_1=H 或 CH_3 R_2=CH_3 M= 金属离子)

Ⅱ. $H-(CH-CH-CH_2-CH)_m-H$
$\quad\quad\ \underset{O}{\underset{\diagdown\ \diagup}{\underset{O=C\ \ C=O}{|\ \ \ \ \ |}}}\quad\quad CH_2O-(CH_2CH_2O)_n-R_1$

Ⅲ. $\underset{\underset{SO_3M}{|}}{\underset{\underset{CH_2}{|}}{\overset{\overset{R}{|}}{CH}}}-CH_2-[(-CH_2)_m-\underset{\underset{OM}{|}}{\underset{\underset{C=O}{|}}{\overset{\overset{R}{|}}{C}}}-(CH_2)_p-\underset{\underset{O(CH_2CH_2O)_nR}{|}}{\underset{\underset{C=O}{|}}{\overset{\overset{R}{|}}{C}}}-(Z)_q]_N-CH_2-\underset{\underset{SO_3M}{|}}{\underset{\underset{CH_2}{|}}{\overset{\overset{R}{|}}{CH}}}$

(R=CH_3 M=Na)

$H-[(\underset{\underset{OM}{|}}{\underset{\underset{C=O}{|}}{\overset{\overset{R}{|}}{C}}}-CH_2)_l-(\underset{\underset{OR}{|}}{\underset{\underset{C=O}{|}}{\overset{\overset{R}{|}}{C}}}-CH_2)_m-(\underset{\underset{O(CH_2CH_2O)_n-R}{|}}{\overset{\overset{R}{|}}{C}}-CH_2)_p-(\underset{\underset{SO_3M}{|}}{\overset{\overset{R}{|}}{X}}-CH_2)_q]_N-H$

$\begin{pmatrix}R=CH_3, H\\X=CH_2, CH_2-X\\Y=CH_2, C=O\end{pmatrix}$

Ⅳ. $-(A)_l-(B)_m-(C)_p-$
$\quad\quad\quad\quad\quad\ \ \underset{COONa}{|}\ \underset{(OCH_2CH_2O)_n-H}{|}$

$\begin{pmatrix}n>60\\l+m+p\text{约为}10\end{pmatrix}$

Ⅴ. $H-[CH_2-\underset{\underset{R_1}{|}}{\underset{\underset{C=O}{|}}{\overset{\overset{R_2}{\underset{\underset{O}{|}}{(AO)_n}}}{C}}}]_l-[CH_2-\underset{\underset{\underset{\underset{\underset{(D)}{|}}{O}}{|}}{\underset{\underset{O}{|}}{C=O}}}{\overset{\overset{R_1}{|}}{C}}]_m-H$ ——交联点

$H-(CH_2-\underset{\underset{\underset{\underset{R_2}{|}}{(AO)_n}}{\underset{\underset{O}{|}}{C=O}}}{\overset{\overset{R_1}{|}}{C}})_l-(\underset{\underset{R_2}{|}}{\overset{\overset{C=O}{|}}{C}}-CH_2)_m-H$

AO: 烯化氧

聚羧酸系减水剂因具有主链和接枝的侧链而呈梳形结构，被称为梳形聚羧酸盐减水剂或梳形高性能减水剂（图 4-80）。与萘系减水剂不同，聚羧酸系减水剂存在静电斥力和空间位阻双重作用，因而分散性能和坍落度保持性能优异，如图 4-81 所示。

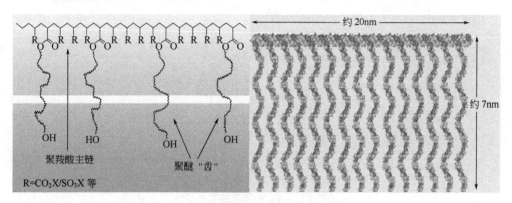

图 4-80　聚羧酸减水剂的梳形结构

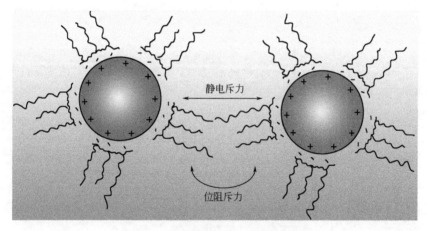

图 4-81　聚羧酸减水剂双效分散机制

水泥粒子的分散是由于化学外加剂中承担分散作用的组分吸附在水泥粒子表面而产生的静电斥力、高分子吸附层的相互作用产生的空间位阻（立体斥力）及水分子的浸润作用共同作用的结果。

由于吸附分散作用，水泥粒子表面形成了双电层（图 4-82），相邻的两个粒子之间产生了如图 4-83 所示的静电斥力作用，使水泥粒子分散、防止其再凝聚（DLVO 理论）。

研究发现，对于聚羧酸系等具有梳形分子结构的减水剂，仅用 DLVO 理论不能确切解释其高分散性的机理。它们之所以能使水泥粒子高度分散，是因为它们的分子结构中保有的羧基负离子的静电斥力和主链或侧链的立体效果（立体斥力或立体位阻）共同作用的结果。侧链越长，分散力越高。主链

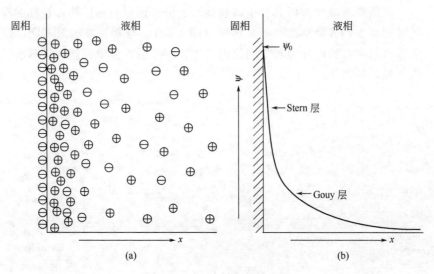

图 4-82 固-液界面的双电层

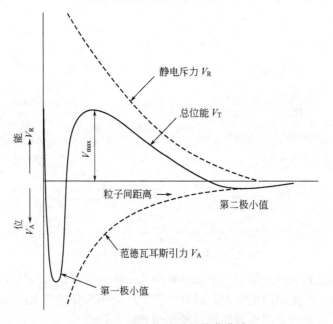

图 4-83 DLVO 理论的位能曲线

和侧链的长度等高分子构造对新拌混凝土的性能影响较大。图 4-84 所示固-液界面的高分子吸附层及图 4-85 所示立体效果理论的位能曲线与图 4-82 和图 4-83 存在明显区别。图 4-86 反映了聚羧酸减水剂的羧基吸附于固体水化产物表面 Ca^{2+} 部位，支链形成空间位阻作用，阻碍水泥颗粒和水化产物的凝聚。

空间位阻作用随聚羧酸减水剂分子量及分子结构变化而变化。E. Sakai 发现，短主链长支链好于长主链短支链。对马来酸酐类聚羧酸减水剂，EO

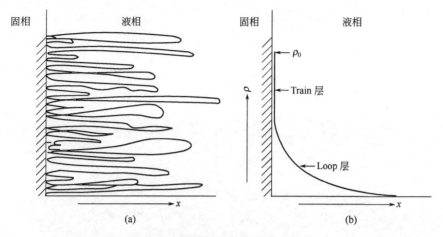

图 4-84　固-液界面的高分子吸附层

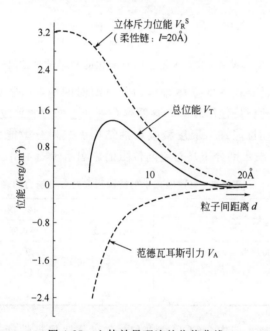

图 4-85　立体效果理论的位能曲线

链越短分散性越高。台湾地区学者 Tseng 等用甲基丙烯酸和丙烯酰氨基甲基丙烷磺酸（AMPS）合成了聚羧酸减水剂，该外加剂同时具备高减水和高保坍性能。G. Ferrari 等研究了聚羧酸减水剂中的大分子单体和羧酸小分子单体的摩尔比对性能的影响，摩尔比影响聚羧酸减水剂效率，不同的水泥需要不同的摩尔比。M. Kinoshita 系统研究了甲基丙烯酸聚乙二醇接枝共聚物类聚羧酸减水剂的作用机理，认为具有不同聚合度的聚乙二醇能同时达到较高的流动性和流动度保持性能。该甲基丙烯酸聚乙二醇接枝共聚物含有羧酸官能团、磺酸基官能团和甲氧基聚乙二醇官能团。含高聚合度聚乙二醇的聚

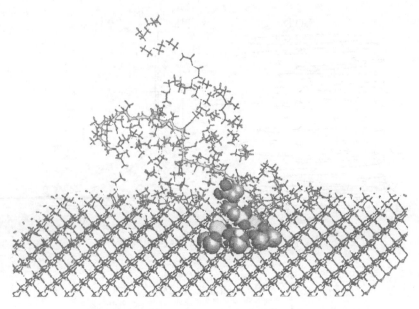

图 4-86 吸附于模型水化物 Ca^{2+} 部位的 PCA 空间位阻构型

羧酸减水剂具有较高的立体排斥力,分散时间短,有较好的分散性和流动度,但流动性保持性能较差。含低聚合度聚乙二醇的聚羧酸减水剂分散时间长,保持流动性能好。聚羧酸减水剂结构因素对分散能力的影响汇总于表 4-5。聚羧酸减水剂分子量对空间位阻的影响示于图 4-87。

表 4-5 聚羧酸减水剂结构因素对分散能力的影响

分 散 能 力	结 构 因 素		
	主链长度	支链长度	支链数量
低分散及其保持能力	长	短	大
高分散能力	短	长	小
高分散保持能力	更短	长	大

聚羧酸减水剂中,COO—和 SO_3—对分散保持性能、凝结时间具有重要影响。由图 4-88 可知,不论在何种质量掺量下(0.1%或 0.25%),水泥浆体的凝结时间与液相中 COO—和 SO_3—总量近似为线性关系,随液相中 COO—和 SO_3—总量增加,凝结时间延长。但随聚乙二醇链长增加或支链聚合度增加(图 4-89),凝结时间缩短。

当水泥中可溶性硫酸盐含量较高时,某些品种的聚羧酸减水剂因 EO 链收缩,空间位阻降效,导致聚羧酸减水剂的分散性能大大降低。不仅如此,当与含硫酸钠的萘系减水剂共同使用时,可能导致聚羧酸减水剂的失去分散能力。如图 4-90 所示,随可溶性硫酸盐浓度增大,这些品种的聚羧酸减水

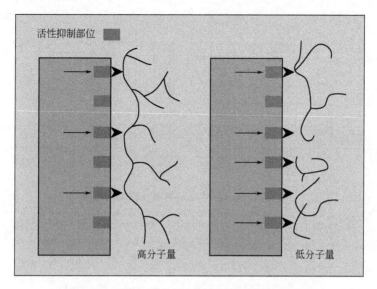

图 4-87　聚羧酸减水剂分子量对空间位阻的影响

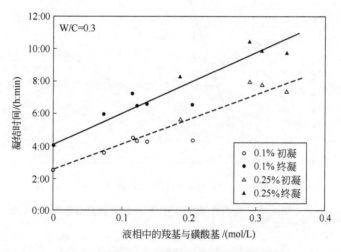

图 4-88　液相中功能基团与凝结性能的关系

剂的分散能力降低。

根据图 4-91 硫酸钠、氯化钠离子强度与聚羧酸减水剂吸附性能的关系，随溶液中硫酸钠离子强度增加，由于竞争吸附的存在，聚羧酸减水剂在水泥颗粒表面的吸附量大大降低，而氯化钠对聚羧酸减水剂吸附性能的影响较小。离子浓度按式(4-29)进行计算。

$$I = 0.5 \sum (c_i \times z_i^2) \tag{4-29}$$

式中，i 表示离子种类；z_i 是 i 离子的电荷数；c_i 是 i 离子的物质的量浓度。

洗提时间（elution time）与 RMS（route of the mean square radius）及

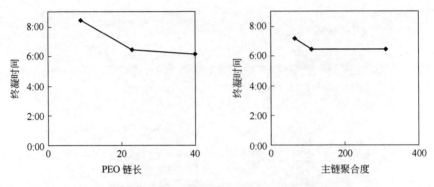

图 4-89　PCA 分子结构对凝结性能的影响

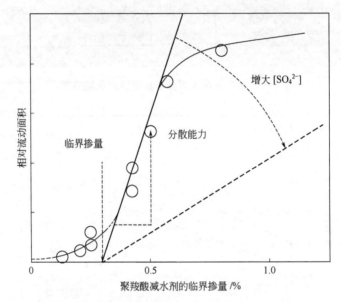

图 4-90　可溶性硫酸盐对 PCA 分散能力的影响

洗提时间与差分折射率（differential refractive index，RI intensity）的关系示于图 4-92。RI 强度表示利用尺度筛析色谱法（size exclusion chromatography，SEC）分离得到的相应的 PCA 尺寸。洗提溶液中含有 50mmol/L 位阻尺寸通过 RI 强度峰值对应的 RMS 确定。基于 SEC 原理，较短的洗提时间对应于洗提溶液中较大尺度的分子。图 4-92 中显示的是 10nm 以下的 RMS 信号。RI 强度峰值对应的 RMS 值通过外推法，在相对较短的洗提时间 14.5～16.5min 范围内获得，从而求得含有 50mmol/L Na_2SO_4 的溶液中，聚羧酸减水剂的位阻尺寸为 5.2nm。

洗提溶液的离子强度与聚合物的位阻尺寸如图 4-93 所示。在不考虑离子强度时，PEO 的位阻尺寸几乎为恒定值。虽然因数值太小而难以测定在含有 300mmol/L 的 Na_2SO_4 溶液中的聚羧酸减水剂的位阻尺寸，但可以肯

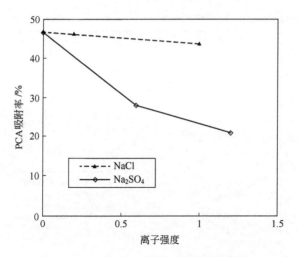

图 4-91　离子强度对 PCA 吸附性能的影响

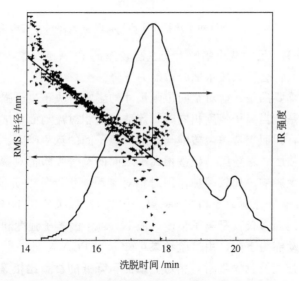

图 4-92　含 50mmol/L Na_2SO_4 的 PCA 液相光散射位阻尺寸

定，PCA 的位阻尺寸随离子强度增大而减小。对分子量相同的两种聚羧酸减水剂，在离子强度相同时，位阻较大的减水剂，其收缩值也较大，差异的起因是减水剂的分子结构。

由于 PEO 的尺寸与离子强度无关，一般认为聚羧酸减水剂的收缩由主链结构引起。Kazuo Yamada 研究了两种 PCA，PCA-A 和 PCA-B 主链羧基摩尔比分别为 0.655 和 0.662，支链聚合度分别为 195 和 353。两种减水剂的羧基数相近，但 PCA-B 的主链较长。当溶液中发生羧基断裂，羧基之间产生静电斥力，主链膨胀。而羧基的断裂程度取决于离子强度。当溶液离子强度较高时，羧基断裂程度较低，羧基间的静电斥力较弱。因此，具有长主

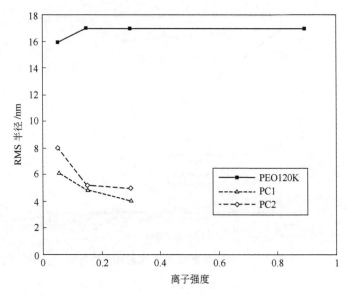

图 4-93　离子强度对水溶液中 PEO 和 PCA 位阻尺寸的影响

链的 PCA-B，尺寸减小幅度大于主链较短的 PCA-A。聚羧酸减水剂空间位阻尺寸降低，会导致减水剂分散能力下降。

尤为重要的是，盐对空间位阻尺寸的影响取决于离子强度，与盐的种类无关。但是，当离子强度相同时，硫酸钠使相对流动面积减小的幅度是氯化钠的 2 倍，因而需考虑聚羧酸与硫酸根离子间的竞争吸附。

离子强度、聚羧酸与硫酸根离子之间的竞争吸附都对聚羧酸减水剂的分散能力产生影响。比较两种作用对相对流动面积降低的贡献比，Na_2SO_4 和 NaCl 的贡献比分别为 6 和 3（每离子强度）。如果假定 NaCl 导致相对流动面积下降的因素仅仅是离子强度，而 Na_2SO_4 因离子强度和竞争吸附共同作用，使流动能力下降。由试验结果可知，当 PCA 掺量一定，液相含硫酸钠时，离子强度及竞争吸附对相对流动面积降低的贡献比相等。当聚羧酸减水剂掺量改变时，两种作用的贡献比是不同的，因为 PCA 与 SO_4^{2-} 之间的吸附平衡状态与吸附作用力及减水剂浓度有关。

对实际工程中应用的混凝土，可能的贡献比分析如下：严格控制水泥中的氯离子含量小于 0.1%，经计算，水灰比为 0.2 的水泥浆体，其最大氯盐离子强度为 0.14，因而氯盐对水泥浆体流动性的影响可忽略不计。通常，水泥含碱量小于 0.75% 质量分数，若假定水泥中的碱全部以硫酸盐形式存在，根据计算可知，水灰比为 0.2 时，硫酸根离子的物质的量浓度和离子强度分别为 0.60mol/L 和 1.81。由图 4-94 可知，因可溶性硫酸盐的存在，聚羧酸减水剂的分散能力下降为无硫酸盐时的 1/3。为提高聚羧酸减水剂的分散能力，可利用式(4-29) 石膏的溶解平衡方程，降低硫酸根离子浓度。不

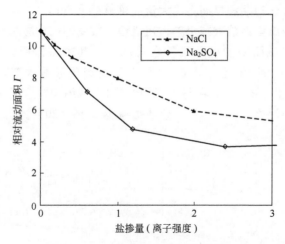

图 4-94　离子强度对浆体流动性能的影响

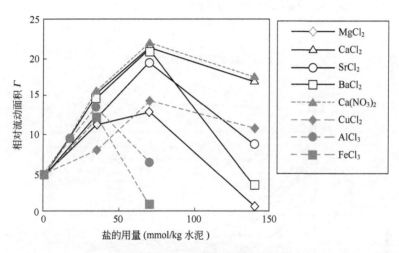

图 4-95　盐对 PCA 分散能力的影响

同种类的盐对聚羧酸减水剂分散性能的影响如图 4-95 所示。由于氯盐会加剧混凝土中钢筋的锈蚀，因而在实际工程中不便使用。$Ca(NO_3)_2$ 在降低硫酸根离子浓度、提高聚羧酸减水剂分散性能方面，具有非常优异的作用，可优先选用。

$$[Ca^{2+}][SO_4^{2-}] = 2.4 \times 10^{-5} \tag{4-30}$$

(2) 促进早期硫铝酸盐形成机制　根据 4.2.4 小节关于减水剂与水化硫铝酸盐之间相互作用的知识，聚羧酸减水剂在水泥水化初期，就可加速钙矾石和单硫型水化硫铝酸钙形成，并且在水泥中存在石灰石微粉时，还可加速早期单碳型水化铝酸钙形成，从而减少了水泥中的铝酸盐矿物对聚羧酸减水剂的吸附，使溶液中的减水剂浓度增加。研究发现，马来酸型聚羧酸减水剂具有与 C_4AF 配离子的能力，因而使水化初期和早期孔溶液中 Al^{3+} 数量增加,促使水化初期和早期生成大量的单硫型 AFm。

(3) 减缩型聚羧酸减水剂作用机理 减缩型聚羧酸减水剂的分子结构示于图 4-96。减缩功能组分接枝在羧基上,其减缩作用如图 4-97 所示。图 4-97 中,N1 为减缩型减水剂,SP 为普通聚羧酸减水剂,SRA 为减缩剂。N1 的掺量比 ARA 小。在与 SP 同掺量时,减缩型减水剂通过降低水的表面张力,可使混凝土自收缩和干燥收缩减少 10%~20%。

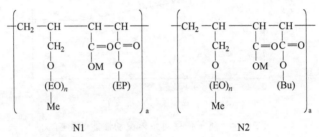

M:金属,Me:甲基,EO:亚乙基氧
EP:二甘醇 3,4-二丙二醇单丁基醚
Bu:二甘醇 3,4-单丁基醚

图 4-96 减缩型减水剂的分子结构

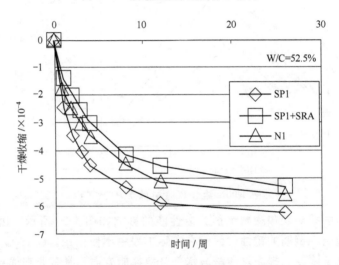

图 4-97 掺减缩型 PCA 的混凝土干燥收缩

减缩型减水剂是新型聚羧酸减水剂的发展方向,其作用机理和应用还有待做进一步研究。

(4) 共聚型减水剂的保坍机理 萘系减水剂、三聚氰胺系减水剂只有与羟基羧酸等品种的缓凝剂、保塑剂复合使用,才具有分散保持性(即保坍性能)。否则,将产生较大的坍落度经时损失。

共聚型减水剂中,烯烃-马来酸盐共聚物在水泥粒子表面的吸附呈环、齿、尾状;丙烯酸类聚羧酸减水剂则呈齿形吸附;萘系高效减水剂及三聚氰胺系高效减水剂在水泥粒子表面的吸附为刚直链的横卧吸附。由于羧基负离子的吸附及空间位阻作用，提高了共聚型减水剂高分散性能的经时保持能力。

反应性高分子分散性和保持分散性的机理由以下 4 个阶段构成：

第一步，水泥水化产生 OH^-；

第二步，OH^- 攻击反应性高分子表面的无水物部分；

第三步，无水物部分加水分解成羧酸盐分散剂而溶解；

第四步，分散剂吸附在水泥粒子表面，使带负电荷，发挥分散性。

上述过程缓慢持续进行，从而使混凝土具有低的坍落度经时损失。反应性高分子缓慢发挥的模型如图 4-98 所示。

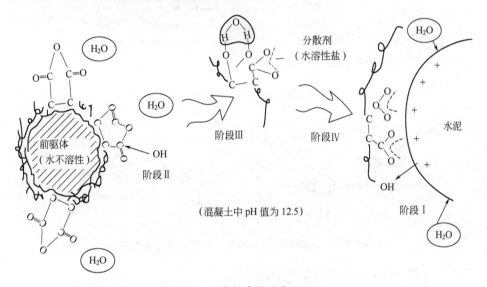

图 4-98　反应性高分子作用机理

反应性高分子加水分解反应发生在固-液界面，是不均匀反应，可用式 (4-30) 无反应中心模型表示：

$$X_{rp} = 1 - [1 - btK_s C_{oh}/(r\rho_{rp})]^3 \tag{4-31}$$

式中　X_{rp}——加水分解反应速度；

　　　t——时间；

　　　K_s——加水分解速度常数；

　　　C_{oh}——碱浓度；

　　　r——反应性高分子的初始粒径；

　　　ρ_{rp}——反应性高分子的物质的量浓度；

　　　b——常数。

丙烯酸类聚羧酸减水剂抑制混凝土坍落度经时损失的机理可用图 4-99 模拟表示。

① 水泥粒子的凝聚状态

② 利用聚羧酸盐的分散状态

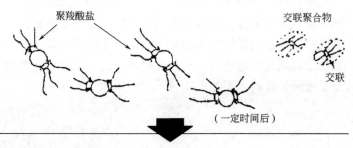

（一定时间后）

③ 利用交联聚合物的分散状态

（因水化物析出也不能覆盖侧链，可保持分散性）

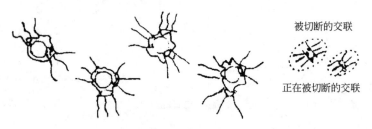

图 4-99　丙烯酸类聚羧酸减水剂的分散保持效果

第一步，水泥粒子处于凝聚状态。

第二步，在该状态添加聚丙烯酸多元聚合物时，有立体侧链的聚羧酸吸附在水泥粒子上，由于羧基负离子的静电斥力和侧链的立体斥力使水泥粒子分散。

第三步，一定时间后，随着水泥粒子的水化，析出水化物。吸附在水泥粒子表面的减水成分的一部分被水化物覆盖，但由于减水成分有立体侧链，其侧链的大部分未被水化物覆盖住，因而维持了分散效果。此外，从这时起，交联聚合物的交联部分，在水泥中碱的作用下而慢慢开裂，变为有分散性的聚羧酸，继续分散水泥粒子。因此，混凝土的坍落度可以长时间保持。

(5) 共聚型-缩聚型复合减水剂的配制　长期以来，科研人员一直试图解决共聚型（聚羧酸）减水剂与缩聚型减水剂的复配技术难题，以提高减水剂性能，降低减水剂在混凝土中的应用成本。

研究发现，通过分子设计，提高聚羧酸减水剂的电荷密度，建立空间位阻与静电斥力协同作用机制，是提高聚羧酸减水剂与可溶性硫酸盐相容性的关键技术途径（图 4-100）。两种不同类型的减水剂复配后，应具有叠加减水效应。

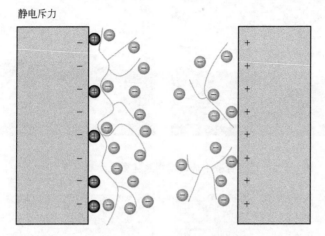

图 4-100 PCA 的双效作用机制

以烯基磺酸盐与羧酸单体、两种以上聚合度（链长）的封端聚乙二醇羧酸酯大单体接枝共聚，或采用嵌段共聚工艺合成聚羧酸减水剂，通过控制支链长度和聚合度，达到与可溶性硫酸盐相容、与缩聚型减水剂复配使用的目的。

研究发现，并不是所有的缩聚型减水剂与聚羧酸减水剂复配都具有叠加减水效应。通常呈酸性的聚羧酸减水剂与磺化三聚氰胺缩聚物减水剂混合后，会导致三聚氰胺系减水剂固化；氨基磺酸盐减水剂与聚羧酸减水剂混合后，会出现分层现象。可与共聚型减水剂复配的缩聚型减水剂主要是萘系减水剂和脂肪族减水剂。

需要注意的是，在配制共聚型-缩聚型复合减水剂时，应适当减少缓凝剂用量，因为这种复合减水剂具有较强的缓凝作用。

共聚型-缩聚型减水剂复合使用的关键技术是提高电荷密度和抑制可溶性硫酸盐对空间位阻的破坏，合成及复配特殊功能组分都可获得理想的效果。

以 20% 浓度的马来酸类聚羧酸减水剂 40 份，30% 浓度的低碱脂肪族减水剂 56 份，葡萄糖酸钠 2 份，功能性组分 2 份，经充分混合，掺量为水泥质量的 1.2%，按照 GB 8076—2008 检测，混凝土减水率为 35%，7d 和 28d 抗压强度比分别为 185% 和 152%。微观分析发现，掺共聚型-缩聚型复合减水剂的低水灰比（W/C＝0.3）水泥浆体致密，7d 和 28d 水化程度高，早期形成了大量的 AFt 和 AFm，如图 4-101 所示。

图 4-102 和图 4-103 分别为空白和掺复合减水剂的水泥浆体中未水化水泥颗粒的二值图，经用专用软件进行数据处理，得到 BSE 图像的灰值（图 4-104），对灰值图进行积分，取灰值 175～255 为未水化水泥，按式（4-31）

图 4-101 掺复合减水剂的水泥浆体微观形貌（W/C=0.3）

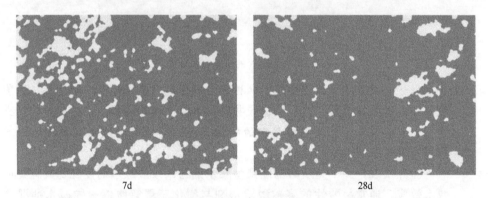

图 4-102 空白水泥浆体中未水化水泥二值图（W/C=0.3）

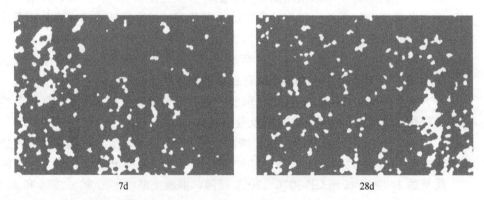

图 4-103 掺复合减水剂水泥浆体中未水化水泥二值图（W/C=0.3）

计算水泥水化程度。

$$\alpha = \left[1 - \frac{V_{cem}(t)}{V_{cem}(0)(1-V_{RS})}\right] \tag{4-32}$$

式中，$V_{cem}(t)$ 是未水化水泥在时间 t 时的体积（面积）分数；$V_{cem}(0)$ 是水泥初始体积分数，V_{RS} 为水泥中初始易溶（非熟料）相的体积分数。

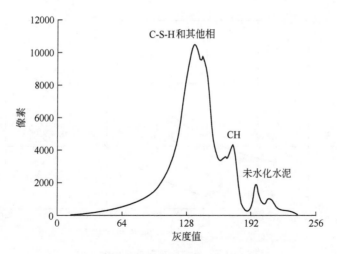

图 4-104 掺复合减水剂的水泥浆体水化 28d 灰值

经计算，水灰比为 0.3 的空白水泥浆体中水泥 7d 和 28d 的水化程度分别为 58.2% 和 61.4%，与式（4-33）和式（4-34）的计算结果一致；掺共聚型-缩聚型复合减水剂的同水灰比水泥浆体 7d 和 28d 的水化程度分别为 76.0% 和 89.1%。可见，复合减水剂使水泥水化程度大幅度提高，甚至 7d 和 28d 水化程度均超过了水泥最大水化程度（对水灰比为 0.3 的水泥浆体，水泥最大水化程度为 72%）。除了复合减水剂中的聚羧酸减水剂具有一定的内养护作用，还可能存在其他未知的机理，需进行深入研究。

$$\alpha(t) = f_1(t) e^{-\frac{f_2(t)}{W/C}} \tag{4-33}$$

$$\alpha(7) = 79.2767 e^{-\frac{0.08464}{W/C}} \tag{4-34}$$

$$\alpha(28) = 93.9347 e^{-\frac{0.12408}{W/C}} \tag{4-35}$$

(6) 聚羧酸减水剂在普通混凝土中的应用 在聚羧酸减水剂应用中，人们常误认为聚羧酸减水剂较适用于高强和高性能混凝土，而不适用于强度等级较低的混凝土。在混凝土中掺用减水剂，要么是为了提高混凝土强度，要么是为了改善混凝土工作性（图 4-105）。在低水灰比高强混凝土和高性能混凝土得到普遍应用的今天，聚羧酸减水剂的优势得到了充分发挥。但是，工程应用中发现，聚羧酸减水剂对用水量非常敏感，当混凝土用水量超过使混凝土工作性保持稳定的临界用量时，或者当聚羧酸减水剂用量大于饱和掺量（减水剂饱和掺量按图 4-106 通过试验确定）时，会导致混凝土严重泌水。

由图 4-107 和图 4-108 可知，为获得相对流动面积 11.5，水灰比为 0.4 和 0.25 的浆体中，聚羧酸减水剂的掺量分别为 0.08% 和 0.28%。换句话说，在高水灰比混凝土中掺用聚羧酸减水剂，具有掺量小、应用成本低的优

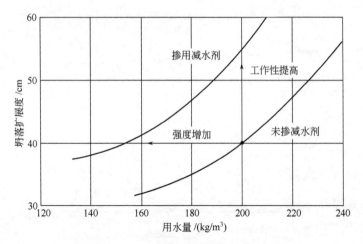

图 4-105 减水剂在混凝土中的作用

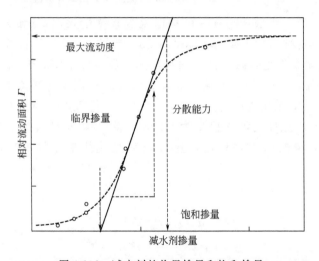

图 4-106 减水剂的临界掺量和饱和掺量

势。重要的是,在低强度等级的混凝土中掺用聚羧酸减水剂,可减少塑性阶段混凝土水分蒸发,减少混凝土塑性收缩和干缩,防止混凝土早期开裂。

某 C30 混凝土,P.O42.5 级水泥和 I 级低钙粉煤灰用量分别为 280kg/m³ 和 50kg/m³,砂率 36%,混凝土用水量 170kg/m³。以萘系缓凝高效减水剂和聚羧酸系缓凝高效减水剂进行对比试验,某萘系缓凝减水剂用量为 4.62kg/m³,减水剂应用成本为 10.63kg/m³;采用 60% 的马来酸类聚羧酸减水剂 0.55kg/m³,复配其他辅助外加剂 100g/m³,减水剂应用成本为 8.25kg/m³,混凝土 28d 抗压强度同比掺用萘系减水剂提高 28%。经调整混凝土配合比,保持混凝土用水量、胶凝材料总量不变,使粉煤灰用量增加 50%,同时减少细集料用量,保证总体积平衡。经调整后,C30 混凝土的实际原材料成本比掺用萘系减水剂时降低 6.13 元/m³,这对大中型混凝土公

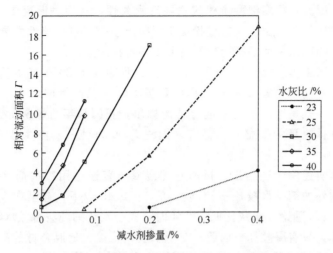

图 4-107 水泥浆体相对流动面积与减水剂掺量的关系

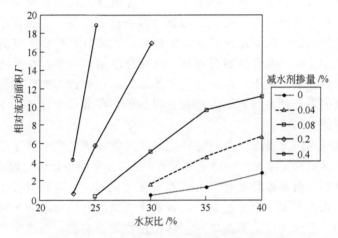

图 4-108 水泥浆体相对流动面积与水灰比的关系

司来说,既促进了节能减排,又节约了可观的资金。

4.3.11 矿物外加剂作用机理

Aitcin 指出:未来的胶凝材料中,磨细熟料的含量将越来越少,没必要采用与目前一样高的 C_3S 含量,并会越来越多地采用可再生燃料。且未来的胶凝材料应该达到更高的标准要求,性能将更加稳定,因为在复合水泥中,熟料的含量会降低。未来的胶凝材料与更多样化的化学外加剂适应性会越来越好,其应用结果是生产的混凝土更耐久而不仅仅是强度更高。

Mehta 认为:由于多方面的原因,混凝土建筑业不是能持续发展的行业。首先,混凝土消耗了大量的天然材料;其次,混凝土最主要的胶凝材料是波特兰水泥,而水泥工业是温室气体排放大户,关呼全球变暖和气候变化；第三，很多混凝土建筑物缺乏耐久性，从而对混凝土行业的资源利用产生反作用。由于大掺量粉煤灰混凝土涵盖了可持续性发展的三大问题，所以它的应用将使混凝土建筑行业更加可持续发展。

中国工程院院士唐明述教授认为：我国提出2020年实现水泥零增长，又要以空前规模建设基础工程，希望不因水泥产量增加而造成环境污染，唯一途径就是增加水泥中混合材的掺量。我国每年粉煤灰、煤矸石以及油页岩渣排放量约5亿～6亿吨，钢渣5000万吨，矿渣1.2亿吨，应充分利用。

唐明述院士还指出：目前水泥混凝土普遍掺用减水剂（或超塑化剂）和矿物外加剂，水胶比多控制在0.40～0.45以下，甚至在0.30以下。按照Powers理论，水灰比低于0.4时，完全水化的纯波特兰水泥浆体，将无毛细孔，只有凝胶孔。因此，对低水胶比、掺大量混合材的高性能混凝土，最值得研究的是各组分的最佳配比问题和如何修正Powers理论。亟须弄清：低水灰比、混合材高掺量条件下，各组分的最佳粒径分布即究竟是水泥熟料更细还是混合材更细？随混合材品种、掺量、工程需求变化，最佳粒径如何调整？在上述条件下，熟料的化学成分和矿物组成的最佳范围随水灰比的变化、混合材掺量和品种的变化应如何调整？在上述配合比条件以及不同施工环境下，胶凝材料与外加剂的适应性如何？水泥混凝土化学和性能的研究过去是基于大水灰比得到的，在低水灰比条件下整个水化过程和性能如何？

唐明述院士提出，水泥混凝土科学的微观研究应着眼于各种尺度的孔结构，从纳米至毫米，应继承和发展Powers开创的孔结构理论，创建低水灰比和混合材高掺量条件下的水泥水化硬化理论；应同时并重整体论和还原论，水泥混凝土十分复杂，只强调还原论，只是分散的无联系的结论是不行的，但无还原论为基础的整体论往往是空洞的，没有实用价值；应从基础科学研究专业领域的问题，如热力学、动力学、结晶学、细观力学和孔力学等，真正了解本质问题；需要借助当代科学技术的强力支撑，充分利用数学、模糊数学、混沌理论、计算机技术来解释和解决水泥混凝土科学技术中的复杂问题（模型）。

常用的化学外加剂品种较多，如粉煤灰（fly ash）、矿渣（slag）、硅灰（silica fume）和偏高岭土（metakaolin）等，其化学组成示于图4-109。不同的矿物外加剂具有不同的化学组成，因而在混凝土中的作用也不同。化学外加剂的火山灰反应能力及水硬性随CaO含量变化而变化，示于表4-6。

(1) 火山灰效应　古罗马时期，人们利用火山灰与石灰作为胶凝材料，拌制砂浆和混凝土，所浇注的道路和建筑物至今仍保存完好。古罗马胶凝材料的组成为：火山灰与石灰的质量比为2:1，掺用了动物脂肪、牛奶和动物的血，具有防水、引气和减水作用。

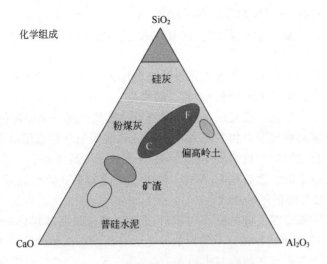

图 4-109 常用矿物外加剂的化学组成

表 4-6 矿物外加剂的反应特性

	种类	火山灰效应	水硬特性
氧化钙含量增加 ↓	硅灰	×××××	
	低钙粉煤灰	××××	
	中钙粉煤灰	××××	×
	高钙粉煤灰	××	××
	矿渣	×	××××

火山灰反应可用式(4-35)表达，或具体为式(4-36)。在水泥水化体系中，水泥矿物与水反应，生成 C-S-H 凝胶、CH 和其他水化相。水泥水化生成的 CH 与火山灰反应，生成低钙硅比的 C-S-H 凝胶和其他水化相。

$$xCaO + ySiO_2 + zH_2O \longrightarrow xCaO \cdot ySiO_2 \cdot zH_2O \qquad (4-36)$$

$$S + 1.5CH + 2.5H = C_{1.5}SH_{3.8} \qquad (4-37)$$

以粉煤灰为例，随 CaO 含量增加，粉煤灰中的活性 Ca-Al-Si 玻璃体含量增加，且形成更多的下列结晶相：

铝酸三钙——C_3A；

硅酸二钙——C_2S；

氧化钙——CaO；

硬石膏——$CaSO_4$；

黄长石——$Ca_2(Mg, Al)(Al, Si)_2O_7$；

硫酸盐——$(Na, K)_2SO_4$；

铁尖晶石——$(Mg, Fe)(Fe, Al)_2O_4$；

方钠石——$Ca_2(Ca, Na)_6(Al, Si)_{12}O_{24}(SO_4)_{1\sim2}$。

上述结晶相中的多数,在有水存在的情况下,会发生化学反应甚至硬化。

与石灰混合前,粉煤灰颗粒的 ζ-电位为 $-20\sim-30mV$。在开始反应的几分钟里,由于表面颗粒对 Ca^{2+} 的吸附,粉煤灰和石灰混合物的 ζ-电位急剧向正电位变化,没有任何降低的迹象,直到达到一个稳定值并不再变化。

粉煤灰石灰混合物 X 射线峰值的变化表明氢氧钙石随时间延长而减少。在水化反应的初期就生成了 C_4AH_{13} 并且数量不断增加直到第 7 天,然后转变成更稳定的水榴石和 C_3ASH_4 相。在反应的第 3 天已经可以探测到 C-S-H,并且其强度不断增大。

粉煤灰中起反应的硅多以铝硅酸盐和铝硅酸钙玻璃体的形式存在,较少量以 C_2S 形式存在。不反应的硅是以石英或结晶相的铝硅酸盐形式存在。

在含有粉煤灰的砂浆中加入 Na_2SO_4、K_2SO_4 或三乙醇胺等激发剂会加速早期强度发展,但其 28 天强度与不加激发剂的砂浆相近。在这些激发剂中,K_2SO_4 可有效加速掺粉煤灰的砂浆早期强度的发展。XRD 和 TGA 分析表明,加入激发剂的粉煤灰-水泥浆中 $Ca(OH)_2$ 在第 3 天和第 7 天的含量比不加激发剂的水泥浆略有降低或基本不变,此后会有小幅度降低。相应地,激发剂促进了水化早期钙矾石的生成。研究还表明,Na_2SO_4 对加速 $Ca(OH)_2$ 的消耗和增加粉煤灰水泥浆中钙矾石的数量最为有效,这就为含有 Na_2SO_4 的样品在早期表现出较高的抗压强度提供了一个合理的解释。掺用激发剂使粉煤灰水泥浆总孔隙率降低,小尺度孔的体积增加。Na_2SO_4 对减小毛细孔的体积和总孔隙率最有效,这是含有激发剂的粉煤灰水泥浆早期强度提高的最主要因素之一。

图 4-110 表明,粉煤灰的火山灰反应能力与粉煤灰中的活性 SiO_2 含量有关,每克粉煤灰消耗的 CH 数量随活性 SiO_2 含量增加而增加,呈线性关系。活性 SiO_2 存在于玻璃体中,玻璃体含量随莫来石的增加而减少,亦呈线性关系(图 4-111)。

粉煤灰的水化作用机理可解释如下:首先是带负电荷的粉煤灰颗粒表面从溶液中吸附 Ca^{2+},紧接着 OH^- 攻击粉煤灰玻璃相中的 Al_2O_3-SiO_2 结构,从而导致 Si-O 和 Al-O 键断裂。铝硅酸盐结构的破坏使得 K^+ 和 Na^+ 被释放到溶液中,直接的产物可能是以 K^+ 和 Na^+ 为主要阳离子的无定形物质。C-S-H 凝胶是首先生成的水化产物。其后,随着溶液中碱浓度不断增大,引起 Ca^{2+} 的迁移和石灰溶解度的降低,进而生成 Ca/Si 比低的水化硅酸钙。在溶液中加入 Al^{3+} 会促进 C_4AH_{13} 的生成,C_4AH_{13} 最终转变成水榴石和 C_3ASH_4。CaO,SiO_2 和 Al_2O_3 的相对浓度决定了生成的水化产物性质。低浓度的 CaO 与高浓度的 SiO_2 和 Al_2O_3 易生成六方板状的钙黄长石(stratlingite,C_2ASH_8),而高浓度的 CaO 和 SiO_2 与低浓度的 Al_2O_3 易于

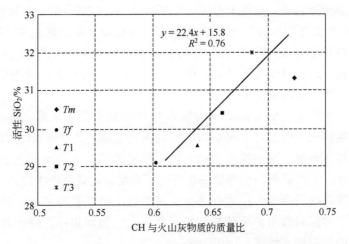

图 4-110 粉煤灰火山灰反应活性与活性 SiO_2 含量的关系

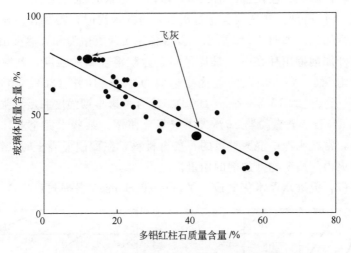

图 4-111 玻璃体含量与莫来石含量的关系

生成 C_4AH_{13}，后者随时间延长会转变为更加稳定的相，如水榴石和 C_3ASH_4。粉煤灰-石灰混合物的核磁共振结果显示：Al/Si 比是 0.24；平均链长是 10 个单位；在 10 个单位长的链中 Al 大约是 Si 的 1/5，这表明 Al 四面体可能出现在桥键位置。

矿物外加剂置换水泥的量，受制于多种因素，但在很大程度上可能决定于波特兰水泥水化生成的 $Ca(OH)_2$。当微细活性材料消耗完水泥水化生成的 $Ca(OH)_2$ 时，微细活性材料置换水泥的量达到最大值。设微细活性材料消耗的 $Ca(OH)_2$ 比例为 CGS，设波特兰水泥生成的 $Ca(OH)_2$ 比例为 CPS，水化后的胶凝材料中剩余 $Ca(OH)_2$ 的比例为 CH，矿物外加剂的置换率用 SR 表示，则：

$$CH = CPS - (CPS + CGS)SR, CH \geqslant 0 \tag{4-38}$$

以磨细矿渣为例，如果大胆假设 CPC=25％，CGS=10％，可计算出 CH=0 时的矿渣置换率为 71％，即矿渣置换水泥的量不应超过 71％。这一计算结果与日本标准 JIS R5211 中关于高炉矿渣水泥中的矿渣混合率的上限 70％相一致。对于其他材料，因其 CaO 含量一般低于矿渣中的 CaO 含量，故置换率的上限应小于 71％。

矿物外加剂的火山灰反应因矿物外加剂类型、来源、化学组成而异，如偏高岭土，因经过了 650～750℃ 的活化处理，其中的 SiO_2 和 Al_2O_3 在水化早期就表现出高的反应活性，因而掺用偏高岭土的水泥混凝土具有高早强特性，有时甚至因铝相的快速反应，表现出快凝的特性。

通常的混凝土中多含有两种及两种以上的矿物外加剂，例如预拌混凝土中，常同时掺用矿渣微粉与粉煤灰，它们协同作用，使新拌混凝土工作性和硬化混凝土性能均得到改善。

现代水泥工业在生产水泥时，多以一定量的石灰石〔一般小于 5％（质量）〕共同磨细。在选用含有石灰石微粉的水泥时，需对其他矿物外加剂用量进行优化。如图 4-112 所示，复合掺用石灰石微粉和天然火山灰时，两种矿物外加剂掺用存在一个最优区间。为获得较高的强度，若取石灰石微粉掺量为 5％，则火山灰的最优掺量应为 4％～10％（2d）、10％（7d）、＜15％（28d）和 10％～20％（90d）。综合考虑早期强度和后期强度发展，可选用 5％石灰石微粉与 10％火山灰复合使用。某些水泥企业，为谋取高额利润，常在水泥中混磨过量的石灰石材料，在配制混凝土时，需通过试验，优化火山灰质矿物外加剂的用量。

(2) 促进水泥水化效应 Young 和 Hansen 根据式(4-36) 火山灰反应

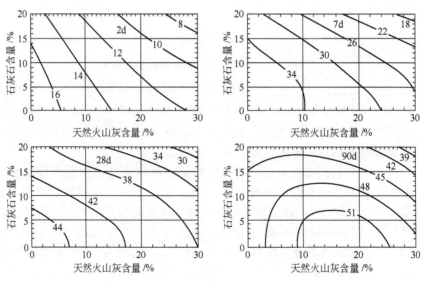

图 4-112 石灰石微粉与火山灰用量的优化

方程,发现1体积的 SiO_2(S)与2.08体积的 $Ca(OH)_2$(CH)反应生成4.6体积的C-S-H。由于 $Ca(OH)_2$ 的已计入水泥水化产物体积中,故1体积 SiO_2 反应后占据2.52体积的空间。粉煤灰等矿物虽然自身水化较慢,但可促进水泥水化。将式(4-39)与式(4-33)进行比较可知,同水灰比、同龄期条件下,粉煤灰的掺入,可使水泥水化程度提高。这种促进作用主要发生在粉煤灰达到一定的水化程度以后,即粉煤灰对水泥早期水化的影响较小,对水泥后期水化的影响较大。由此可见,矿物外加剂可通过火山灰反应和促进水泥水化,提高水泥石的密实度。换句话说,矿物外加剂使硬化水泥浆体的胶空比增大。水泥中含与不含粉煤灰时的胶空比可分别按式(4-40)和式(4-41)进行计算。对水泥基材料而言,强度与胶空比呈指数关系,胶空比的微小变化,可引起较大的强度增长。

$$\alpha(t) = f_1(t) e^{-\frac{f_2(t)}{(W/C)/[1+\alpha_F(F/C)]}} \tag{4-39}$$

$$\chi_{FC} = \frac{2.06\nu_C\alpha_C + 2.52\nu_F\alpha_F(F/C)}{\nu_C\alpha_C + \nu_F\alpha_F(F/C) + W/C} \tag{4-40}$$

$$\chi_{FC} = \frac{2.06\nu_C\alpha_C}{\nu_C\alpha_C + W/C} \tag{4-41}$$

式中,ν_C、ν_F 分别为水泥和粉煤灰的比体积;α_C、α_F 分别为水泥和粉煤灰的水化程度;F/C表示粉煤灰与水泥的质量比;W/C为水泥与水的质量比。

矿物外加剂的水化程度通常较低,即使经过28d的水化反应,常用掺量下粉煤灰的水化程度也仅约为10%。决定粉煤灰水化程度的主要因素是(W/C)/(F/C)。当 (W/C)/(F/C)≈2 时,粉煤灰在各龄期均可获得最大的水化程度(图4-113)。以C30混凝土为例,假设P.O42.5级水泥中掺有15%的粉煤灰,配制混凝土时,又以15%的粉煤灰取代水泥,水胶比为0.52,则(W/C)/(F/C)为1.8,粉煤灰在7d、28d和90d的水化程度分别为7%、13.5%和26.5%。根据水泥、粉煤灰水化模型,可建立预测粉

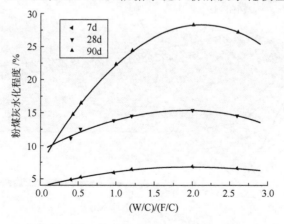

图4-113 粉煤灰的水化程度

煤灰混凝土的数学模型。

(3) 碳铝酸盐反应　无论是在生产水泥时混磨的还是在拌制混凝土时添加的石灰石微粉，在水泥水化过程中，都可能与 C_3A 反应，生成半碳型水化铝酸钙 $Ca_4Al_2(CO_3)_{0.5}(OH)_{13}5.5H_2O$（hemicarboaluminate，Hc）或单碳型水化铝酸钙 $Ca_4Al_2(CO_3)(OH)_{12}5H_2O$（monocarboaluminate，Mc），Hc 和 Mc 中的 CO_2 质量含量分别为 7.7% 和 3.9%，说明在较低的 $CaCO_3$ 存在时就足以获得目标水化产物。过多的石灰石微粉主要起填充作用。

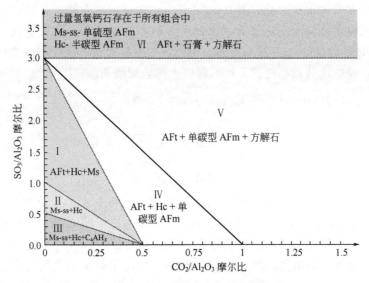

图 4-114　C_3A 最终水化产物的相组成

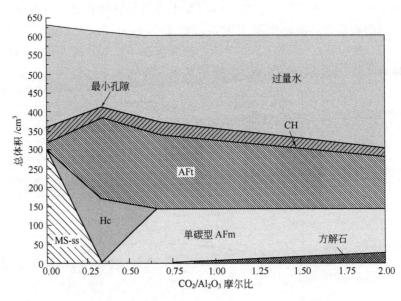

图 4-115　SO_3/Al_2O_3 为 1 时的 C_3A 水化产物体积组成

水泥中含有石灰石微粉时,随 SO_3/Al_2O_3 和的变化,C_3A 最终水化产物的组成具有很大差别。如图 4-114 所示,当 CO_2/Al_2O_3 的摩尔比小于 0.5 时,不会形成 Mc;CO_2/Al_2O_3 的摩尔比大于 0.5 时,不会形成单硫型 AFm;CO_2/Al_2O_3 的摩尔比大于 1 时,不会有任何 AFm 相存在。所以,当水泥中含有大量的石灰石粉时,C_3A 与石膏、$CaCO_3$ 反应,生成钙矾石和 Mc。固定 SO_3/Al_2O_3 为 1,水泥水化体系中 AFt 和 AFm 体积组成随 CO_2/Al_2O_3 的变化如图 4-115 所示,在 CO_2/Al_2O_3 摩尔比较高时,增加石灰石微粉用量,Mc 的体积会减少。

掺与不掺 $CaCO_3$ 的水泥浆体的石膏和主要水化相的体积随龄期的变化示于图 4-116。钙矾石在水化 24h 后达到最大值,不掺 $CaCO_3$ 时,随水化反应的继续进行,钙矾石部分转化为单硫型 AFm;掺 4% $CaCO_3$ 后,经过 24h 水化反应,钙矾石数量不再增加,单碳型 AFm 的数量则随龄期增长而持续增加,直至可用的铝相全部反应完毕。

(4) 微集料效应 高性能混凝土的核心问题是获得水泥基材料的密实填充结构。日本内川浩的研究指出,在水泥粒度分布中掺入 $2 \sim 3 \mu m$ 以下的硅粉,可获得最密实的填充和低水胶比的拌和物,能进一步使混凝土高性能化。

微细矿物外加剂的比表面积达 $6000 cm^2/g$ 时,平均颗粒粒径约为 $8 \mu m$,而通常硅酸盐水泥的平均粒径为 $17 \sim 20 \mu m$。由此可见,用适量微细活性材料置换硅酸盐水泥,可获得较密实的堆积。微细材料在宏观和微观各层次使水泥基材料得到强化。

由于填充效应,任何非常细小粒子的存在都将使混凝土性能有所改变。填充效应具有十分重要的作用,尤其是在早期。例如,硅灰的粒径约为水泥粒径的 1%,并含有一定量的纳米级分布。当在水泥中掺用硅灰时,这些微细粒子将填充于水泥空隙中(图 4-117),达到物理堆积密实。由于填充效应以及硅灰与水泥水化产物之间的化学作用,掺用硅灰的水泥,7 天和 28 天强度均比对比试件明显提高,即使硅灰对水泥质量的置换率在 10% 以下时也是如此。参用矿物外加剂还可有效改善混凝土的韧性,减缓脆性断裂(图 4-118)。

由于微集料效应,矿物外加剂填充于集料边壁作用产生的空隙中(图 4-119),改界面过渡区的疏松结构(图 4-120)为致密结构,并由于火山灰效应,矿物外加剂与界面区的 CH 反应,消除了 CH 的结晶取向,使界面过渡区厚度由 $50 \sim 100 \mu m$ 降低 $50 \mu m$ 以下甚至消失。高建明研究发现,掺用 40% 矿渣微粉,或复合掺用 20% 粉煤灰与 20% 矿渣微粉,可使界面区的显微硬度值与水泥基材基本相当(图 4-121),矿物外加剂使界面过渡区得到了强化。

不仅如此,矿物外加剂还可在水泥基材料的微孔中水化,水化产物将

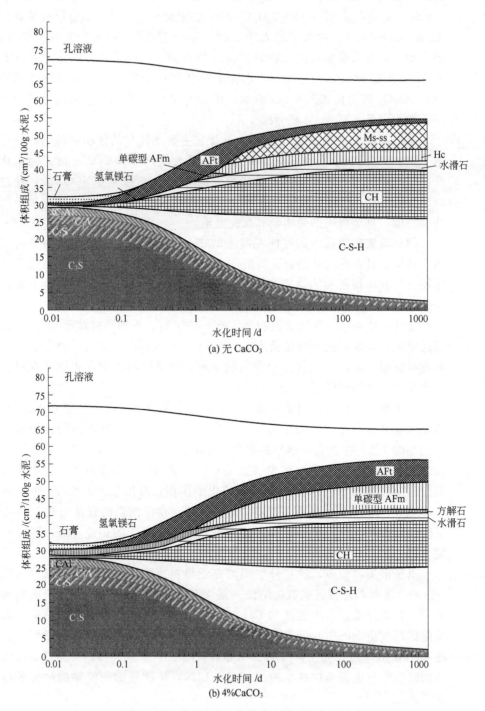

图 4-116 水泥水化产物体积组成随龄期的变化

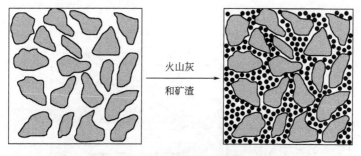

图 4-117　矿物外加剂的微集料效应

图 4-118　掺（右）与不掺（左）矿物外加剂的混凝土断面比较

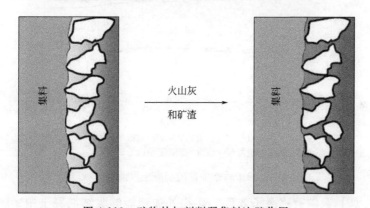

图 4-119　矿物外加剂削弱集料边壁作用

毛细孔堵塞即具有闭孔效应（图 4-122），得到致密的水化体系，使混凝土耐久性和长期性能得以改善。

混凝土中的孔可分为无害孔（$d<20nm$）、少害孔（$d=20\sim50nm$）、有害孔（$50\sim200nm$）和多害孔（$>200nm$）。掺矿物外加剂的混凝土，通常总孔隙率较低，且无害孔和少害孔所占比例较大，因而具有优异的服役性能。

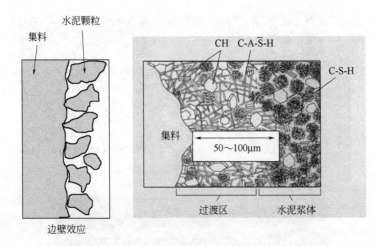

图 4-120 水泥混凝土界面过渡区

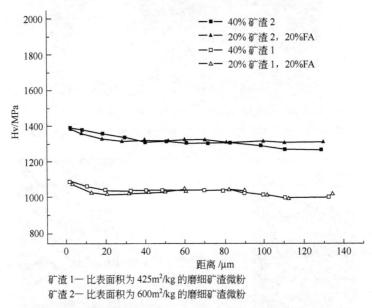

矿渣1— 比表面积为 425m²/kg 的磨细矿渣微粉
矿渣2— 比表面积为 600m²/kg 的磨细矿渣微粉

图 4-121 掺矿物外加剂的混凝土界面区显微硬度

(5) 吸纳有害离子效应 矿物外加剂能够吸纳混凝土中的碱、内部及外部环境中的侵蚀性离子（Cl^-、SO_4^{2-} 等）。

大量的研究结果表明，矿物外加剂可抑制碱集料反应（AAR）产生的膨胀破坏。砂浆或混凝土中足量碱的存在是碱集料反应发生的必要条件之一，水泥水化产物 CH 在 AAR 的发生膨胀的过程中起促进作用。关于矿物外加剂抑制 AAR 的机理，研究者们均十分强调矿物外加剂对混凝土中碱和 H^+ 的作用，主要包括混合材对碱的物理稀释、吸附，与 CH 的火山灰反应减少甚至消除体系中 CH 以及火山灰反应生成的低 Ca/Si 比产物对碱的吸

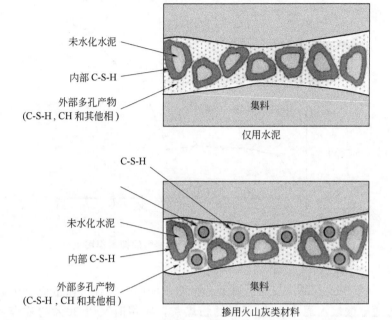

图 4-122 矿物外加剂的闭孔效应

附、滞留和对体系致密化作用等。

综合国内外研究成果,低 Ca/Si 比的 C-S-H 凝胶具有强烈的吸附能力,该吸附功能可以固化混凝土中的游离态碱金属,使其失去参与 AAR 的能力。

根据碱平衡观点,K^+、Na^+ 在混合材改性水泥固-液相中分配的差异,可以从 Cs 来类推,Cs 的分配经用辐射示踪原子 Cs 研究,发现 K^+ 对于固相中这些吸收位置来说和 Cs 有抗争能力,而 Na^+ 则弱得多。这一点与孔隙液中 K^+ 下降超过 Na^+ 一致。矿物外加剂经长期化学反应而减少,反应产物 C-S-H 呈现很强的吸收 Cs 和其他碱的能力,这种吸收能力与 C-S-H 的 Ca/Si 比有关。高 Ca/Si 比的 C-S-H 几乎没有吸收碱的能力,但当 Ca/Si 下降时,这种吸收能力显著提高。

偏高岭土作为高吸碱材料,在控制碱集料反应方面,具有卓越的效果。由图 4-123 可知,掺用 15% 的偏高岭土等量取代水泥,可基本消除 AAR 膨胀。

粉煤灰、矿渣及其他矿物外加剂,通过吸纳 Cl^- 和 SO_4^{2-},常在高性能混凝土及抗氯盐侵蚀、抗硫酸盐混凝土及海工混凝土中应用,在节能减排的同时,进一步延长混凝土结构使用寿命,减少碳排放。

(6) 粉煤灰应用关键技术 粉煤灰是所有矿物外加剂中应用最普遍的品种,但如果使用不当,常导致混凝土强度、体积稳定性、抗碳化性能、

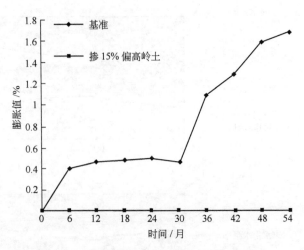

图 4-123　偏高岭土对 ASR 膨胀的抑制作用

耐久性下降。

GB 175—2007 规定,普通硅酸盐水泥中,混合材掺量应小于 20%。若普通硅酸盐水泥中含有 15% 的粉煤灰,应用时又以 30% 的粉煤灰取代水泥,则胶凝材料中的实际粉煤灰含量为 40.5%。根据 Powers 理论,水胶比为 0.25 时,水灰比为 0.42,水泥可完全水化,粉煤灰 28d 水化程度约为 10%,水化体系的胶空比为 0.8112。但实际情况是,C30 混凝土的水胶比为 0.52,实际水灰比为 0.87,水化体系存在较多的毛细孔隙。这就解释了为什么工程中常出现混凝土碳化严重的问题。因此,粉煤灰掺量较高时,应采用低水胶比,这是重中之重。

火电厂排放的粉煤灰中,Ⅰ级灰的数量有限,实际应用的粉煤灰多为Ⅱ级灰,含炭量较高。粉煤灰中的炭,具有与活性炭类似的多孔结构,会大量吸附化学外加剂,对混凝土工作性造成严重影响。由图 4-124 可知,随粉煤灰烧失量增加,混凝土扩展到呈直线下降。因此,在掺用烧失量较大的粉煤灰时,应调整化学外加剂组成,适当提高引气剂用量,必要时,掺用两种以上具有不同分子结构的引气剂。

大掺量粉煤灰混凝土(我国的混凝土中粉煤灰含量多接近 50%)应优先选用聚羧酸减水剂,利用粉煤灰弥补聚羧酸减水剂的静电斥力不足,建立静电斥力与空间位阻协同作用机制,并利用聚羧酸减水剂加速水泥水化,克服粉煤灰混凝土早期强度低的缺陷。由图 4-125 可以看出,对 PCA 分散的浆体,粉煤灰取代率为 20% 左右时,浆体流动性能下降,而粉煤灰取代率大于 30% 以后,提高粉煤灰用量,浆体的初始流动度和 60min 流动度均可大幅度提高。同时,由图 4-126 和图 4-127 可知,粉煤灰促进了水泥颗粒对聚羧酸减水剂的吸附,并使体系的 ζ-电位电负性更强,因而显著提高了体系的静电斥力。

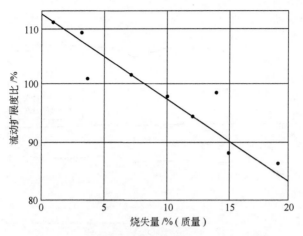

图 4-124　粉煤灰烧失量对混凝土工作性的影响

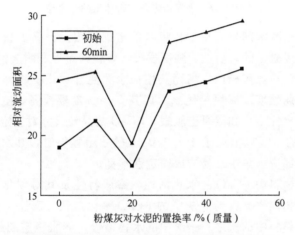

图 4-125　掺 PCA 的粉煤灰水泥浆体的流动性能

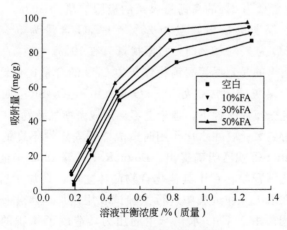

图 4-126　PCA 的等温吸附特性

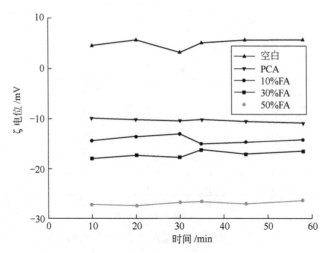

图 4-127　水泥粉煤灰复合体系的 ζ-电位

聚羧酸减水剂与大掺量粉煤灰的搭配使用，提高了新拌混凝土的工作性和硬化混凝土的匀质性、强度发展、体积稳定性和耐久性。

与低钙粉煤灰相比，高钙灰用作水泥混合材或矿物外加剂具有减水效果好、早期强度发展快等优点，但其 f-CaO 含量较高，使用不当，可能引起水泥安定性不良和混凝土胀裂。f-CaO 的晶粒尺寸对安定性影响较大。当 f-CaO 中的 1/3 以上属于 $45\sim150\mu m$ 的中粗颗粒时，其水化所导致的膨胀可引起局部应力集中，易造成安定性不良。

不同物料中 f-CaO 的水化活性、膨胀特性及其对硬化水泥浆体强度的影响各不相同：高钙粉煤灰中的 f-CaO 水化最快，膨胀主要发生在 7 天以内，水泥熟料中的次之；钢渣中的水化最慢，膨胀稳定期超过 56 天。掺高 f-CaO 熟料的试样强度最高；掺高钙粉煤灰者次之；掺钢渣者强度最低。

f-CaO 含量为 2% 的高钙粉煤灰的极限掺量为 30%；f-CaO 含量为 3% 时，高钙粉煤灰的极限掺量为 25%；f-CaO 含量为 5% 时，极限掺量为 15%；f-CaO 为 7%～8% 时，极限掺量只有 10%。

需要指出的是，尽管高钙粉煤灰中 CaO 的含量比低钙粉煤灰多，但大部分高钙粉煤灰的组成仍处于 $CaO-Al_2O_3-Fe_2O_3-SiO_2$ 四元相图上的低钙区，若在完全反应条件下，理论上不会形成游离氧化钙。

关于游离氧化钙在水化作用时造成体积安定性不良的原因，早在 1898 年 Lechatelier 等就已明确提出。Bogue R. H. 等 1934 年证实，水泥熟料中的游离氧化钙颗粒存在于其他化合物晶体之间，在加水后几小时内，只有部分暴露在水中。在试验中进行煮沸试验用以加速水化反应冲破包围物质的阻护作用。由于 CaO 水化产生的压力，造成了体积的不安定性。这与 CaO 的溶解、结晶、膨胀力和凝聚力等因素有关。

Б·B奥新指出，纯氧化钙大约在1h内就完全水化，而含有氧化镁的氧化钙在25℃介质温度时水化需1800h，104℃时需7.7h，177℃时只需0.77h。Knibbs认为，介质温度每增高10℃，石灰水化反应速度要增大1倍。

根据GB/T 1596—2005《用于水泥和混凝土中的粉煤灰》，用作水泥混合材的粉煤灰，f-CaO含量应满足：F类不大于1%，C类不大于4%，同时要求安定性试验合格。为保证混凝土工程性能，可采用下列技术措施，对高钙粉煤灰进行预处理：

① 复合磨细粉煤灰 利用高钙灰和低钙灰各自的优势，将两者混合磨细至一定细度，激发其活性，并确保水泥安定性合格。因低钙灰的稀释作用，复合磨细灰的f-CaO含量相应降低，从而可提高复合磨细灰在水泥中的最大取代率，但仍属于高钙灰范畴。复合磨细灰和高钙灰-矿渣复合高性能矿物外加剂改性机理完全相同，但后者更好地把握了高钙灰细度对水泥体积安定性的决定作用，更具现实意义。普通混凝土采用泵送技术，大量使用掺和料，增大了混凝土的塑性收缩和早期的干缩，开裂敏感性大大增强。在以耐久性为标志的高性能混凝土研究中，存在着片面追求高耐久性、不考虑混凝土体积稳定性的严重误区。只有确保混凝土良好的体积稳定性，才能承载高性能混凝土所具有的高耐久性。f-CaO水化时产生的体积膨胀，若不能及时转移，就会引起浆体体积膨胀。提高高钙灰细度后，可减小f-CaO的细度，增大其在浆体中的分散度，降低了其在浆体中的受限程度。因此，能大幅降低其水化时产生的局部膨胀应力，从而分散了结晶压力，改善了安定性。如将粉煤灰粉磨，除粉煤灰的细度增加外，还发生机械力化学变化，物料内部晶格畸变程度增加，缺陷浓度和尺寸增大，晶粒尺寸减小。立方晶系的氧化钙在粉碎时形成的新表面会发生离子极化和安定化再配置，表现出极性作用力。随着粉磨进行，氧化钙晶体表面偶极子增多，被极化程度增大，显示出更强的极性作用，晶体表面自由能和极性都增大，进一步改善了浆体内部的应力分布，有效地改善了粉煤灰的安定性。

② 预加湿处理 通过对高钙粉煤灰进行预加湿处理，可使f-CaO预消解。研究表明，在常温体积下，100份高钙粉煤灰用10份水喷淋处理，静置60h，可使f-CaO由4.5%下降到1.7%，从而满足使用要求。

③ 掺加化学外加剂 化学外加剂能加快f-CaO水化，在一定程度上改善复合体系的安定性。例如，$CaCl_2$可与氧化钙结合生成$Ca(OH)_2CaCl_2 \cdot 2H_2O$，从而加快游离氧化钙的水化速度，降低游离氧化钙在水泥浆体中的破坏作用。

④ 掺加活性矿物材料 据报道，水泥安定性是反映水泥浆体内部黏结应力与膨胀应力共同作用的表观物理性能，只有浆体黏结应力大于f-CaO水化产生的膨胀应力时，浆体才不会被破坏。因此，改善浆体安定性的方

法之一就是掺加能够提高水泥和混凝土早期强度的活性矿物材料。研究表明：在水泥中掺加6％硅灰，即使f-CaO含量达3.2％，水泥安定性也能合格，而掺矿渣，即使混合水泥中f-CaO含量降到1.52％，水泥的安定性仍不合格。因此，选择合适的活性矿物材料相当重要。

高钙粉煤灰可作为高性能混凝土体积稳定剂使用，从而针对混凝土早期抗裂能力差的通病及改善混凝土体积稳定性的迫切要求，运用补偿收缩原理，以高钙灰中的f-CaO为膨胀源，最大限度地挖掘利用高钙灰固有的膨胀特性和高活性。

在普遍采用的以硫铝酸钙类膨胀剂补偿收缩混凝土技术中，按6％～8％内掺此类膨胀剂，若早期养护不当，会导致混凝土早期性能下降。预拌混凝土公司在质量控制上对强度的依赖性远甚于补偿收缩，且限制膨胀率通常须经14天水养才达到峰值。钙矾石不能补偿塑性收缩和早期化学收缩，而泵送混凝土亟待解决的恰恰是早期体积稳定性。高钙灰用做混凝土体积稳定剂，弥补了硫铝酸钙膨胀剂在应用上的缺陷，丰富了补偿收缩混凝土技术，实现了膨胀剂在真正意义上的等量取代，尤其确保了气干条件下的体积稳定性，并将高钙灰应用中的体积不安定性转化为高性能混凝土体积稳定性的促进剂。

在提倡低碳排放、节能的今天，开发利用数量可观的低等级粉煤灰（r-FA），十分迫切。低等级粉煤灰（如粗颗粒、湿排灰）因颗粒粗大（>45μm）、碳含量高，并不适合用于生产建筑材料。根据Aimin和Sarkar的研究结果，粉煤灰能否被活化依赖于粉煤灰玻璃相的破坏及粉煤灰水泥体系中粉煤灰与$Ca(OH)_2$的反应。r-FA和f-FA水泥浆体28天的强度发展速率随着水泥用量的增加而增加。这可能是因为水泥水化过程中产生了更多的$Ca(OH)_2$，溶液的pH值随着水泥用量增加变大。这也可以从粉煤灰-水泥系统的水化速率得到证实。

研究发现，与f-FA水泥系统相比，唯有含40％水泥的浆体中r-FA颗粒在28天时才表现出侵蚀现象。这说明r-FA比f-FA需要更高的pH值来激活。浆体组成相同时，r-FA浆体的强度在水胶比较高（0.35）时要比水胶比较低（0.28）时高。这可能是因为f-FA颗粒吸水量较大，0.28的水胶比不足以提供水化所需的水。这与SEM观察的结果是一致的：水胶比为0.35时比水胶比为0.28时水化产物更多、微观结构更致密。

水化速率试验结果表明，较高而不是过大的水胶比可强化对r-FA的激活作用。据报道，在石灰溶液存在的条件下，用来溶解粉煤灰中硅、铝氧化物的pH值需要达到13.3或更高。但是在25℃时，$Ca(OH)_2$饱和溶液的pH值是12.45。因此，在r-FA水泥系统中加入$Ca(OH)_2$并没有明显的效果。SEM观察也显示，加入$Ca(OH)_2$，水化产物数量没有明显变化。然而，将Na_2SO_4和K_2SO_4加入到r-FA混凝土系统中去，可以加快r-FA-水泥-Ca(OH)$_2$ 系统的水化速率，尤其在 7 天。这可能是由于 Na$^+$ 和 K$^+$ 的存在，可以提高溶液的 pH 值，加速 r-FA 中玻璃相的溶解。

参考文献

[1] Ramachandran VS. Concrete Science [EB]. www.yahoo.com, May 9, 2005.

[2] Mehta PK, Monteiro J M. Concrete: Structure, Properties and Materials, 2nd Edition, Prentice Hall, Inc., 1993: 548.

[3] Altcin P C. The durability characteristics of high performance concrete: a review. Cement & Concrete Composites, 2003, 25 (4-5): 409-420.

[4] Pierre-Claude Aitcin. Cements of yesterday and today Concrete of tomorrow. Cement and Concrete Research, 2000, 30 (9): 1349-1359.

[5] 唐明述. 中国水泥混凝土工业发展现状与展望. 东南大学学报（自然科学版），2006, 36 (增Ⅱ): 1-6.

[6] Mehta P K. Advancements in Concrete Technology. Concrete International, 1999, 21 (9): 69-76.

[7] Mehta P K. Concrete Technology for Sustainable Development. Concrete International, 1999, 21 (11): 47-52.

[8] Aitcin P C. The Art and Science of Durable High-Performance Concrete. In: Proceedings of the Nelu Spiratos Symposium, Committee for the Organization of CANMET/ACI Conferences, 2003: 69-88.

[9] Mehta P K, Richar Richard, et al. Building durable structures in the 21st century. The Indian Concrete Journal, July 2001: 437-443.

[10] Mokarem D W. Development of concrete shrinkage performance specifications. Virginia Polytechnic Institute and State University, May 1, 2002, Blacksburg, Virginia.

[11] Holt E E. Early age autogenous shrinkage of concrete. Technical research center of Finland, ESPOO2001.

[12] ACI Committee 224. Control of Cracking in Concrete Structures. American Concrete Institute, May 16, 2001.

[13] Rouse J M, Billington S L. Creep and Shrinkage of High-Performance Fiber-Reinforced Cementitious Composites. ACI Materials Journal, 104 (2): 129-136.

[14] van Breugel K. Autogenous Deformation and Internal Curing of Concrete. Published and distributed by: DUP Science, April 2003.

[15] Gary Ong K C, Kyaw Myint-Lay. Application of Image Analysis to Monitor Very Early Age Shrinkage. ACI Materials Journal, 103 (3): 169-176.

[16] Yutaka Nakajima, Kazuo Yamada. The effect of the kind of calcium sulfate in cements on the dispersing ability of poly naphthalene sulfonate condensate superplasticizer. Cement and Concrete Research, 2000, 34 (5): 839-844.

[17] Agarwalu S K, Irshad Masood, Malhotra S K. Compatibility of superplasticizers

with different cements. Construction and Building Materials, 2000, 14 (5): 253-259.

[18] Pierre-Claver Nkinamubanzi, Byung-Gi Kim, Pierre-Claude Aïtcin. Some key cement factors that control the compatibility between naphthalene-based superplasticizers and ordinary portland cements [EB]. www.yahoo.com, March 12, 2006.

[19] Tulin Akcaoglu, Mustafa Tokyay, Tahir Celic. Assessing the ITZ microcracking via scanning electron microscope and its effect on the failure behavior of concrete. Cement and Concrete Research, 2005, 35 (2): 358-363.

[20] Khandaker M, Anwar Hossain. High strength blended cement concrete incorporating volcanic ash: Performance at high temperatures. Cement & Concrete Composites, 2006, 28 (6): 535-545.

[21] Gao J M, Qian C X, Liu H F, Wang B, Li L. ITZ microstructure of concrete containing GGBS. Cement and Concrete Research, 2005, 35 (7): 1299-1304.

[22] Victor Saouma, Luigi Perotti. Constitutive Model for Alkali-Aggregate Reactions. ACI Materials Journal, 2006, 103 (3): 194-202.

[23] Tsuneki Ichikawa, Masazumi Miura. Modified model of alkali-silica reaction. Cement and Concrete Research, 2007, 37 (9): 1291-1297.

[24] Meeks K W, Carino N J. Curing of High-Performance Concrete: Report of the State-of-the-Art. Gaithersburg: Building and Fire Research Laboratory, National Institute of Standards and Technology. March 1999.

[25] Bentz D P, Stutzman P E. Curing, Hydration, and Microstructure of Cement Paste. ACI Materials Journal, 2006, 103 (5): 348-356.

[26] Shunsuke Hanehara, Fuminori Tomosawa, Makoto Kobayakawa, Kwang ryul Hwang. Effects of water/powder ratio, mixing ratio of fly ash, and curing temperature on pozzolanic reaction of fly ash in cement paste. Cement and Concrete Research, 2001, 31 (1): 31-39.

[27] Cengiz Duran Atis. Heat evolution of high-volume fly ash concrete. Cement and Concrete Research, 2002, 32 (5): 751-756.

[28] Kontantin Kovler, Jensen O M. Novel technologies for concrete curing: new methods for low w/cm mixtures. Concrete international, September 2005: 39-42.

[29] Mario Collepardi, Antonio Borsoi, Silvia Collepardi, Jean Jacob Ogoumah Olagot, Roberto Troli. Effects of shrinkage reducing admixture in shrinkage compensating concrete under non-wet curing conditions. Cement & Concrete Composites, 2005, 27 (6): 704-708.

[30] Bentz D P. Internal Curing of High-Performance Blended Cement Mortars. ACI Materials Journal, 2007, 104 (4): 408-414.

[31] Mustafa Sahmaran, Heru Ari Christianto, Ismail Ozgu r Yaman. The effect of chemical admixtures and mineral additives on the properties of self-compacting mortars. Cement & Concrete Composites, 2006, 28 (5): 432-440.

[32] Violeta Bokan Bosiljkov. SCC mixes with poorly graded aggregate and high volume

[33] Andreas Leemann, Frank Winnefeld. The effect of viscosity modifying agents on mortar and concrete. Cement & Concrete Composites, 2007, 29 (5): 341-349.

[34] Plank J, Winter Ch. Competitive adsorption between superplasticizer and retarder molecules on mineral binder surface. Cement and Concrete Research, 2008, 38 (5): 599-605.

[35] Matschei T, Lothenbach B, Glasser F P. The AFm phase in Portland cement. Cement and Concrete Research, 2007, 37 (2): 118-130.

[36] Bentz D P. A review of early-age properties of cement-based materials. Cement and Concrete Research, 2008, 38 (2): 196-204.

[37] Shunsuke Hanehara, Kazuo Yamada. Rheology and early age properties of cement systems. Cement and Concrete Research, 2008, 38 (2): 175-195.

[38] Anatol Zingg, Frank Winnefeld, Lorenz Holzer. Interaction of polycarboxylate-based superplasticizers with cements containing different C_3A amounts. Cement & Concrete Composites, 2009, 31 (3): 153-162.

[39] Puertas F, Santos H, Palacios M, Martinez-Ramirez S. Polycarboxylate superplasticiser admixtures: effect on hydration, microstructure and rheological behaviour in cement pastes. Advances in Cement Research, 2005, 17 (2): 77-89.

[40] Kazuo Yamada, Shoichi Ogawa, Shunsuke Hanehara. Controlling of the adsorption and dispersing force of polycarboxylate-type superplasticizer by sulfate ion concentration in aqueous phase. Cement and Concrete Research, 2001, 31 (3): 375-383.

[41] Kazuo Yamada, Tomoo Takahashi, Shunsuke Hanehara, Makoto Matsuhisa. Effects of the chemical structure on the properties of polycarboxylate-type superplasticizer. Cement and Concrete Research, 2000, 30 (2): 197-207.

[42] Carmel Jolicoeur, Marc-Andre Simard. Chemical Admixture-Cement Interactions: Phenomenology and Physico-chemical Concepts. Cement and Concrere Composires, 1998, 20 (2-3): 87-101.

[43] Johann Plank, Dai Zhimin, Helena Keller, Friedrich V Hössle, Wolfgang Seidl. Fundamental mechanisms for polycarboxylate intercalation into C3A hydrate phases and the role of sulfate present in cement. Cement and Concrete Research, 2010, 40 (1): 45-57.

[44] Lothenbach B, Le Saout G, Gallucci E. Influence of limestone on the hydration of Portland cements. Cem. Concr. Res., 2008, 38 (6): 848-860.

[45] Bentz D P. Modeling the influence of limestone filler on cement hydration using CEMHYD 3D. Cem. Concr. Com., 2008, 28 (2): 124-129.

第5章 混凝土外加剂应用技术

5.1 使用外加剂注意事项

5.1.1 外加剂的选择

① 外加剂的品种应根据工程设计和施工要求选择,通过试验及技术经济比较确定。

② 严禁使用对人体产生危害、对环境产生污染的外加剂。

③ 掺外加剂的混凝土所用水泥,宜采用硅酸盐水泥、普通硅酸盐水泥、矿渣硅酸盐水泥、火山灰质硅酸盐水泥、粉煤灰硅酸盐水泥和复合硅酸盐水泥,并应检验外加剂与水泥的适应性,符合要求方可使用。

④ 掺外加剂混凝土所用材料如水泥、砂、石、掺和料、外加剂均应符合国家现行的有关标准的规定。试配掺外加剂的混凝土时,应采用工程使用的原材料,检测项目应根据设计及施工要求确定,检测条件应与施工条件相同,当工程所用原材料或混凝土性能要求发生变化时,应再进行试配试验。

⑤ 不同品种外加剂复合使用时,应注意其相容性及对混凝土性能的影响,使用前应进行试验,满足要求方可使用。

5.1.2 外加剂掺量

外加剂掺量以外加剂占水泥用量的百分数表示。混凝土外加剂掺量应适当,若掺量过小,使用效果就不显著;若掺量过大,不但使造价提高,而且还可能造成混凝土质量事故,尤其在使用具有引气、缓凝作用的外加剂时,应切忌超量。

混凝土抗压强度与萘系减水剂掺量的关系如图 5-1 所示。

外加剂掺量宜通过试验确定或用优选法、数值分析法进行优化。

(1) 用优选法优化混凝土外加剂掺量 该方法的理论基础是优选法相似性与对称性原理,适用于确定各种混凝土外加剂的最佳掺量。

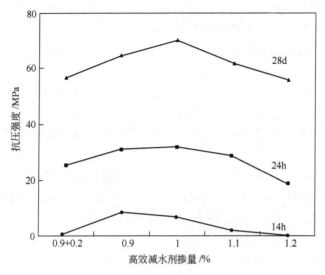

图 5-1 混凝土抗压强度与萘系减水剂掺量的关系

$$设 \quad f(u) = \frac{u-m}{n-m} \quad (5-1)$$

式中 u——外加剂掺量;

m——外加剂掺量下限;

n——外加剂掺量上限。

m，n 可按厂家的推荐数值或根据经验确定。

根据相似性与对称性原理，进行如下优化试验：

第一轮：以 $f(u)$ 等于 0.618 为基点，在 $f(u)$ 等于 0~0.618 之间和 $f(u)$ 等于 0.618~1 之间重新进行黄金分割，这样便得到 0.236、0.382、0.618、0.764、0.854 五点，取上述五点所对应的外加剂掺量进行对比试验，并将试验结果进行比较，按下列原则确定最优区间：

若 0.236 点最佳，则最优区间为 (0, 0.382)；

若 0.382 点最佳，则最优区间为 (0.236, 0.618)；

若 0.618 点最佳，则最优区间为 (0.382, 0.764)；

若 0.764 点最佳，则最优区间为 (0.618, 0.854)；

若 0.854 点最佳，则最优区间为 (0.764, 1)。

第二轮：取第一轮确定的最优区间中 0.618 点和 0.382 点，继续进行优化对比。此时 m，n 取值为新区间的下限值和上限值，并将试验结果与第一轮得到的最优方案进行综合比较。通常情况下，进行两轮优选法试验，便足够准确。如果需要，可继续进行优化试验。

(2) 数值分析法在优化混凝土外加剂掺量中的应用 研究表明，混凝土强度与外加剂掺量之间存在着函数关系，且多数情况下呈非线性关系，少数情况下（在低掺量、水泥活性高时）呈线性关系。随着外加剂掺量增加，外加剂对水泥的增强作用和抑制作用同时存在，若两者配合得当，就存在一个最高的混凝土强度值，即存在一个最佳掺量，此时混凝土强度对外加剂掺量的一阶导数为零。

可利用五点公式对外加剂掺量进行优化。步骤如下。

取等距节点 $u_i = u_0 + ih$（$i = 0, 1, 2, 3, 4$；h 为外加剂掺量差值），进行混凝土强度试验，并根据试验结果按下列五点公式计算各节点一阶导数近似值 m_i：

$$m_0 = [-25R(u_0) + 48R(u_1) - 36R(u_2) + 16R(u_3) - 3R(u_4)]/(12h) \qquad (5-2)$$

$$m_1 = [-3R(u_0) - 10R(u_1) + 18R(u_2) - 6R(u_3) + R(u_4)]/(12h) \qquad (5-3)$$

$$m_2 = [R(u_0) - 8R(u_1) + 8R(u_3) - R(u_4)]/(12h) \qquad (5-4)$$

$$m_3 = [-R(u_0) + 6R(u_1) - 18R(u_2) + 10R(u_3) + 3R(u_4)]/(12h) \qquad (5-5)$$

$$m_4 = [3R(u_0) - 16R(u_1) + 36R(u_2) - 48R(u_3) + 25R(u_4)]/(12h) \qquad (5-6)$$

式中，$R(u_i)$ 系外加剂掺量为 u_i 时的混凝土强度值。

根据 m_i 值，用图解法或数值分析法求得一阶导数为零时的外加剂掺量。该法适用于调凝剂及调凝减水剂、引气剂及引气减水剂和大多数减水剂。

5.1.3 减水剂与胶凝材料适应性检测方法

各类混凝土减水剂及与减水剂复合的各种外加剂对水泥和矿物掺和料的适应性检测所用仪器设备如下：

① 水泥净浆搅拌机；

② 截锥形圆模，上口内径36mm，下口内径60mm，内壁光滑无接缝的金属制品；

③ 玻璃板 400mm×400mm×5mm；

④ 钢直尺 300mm；

⑤ 刮刀；

⑥ 秒表，时钟；

⑦ 药物天平，称量100g，感量1g；

⑧ 电子天平，称量50g，感量0.05g。

检测步骤如下。

① 将玻璃板放置在水平位置，用湿布将玻璃板、截锥圆模、搅拌器及搅拌锅均匀擦过，使其表面湿而不带水滴。

② 将截锥圆模放在玻璃板中央，并用湿布覆盖待用。

③ 称取水泥600g，倒入搅拌锅内。

④ 对某种水泥需选择外加剂时，每种外加剂应分别加入不同掺量；对某种外加剂选择水泥时，每种水泥应分别加入不同掺量的外加剂。对不同

品种外加剂，不同掺量应分别进行试验。

⑤ 加入 174g 或 210g 水（外加剂为水剂时，应扣除其含水量），搅拌 4min。

⑥ 将拌好的净浆迅速注入截锥圆模内，用刮刀刮平，将截锥圆模按垂直方向提起，同时，开启秒表计时，至 30s 用直尺量取流淌水泥净浆互相垂直的两个方向的最大直径，取平均值作为水泥净浆初始流动度。此水泥净浆不再倒入搅拌锅内。

⑦ 已测定过流动度的水泥浆应弃去，不再装入搅拌锅中。水泥净浆停放时，应用湿布覆盖搅拌锅。

⑧ 剩留在搅拌锅内的水泥净浆，至加水后 30min、60min，开启搅拌机，搅拌 4min，按步骤⑥分别测定相应时间的水泥净浆流动度。

测试结果分析如下。

① 绘制以掺量为横坐标，流动度为纵坐标的曲线。其中饱和点（外加剂掺量与水泥净浆流动度变化曲线的拐点）外加剂掺量低、流动度大、流动度损失小的外加剂对水泥的适应性好。

② 记录和整理试验结果时，需注明所用外加剂和水泥的品种、等级、生产厂，试验室温度、相对湿度、水灰比（水胶比）等。

5.1.4 外加剂添加技术

实践证明，外加剂的掺加方法对混凝土性能有影响。对于高效减水剂，在配合比和流动度相同时，采用后掺法的减水剂用量仅为在搅拌时与水一起加入时的 60% 左右；在混凝土的流动性和强度相同时，后掺法的水泥用量及用水量比同掺法约减少 10%，后掺法混凝土的含气量有所减少，强度有所增加。在某些水泥中，高效减水剂滞后于水几分钟加入时，新拌混凝土的流动性显著提高，可节省减水剂用量 1/3 左右，但保水性下降；复合适量硫酸盐，可提高减水剂的塑化效果；在一些水泥中减水剂的掺加方法对其塑化效果影响较小；在一定的条件下，减水剂的粉剂可不经溶解直接掺入使用。

(1) 先掺法　先掺法即外加剂干粉先与水泥混合，然后再与砂、石、水一起搅拌。研究表明，木质素磺酸盐先掺法塑化效果与同掺法、滞水法基本一致；萘系高效减水剂先掺法塑化效果比滞水法差。

采用先掺法时，应注意筛去外加剂粗粒，并搅拌均匀。

(2) 同掺法　同掺法即在搅拌混凝土时将外加剂溶液（粉剂应预先溶解）与水一起掺入到混凝土中，是最为常见的一种掺加方法。

(3) 后掺法　后掺法即在混凝土拌好后再将外加剂一次或分数次加入到混凝土中（须经二次或多次搅拌）。后掺法又分为：滞水法，即在搅拌混凝土过程中，外加剂滞后于水 1～3min 加入，当以溶液掺入时称为溶液滞水法,当以粉剂掺入时称为干粉滞水法;分批添加法,即经时分批掺入外加剂,补偿和恢复坍落度值。

试验和工程实践证明,后掺法具有许多优点。针对萘系高效减水剂的试验结果清楚地表明:后掺法(F法,滞后2min)与同掺法(O法)相比,在吸附平衡浓度相同时,水泥或水泥矿物(包括石膏存在时)对减水剂的吸附量下降(图5-2和图5-3)。

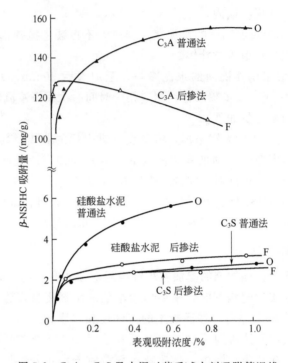

图 5-2　C_3A、C_3S 及水泥对萘系减水剂吸附等温线

5.1.5　外加剂的质量控制

选用的外加剂应有供货单位提供的下列技术文件:
① 产品说明书,并应标明产品主要成分;
② 出厂检验报告及合格证;
③ 掺外加剂的混凝土性能检验报告。

外加剂运到工地(或混凝土搅拌站)应立即取代表性样品进行检验,进货与工程试配时一致,方可入库、使用。若发现不一致时,应停止使用。

外加剂应按不同供货单位、不同品种、不同牌号分别存放,标识应清楚。

粉状外加剂应防止受潮结块,如有结块,经性能检验合格后应粉碎至全部通过0.63mm筛后方可使用。液体外加剂应放置阴凉干燥处,防止日晒、受冻、污染、进水或蒸发,如有沉淀等现象,经性能检验合格后方可

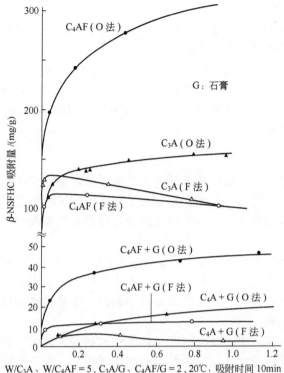

图 5-3 C_3A，C_4AF 及水泥对萘系减水剂吸附等温线

使用。

外加剂配料控制系统标识应清楚、计量应准确，计量误差不应大于外加剂用量的 2%。

5.2 普通减水剂及高效减水剂

5.2.1 品种

混凝土工程中可采用下列普通减水剂。

木质素磺酸盐类：木质素磺酸钙、木质素磺酸钠、木质素磺酸镁及丹宁等。

混凝土工程中可采用下列高效减水剂。

(1) **多环芳香族磺酸盐类** 萘和萘的同系磺化物与甲醛缩合的盐类、胺基磺酸盐等。

(2) **水溶性树脂磺酸盐类** 磺化三聚氰胺树脂、磺化古马隆树脂等。

(3) **脂肪族类** 聚羧酸盐类、聚丙烯酸盐类、脂肪族羟甲基磺酸盐高缩聚物等。

(4) **其他** 改性木质素磺酸钙、改性丹宁等。

5.2.2 适用范围

普通减水剂及高效减水剂可用于素混凝土、钢筋混凝土、预应力混凝土，并可制备高强高性能混凝土。

普通减水剂宜用于日最低气温5℃以上施工的混凝土，不宜单独用于蒸养混凝土；高效减水剂宜用于日最低气温0℃以上施工的混凝土。

当掺用含有木质素磺酸盐类物质的外加剂时应先做水泥适应性试验，合格后方可使用。

5.2.3 施工

普通减水剂、高效减水剂进入工地（或混凝土搅拌站）的检验项目应包括pH值、密度（或细度）、混凝土减水率，符合要求方可入库、使用。

减水剂掺量应根据供货单位的推荐掺量、气温高低、施工要求，通过试验确定。

减水剂以溶液掺加时，溶液中的水量应从拌和水中扣除。

液体减水剂宜与拌和水同时加入搅拌机内，粉剂减水剂宜与胶凝材料同时加入搅拌机内，需二次添加外加剂时，应通过试验确定，混凝土搅拌均匀方可出料。

根据工程需要，减水剂可与其他外加剂复合使用。其掺量应根据试验确定。配制溶液时，如产生絮凝或沉淀等现象，应分别配制溶液并分别加入搅拌机内。

掺普通减水剂、高效减水剂的混凝土采用自然养护时，应加强初期养护；采用蒸养时，混凝土应具有必要的结构强度才能升温，蒸养制度应通过试验确定。

5.3 引气剂及引气减水剂

5.3.1 品种

混凝土工程中可采用下列引气剂。

（1）**松香树脂类** 松香热聚物、松香皂类等。

（2）**烷基和烷基芳烃磺酸盐类** 十二烷基磺酸盐、烷基苯磺酸盐、烷基苯酚聚氧乙烯醚等。

（3）**脂肪醇磺酸盐类** 脂肪醇聚氧乙烯醚、脂肪醇聚氧乙烯磺酸钠、脂肪醇硫酸钠等。

（4）**皂苷类** 三萜皂苷等。

（5）**其他** 蛋白质盐、石油磺酸盐等。

混凝土工程中可采用由引气剂与减水剂复合而成的引气减水剂。

5.3.2 适用范围

引气剂及引气减水剂，可用于抗冻混凝土、抗渗混凝土、抗硫酸盐混凝土、泌水严重的混凝土、贫混凝土、轻骨料混凝土、人工骨料配制的普通混凝土、高性能混凝土以及有饰面要求的混凝土。

引气剂、引气减水剂不宜用于蒸养混凝土及预应力混凝土，必要时，应经试验确定。

5.3.3 施工

引气剂及引气减水剂进入工地（或混凝土搅拌站）的检验项目应包括pH值、密度（或细度）、含气量、引气减水剂应增测减水率，符合要求方可入库、使用。

抗冻性要求高的混凝土，必须掺引气剂或引气减水剂，其掺量应根据混凝土的含气量要求，通过试验确定。

掺引气剂及引气减水剂混凝土的含气量，不宜超过表5-1规定的含气量；对抗冻性要求高的混凝土，宜采用表5-1规定的含气量数值。

表5-1 掺引气剂及引气减水剂混凝土的含气量

粗骨料最大粒径/mm	20(19)	25(22.4)	40(37.5)	50(45)	80(75)
混凝土含气量/%	5.5	5.0	4.5	4.0	3.5

注：括号内数值为《建筑用卵石、碎石》GB/T 14685中标准筛的尺寸。

引气剂及引气减水剂，宜以溶液掺加，使用时加入拌和水中，溶液中的水量应从拌和水中扣除。

引气剂及引气减水剂配制溶液时，必须充分溶解后方可使用。

引气剂可与减水剂、早强剂、缓凝剂、防冻剂复合使用。配制溶液时，如产生絮凝或沉淀等现象，应分别配制溶液并分别加入搅拌机内。

施工时，应严格控制混凝土的含气量。当材料、配合比或施工条件变化时，应相应增减引气剂或引气减水剂的掺量。

检验掺引气剂及引气减水剂混凝土的含气量，应在搅拌机出料口进行取样，并应考虑混凝土在运输和振捣过程中含气量的损失。对含气量有设计要求的混凝土，施工中应每间隔一定时间进行现场检验。

掺引气剂及引气减水剂混凝土，必须采用机械搅拌，搅拌时间及搅拌量应通过试验确定。出料到浇筑的停放时间也不宜过长，采用插入式振捣时，振捣时间不宜超过20s。

5.4 缓凝剂、缓凝减水剂及缓凝高效减水剂

5.4.1 品种

混凝土工程中可采用下列缓凝剂及缓凝减水剂。
(1) **糖类** 糖钙、葡萄糖酸盐等。
(2) **木质素磺酸盐类** 木质素磺酸钙、木质素磺酸钠等。

(3) **羟基羧酸及其盐类** 柠檬酸、酒石酸钾钠等。
(4) **无机盐类** 锌盐、磷酸盐等。
(5) **其他** 胺盐及其衍生物、纤维素醚等。

混凝土工程中可采用由缓凝剂与高效减水剂复合而成的缓凝高效减水剂。

5.4.2 适用范围

缓凝剂、缓凝减水剂及缓凝高效减水剂可用于大体积混凝土、碾压混凝土、炎热气候条件下施工的混凝土、大面积浇筑的混凝土、避免冷缝产生的混凝土、需较长时间停放或长距离运输的混凝土、自流平免振混凝土、滑模施工或拉模施工的混凝土及其他需要延缓凝结时间的混凝土。缓凝高效减水剂可制备高强高性能混凝土。

缓凝剂、缓凝减水剂及缓凝高效减水剂宜用于日最低气温5℃以上施工的混凝土，不宜单独用于有早强要求的混凝土及蒸养混凝土。

柠檬酸及酒石酸钾钠等缓凝剂不宜单独用于水泥用量较低、水灰比较大的贫混凝土。

当掺用含有糖类及木质素磺酸盐类物质的外加剂时应先做水泥适应性试验，合格后方可使用。

使用缓凝剂、缓凝减水剂及缓凝高效减水剂施工时，宜根据温度选择品种并调整掺量，满足工程要求方可使用。

5.4.3 施工

缓凝剂、缓凝减水剂及缓凝高效减水剂进入工地（或混凝土搅拌站）的检验项目应包括pH值、密度（或细度）、混凝土凝结时间，缓凝减水剂及缓凝高效减水剂应增测减水率，合格后方可入库、使用。

缓凝剂、缓凝减水剂及缓凝高效减水剂的品种及掺量应根据环境温度、施工要求的混凝土凝结时间、运输距离、停放时间、强度等来确定。

缓凝剂、缓凝减水剂及缓凝高效减水剂以溶液掺加时计量必须正确，使用时加入拌和水中，溶液中的水量应从拌和水中扣除。难溶和不溶物较多的应采用干掺法并延长混凝土搅拌时间30s。

掺缓凝剂、缓凝减水剂及缓凝高效减水剂的混凝土浇筑、振捣后，应及时抹压并始终保持混凝土表面潮湿，终凝以后应浇水养护，当气温较低时，应加强保温保湿养护。

5.5 早强剂及早强减水剂

5.5.1 品种

混凝土工程中可采用下列早强剂。

(1) 强电解质无机盐类早强剂　硫酸盐、硫酸复盐、硝酸盐、亚硝酸盐、氯盐等。

(2) 水溶性有机化合物　三乙醇胺、甲酸盐、乙酸盐、丙酸盐等。

(3) 其他　有机化合物、无机盐复合物。

混凝土工程中可采用由早强剂与减水剂复合而成的早强减水剂。

5.5.2　适用范围

早强剂及早强减水剂适用于蒸养混凝土及常温、低温和最低温度不低于－5℃环境中施工的有早强要求的混凝土工程。炎热环境条件下不宜使用早强剂、早强减水剂。

掺入混凝土后对人体产生危害或对环境产生污染的化学物质严禁用作早强剂。含有六价铬盐、亚硝酸盐等有害成分的早强剂严禁用于饮水工程及与食品相接触的工程。硝铵类严禁用于办公、居住等建筑工程。

下列结构中严禁采用含有氯盐配制的早强剂及早强减水剂：

① 预应力混凝土结构；

② 相对湿度大于80％环境中使用的结构、处于水位变化部位的结构、露天结构及经常受水淋、受水流冲刷的结构；

③ 大体积混凝土；

④ 直接接触酸、碱或其他侵蚀性介质的结构；

⑤ 经常处于温度为60℃以上的结构，需经蒸养的钢筋混凝土预制构件；

⑥ 有装饰要求的混凝土，特别是要求色彩一致的或是表面有金属装饰的混凝土；

⑦ 薄壁混凝土结构，中级和重级工作制吊车的梁落锤及锻锤混凝土基础等结构；

⑧ 使用冷拉钢筋或冷拔低碳钢丝的结构；

⑨ 骨料具有碱活性的混凝土结构。

在下列混凝土结构中严禁采用含有强电解质无机盐类的早强剂及早强减水剂：

① 与镀锌钢材或铝铁相接触部位的结构，以及有外露钢筋预埋铁件而无防护措施的结构；

② 使用直流电源的结构以及距高压直流电源100m以内的结构。

含钾、钠离子的早强剂用于骨料具有碱活性的混凝土结构时，应符合GB 50119的规定。

5.5.3　施工

早强剂、早强减水剂进入工地（或混凝土搅拌站）的检验项目应包括密度（或细度），1d、3d抗压强度及对钢筋的锈蚀作用。早强减水剂应增测减水率。混凝土有饰面要求的还应观测硬化后混凝土表面是否析盐,符合要求方可入库、使用。

常用早强剂掺量应符合表 5-2 的规定。

表 5-2 常用早强剂掺量限值

混凝土种类	使用环境	早强剂名称	掺量限值(水泥重量%)≤
预应力混凝土	干燥环境	三乙醇胺	0.05
		硫酸钠	1.0
钢筋混凝土	干燥环境	氯离子	0.6
		硫酸钠	2.0
	干燥环境	与缓凝减水剂复合的硫酸钠	3.0
		三乙醇胺	0.05
钢筋混凝土	潮湿环境	硫酸钠	1.5
		三乙醇胺	0.05
有饰面要求的混凝土		硫酸钠	0.8
素混凝土		氯离子	1.8

注:预应力混凝土及潮湿环境中使用的钢筋混凝土中不得掺氯盐早强剂。

粉剂早强剂和早强减水剂直接掺入混凝土干料中应延长搅拌时间 30s。

常温及低温下使用早强剂或早强减水剂的混凝土采用自然养护时宜使用塑料薄膜覆盖或喷洒养护液。终凝后应立即浇水潮湿养护。最低气温低于 0℃时除塑料薄膜外还应加盖保温材料。最低气温低于 −5℃时应使用防冻剂。

掺早强剂或早强减水剂的混凝土采用蒸汽养护时,其蒸养制度应通过试验确定。

5.6 防冻剂

5.6.1 品种

混凝土工程中可采用下列防冻剂。

(1) 电解质无机盐类

① 氯盐类 以氯盐为防冻组分的外加剂。

② 氯盐阻锈类 以氯盐与阻锈组分为防冻组分的外加剂。

③ 无氯盐类 以亚硝酸盐、硝酸盐等无机盐为防冻组分的外加剂。

(2) 水溶性有机化合物类 以某些醇类等有机化合物为防冻组分的外加剂。

(3) 有机化合物与无机盐复合类

(4) 复合型防冻剂 以防冻组分复合早强、引气、减水等组分的外加剂。

5.6.2 适用范围

① 含强电解质无机盐的防冻剂用于混凝土中，必须符合 GB 50119 相关条款的规定。

② 含亚硝酸盐、碳酸盐的防冻剂严禁用于预应力混凝土结构。

③ 含有六价铬盐、亚硝酸盐等有害成分的防冻剂，严禁用于饮水工程及与食品相接触的工程，严禁食用。

④ 含有硝铵、尿素等产生刺激性气味的防冻剂，严禁用于办公、居住等建筑工程。

⑤ 强电解质无机盐防冻剂及其掺量应符合 GB 50119 相关条款的规定。

⑥ 有机化合物类防冻剂可用于素混凝土、钢筋混凝土及预应力混凝土工程。

⑦ 有机化合物与无机盐复合防冻剂及复合型防冻剂可用于素混凝土、钢筋混凝土及预应力混凝土工程，并应符合 GB 50119 相关条款的规定。

⑧ 对水工、桥梁及有特殊抗冻融性要求的混凝土工程，应通过试验确定防冻剂品种及掺量。

5.6.3 施工

防冻剂的选用应符合下列规定。

① 在日最低气温为 $-5\sim0℃$，混凝土采用塑料薄膜和保温材料覆盖养护时，可采用早强剂或早强减水剂。

② 在日最低气温为 $-10\sim-5℃$、$-15\sim-10℃$、$-20\sim-15℃$，采用上款保温措施时，宜分别采用规定温度为 $-10℃$、$-15℃$ 的防冻剂。

③ 防冻剂的规定温度为按《混凝土防冻剂》(JC 475) 规定的试验条件成型的试件，在恒负温条件下养护的温度。施工使用的最低气温可比规定温度低 5℃。

防冻剂运到工地（或混凝土搅拌站）首先应检查是否有沉淀、结晶或结块。检验项目应包括密度（或细度），7d 和 28d 抗压强度比，钢筋锈蚀试验。合格后方可入库、使用。

掺防冻剂混凝土所用原材料，应符合下列要求。

① 宜选用硅酸盐水泥和普通硅酸盐水泥。水泥存放期超过 3 个月时，使用前必须进行强度检验，合格后方可使用。

② 粗、细骨料必须清洁，不得含有冰、雪等冻结物及易冻裂的物质。

③ 当骨料具有碱活性时，由防冻剂带入的碱含量、混凝土的总碱含量，应符合 GB 50119 的规定。

④ 储存液体防冻剂的设备应有保温措施。

掺防冻剂的混凝土配合比，宜符合下列规定。

① 含引气组分的防冻剂混凝土的砂率，比不掺外加剂混凝土的砂率可

降低2%~3%。

② 混凝土水灰比不宜超过0.6，水泥用量不宜低于300kg/m³，重要承重结构、薄壁结构的混凝土水泥用量可增加10%，大体积混凝土的最少水泥用量应根据实际情况而定。强度等级不大于C15的混凝土，其水灰比和最少水泥用量可不受此限制。

掺防冻剂混凝土采用的原材料，应根据不同的气温，按下列方法进行加热。

① 气温低于-5℃时，可用热水拌和混凝土；水温高于65℃时，热水应先与骨料拌和，再加入水泥。

② 气温低于-10℃时，骨料可移入暖棚或采取加热措施。骨料冻结成块时须加热，加热温度不得高于65℃，并应避免灼烧，用蒸汽直接加热骨料带入的水分，应从拌和水中扣除。

掺防冻剂混凝土搅拌时，应符合下列规定。

① 严格控制防冻剂的掺量。

② 严格控制水灰比，由骨料带入的水及防冻剂溶液中的水，应从拌和水中扣除。

③ 搅拌前，应用热水或蒸汽冲洗搅拌机，搅拌时间应比常温延长50%。

④ 掺防冻剂混凝土拌和物的出机温度，严寒地区不得低于15℃；寒冷地区不得低于10℃。入模温度，严寒地区不得低于10℃，寒冷地区不得低于5℃。

防冻剂与其他品种外加剂共同使用时，应先进行试验，满足要求方可使用。

掺防冻剂混凝土的运输及浇筑除应满足不掺外加剂混凝土的要求外，还应符合下列规定。

① 混凝土浇筑前，应清除模板和钢筋上的冰雪和污垢，不得用蒸汽直接融化冰雪，避免再度结冰。

② 混凝土浇筑完毕应及时对其表面用塑料薄膜及保温材料覆盖。掺防冻剂的商品混凝土，应对混凝土搅拌运输车罐体包裹保温外套。

掺防冻剂混凝土的养护，应符合下列规定。

① 在负温条件下养护时，不得浇水，混凝土浇筑后，应立即用塑料薄膜及保温材料覆盖，严寒地区应加强保温措施。

② 初期养护温度不得低于规定温度。

③ 当混凝土温度降到规定温度时，混凝土强度必须达到受冻临界强度；当最低气温不低于-10℃时，混凝土抗压强度不得小于3.5MPa；当最低温度不低于-15℃时，混凝土抗压强度不得小于4.0MPa；当最低温度不低于-20℃时，混凝土抗压强度不得小于5.0MPa。

④ 拆模后混凝土的表面温度与环境温度之差大于 20℃时，应采用保温材料覆盖养护。

5.6.4 掺防冻剂混凝土的质量控制

混凝土浇筑后，在结构最薄弱工作冻的部位，应加强保温防冻措施，并应在有代表性的部位或易冷却的部位布置测温点。测温测头埋入深度应为 100~150mm，也可为板厚的 1/2 或墙厚的 1/2。在达到受冻临界强度前应每隔 2h 测温一次，以后应每隔 6h 测一次，并应同时测定环境温度。

掺防冻剂混凝土的质量应满足设计要求，并应符合下列规定。

① 应在浇筑地点制作一定数量的混凝土试件进行强度试验。其中一组试件应在标准条件下养护，其余放置在工程条件下养护。在达到受冻临界强度时，拆模前，拆除支撑前及与工程同条件养护 28d、再标准养护 28d 均应进行试压。试件不得在冻结状态下试压，边长为 100mm 立方体试件，应在 15~20℃室内解冻 3~4h 或应浸入 10~15℃的水中解冻 3h；边长为 150mm 立方体试件应在 15~20℃室内解冻 5~6h 或浸入 10~15℃的水中解冻 6h，试件擦干后试压。

② 检验抗冻、抗渗所用试件，应与工程同条件养护 28d，再标准养护 28d 后进行抗冻或抗渗试验。

5.7 泵送剂

5.7.1 品种

混凝土工程中，可采用由减水剂、缓凝剂、引气剂等复合而成的泵送剂。

5.7.2 适用范围

泵送剂适用于工业与民用建筑及其他构筑物的泵送施工的混凝土；特别适用于大体积混凝土、高层建筑和超高层建筑；适用于滑模施工等；也适用于水下灌注桩混凝土。

5.7.3 施工

泵送剂运到工地（或混凝土搅拌站）的检验项目应包括 pH 值、密度（或细度）、坍落度增加值及坍落度损失。符合要求方可入库、使用。

含有水不溶物的粉状泵送剂应与胶凝材料一起加入搅拌机中；水溶性粉状泵送剂宜用水溶解后或直接加入搅拌机中，应延长混凝土搅拌时间 30s。

液体泵送剂应与拌和水一起加入搅拌机中，溶液中的水应从拌和水中扣除。

泵送剂的品种、掺量应按供货单位提供的推荐掺量和环境温度、泵送高度、泵送距离、运输距离等要求经混凝土试配后确定。

配制泵送混凝土的砂、石应符合下列要求。

① 粗骨料最大粒径不宜超过40mm；泵送高度超过50m时，碎石最大粒径不宜超过25mm；卵石最大粒径不宜超过30mm。

② 骨料最大粒径与输送管内径之比，碎石不宜大于混凝土输送管内径的1/3；卵石不宜大于混凝土输送管内径的2/5。

③ 粗骨料应采用连续级配，针片状颗粒含量不宜大于10%。

④ 细骨料宜采用中砂，通过0.315mm筛孔的颗粒含量不宜小于15%，且不大于30%，通过0.160mm筛孔的颗粒含量不宜小于5%。

掺泵送剂的泵送混凝土配合比设计应符合下列规定。

① 应符合《普通混凝土配合比设计规程》JGJ 55、《混凝土结构工程施工质量验收规范》GB 50204及《粉煤灰混凝土应用技术规范》GBJ 146等。

② 泵送混凝土的胶凝材料总量不宜小于300kg/m³。

③ 泵送混凝土的砂率宜为35%～45%。

④ 泵送混凝土的水胶比不宜大于0.6。

⑤ 泵送混凝土含气量不宜超过5%。

⑥ 泵送混凝土坍落度不宜小于100mm。

在不可预测情况下造成商品混凝土坍落度损失过大时，可采用后添加泵送剂的方法掺入混凝土搅拌运输车中，必须快速运转，搅拌均匀后，测定坍落度符合要求后方可使用。后添加的量应预先试验确定。

5.8 防水剂

5.8.1 品种

(1) 无机化合物类 氯化铁、硅灰粉末、锆化合物等。

(2) 有机化合物类 脂肪酸及其盐类、有机硅表面活性剂（甲基硅醇钠、乙基硅醇钠、聚乙基羟基硅氧烷）、石蜡、地沥青、橡胶及水溶性树脂乳液等。

(3) 混合物类 无机类混合物、有机类混合物、无机类与有机类混合物。

(4) 复合类 上述各类与引气剂、减水剂、调凝剂等外加剂复合的复合型防水剂。

5.8.2 适用范围

防水剂可用于工业与民用建筑的屋面、地下室、隧道、巷道、给排水池、水泵站等有防水抗渗要求的混凝土工程。

含氯盐的防水剂可用于素混凝土、钢筋混凝土工程，严禁用于预应力混凝土工程，并应符合 GB 50119 相关条款的规定。

5.8.3 施工

防水剂进入工地（或混凝土搅拌站）的检验项目应包括 pH 值、密度（或细度）、钢筋锈蚀，符合要求方可入库、使用。

防水混凝土施工应选择与防水剂适应性好的水泥。一般应优先选用普通硅酸盐水泥，有抗硫酸盐要求时，可选用火山灰质硅酸盐水泥，并经过试验确定。

防水剂应按供货单位推荐掺量掺入，超量掺加时应经试验确定，符合要求方可使用。

防水剂混凝土宜采用 5~25mm 连续级配石子。

防水剂混凝土搅拌时间应较普通混凝土延长 30s。

防水剂混凝土应加强早期养护，潮湿养护不得少于 7d。

处于侵蚀介质中的防水剂混凝土，当耐腐蚀系数小于 0.8 时，应采取防腐蚀措施。防水剂混凝土结构表面温度不应超过 100℃，否则必须采取隔断热源的保护措施。

5.9 速凝剂

5.9.1 品种

在喷射混凝土工程中可采用的粉状速凝剂：以铝酸盐、碳酸盐等为主要成分的无机盐混合物等。

在喷射混凝土工程中可采用的液体速凝剂：以铝酸盐、水玻璃等为主要成分，与其他无机盐复合而成的复合物。

5.9.2 适用范围

速凝剂可用于采用喷射法施工的喷射混凝土，亦可用于需要速凝的其他混凝土。

5.9.3 施工

速凝剂进入工地（或混凝土搅拌站）的检验项目应包括密度（或细度）、凝结时间、1d 抗压强度，符合要求方可入库、使用。

喷射混凝土施工应选用与水泥适应性好、凝结硬化快、回弹小、28d 强度损失少、低掺量的速凝剂品种。

速凝剂掺量一般为 2%~8%，掺量可随速凝剂品种、施工温度和工程要求适当增减。

喷射混凝土施工时，应采用新鲜的硅酸盐水泥、普通硅酸盐水泥、矿渣硅酸盐水泥，不得使用过期或受潮结块的水泥。

喷射混凝土宜采用最大粒径不大于 20mm 的卵石或碎石，细度模数为

2.8~3.5 的中砂或粗砂。

喷射混凝土的经验配合比为：水泥用量约 400kg/m³，砂率 45%~60%，水灰比约为 0.4。

喷射混凝土施工人员应注意劳动防护和人身安全。

5.10 膨胀剂

5.10.1 混凝土膨胀剂基本知识

(1) 混凝土膨胀剂的发展史 早在 1890~1892 年，C. Candlot 就发现了钙矾石（水化硫铝酸钙），20 世纪 30 年代便诞生了膨胀水泥和膨胀混凝土，并在 20 世纪 60~70 年代得到较大的发展。

自 20 世纪 80 年代末期以来，我国混凝土工程开始大量使用混凝土膨胀剂，在很大程度上改善了混凝土结构的开裂和渗漏损害，对提高建筑工程的耐久性和使用方面起到了积极的作用。90 年代以来，随着低水胶比混凝土或高性能混凝土的发展，混凝土早期开裂问题更为突出，虽然一些工程采取了多种技术措施，但地下室的外墙、楼层板开裂情况依然严重。因此，研究混凝土膨胀剂应用技术，具有十分重要的实际应用价值。

我国膨胀混凝土研究的奠基人吴中伟院士，提出了"混凝土补偿收缩模式"的学术观点，撰写了《补偿收缩混凝土》与《膨胀混凝土》专著，为解决混凝土工程的抗裂防渗问题作出了重大贡献。

中国建筑材料科学研究院以及国内其他科研院所、高等院校对提高我国混凝土膨胀剂质量做了大量工作，改变了我国的膨胀剂以高碱高掺明矾石类为主的局面，研究开发了低碱低掺的新型产品。

20 世纪 80 年代初，安徽省建筑科学研究院在中国建筑材料科学研究院开发的明矾石膨胀水泥基础上，研制成功明矾石膨胀剂，该品种膨胀剂以明矾石作含铝组分（明矾石主要矿物为硫酸铝钾，分子式为 $2KAl_3[(SO_4)_2 \cdot (OH)_6]$），明矾石可在碱和硫酸盐激发下形成钙矾石，水化反应如下：

$$2KAl_3[(SO_4)_2(OH)_6] + 13Ca(OH)_2 + 5CaSO_4 + 78H_2O$$
$$\longrightarrow 3(C_3A \cdot 3CaSO_4 \cdot 32H_2O) + 2KOH \tag{5-7}$$

但这种膨胀剂效能较低，掺量为 15%~20%，碱含量达 2.5%~3.0%，已被明令淘汰。

1985~1988 年，中国建筑材料科学研究院先后研制成功 CEA 复合膨胀剂、AEA 铝酸钙膨胀剂和 U 型膨胀剂 (UEA)。CEA 是以含有 30%~40% 游离 CaO 的高钙膨胀熟料与明矾石和石膏磨制而成，以 $Ca(OH)_2$ 和钙矾石作为膨胀源，属氧化钙-硫铝酸钙类膨胀剂。AEA 是用高铝水泥熟料、明矾石和石膏磨制而成，其中高铝水泥熟料中的铝酸钙 CA 和 CA_2 分别与石膏水化反应生成钙矾石而产生膨胀。CEA 和 AEA 掺量为 10%~

12%，碱含量0.4%～0.8%。

虽然UEA膨胀剂的膨胀源也是钙矾石，但在生产工艺上明显不同，是我国混凝土膨胀剂发展史上的一次飞跃。

第一代UEA-Ⅰ膨胀剂是用硫铝酸钙（CSA）膨胀熟料、明矾石和石膏磨制而成，其中CSA熟料是用石灰石、矾土和石膏配制成生料，在回转窑经1350℃左右煅烧而成，熟料中主要矿物为硫铝酸钙（C_4A_3S），f-CaO和$CaSO_4$，它们按式(5-8)水化反应形成钙矾石。

$$C_4A_3S + 6Ca(OH)_2 + 8CaSO_4 + 90H_2O \longrightarrow 3(C_3A \cdot 3CaSO_4 \cdot 32H_2O) \quad (5\text{-}8)$$

在UEA工艺配方设计方面，研究人员根据吴中伟院士提出的"干缩和冷缩联合补偿模式"，将水化较快的C_4A_3S用于补偿混凝土冷缩，而将水化较慢的明矾石用于补偿混凝土干缩。

但是，在生产CSA熟料过程中会产生大量的SO_3，对环境造成污染，1989年中国建筑材料科学研究院又研制成功第二代UEA-Ⅱ，该品种膨胀剂主要原材料是硫酸铝盐熟料、明矾石和石膏，经混磨而成，其中硫酸铝熟料是用天然明矾石经700～800℃煅烧而成，熟料中的$Al_2(SO_4)_3$、$Al(OH)_3$与$CaSO_4$和$Ca(OH)_2$水化反应生成钙矾石，水化反应式如下：

$$Al_2(SO_4)_3 + 6Ca(OH)_2 + 26H_2O \longrightarrow C_3A \cdot 3CaSO_4 \cdot 32H_2O \quad (5\text{-}9)$$

$$Al(OH)_3 + 3Ca(OH)_2 + 3CaSO_4 + 26H_2O \longrightarrow C_3A \cdot 3CaSO_4 \cdot 32H_2O \quad (5\text{-}10)$$

UEA-Ⅱ具有双膨胀效能，掺量为10%～12%，但它的缺点是水化较快，造成混凝土坍落度损失较大，另外，UEA-Ⅱ碱含量高达1.7%～2.0%，可能对碱集料反应带来不利影响。

1995年又研制成功第三代UEA产品UEA-Ⅲ，又名硅铝酸盐膨胀剂（专利号ZL 91110609）。它是在800～900℃高温下煅烧高岭土、明矾石和石膏或用煅烧高岭土和石膏磨制而成。高岭土经煅烧脱水后，生成偏高岭石（$Al_2O_3 \cdot 2SiO_2$）和Al_2O_3，在碱和硫酸盐激发下生成钙矾石：

$$Al_2O_3 \cdot 2SiO_2 \cdot 2H_2O \longrightarrow Al_2O_3 \cdot 2SiO_2 + 2H_2O \quad (5\text{-}11)$$

$$Al_2O_3 \cdot 2SiO_2 + 3Ca(OH)_2 + 3CaSO_4 + 26H_2O$$
$$\longrightarrow C_3A \cdot 3CaSO_4 \cdot 32H_2O + C\text{-}S\text{-}H \quad (5\text{-}12)$$

$$Al_2O_3 + 3Ca(OH)_2 + 3CaSO_4 + 29H_2O \longrightarrow C_3A \cdot 3CaSO_4 \cdot 32H_2O \quad (5\text{-}13)$$

由于煅烧高岭土的碱含量$R_2O = (Na_2O + 0.658K_2O) = 0.5\%\sim 0.8\%$，所以，UEA-Ⅲ的碱含量<0.75%，成为低碱膨胀剂。UEA-Ⅲ的掺量为水泥量的10%～12%，具有较好的补偿收缩性能，且混凝土坍落度损失较小，并可抑制碱集料反应。

2000年，中国建筑材料科学研究院所属北京中岩特材公司为适应市场需求，成功开发了第四代UEA-H，又名ZY膨胀剂。它是用改性铝酸钙-硫铝酸钙熟料和石膏磨制而成，其中熟料是由矾土、石灰石和石膏配制成生料，在回转窑中经1340～1380℃煅烧成特种膨胀熟料，其主要矿物组成为铝酸钙 CA 和 CA_2 以及硫铝酸钙 C_4A_3S。这三种含铝矿物的水化速度不同，它们分别与 $CaSO_4$ 水化成钙矾石：

$$CA + 3CaSO_4 + 2Ca(OH)_2 + 30H_2O \Longrightarrow C_3A \cdot 3CaSO_4 \cdot 32H_2O \quad (5-14)$$

$$CA_2 + 6CaSO_4 + 5Ca(OH)_2 + 59H_2O \Longrightarrow 2(C_3A \cdot 3CaSO_4 \cdot 32H_2O) \quad (5-15)$$

$$C_4A_3S + 8CaSO_4 + 6Ca(OH)_2 + 90H_2O \Longrightarrow 3(C_3A \cdot 3CaSO_4 \cdot 32H_2) \quad (5-16)$$

ZY 膨胀剂具有较大的膨胀能，其掺量为 6%～8%，碱含量为 0.2%～0.4%，属于低碱低掺量膨胀剂，已投放市场。

20 世纪 90 年代以来，江苏建苑建筑材料研究所、山东省建筑科学研究院、山东省建材研究院、浙江工业大学、北京利力公司、北京祥业公司、江西省建材院和江西武冠新材料有限公司、北京新中洲建材公司先后研制成功 HEA、PNC、JEA、TEA、FS-Ⅲ、PPT-Ⅲ、WG-HEA、HEAlⅠ膨胀剂，并得到推广应用。

(2) 水化硫铝酸钙的物理化学性能 我国绝大多数膨胀剂企业生产硫铝酸盐型膨胀剂，其膨胀源是钙矾石（$C_3A \cdot 3CaSO_4 \cdot 32H_2O$，图 5-4）。

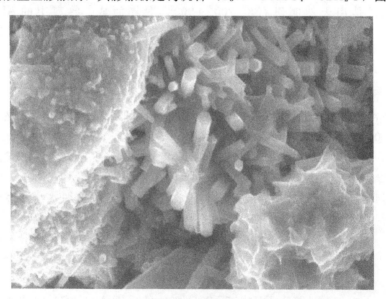

图 5-4 典型的钙矾石 SEM 图片

① 水化硫铝酸钙的晶体结构 钙矾石的外形是六方柱状或针状。1936 年，Bannister 对钙矾石的晶体结构进行研究认为：它的六方晶包含有两个分子的 $C_3A \cdot 3CaSO_4 \cdot 31H_2O$，$a=1.11nm$，$c=2.158nm$。空间群为 P31C。其折射率 $N_0=1.464$，$N_e=1.458$。25℃时相对密度为 1.73。在 X 射线衍射图上具有 0.973nm、0.561nm、0.388nm 特征峰，在差热分析中 160℃附近出现很大的吸热谷，在 300℃处有一小的吸热谷。席耀忠用化学纯物质合成了钙矾石，精确测定了钙矾石的晶胞参数：$a=1.122nm$，$c=$

2.141nm，他所测的钙矾石和铁钙矾石的粉末衍射数据已被国际衍射数据库接受为标准数据。

近年来，一些研究者对钙矾石晶体结构作了进一步研究，归纳有两种模型：一种是垂直于 c 轴的层状结构模型，另一种是柱状结构模型。Moore 和 Taylor 认为，六方柱状钙矾石晶体结构为 $\{C_6[Al(OH)_6] \cdot 24H_2O\} \cdot (SO_4)_3 \cdot 2H_2O$。每个晶胞中，由平行于 c 轴的 $\{C_6[Al(OH)_6] \cdot 24H_2O\}^{6+}$ 构成多面体柱，空间群为 P31C，在多面柱间沟槽中有 3 个 $[SO_4]^{2-}$ 和 2 个 H_2O 分子。整个铝柱 $[Al(OH)_6]^{3-}$ 是带负电荷的，而各个钙多面体则带正电荷。

在钙矾石晶胞中，水分子的容积达 51.37%。可见，钙矾石是一个高结晶水的水化物。如果仔细地研究铝柱结构水的分布，便发现它的表面是一层水的单分子层。Mehta 认为，由于钙矾石表面电性能的特殊而吸水肿胀是引起水泥石膨胀的原因。

钙矾石可以被各种离子取代而形成固溶体，例如 Al_2O_3 可被 Fe_2O_3 取代而形成 $3CaO \cdot Fe_2O_3 \cdot 3CaSO_4 \cdot 32H_2O$。$CaSO_4$ 可被 $CaSiO_3$ 取代而形成 $3CaO \cdot Al_2O_3 \cdot 3CaSiO_3 \cdot 32H_2O$。

与钙矾石有关的是单硫酸型水化硫铝酸钙（$C_3A \cdot 3CaSO_4 \cdot 12H_2O$），属于六方板状相，$N_0=1.54$，$N_e=1.488$，双折射 0.016，相对密度在 20℃时为 1.95，X 射线特征峰为 0.892nm、0.287nm、0.446nm。它也是一个混有其他离子的固溶体，其代号为 AFm。图 5-5 和图 5-6 为钙矾石及单硫酸型水化硫铝酸钙的 EDS 图谱。

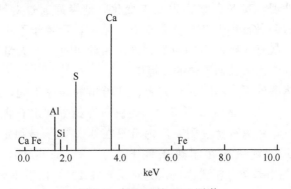

图 5-5　钙矾石的 EDS 图谱

② 水化硫铝酸钙的生成条件　20～25℃时，钙矾石是 CaO-Al_2O_3-$CaSO_4$-H_2O 四元系统中唯一稳定的四元复盐，具有广泛的析晶范围。当液相中石膏饱和时，其平衡 CaO 浓度可低至 17.7mg/L；而当液相中石灰饱和时，其平衡 $CaSO_4$ 浓度可低至 14.6mg/L。因此，钙矾石可以在大多数含 CaO、Al_2O_3 和 $CaSO_4$ 的水泥浆体中存在。由于水泥膨胀剂系统中 CaO 和 Al_2O_3 浓度是饱和的，钙矾石生成数量决定于 SO_3 浓度。理论研究和生

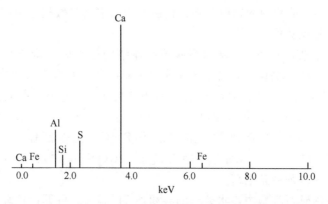

图 5-6 单硫型水化硫铝酸钙的 EDS 图谱

产实践证明,在一般情况下,硅酸盐水泥的胀缩临界值的 SO_3 为 4.78%,钙矾石生成数量大于 25%;铝酸盐水泥则为 9.56%,钙矾石生成数量为 50%。

单硫酸盐型硫铝酸钙以亚稳平衡水化物出现,其析晶浓度范围是:CaO 浓度在 335~1179mg/L,$CaSO_4$ 浓度在 4~8mg/L 之间,因此,AFm 是在液相中石灰浓度较高而石膏浓度很低的时候出现的四元复盐。所以,在普通硅酸盐水泥、硅酸盐膨胀自应力水泥中,在石膏较多时,往往先形成钙矾石相,而当石膏接近消耗完毕时,往往会看到 AFm 的出现。

③ 钙矾石的热稳定性 Bogue 的研究表明,在长期干热条件下,钙矾石在 40~50℃下仅存 12 个水分子。Mehta 的研究表明,合成的钙矾石经 65℃干燥处理,其 X 射线衍射图未变化。刘崇熙通过对钙矾石脱水研究,认为无水的钙矾石仍保持有介稳准有序结构,再置于不小于 85%RH 下能重新再水合恢复成钙矾石的原始秩序。由此可见,含大量钙矾石的水泥混凝土不适宜应用于长期干热的环境中。

在湿热条件下,不同的研究者往往给出的结论不同,布德尼可夫研究认为,在 40℃以上的潮湿环境中,钙矾石开始分解出石膏。阿斯托莱娃通过岩相分析,认为石膏过剩时,钙矾石在 90℃以下是稳定的。Mehta 的研究结果显示,钙矾石在湿热条件下,于 93℃加热 1h,仍然是稳定的。Kalousek 等用差热分析研究,认为钙矾石在 100℃以下不分解,而在 100~105℃时就分解为 AFm 和石膏。米哈依洛夫认为硅酸盐膨胀水泥浆体在 90~100℃水热处理下,主要形成 AFm,而在常温水养时,AFm 转化为钙矾石,因而产生膨胀。

中国建筑材料科学研究院的研究人员曾分别在 95℃、105℃、110℃、120℃条件下,将我国的硅酸盐自应力水泥浆体蒸养 1.5h,XRD 图表明,钙矾石相仍稳定存在,如图 5-7 所示。

中国建筑材料科学研究院的研究结果还表明:在 80℃条件下使用 2 年

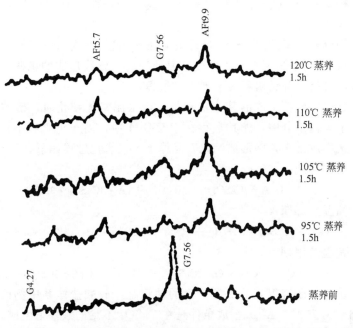

图 5-7 硅酸盐自应力水泥浆体蒸养 1.5h 后的 XRD 图

多的硅酸盐自应力水泥输油管的硬化水泥浆体中仍然稳定地存在钙矾石；在 80℃ 热水中浸泡 6 个月的铝酸盐自应力水泥浆体中也稳定存在着钙矾石，只是钙矾石的晶体长得更大。由此可见，在 80℃ 湿热条件的钙矾石是稳定的。

对于大体积混凝土，内部水化热温度达 60～80℃，掺入硫铝酸钙类膨胀剂后，水泥水化形成的钙矾石是否会转变为 AFm 仍存在争议。基于系统的物化研究和大量试验结果，国内外的膨胀水泥和掺膨胀剂的混凝土应用技术规范中，都明确规定，该类混凝土不得在 80℃ 以上的长期工作环境中使用。这是因为，钙矾石在 80℃ 湿环境中会脱水分解，当柱状 AFt 分解后，孔隙率提高，强度会下降。

早期高温处理能促进随后的钙矾石形成。产生延迟膨胀的临界温度为 70℃，超过的温度越高膨胀越大。Kelham（K1）经过大量试验，得出 90℃ 热处理后水中养护产生膨胀的公式：

$$\varepsilon_f(90℃) = 0.00474 \times SSA + 0.0768 \times MgO + 0.217 \times C_3A + 0.0942 \times C_3S +$$
$$1.267 \times Na_2O_{eq} - 0.7373 \times ABS[SO_3 - 3.7 -$$
$$1.02 \times Na_2O_{eq}] - 10.1 \tag{5-17}$$

式中，SSA 为水泥的比表面积；MgO 为水泥中 MgO 含量；C_3A、C_3S 为熟料中该两矿物的计算含量；Na_2O_{eq} 为水泥中所含碱的钠当量；ABS 为绝对值。

膨胀量与 SO_3 含量的关系不是线性的，而且有一个最坏点，该点的 SO_3 含量约为 4%。

④延迟钙矾石形成　延迟钙矾石形成（delayed ettingite formation，DEF），指的是早期混凝土经受高温处理后，已经形成的钙矾石部分或全部分解，日后内部钙矾石缓慢形成的过程。

延迟钙矾石生成的基本机理是：当水泥浆体硬化时，硫酸盐被束缚或结合于其他组分中，尤其是存在于 C-S-H 中，而非钙矾石中；后来这些硫酸盐被释放出来，并形成钙矾石晶体，大致水化过程如下。

硬化初期：

$$C_3A + 3CaSO_4 + 32H_2O \longrightarrow C_3A \cdot 3CaSO_4 \cdot 32H_2O \qquad (5\text{-}18)$$

高温蒸养期：

$$C_3A \cdot 3CaSO_4 \cdot 32H_2O \longrightarrow C_3A \cdot CaSO_4 \cdot 12H_2O + 2CaSO_4 + 20H_2O \qquad (5\text{-}19)$$

常温使用期

$$C_3A \cdot CaSO_4 \cdot 12H_2O + 2CaSO_4 + 20H_2O \longrightarrow C_3A \cdot 3CaSO_4 \cdot 32H_2O \qquad (5\text{-}20)$$

国内外研究得到的比较一致的共识是：硅酸盐体系中钙矾石分解的临界温度为 70℃；AFm 生成条件是在 $CaSO_4$ 不足的条件下生成。

在我国，大体积补偿收缩混凝土主要应用于高层建筑底板，水工建筑底板，桥墩、水闸和水电站旁洞封堵等承重结构部位，其配筋率较高，对混凝土约束较强。混凝土设计强度等级 C25～C50，中心温度在 50～80℃，一般在浇筑后 2～3d 达最高峰，随后经 3～7d 降至常温。采用铜-康铜热电阻对某工程底板温度进行测定，结果如图 5-8 所示：底板中心温度经 3d 左右达 78℃，而底板下部为 55℃、上部为 45℃，随后逐渐降温。一般情况下，密实的大体积补偿收缩混凝土中不存在长期 70℃ 高温和外界供水的条

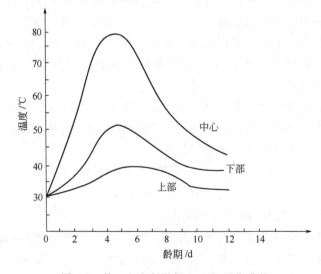

图 5-8　某工程底版混凝土温度-龄期曲线

件，因此，不大可能存在延迟钙矾石生成的可能性。至今尚未发现由此引起工程破坏的报道。混凝土厚度对混凝土内温度的影响如图 5-9 所示。立方体温度增长曲线如图 5-10 所示。

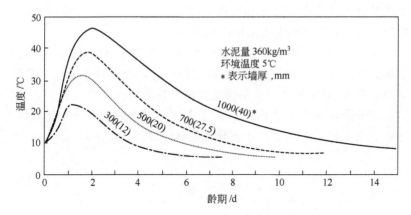

图 5-9 混凝土厚度对混凝土内温度的影响

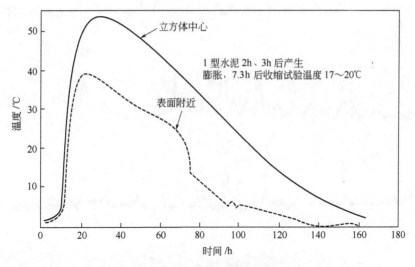

图 5-10 立方体温度增长曲线

⑤ 钙矾石的化学稳定性　Jones 曾研究了 25℃ 时碱对 $CaO\text{-}Al_2O_3\text{-}CaSO_4\text{-}H_2O$ 四元系统的影响，认为当 K_2O 和 Na_2O 在 1% 以下时，只是氧化铝的溶解度大大增加，使氢氧化钙的溶解度大大降低，而平衡相图与四元系统相似。但 Kalousek 的工作认为，NaOH 超过一定浓度时，低硫铝酸钙成为稳定相，而不再是亚稳相。

Bogue 指出，钙矾石在水中不易离解，$Ca(OH)_2$ 和 $CaSO_4$ 溶液能延缓其离解作用。钙矾石微溶于 NaCl 和 Na_2SO_4 溶液中。在有碳酸盐存在下，钙矾石水解时分解出来的 CaO 形成更不易溶解的 $CaCO_3$，而其本身逐渐被分解。如遇有镁盐存在时,由于 $Mg(OH)_2$ 沉淀,溶液 pH 值下降,钙矾石逐渐被分解。因此,当有可溶性碳酸盐和镁盐存在时,钙矾石是不稳定的。

刘崇熙根据钙矾石存在的沟槽结构,指出它处于 CO_2 气氛中,CO_2 分子较易进入沟槽中,破坏多面体的结构,使钙矾石分解成碳酸钙、石膏和铝胶。故钙矾石本质上不能抗碳化腐蚀。

游宝坤对于硫铝酸盐型水泥的耐久性进行了研究认为,钙矾石必须有足够数量的 C-S-H 凝胶和 AH_3 铝胶保护它,否则易于碳化"起砂",强度下降。例如 AH_3 铝胶较少的快凝膨胀水泥混凝土在空气养护 3 年的抗压强度比 28d 降低 30%,表面"起砂"。X 射线分析表明,该水泥浆体的钙矾石分解成文石相 $CaCO_3$、二水石膏和低硫铝酸钙(图 5-11)。

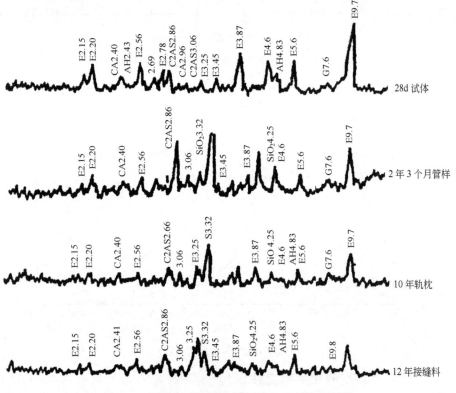

图 5-11 石膏矾土膨胀水泥混凝土 X 射线衍射图

⑥ 抗冻性能 布德尼可夫等研究了钙矾石的抗冻性能和冻融循环下的稳定性。他们的试验结果是:在 $-17\sim20℃$ 的冻融循环条件下,钙矾石无化学性分解,但出现了物理破坏;在无液相条件下,钙矾石经 18 次冻融循环后,晶体开始沿长轴破坏,而存在液相时,经 5 次冻融循环即开始破坏。

⑦ 钙矾石形成过程中的体积变化 由无水硫铝酸钙形成钙矾石的过程中,重量、相对密度和体积变化情况如下:

$$C_4A_3S+8CaSO_4+6CaO+96H_2O \longrightarrow 3C_3A \cdot 3CaSO_4 \cdot 32H_2O$$

重量	610	1088	336	1728		3762
相对密度	2.61	2.96	3.34	1		1.73
体积	(234	368	101	1728)	[2431]	2175

水化物系列的体积变化率为：

$$(2175-2431)/2431 \times 100\% = -10.5\%。$$

虽然水化物系列的体积总体减小，但无水硫铝酸钙本身的体积变化率为 $2175/234=9.3$ 倍。即在保证外部供水条件下，掺该品种膨胀剂的混凝土将产生体积膨胀，膨胀体系的实际体积变化为 2.09 倍。

而单硫型水化硫硫酸钙形成时，重量、相对密度和体积变化情况如下：

$$C_4A_3+2CaSO_4+6CaO+36H_2O \longrightarrow 3C_3A \cdot 3CaSO_4 \cdot 12H_2O$$

重量	610	272	336	648		1866
相对密度	2.61	2.96	3.34	1		1.95
体积	(234	92	101	648)	[1075]	975

水化物系列的体积变化率为：

$$(957-1075)/1075 \times 100\% = -10.98\%$$

无水硫铝酸钙本身的体积变化率为 2.1 倍，膨胀体系的实际体积变化为 1.28 倍。

由上面的计算可知，掺用膨胀剂时，加强早期湿养护尤为重要，一方面可保证膨胀的产生，另一方面保证水泥"完全"水化。

(3) 二次钙矾石形成 二次钙矾石形成（secondanz substguent ettringite formation，SEF）指的是后期在砂浆和混凝土孔、裂缝、界面中钙矾石的析出（如图5-12~图5-14所示）。

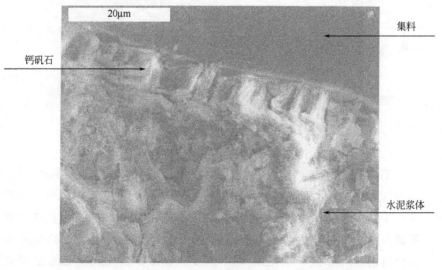

图 5-12　1 年后于水泥-集料界面处形成的钙矾石晶体

图 5-13　1 年后于内部裂隙处形成的钙矾石晶体

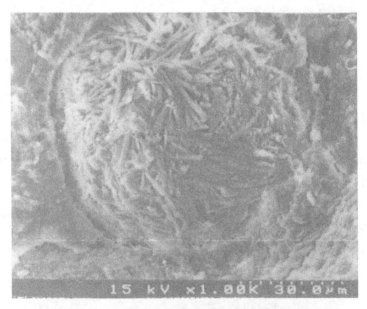

图 5-14　1 年后于内部孔洞处形成的钙矾石晶体

二次钙矾石的形成主要有 3 个条件必须满足，缺一不可。

① 浆体或混凝土含有一定量的硫和铝，它们可来自水泥熟料、混合材、外加剂和集料。水泥熟料中的硫以硫酸钾（钠）、KC_2S_3、$CaSO_4$ 的形式存在，少量以包裹体或固流体形式存在于硅酸盐相中，熟料中的硫对膨胀没有显著影响。对于发生二次钙矾石形成的水泥，SO_3 含量系数超过 3.6%。混合材的掺入降低了水泥的 CaO 浓度，能减少二次钙矾石形成而造成的膨胀。

②浆体或混凝土中存在钙矾石析出的空间。浆体-集料界面，由碱集料反应、冻融（冻-盐溶）循环、干湿循环以及超常外荷载产生的裂缝为钙矾石的形成提供了场所。尤其是碱与活性集料间产生的反应必然引发二次钙矾石的形成。如用石灰石代替硅质集料，SEF产生的膨胀会减少，净浆中因没有集料和薄弱环节-界面，很少发生二次钙矾石膨胀，游离氧化镁的存在将促进钙矾石的形成和膨胀。

③浆体或混凝土能得到充足的水供应，水一方面运送参加反应的离子和离子团，另一方面构成钙矾石晶体。长期处在干燥空气中的混凝土是不可能有二次钙矾石形成的。

二次钙矾石形成机理。①钙矾石是一种溶解与再结晶能力很强的晶体。除未水化的含铝矿物继续水化外，小尺寸的钙矾石晶体往往被水溶解由小空间迁往大空间析出并长成大晶体。②延迟钙矾石是一种特殊的二次钙矾石。水泥制品在成型后往往采用高温蒸养，以加快强度发展，提高模具周转率和制品的产量。在蒸养前的常温预养阶段往往有一定量的钙矾石形成。常压条件下，钙矾石在水中单独存在时，要到90℃才分解，在水泥浆体中，由于C-S-H凝胶吸收SO_4^{2-}，钙矾石在70℃左右即解体，钙矾石主要的分解产物为AFm。在逐步加温脱水的情况下，当结晶水只剩下12个H_2O时，Ca^{2+}的配位数由8降为5，晶体结构长程有序不再存在，X射线检测为无定形。高温处理最重要的作用是加快了水泥矿物的水化速率，加快了浆体内部传质速率和水的迁移速率。Al_2O_3从C_3A和铁相中加快溶出，SO_4^{2-}从石膏中快速溶出，进入C-S-H凝胶和孔溶液，为随后钙矾石在C-S-H中和浆体孔隙中析出创造条件。在实验室发现延迟钙矾石形成的试体中，尺寸小的水养试块，数天后即能观察到新形成的钙矾石，尺寸稍大的砂浆试块，数月才能看到延迟形成的钙矾石，而工地大尺寸混凝土要数年才能看到这种现象。由此可见，水的供应对延迟钙矾石的形成起了决定性作用。延迟钙矾石往往在集料周围形成带状，宽度可达$50\mu m$，有的宽度均匀，有的不均匀。除参与形成钙矾石外，还有少量的硫参与形成钾石膏[$K_2Ca(SO_4)_2 \cdot H_2O$]，少量的铝参与反应形成水石榴石（$C_3A_{1-x}F_xS_{3-y/2}H_y$）。③水泥中的碱，部分以硫酸盐形式存在，部分存在于熟料相中。在水泥水化时碱很快进入水泥液相，碱使液相中的Ca^{2+}浓度下降，增加了熟料相和钙矾石在水泥液相中的溶解度，促进了水泥熟料的水化，但在一定程度上，抑制了钙矾石结晶。如试块在水中养护，由于碱的溶出，液相Ca^{2+}浓度增加，钙矾石溶解度下降，并从水泥液相中析出。由此可见，碱从水泥浆体溶出将引发二次钙矾石形成。④水泥浆体中的碱与集料中的活性硅在水存在的条件下，由于碱的消耗，钙矾石在液相溶解度下降并析出。因此ASR与二次钙矾石形成往往同时发生。⑤大量的现场混凝土的岩相观察表明，多数情况下能观察到钙矾石的存在，而看到AFm晶体的情况不多，这与 AFm 容易碳化和结晶度有关：

$$3C_4 A\bar{S} H_{12} + 2CO_3^{2-} + 2OH^- + 19H_2O \longrightarrow C_6 A\bar{S}_3 H_{32} + 2C_4 A\bar{C}_{0.5} H_{12} \quad (5-21)$$

CO_3^{2-} 来源可能是 CO_2 溶于水或石灰石混合材、集料等。碳化因二次 CO_3^{2-} 的浓度较低而缓慢进行。碳化形成的钙矾石也是一种二次钙矾石。

硅酸盐水泥膨胀混凝土中，常掺入 6%~12%膨胀剂。膨胀水泥中 SO_3 含量可达 5.5%~6.5%，Al_2O_3 含量达 6%（现代硅酸盐水泥 Al_2O_3 含量平均 5%，膨胀剂引入的 Al_2O_3 超过 1%）。如 6%的 Al_2O_3 全部形成钙矾石需 14.1%的 SO_3，即膨胀混凝土中的 SO_3 相对于 Al_2O_3 严重不足。膨胀水泥浆体中的铝相当一部分存在于未水化的铁相中，部分进入 C-S-H 凝胶中，少量存在于 AFm 或水榴石中。硅酸盐水泥中钙矾石的定量测定结果表明，进入钙矾石的 SO_3 不到膨胀水泥中所含 SO_3 的一半，其余的 SO_3 进入 C-S-H 凝胶。由此可见，掺入膨胀剂后混凝土中形成的钙矾石量是有限的，而且大部分钙矾石在 7~21d 之前形成，后期形成的钙矾石更是有限。

膨胀剂试验和膨胀混凝土施工中最常见的现象是：在水中养护，钙矾石生成多、膨胀混凝土膨胀大；在湿空气中养护，钙矾石生成少，膨胀少；在干空气中养护，生成钙矾石不脱水，混凝土发生收缩；在绝湿情况下养护，钙矾石不再形成，因而也就没有膨胀。

近年来，预拌混凝土中形成延迟钙矾石屡见不鲜。预制混凝土制品，一般采用蒸汽养护工艺，使得水泥中的钙矾石分解，C-S-H 凝胶中的硫化物也可能在蒸汽养护中分离出来。钙矾石晶体裂缝存在于裂缝、空隙以及基体-集料界面过渡区中，致使混凝土膨胀、开裂。高温养护后若进行热干燥，开裂更严重。在延迟钙矾石形成过程中，AFt（钙矾石）和 AFm（单硫型水化硫铝酸钙）分解形成硫酸钙，如果重新润湿，硫酸钙溶解，迁移到裂缝处，与水化铝酸盐反应，膨胀加大。

防止延迟钙矾石的形成的主要手段是降低水泥水化热，推迟放热过程，可通过掺用缓凝减水剂和矿物外加剂来实现。

(4) 干缩与冷缩的联合补偿模式 钙矾石形成过程中的 $CaSO_4$ 由石膏提供，$Ca(OH)_2$ 主要由水泥中 C_3S 和 C_2S 水化产生的 $Ca(OH)_2$ 提供，而 Al_2O_3 则由铝质膨胀组分（如高铝熟料、地开石、偏高岭土、明矾石）提供。正常情况下，水泥中含有 5%~11% C_3A，但在混凝土塑性阶段这种 C_3A 很快水化形成钙矾石，几乎对混凝土膨胀与补偿收缩不起作用。所以，必须提供额外的含铝组分，由这些额外的含铝组分生成的钙矾石具有补偿收缩功能。水泥中 SO_3 含量对膨胀与收缩的影响如图 5-15 所示。

由水泥水化理论可知，石膏的溶解速度越快，钙矾石形成的速度也越快，有效膨胀效能降低。基于上述观点，我国膨胀剂生产时多以含杂质较少，溶解速度较慢的硬石膏（硬石膏中 $SO_3 \geqslant 48\%$）作为膨胀剂含硫组分。

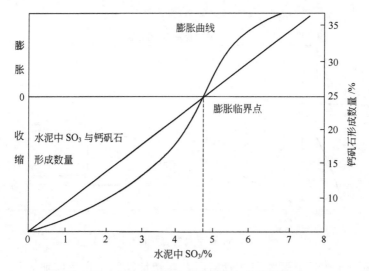

图 5-15　水泥中 SO_3 含量对膨胀与收缩的影响

普通水泥混凝土的干缩率约为 $4×10^{-4}$，当其干缩应力大于混凝土的抗拉强度时，便导致混凝土构件开裂；另外，混凝土的极限延伸率为 $4×10^{-4}$，当干缩率超过极限延伸率时，混凝土构件亦会开裂。在混凝土中掺用适量膨胀剂，可补偿混凝土收缩，防止开裂（图 5-16）。

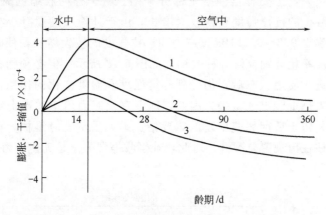

图 5-16　3 种水泥混凝土随时间的干缩值

吴中伟在他的《膨胀混凝土》专著中，针对大体积混凝土提出冷缩与干缩的联合补偿模式（图 5-17）。由图 5-17 可知，当降温在早期产生时，湿养下的补偿收缩混凝土正在进行膨胀，直到 $\varepsilon_2-(S_2+S_e)-S_T=0$ 或不超过极限拉伸 S_K 时，应达到补偿收缩的目的。他指出，由于现行的大体积混凝土的温度控制代价十分高昂，故采用补偿收缩混凝土是控制大体积结构工程裂缝的有效方法。近十多年的工程实践证明，该理论是正确的。

根据中国建筑材料科学研究院的研究和大量工程实践表明：膨胀剂掺

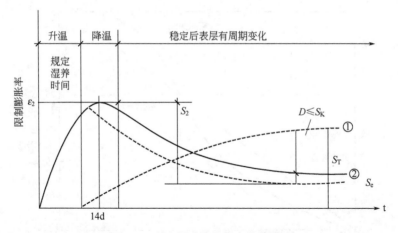

图 5-17 冷缩与干缩的联合补偿模式

入混凝土中后就开始形成钙矾石，在塑性期间不产生膨胀作用，钙矾石只起骨架和填孔作用。当混凝土开始硬化后，钙矾石生成起补偿混凝土自生收缩作用，混凝土浇筑 1~2d 后水化热达最高峰，钙矾石加速生成，随后混凝土温度下降，产生冷缩，此间钙矾石的膨胀能补偿大部分冷缩，从而防止温差裂缝。当混凝土结束养护后置于大气中，余量钙矾石继续生成和结晶体长大，主要补偿混凝土部分干缩。由于开始收缩的时间往后拖延，此间混凝土的抗拉强度获得较大增长。由于补偿收缩混凝土在养护期间在结构中建立 0.2~0.7MPa 预应力和抗拉强度的较大增长，依时间和环境温度、湿度变化分别补偿各种收缩，如图 5-18 所示。但必须指出，钢筋混凝土结构进入使用状态后，仍受到环境温度和湿度变化的作用，结构产生的温度应力仍可能出现微裂，因此，地下室及时回填土和地上结构要尽早封闭围墙是防止后期裂缝出现的重要措施。如果不及时维护，在气温骤然下降时，往往出现温差裂缝。对此，补偿收缩混凝土是无能为力的。

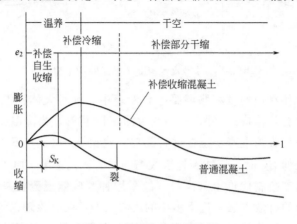

图 5-18 补偿收缩及其效果

在大体积混凝土施工中,控制混凝土中心温度和表面温度之差是十分重要的。采用普通混凝土,温差控制在25℃之内,否则往往出现冷缩裂缝。而采用补偿收缩混凝土,这个温差可放宽至30～35℃。其原理如下:设混凝土中心温度为T_1,表面温度为T_2。补偿收缩混凝土在湿养期间的限制膨胀率为ε_2,混凝土的热膨胀系数为α,则因膨胀产生的补偿当量温度为:

$$T_2 = \varepsilon_2/\alpha \tag{5-22}$$

试验表明,一般$\varepsilon_2 = (1.5 \sim 2) \times 10^{-4}$,$\alpha = 1.0 \times 10^{-5}/℃$,则$T_3 = 15 \sim 20℃$。也即可消减混凝土水化热温差15～20℃,如式(5-23)所示。

$$\Delta T = T_1 - T_2 - T_3 \leqslant 25℃ \tag{5-23}$$

这意味补偿收缩混凝土温控可放宽一些,即:

$$\Delta T = T_1 - T_2 \leqslant 25 + T_3 \tag{5-24}$$

(5) 影响补偿收缩效果的主要因素 影响补偿收缩效果的因素主要有:膨胀剂品种、胶凝材料品种、膨胀剂用量、设计因素、施工条件、养护条件等。

① 膨胀剂品种的影响 不同品种的膨胀剂,其补偿收缩机理不同。

以钙矾石为膨胀源的膨胀剂,也可能因原材料不同,性能存在很大差别。

含CaO的膨胀剂,CaO活性度对膨胀剂性能有显著影响,以采用活性度在100～180ml的煅烧CaO为宜。过烧的CaO可能会造成混凝土后期安定性不良。

在水工混凝土中,常掺用一定量经一定温度煅烧的MgO,其膨胀主要发生在28d以后,这对补偿大体积混凝土后期冷缩十分有益。但对MgO的煅烧温度的控制,以及MgO的细度控制至关重要。

适宜的膨胀剂应是$CaO-MgO-Al_2O_3-SO_3$四元体系,即引入复合或多元膨胀的概念,采用3种不同的膨胀源,水泥水化早期以铝酸盐水泥熟料和CaO为膨胀源,水化中期依靠钙矾石膨胀,后期则依靠MgO水化产生膨胀,以不同的水化速度来调节膨胀速率,从而使膨胀随时间的分布更趋合理,从理论上分析,$CaO-MgO-Al_2O_3-SO_3$四元体系膨胀剂的水中限制膨胀率和强度应随CaO含量的增加而提高,并且早期水中限制膨胀率和抗压强度的变化趋势显著,凝结时间则随CaO加入量的增加有所缩短,其对初凝时间的影响大于对终凝时间的影响。

② 膨胀剂掺量的影响 膨胀剂掺量应适当。膨胀剂的掺量应不小于满足混凝土性能要求的最低用量,也不应高于最高控制用量。膨胀剂用量过小,达不到补偿收缩的目的;过用量大,既可能使混凝土发生膨胀开裂,又灰增加混凝土制造成本。

③ 胶凝材料品种的影响 胶凝材料品种不同,膨胀剂的作用效果有所区别。在纯熟料硅酸盐水泥中掺用膨胀剂的效果优于含混合材料的水泥;

胶凝材料中铝酸盐含量较高或 SO$_3$ 含量较高时,膨胀剂作用效果较好;混合材料中,偏高岭土具有较好的体积稳定作用。

④ 施工条件的影响 即使采用优质的膨胀混凝土,如果施工不当,混凝土结构也会产生开裂或渗漏。就混凝土工程渗漏而言,振捣不密实可导致混凝土渗漏;防水节点施工处理不当(如施工缝、穿墙螺栓、穿墙管道及变形缝等部位处理),也会产生渗漏。

混凝土施工操作时应振捣密实,只有使混凝土充分密实才能发挥其高强致密的材料特性。对于干硬或半干硬性混凝土,振捣不密实是产生渗漏的主要原因,而流态混凝土过振则会产生集料和浆体分离的现象,从而降低混凝土匀质性,影响混凝土的抗渗性能。补偿收缩混凝土虽然具有抗渗防裂功能,但如果振捣不密实或过振产生离析,就会失去其应有的作用,使补偿收缩的效果付诸东流。

⑤ 养护条件的影响 精心养护是保障补偿收缩混凝土发挥最佳性能的重要条件。无论是硫铝酸钙类膨胀剂还是氧化钙类膨胀剂,在水泥混凝土中发生体积膨胀时都需要水,而仅靠拌和水不足以使其产生足够的体积膨胀。加强早期湿养护是必要的。

⑥ 结构设计方面的影响 延长施工缝或伸缩缝间距是补偿收缩混凝土对结构设计、施工的重要贡献,现在很多工程使用膨胀剂就是为了解决这个问题。工程应用实践表明,补偿收缩混凝土在地下工程中应用比较成功,在结构受限制程度低,完工后能及时回填,温差较小的工程中,通过采取一些工艺措施,可以做到不设永久伸缩缝,后浇带间距以 60m 左右为宜。鉴于补偿收缩混凝土对冷缩的补偿非常有限,在寒冷和严寒地区,由于地表温差大,地下一层外墙和顶板是否留伸缩缝要慎重确定,地上工程延长伸缩缝间距,应采用补偿收缩混凝土与预应力相结合的方法。实践证明,后浇带可以有效地释放收缩应力,在混凝土结构应力集中的部位设置后浇带,如连接两块大体积混凝土之间较薄的板或梁上设后浇带,可以避免这些部位出现裂缝,科学合理地运用补偿收缩混凝土和后浇带技术,对混凝土中的收缩应力采取"抗放结合"的防治措施,可以有效地避免或减少超长的大型钢筋混凝土结构产生裂缝。

此外,采用"细、密"的配筋原则是解决混凝土开裂的有效方法,纤维混凝土是这个原则的最佳体现,补偿收缩混凝土也不例外。相同配筋率下,钢筋间距越大,对膨胀混凝土的限制作用就越小,补偿收缩效果也越差。所以,对于易裂的地下室外墙混凝土,水平筋配筋率宜为 0.4%~0.6%,水平钢筋可选用 ϕ10~16mm 的钢筋,间距不大于 150mm。此外,从限制形式看,补偿收缩效果依三向-双向-单向而递减,故厚度大于 100mm 的楼板,上层也应该配抗裂钢筋,否则处于自由状态的上部混凝土很容易开裂,裂缝扩展会贯穿楼板。

(6) 膨胀混凝土的限制膨胀率 限制膨胀率 ε_p 是膨胀混凝土设计中非常重要的参数，也是建筑结构抗渗防裂设计的重要参数。工程设计人员和材料工程师都十分关注 ε_p。ε_p 数值大，表示膨胀值高，其补偿收缩、抗渗防裂的能力就强；反之，ε_p 数值小，抗渗其防裂的能力就弱。目前，在设计地下室、地下铁道、无缝路面时，ε_2 已被作为一项重要指标提出。

前面已经介绍，混凝土干缩约为 0.04%，混凝土极限延伸率为 0.02%，若同时考虑自收缩和冷缩，则限制膨胀率至少应介于 0.02% 和 0.04% 之间，而其最大值应不超过 0.1%。

吴中伟在《膨胀混凝土》一书中提出，实践证明经过 14d 潮湿养护的限制膨胀率 $\varepsilon_p=0.03\%\sim0.05\%$ 的补偿收缩混凝土是可行的。美国规范则规定补偿收缩混凝土经 7d 潮湿养护达到的限制膨胀率为 0.03%~0.1%。

上述限制膨胀率指标对补偿收缩混凝土建筑物的防裂具有极其重要的作用，因为补偿收缩混凝土经 7~14d 的潮湿养护达到设计的限制膨胀率后，就进入了使用状态，依靠达到的限制膨胀率和自应力值，来补偿此后的各种收缩，使结构的收缩应力得到大小适宜的补偿，从而控制裂缝的出现，达到防止开裂、提高抗渗能力的目的。

补偿收缩的通式为式(5-25)。

$$\varepsilon_p - \sum S_m = D \tag{5-25}$$

式中，$\sum S_m$ 是各种收缩之和；D 为补偿收缩的最终变形，即剩余变形。在补偿干缩时 $\sum S_m$ 只限于干缩率 S_d。在同时要补偿干缩 S_d 和冷缩 S_i 时，式(5-26)成立。

$$\sum S_m = S_d + S_i \tag{5-26}$$

在不允许出现拉应力的构件中 $D \geqslant 0$，在不允许出现开裂的构件中 $D \leqslant |S_k|$；S_k 为混凝土的极限延伸值，即混凝土构件出现可见裂缝时的最大应变（其值为负），可取值为 0.02%（负值）。如某具有抗渗防裂要求的混凝土工程，采用低水胶比混凝土，$\sum S_m$ 为 0.05%，S_k 等于 0.02（负值），因为：

$$\varepsilon_p - \sum S_m = S_k \tag{5-27}$$

则 $\varepsilon_p - 0.05\% = -0.02\%$

因此 $\varepsilon_p = 0.03\%$。

(7) 超长混凝土结构无缝设计 1992 年，中国建材院最先提出了 UEA 补偿收缩混凝土超长结构无缝设计和施工新方法。混凝土结构无缝设计、施工是以掺膨胀剂的补偿收缩混凝土为结构材料，以加强带取代后浇带，连续浇筑超长混凝土结构的一种新技术。该技术所采用的加强带宽 2m，带两侧架设密孔钢丝网，并用钢筋加固，防止混凝土流入加强带内。适当增加带内温度钢筋。施工时先浇带外混凝土，浇到加强带时改用大掺量膨胀剂的混凝土。由于膨胀作用会使混凝土强度降低，因而带内混凝土等级要比两侧提高5MPa。加强带混凝土浇筑后要特别注意加强养护。如此循环施工可连续浇筑100~150m的超长结构。

① 膨胀加强带及其作用　膨胀混凝土在凝结硬化过程中产生适当膨胀，在钢筋和邻位混凝土的约束下，使混凝土产生一定的自应力。自应力值按式(5-28)计算。

$$\sigma_c = \rho E_s \varepsilon_p \tag{5-28}$$

式中　σ_c——混凝土自应力，MPa；
　　　ρ——截面的配筋率，%；
　　　E_s——钢筋的弹性模量，MPa；
　　　ε_p——混凝土的限制膨胀率，%。

从式(7-22)中可以看出：在配筋率和钢筋弹性模量确定的情况下，膨胀混凝土自应力与膨胀率成正比。这样膨胀加强带部位的自应力增大，对温度收缩应力补偿能力增大，防止超长结构开裂，其原理示意图如图5-19所示。

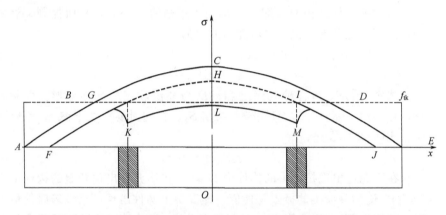

图5-19　膨胀加强带防止超长结构开裂原理

从图5-19中可以看出，超长混凝土结构使普通混凝土的温度收缩应力曲线为ABCDE，其应力从两边向中间增长到B、D两点时，$\sigma \geqslant f_{tk}$（混凝土抗拉强度），开始发生开裂，释放能量；仅采用小掺量膨胀混凝土进行补偿的超长混凝土结构，能够抵消部分温度收缩应力，其温度收缩应力曲线为FGHIJ，应力从两边向中间随结构长度的延伸而增长，达到G、I两点时，$\sigma \geqslant f_{tk}$，开始产生开裂，掺膨胀剂混凝土的达到开裂时的结构长度较普通混凝土延长，起到一定补偿作用。

当大面积采用小掺量膨胀剂混凝土、适当部位局部加大膨胀剂掺量形成膨胀加强带，对超长混凝土结构进行叠加式重复补偿时，其温度应力曲线为FKLMJ，当温度应力从两边向中间逐渐增长，到达膨胀加强带部位

（K、M）时，由于加强带部位储存较大自应力（或膨胀能）对其进行补偿，使其应力降低，然后随长度增加重新增长，但最终结构中部最大应力值小于混凝土的抗拉强度，即 $\sigma \leqslant f_{tk}$，保证超长混凝土结构不开裂，这就是膨胀加强带的主要作用。

中国建材研究院对膨胀加强带的作用在试验室进行了模拟试验，采用 100mm×100mm×300mm 的限制架，中间 1/3 装入膨胀加强带混凝土，两边各 1/3 装入普通膨胀混凝土。试验结果表明，普通膨胀混凝土（掺 PNC 8%）的 14d 水中限制膨胀率为 0.026%，而膨胀加强带混凝土（内掺 PNC10%）限制膨胀率为 0.036%，明显高于普通膨胀混凝土。两者复合后限制膨胀率达到 0.03%，证明膨胀加强带混凝土对两侧混凝土有补偿收缩作用，使总体膨胀率由 0.026% 提高到 0.03%，使混凝土温度收缩应力减少，防止超长混凝土结构的开裂。

② 膨胀加强带的设计 膨胀加强带的数量及位置要根据超长结构的特点、温度收缩应力的大小进行综合分析，在工程误差要求的前提下，将次要因素忽略，简化其应力曲线，以便于进行计算。根据研究和工程应用证明，其计算模式如图 5-20 所示。

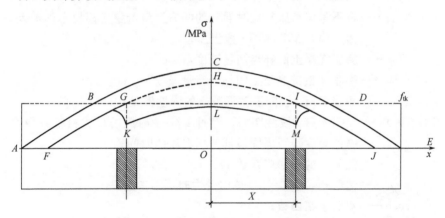

图 5-20 膨胀加强带的设计计算模式

首先确定膨胀加强带 n 的数量。膨胀加强带的设计

从图 5-22 中可以看出，当普通膨胀混凝土温度收缩应力从两边增长到 G、I 两点时，两点的拉应力达到混凝土的抗拉强度，如再增长结膨胀加强带的设计结构就会发生开裂，为防止开裂，必须于 G、I 两点增设膨胀加强带，进一步降低拉应力。增设加强带后，G、I 两点的拉应力降低到 K、M 点，温度收缩应力从 K、M 两点重新增长，但结构中点 L 处最大拉应力不超过混凝土抗拉强度，结构不会发生开裂。

这样 G、L、I 三个临界点拉应力为 $\sigma_G = \sigma_L = \sigma_I = f_{tk}$，则：

$$\sigma_L = \sigma_c - \rho E_s \alpha T_{p1} - n\rho E_s \alpha T_p \tag{5-29}$$

$$\sigma_c = -E\alpha T_0 \left(1 - \frac{1}{\cosh\beta \cdot \frac{L}{2}}\right) S(t,\tau) \tag{5-30}$$

由式(5-23)和式(5-24)求得 n：

$$n = -\frac{f_{tk} + E\alpha T_0 \left(1 - \frac{1}{\cosh\beta \cdot \frac{L}{2}}\right) \cdot S(t,\tau) + \rho E_s \alpha T_{p1}}{\rho E_s \alpha T_p} \tag{5-31}$$

若考虑混凝土弹性模量及应力松弛随时间变化的影响，将总的温差分为许多小区段（按平面应力考虑），则式(5-31)变化为：

$$n = -\frac{f_{tk} + \frac{\alpha}{1-\mu} \sum_{i=1}^{n} \left(1 - \frac{1}{\cosh\beta \cdot \frac{L}{2}}\right) \cdot \Delta T_{0i} E_i(T) S_i(t,\tau) + \rho E_s \alpha T_{p1}}{\rho E_s \alpha T_p} \tag{5-32}$$

上述公式中各参数分别表示：

n——膨胀加强带的数量；

f_{tk}——混凝土的抗拉强度，MPa；

ΔT_{0i}——将不考虑膨胀补偿时温升的峰值至最低稳定温度总降温差；分解为 n 段，ΔT_{0i} 为第 i 段温差；

T_{p1}——膨胀混凝土的补偿当量温度，℃；

T_p——膨胀加强带混凝土的补偿当量温度，℃；

$E_i(t)$——相当于第 i 段降温时混凝土的弹性模量；

$S_i(t, \tau_1)$——相当于第 i 段龄期 τ_i，经过 t 至 τ_i 时间的应力松弛系数，t 为由峰值温度降至周围最低使用温度的时间；

α——混凝土的线膨胀系数 10×10^{-6} (1/℃)；

μ——泊松比，取 0.15（单向受力时可不考虑）；

$\cosh$——双曲余弦函数；

L——结构长条板的长度，mm。

$$\beta_i = \sqrt{\frac{Cx}{HE_i(t)}}$$

其次，确定膨胀加强带位置

由图 5-20 可见，膨胀加强带的位置需设在适当位置，方能起到有效的补偿，防止超长结构开裂。由：

$$\sigma_H = \sigma_c - \rho E_s \alpha T_{p1} - (n-1)\rho E \alpha T_p \tag{5-33}$$

$$\sigma_H = -E\alpha T_0 \left(1 - \frac{1}{\cosh\beta \cdot \frac{L_{FJ}}{2}}\right) \cdot S(t,\tau) \tag{5-34}$$

$$\sigma_I = f_{tk} \tag{5-35}$$

$$\sigma_I = -E\alpha T_0 \left(1 - \frac{\cosh\beta \cdot X_I}{\cosh\beta \cdot \frac{L_{FJ}}{2}}\right) \cdot S(t,\tau) \tag{5-36}$$

得
$$X_n = \frac{1}{\beta}\mathrm{arcosh}\frac{f_{tk} + E\alpha T_0 \cdot S(t,\tau)}{E\alpha T_0\left[\frac{1}{\cosh\beta \cdot \frac{L}{2}}\right] \cdot S(t,\tau) - \rho E_s\alpha[T_{p1} + (n-1)T_p]} \tag{5-37}$$

为了准确地计算早期混凝土的温度应力,考虑弹性模量及应力松弛系数随时间变化的影响,将总的温差分为许多小区间,最后叠加得到徐变作用的应力(按平面应力考虑):

$$X = -\frac{1}{\beta_i}\mathrm{arcosh}\frac{f_{tk} + \frac{\alpha}{1-\mu}\sum_{1-\mu}^{n}E_i(t)S_i(t,\tau_i) \cdot \Delta T_{0i}}{\frac{\alpha}{1-\mu}\sum_{i=1}^{n}E_i(t)S_i(t,\tau_i)\Delta T_{0i}\left[\frac{1}{\cosh\beta_i \cdot \frac{L}{2}}\right] - \rho E_s\alpha[T_{p1} + (n-1)T_p]} \tag{5-38}$$

式中 X_n——加强带距中心的距离,mm。

根据 X_n 即可确定加强带距结构中心位置的距离,由于 X_n 处于即将开裂位置,所以加强带的位置应在 I 点以右布置。因为温度收缩应力是两端对称向中间递增,所以加强带应对称布置,即 I 点、G 点均应布置加强带,即加强带位置由 $|X| \geqslant X_n$ 控制。

③ 膨胀加强带的布置原则

a. 加强带的数量及位置必须根据公式计算。根据每条加强带的补偿能力确定其数量;

b. 加强带的宽度不宜太窄,一般控制在 2~3m;

c. 膨胀加强带的位置宜布置在拉应力较大、配筋变化及截面突变的部位及应力集中部位;

d. 结构长度达到 70m 以上时,无论计算是否需要加强带,但均要设置加强带。

④ 膨胀加强带的构造原则　膨胀加强带的设计一般根据外约束情况的强弱而确定。一般每隔 20~40m 左右设置一条,宽度 2000~3000mm,设置在温度收缩应力较大的部位,如变截面、钢筋变化等部位。在加强带的两侧设置一层孔径 ϕ5mm 钢丝网,并 200~300mm 设一根竖向 ϕ16mm 的钢筋予以加固,其上下均应留有保护层,钢丝与钢丝网、上下水平钢筋及竖向加固筋必须绑扎牢固,不得松动,以免浇筑混凝土时被冲开,造成两种混凝土混合,影响加强带的效果。

5.10.2 品种

混凝土工程可采用下列膨胀剂：硫铝酸钙类；硫铝酸钙-氧化钙类；氧化钙类。

5.10.3 适用范围

膨胀剂的适用范围应符合表 5-3 的规定。

表 5-3 膨胀剂的适用范围

用 途	适 用 范 围
补偿收缩混凝土	地下、水中、海水中、隧道等构筑物,大体积混凝土(除大坝外),配筋路面和板、屋面与厕浴间防水、构件补强、渗漏修补、预应力混凝土、回填槽等
填充用膨胀混凝土	结构后浇带、隧洞堵头、钢管与隧道之间的填充等
灌浆用膨胀砂浆	机械设备的底座灌浆、地脚螺栓的固定、梁柱接头、构件补强、加固等
自应力混凝土	仅用于常温下使用的自应力钢筋混凝土压力管

含硫铝酸钙类、硫铝酸钙-氧化钙类膨胀剂的混凝土（砂浆）不得用于长期环境温度为 80℃ 以上的工程。

含氧化钙类膨胀剂配制的混凝土（砂浆）不得用于海水或有侵蚀性水的工程。

掺膨胀剂的混凝土适用于钢筋混凝土工程和填充性混凝土工程。

掺膨胀剂的大体积混凝土，其内部最高温度应符合有关标准的规定，混凝土内外温差宜小于 25℃。

掺膨胀剂的补偿收缩混凝土刚性屋面宜用于南方地区，其设计、施工应按《屋面工程质量验收规范》GB 50207 执行。

5.10.4 掺膨胀剂的混凝土（砂浆）性能要求

施工用补偿收缩混凝土，其性能应满足表 5-4 的要求，限制膨胀率与干缩率的检验应按附录 B 方法进行；抗压强度的试验应按《普通混凝土力学性能试验方法标准》GB/T 50081 进行。

表 5-4 补偿收缩混凝土的性能

项 目	限制膨胀率/%	限制干缩率/%	抗压强度/MPa
龄 期	水中 14d	水中 14d,空气中 28d	28d
性能指标	≥0.015	≤0.03	≥25

填充用膨胀混凝土；其性能应满足表 5-5 的要求，限制膨胀率与干缩率的检验应按附录 B 进行。

掺膨胀剂混凝土的抗压强度试验应按《普通混凝土力学性能试验方法标准》GB/T 50081 进行。填充用膨胀混凝土的强度试件应在成型后第 3 天拆模。

表 5-5 填充用膨胀混凝土的性能

项目	限制膨胀率/%	限制干缩率/%	抗压强度/MPa
龄期	水中 14d	水中 14d,空气中 28d	28d
性能指标	≥0.025	≤0.03	≥30.0

灌浆用膨胀砂浆：其性能应满足表 5-6 的要求。灌浆用膨胀砂浆用水量按砂浆流动度 250mm±10mm 的用水量。抗压强度采用 40mm×40mm×160mm 试模，无振动成型，拆模、养护、强度检验应按《水泥胶砂强度检验方法（ISO 法）》GB/T 17671 进行，竖向膨胀率测定方法应按附录 C 进行。

表 5-6 灌浆用膨胀砂浆性能

流动度 /mm	竖向膨胀率/×10⁻⁴		抗压强度/MPa		
	3d	7d	1d	3d	28d
250	≥10	≥20	≥20	≥30	≥60

自应力混凝土：掺膨胀剂的自应力混凝土的性能应符合《自应力硅酸盐水泥》JC/T 218 的规定。

5.10.5 设计要求

掺膨胀剂的补偿收缩混凝土应在限制条件下使用，构造（温度）钢筋的设计和特殊部位的附加筋，应符合《混凝土结构设计规范》（GB 50010）规定。

墙体易于出现竖向收缩裂缝，其水平构造筋的配筋率宜大于 0.4%，水平筋的间距宜小于 150mm，墙体的中部或顶端 300～400mm 范围内水平筋间距宜为 50～100mm。

墙体与柱子连接部位宜插入长度 1500～2000mm、直径 5～10mm 的加强钢筋，插入柱子 200～300mm，插入边墙 1200～1600mm，其配筋率应提高 10%～15%。

结构开口部位、变截面部位和出入口部位应适量增加附加筋。

楼板宜配置细而密的构造配筋网，钢筋间距宜小于 150mm，配筋率宜为 0.6%左右；现浇补偿收缩钢筋混凝土防水屋面应配双层钢筋网，构造筋间距宜小于 150mm，配筋率宜大于 0.5%。楼面和屋面后浇缝最大间距不宜超过 50m。

地下室和水工构筑物的底板和边墙的后浇缝最大间距不宜超过 60m，后浇缝回填时间应不少于 28d。

5.10.6 施工

掺膨胀剂混凝土所采用的原材料应符合下列规定。

① 膨胀剂　应符合《混凝土膨胀剂》JC 476 标准的规定；膨胀剂运到工地（或混凝土搅拌站）应进行限制膨胀率检测，合格后方可入库、使用。

② 水泥　应符合现行通用水泥国家标准，不得使用硫铝酸盐水泥、铁铝酸盐水泥和高铝水泥。

掺膨胀剂的混凝土的配合比设计应符合下列规定。

① 胶凝材料最少用量（水泥、膨胀剂和掺和料的总量）应符合表 5-7 的规定。

表 5-7　胶凝材料最少用量

膨胀混凝土种类	胶凝材料最少用量/(kg/m³)
补偿收缩混凝土	300
填充用膨胀混凝土	350
自应力混凝土	500

② 水胶比不宜大于 0.5。

③ 用于有抗渗要求的补偿收缩混凝土的水泥用量应不小于 320kg/m³，当掺入掺和料时，其水泥用量不应小于 280kg/m³。

④ 补偿收缩混凝土的膨胀剂掺量不宜大于 12%，不宜小于 6%；填充用膨胀混凝土的膨胀剂掺量不宜大于 15%，不宜小于 10%。

⑤ 以水泥和膨胀剂为胶凝材料的混凝土。设基准混凝土配合比中水泥用量为 m_{C0}、膨胀剂取代水泥率为 K，膨胀剂用量 $m_E = m_{C0} K$、水泥用量 $m_C = m_{C0} - m_E$。

⑥ 以水泥、掺和料和膨胀剂为胶凝材料的混凝土，设膨胀剂取代胶凝材料率为 K、设基准混凝土配合比中水泥用量为 $m_{C'}$，和掺和料用量为 m_F，膨胀剂用量 $m_E = (m_{C'} + m_{F'}) \cdot K$、掺和料用量 $m_F = m_{F'}(1-K)$、水泥用量 $m_C = m_{C'}(1-K)$。

其他外加剂用量的确定方法：膨胀剂可与其他混凝土外加剂复合使用，应有较好的适应性，膨胀剂不宜与氯盐类外加剂复合使用，与防冻剂复合使用时应慎重，外加剂品种和掺量应通过试验确定。

粉状膨胀剂应与混凝土其他原材料一起投入搅拌机，拌和时间应延长 30s。

混凝土浇筑应符合下列规定。

① 在计划浇筑区段内连续浇筑混凝土，不得中断。

② 混凝土浇筑以阶梯式推进，浇筑间隔时间不得超过混凝土的初凝时间。

③ 混凝土不得漏振、欠振和过振。

④ 混凝土终凝前，应采用抹面机械或人工多次抹压。

掺膨胀剂的混凝土养护应符合下列规定。

① 对于大体积混凝土和大面积板面混凝土，表面抹压后用塑料薄膜覆盖，混凝土硬化后，宜采用蓄水养护或用湿麻袋覆盖，保持混凝土表面潮湿，养护时间不应少于14d。

② 对于墙体等不易保水的结构，宜从顶部设水管喷淋，拆模时间不宜少于3d，拆模后宜用湿麻袋紧贴墙体覆盖，并浇水养护，保持混凝土表面潮湿，养护时间不宜少于14d。

③ 冬期施工时，混凝土浇筑后，应立即用塑料薄膜和保温材料覆盖，养护期不应少于14d。对于墙体，带模板养护不应少于7d。

灌浆用膨胀砂浆施工应符合下列规定。

① 灌浆用膨胀砂浆的水料（胶凝材料＋砂）比应为0.14～0.16，搅拌时间不宜少于3min。

② 膨胀砂浆不得使用机械振捣，宜用人工插捣排除气泡，每个部位应从一个方向浇筑。

③ 浇筑完成后，应立即用湿麻袋等覆盖暴露部分，砂浆硬化后应立即浇水养护，养护期不宜少于7d。

④ 灌浆用膨胀砂浆浇筑和养护期间，最低气温低于5℃时，应采取保温保湿养护措施。

5.10.7 膨胀混凝土的品质检查

掺膨胀剂的混凝土品质，应以抗压强度、限制膨胀率和限制干缩率的试验值为依据。有抗渗要求时，还应做抗渗试验。

掺膨胀剂混凝土的抗压强度和抗渗检验，应按《普通混凝土力学性能试验方法标准》GB/T 50081和《普通混凝土长期性能和耐久性能试验方法》GBJ 82进行。

5.11 掺外加剂的混凝土养护

本节重点讨论高性能混凝土（HPC）的养护。

很久以来，人们始终将养护作为获得可靠结构和耐久的混凝土的前提条件。对混凝土进行充分养护，是满足混凝土在任何环境下或任何使用条件下发挥最佳性能的最重要的手段之一。在高性能混凝土（HPC）日渐受到重视的今天，关于各种养护条件对HPC性能的影响，还缺乏数据，而适用于普通混凝土养护的方法有可能对HPC来说不是最优的，因为HPC的强度发展及耐久性与普通混凝土不同，因而需研究新的养护工艺。加之HPC属于新型混凝土，有必要对影响其物理化学性能的各种因素进行全面研究。因此，要成功应用HPC就应该知道如何对其进行养护以发挥其潜在优势。

5.11.1 养护的重要性

不充分的养护会导致事与愿违的结果。充分养护获得最佳耐久性，尤其当混凝土暴露在严酷环境下，其表面受到磨蚀、腐蚀或冻融循环作用时，更应加强混凝土养护。同样，为达到设计强度，也需要对混凝土进行充分养护。即使是质量优良的混凝土，在浇注后也必须进行养护以便其在服务期内发挥最大效能。养护不足，再好的混凝土也可能会毁于一旦。

当代混凝土的养护比以前任何时候都显得重要，因为：①高标号、高早强水泥的应用，促使建筑施工时提前拆模，易使混凝土养护不充分；②低水灰比混凝土有自干燥倾向，为防止自干燥收缩的发生，应保证湿养供水；③HPC中掺有矿物外加剂，有必要通过较长时间的湿养护，保证混凝土性能正常发展。

研究发现，混凝土抗压强度大于45MPa后，强度的些微增长，可大幅度提高混凝土使用寿命（图5-21）。而养护对混凝土使用寿命的影响至关重要。如5-22所示，强度为50MPa的混凝土，以泡水养护6d为基准，基于碳化作用的使用寿命为70年，浇水养护3d和7d的碳化预测寿命分别为29年和47年。图5-23则表明，精心养护可有效提高混凝土抗氯离子侵蚀能力，与泡水养护6d相比，浇水养护3d和6d的混凝土，在氯盐环境下的使用寿命从65年分别下降为32年和34年，而泡水养护28d的混凝土，其在氯盐侵蚀环境中的使用寿命则可提高到140年。对粉煤灰混凝土，养护的重要性更加突出（图5-24），泡水养护28d（E）和7d（D）的粉煤灰混凝土抗碳化性能和抗氯离子侵蚀性能大大优于湿养护7d（C）和3d（B）的混凝土。

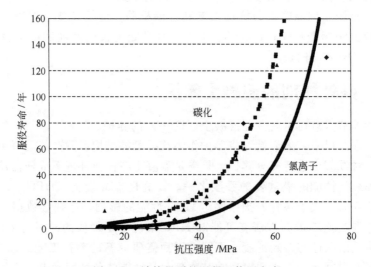

图 5-21　计算得到的混凝土使用寿命

养护对混凝土渗透性影响很大，混凝土表面区域会因渗透性增加而严重退化。建筑商总是要么缩短养护期，要么几乎忽视养护。

与混凝土计量和搅拌时一样，混凝土养护也需要管理和控制。就某一

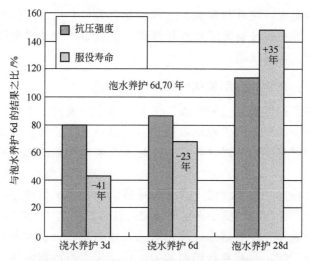

图 5-22 养护条件对强度和碳化寿命的影响

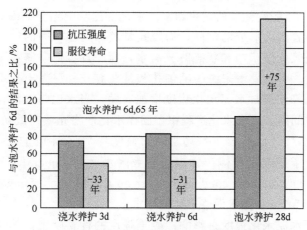

图 5-23 养护条件对强度和氯盐侵蚀寿命的影响

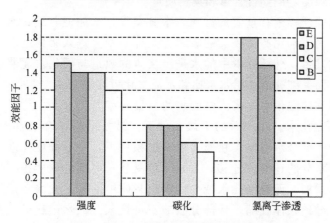

图 5-24 养护对粉煤灰 90d 效能因子的影响

建筑工程而言，很难确定混凝土养护是否到位，还没有标准可资参考。有史以来，养护仅仅是为了获得足够强度。现场养护技术是混凝土迫切需要解决的施工技术难题。

5.11.2　与养护有关的水泥浆体物理、化学性能

了解养护对混凝土的物理、化学作用十分重要。了解这些作用可为高性能混凝土的养护提供理论依据。由于混凝土性能的发展是水泥水化的结果，因而可将研究不同的养护条件对水泥浆体性能的影响作为基础研究来对待。

已经确定，水泥水化产物主要是凝胶体。水泥浆体中，以自然结晶状态出现的"亚微观"粒子占主导地位。胶体粒径约 1~100nm，形成刚性网络，粒子表面存在吸附水。硬化水泥浆体的重要性能包括：化学组成、固相（水化产物）及其与水的亲和力。孔结构也与水泥浆体的性能存在重要关系。水泥浆体中，依赖于养护的内部湿度，是影响浆体某些重要性能（如强度、体积变化）的首要因素。硬化水泥浆中包含毛细孔和胶孔。毛细孔是水泥胶团间形成的空间，而胶孔是胶体内粒子间的空隙。毛细孔和胶孔在水泥浆体处于饱和状态时充满水，而一旦浆体暴露在干燥环境，孔隙水将蒸发。可蒸发水来源于毛细孔和某些胶孔。混凝土抗压强度的增加和渗透性的降低都与水泥水化程度增加有关。当水泥与水混合后，水泥颗粒被充水空间隔开，在水化进程中，固体水化产物充填在最初的充水空间中，使胶空比（gel-spaceratio）增加，而强度与 V_m/w_0 成正比，其中 V_m 是完全以单分子层吸附固体产物表面的吸附水量（"quantity of adsorbate required for a complete condensed layer on the solid, the layer being 1 molecule thick"），w_0 是水泥浆最初的用水量。

尽管水泥水化程度是影响混凝土强度的首要因素，其他因素也会影响混凝土强度，例如含气量和集料质量。

水的迁移也有重要的影响。水分蒸发，水泥便收缩；水分渗入，体积增加。固体水化产物表面的吸附力是外部水分进入浆体的驱动力，可防止干燥的发生。外部环境中的水进出浆体的数量与硬化水泥浆体中的毛细孔有关。而毛细孔受初始水灰比和水泥水化程度影响。

饱和的硬化水泥浆体中的水的总量可细分为 3 类：化学结合水、胶孔水和毛细孔水。在严重的干燥条件下，最松散的结合水首先蒸发，接着，较紧密的结合水蒸发。在通常的干燥条件下，一部分胶孔水伴随着较小毛细孔中水分的迁移而迁移。当浆体经受较长时间的湿养护，化学结合水和胶孔水增加，而毛细孔水减少。水泥浆体中的可蒸发水在干燥时从孔隙中逸出，导致浆体收缩，且部分收缩不可恢复。低水胶比的混凝土中，长时间的养护可最终排除毛细孔中的水，最初饱水的毛细孔被水化产物填充，

水泥不再继续水化。胶孔水在水泥体积变化（收缩与膨胀）时起主要作用。收缩是胶孔水向外迁移的结果，膨胀是胶粒固相因表面吸附力作用吸附水的结果。当毛细孔水部分被水泥水化消耗时，将发生自收缩。研究表明，在低水胶比时，即使试件处于潮湿环境，也不能避免自干燥的发生。这就是通常高性能混凝土难以饱水的原因。饱和的低水灰比水泥浆体，其中的可蒸发较少，且在延长养护时间的情况下会更低，但不会低于$4V_m$，相当于仅有胶孔水，无毛细孔水的情况。似乎在饱和浆体中，胶体的表面被一层约4个分子厚度的水覆盖，这种吸附水的数量不受水灰比或水泥水化程度影响。如果饱和浆体中可蒸发水超过$4V_m$，多余部分的水组成了浆体的毛细孔。当水和水泥反应时，水化导致了新相的生成并放热。水化热与不可蒸发水的含量成正比。浆体中形成新相时，于放热的同时吸附水。在使用过程中，混凝土暴露在多变的环境中，可蒸发水也处于变化状态。因而混凝土在服务期内，将经受持续的湿度变化，并伴随体积变化。

充分养护的混凝土，尤其是高性能混凝土，水化程度的重要意义不言而喻。水泥水化产物使得混凝土具有最为重要的工程特性：强度和耐久性。水泥刚终凝时的水化速率最大，并随龄期发展而变慢。在一定的条件下，水化会持续数年。持续水化的主要特征是存在饱水的毛细孔。当饱水的毛细孔不再存在时，水化过程终止，混凝土力学性能不再发展。

自干燥可影响给定配比时能够达到的最大水化程度。如果供水不足，就不可能达到潜在的最大水化程度。充分养护有利于弥补自干燥的倾向。但对于低水胶比混凝土，由于持续水化，外部水分传输过程非常缓慢，外部水分向自干燥部位传输的通道被切断。因此，还不清楚低水灰比混凝土的自干燥能否被避免。

Powers和Brownyard的研究表明，水养护的浆体在水灰比低于0.4时，水化不完全。这是因为在低水灰比的浆体中没有水化产物所需的足够的毛细空间。也就是说水灰比低于0.4的混凝土的水化程度不能达到100%。因此，低水灰比的高性能混凝土的强度发展与普通混凝土有所不同，可能会延长在给定方向上液体的流动路径。

在无外部水压存在时，水泥浆也会吸水。水由于表面张力进入毛细孔就像水在玻璃细管中的上升一样，这是干硬性或半干硬性水泥浆吸水的机理。如果水中存在有毒的化学物质，也会被吸收入浆体。吸水是衡量物质抗吸收能力的性能。

水分进入水泥浆的另一个机理是扩散。水的扩散是水在自由状态下存在梯度的结果。一部分浆体的水含量的改变会造成局部区域内水的状态的改变，水从高含水区扩散到低含水区。通过这一机理蒸发水在水泥浆体内重新调整分布。

通过分析单位体积浆体的体积构成发现，浆体体积构成的改变发生在浆体的水化过程中。图 5-25 是水灰比为 0.48 的水泥浆 3 个时期的体积比例：开始水化，50%水化和 100%水化。假设浆体初始体积中有 60ml 水和 40ml 水泥，在密闭条件下（没有外界的水分），不考虑泌水。图 5-25(a) 描述的是初始状态，图 5-25(c) 描述的是完全水化时的体积构成。40ml 水泥浆产生 61.6ml 的固体水化物，这其中包括 21.6ml 的化学结合水。这些固体产物代表了水泥凝胶的固体组成。水泥凝胶内有 24.0ml 的水。在原始的 60ml 水中，约 7ml 残留在毛细孔内，水泥凝胶和水的总体积为 92.6ml，比原来 100ml 体积少了 7.4ml，因此有 7.4ml 的空的毛细孔存在。图 5-21(b) 表示水泥水化 50%的组成，此时水泥凝胶的体积是完全水化时的 50%。上述的体积关系是建立在下列假设之下的：

① 水泥相对密度等于 3.15；

② 化学结合水占水化水泥质量的 23%；

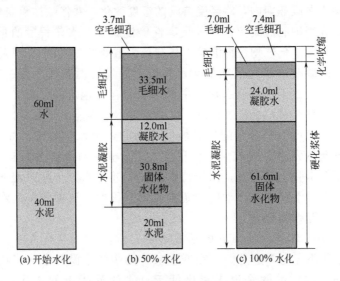

图 5-25　密闭水泥浆体（W/C＝0.475）
在不同水化阶段体积比例

③ 水泥中胶孔占体积的 28%；

④ 固体水化产物体积等于水化水泥体积与 76.4%的化学结合水的体积之和；

⑤ 胶孔水不能向毛细孔中迁移。

基于上述假设，可观察到该密闭体系中的水化情况如下：

① 完全水化的硬化水泥浆体由固体粒子、胶孔水、毛细孔水及毛细空（孔）隙组成。

② 毛细孔水在形成固体水化产物及填充胶孔过程中被耗尽。

③ 与新拌浆体相比，硬化浆体体积减小，这就是化学收缩，在密闭条

件下,化学收缩导致毛细孔中的部分水迁移出去。

利用上述假设,可预测各种水灰比的完全水化浆体在密闭和浸水养护条件下的体积比。如果水灰比小于临界值,满足所有水泥水化的水将不充分,硬化水泥浆体组成中会存在未水化水泥。如果水灰比大于临界值,所有水泥都可水化,且毛细孔水将部分饱和。根据上述假设进行计算,得到能够使水泥完全水化、胶孔饱水的临界水灰比是0.42。

图5-26显示了在封闭条件下,不同水灰比的完全水化浆体的体积组成预测。由图5-26可知,临界水灰比大于0.42,Neville建议更理想的临界水灰比取值为0.50。

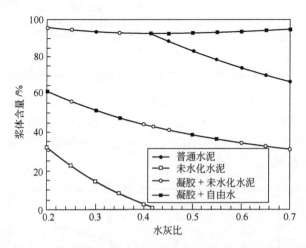

图5-26 封闭养护条件下完全水化水泥浆体的理论体积组成

若假设在水泥水化过程中有外界水补给,使毛细孔饱水。外部供给的水使毛细孔饱和的同时,也可使水泥水化直到实现两种任务之一:①水泥完全水化;②水泥凝胶充满整个空间。在外部供水条件下,使水泥凝胶的体积与原始水泥与水的体积之和相等的临界水灰比是0.36。

图5-27表示水养护的浆体完全水化时体积组成。水灰比低于0.36的浆体,没有足够的空间容纳额外的水泥凝胶,使得部分水泥不水化。比较图5-27与图5-26可知:水养护的条件比封闭状态下有更多的水泥水化。由图5-27得出一个重要的假设:毛细管总是饱和的。这就需要贯穿浆体的通道。在低水灰比和一定程度的水化时,毛细管是不连贯的,这将有可能无法持续渗透。这样就可能存在空的毛细空间,即使是水养护时也是如此。

尽管图5-26和图5-27仅建立在简单假设的基础上,但对理解水灰比和养护条件对完全水化时体积组成的影响是有帮助的。例如,在浸水养护条件下,理论上可以得到没有毛细孔的完全水化的水泥浆体,而密闭条件下养护时仍存在毛细孔。

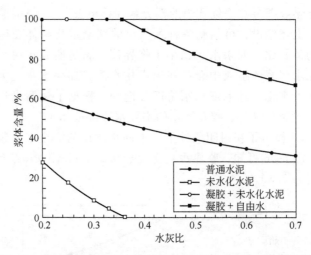

图 5-27 浸水养护的硬化水泥浆体毛细孔饱水时的理论体积组成

图 5-28 是各种水灰比时毛细孔隙成为非连续孔时的近似时间。图 5-29 将硬化水泥浆体结构与 Feldman-Sereda 模型进行了比较。图 5-30 分别示出了在浸水养护和密闭养护条件下，水灰比 0.30 的硬化水泥浆体体积组成与水化程度的关系。

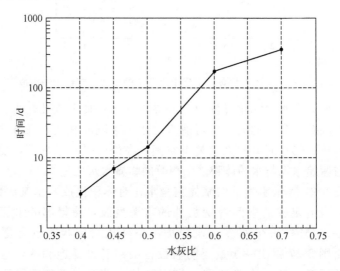

图 5-28 普通水泥浆体中毛细孔隙成为非连续孔时的近似时间

5.11.3 养护的定义

关于混凝土养护的定义有很多，但在基本原理和必要条件上是相似的。一些定义在下面列出。

(1) Neville(1996)**提出的定义**　"养护是制造商用以提高水泥水化程度的技术方法的命名，包含控制混凝土温度和水分迁移两个方面。更明确

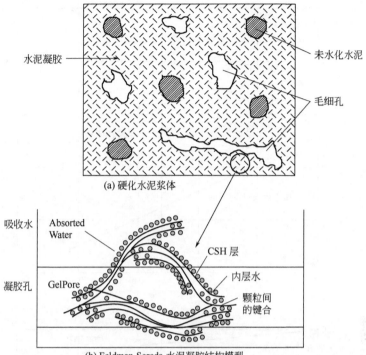

图 5-29 硬化水泥浆体结构与 Feldman-Sereda 模型比较

地,养护是保持混凝土饱水或接近饱水,直至原来新拌混凝土中由水填充的空间为水泥水化产物填充的程度达到期望值(Curing is the name given to procedures used for promoting the hydration of cement, and consists of a control of temperature and of the moisture movement from and into the concrete... More specifically, the object of curing is to keep concrete saturated, or as nearly saturated as possible, until the originally water-filled space in the fresh cement paste has been filled to the desired extent by the products of hydration of cement.)"。

(2) ACICommittee3085 提出的定义 "养护是波特兰水泥混凝土随时间水化硬化发展过程中,使水泥颗粒在充足的水和热存在时,持续水化的工艺方法(Curing is the process by which portland cement concrete matures and develops over time as a result of the continued hydration of the cement grains in the presence of sufficient water and heat.)"。

(3) ACICommittee116(1990)**提出的定义** "在水泥水化初期为使所需性能得到发展而进行的湿度和温度保障(The maintenance of a satisfactory moisture content and temperature in concrete during its early stages so that desired properties may develop.)"。

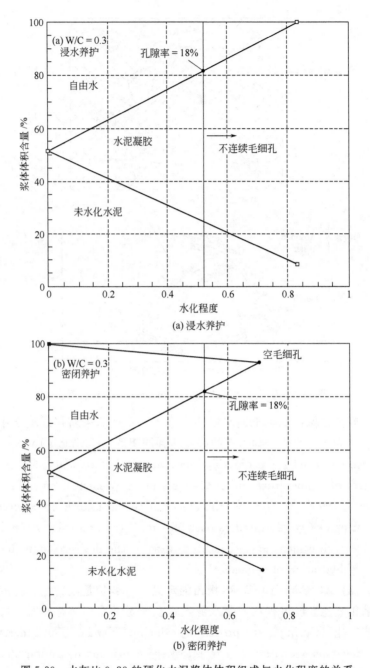

图 5-30 水灰比 0.30 的硬化水泥浆体体积组成与水化程度的关系

(4) ASTM Committee C9（ASTMC125，1995）**提出的定义** "在水泥基材料性能发展而提供的对湿度和温度保障（The maintenance of moisture and temperature conditions in a cementitious mixture to allow its properties to develop.）"。

关于适当的"条件",常提到的是湿度和温度。若温度维持在水的冰点以上,最低温度的保障在技术上是不必要的。但最低温度对保证最低速率的水化使性能在较短时间内发展在实际上非常重要。而关于"不合适的温度",可理解为防冻温度的最小值,也可理解为早期温度的最大值,因为早期温度可以影响长期混凝土性能。

简而言之,养护有两层含义:包括使混凝土持续水化的供水保障及保证养护条件实现的手段。

从经济角度看,维持适当的养护条件需要较高的代价。因此,在水泥达到所需性能后就可以不再进行湿养护。

5.11.4 养护的基本要求

(1) 充足的湿度条件(包括浆体中的含水量) 这可以通过多种养护方法来实现,或者通过几种方法的组合来实现。外部供应水使混凝土表面保持湿润(水养护)或用密封覆盖、膜、混凝土模具等控制水的损失。在条件允许时,可使用养护剂。

(2) 保证适当的养护温度 在养护阶段理想的混凝土温度应是水的冰点以上的一定数值。但也要防止高温养护,高温会影响混凝土的长期性能。由于存在3种可能的热源-周围环境、太阳能的吸收以及水化反应热,所以控制温度在技术上有一定难度。

(3) 保持混凝土内温度分布合理 ACI建议在常温下的养护温度应比在使用寿命中裸露在空气中的平均温度低一些。他们还建议养护后24h内大体积混凝土的温度下降不超过16.7℃,薄壁构件的温度降幅不超过27.8℃。这样可减小因温度梯度而产生开裂的风险。

(4) 有效防止养护初期破坏 在混凝土养护初期,必须防止负荷、压力、震动过大。混凝土发展到硬化阶段是由浆体的水化决定的。在初期微观结构发展的临界阶段,如果受到重大的外力破坏,混凝土的性能发展会受到制约。早期的损害可导致混凝土无法获得所需强度和满意的耐久性。

(5) 保证完全水化所需的时间 必须有足够的水化时间使混凝土能获得所需的性能,时间由一些因素:养护温度、水泥种类、浆体的含水量等决定。

5.11.5 理想的养护条件

不论养护的要求如何,也不论采用何种养护标准和规范,对于一个特定工程,充分养护很少得到重视。在结构混凝土的应用方面,Gilkey定义下列条件为理想的养护条件。

① 在适宜温度下持续供水。

② 防止应力达到使用时的强度水平。

③ 在正常养护期内,避免因表面快速干燥或突然的温度变化(冷缩)引起使混凝土破坏的体积变形。

④ 避免暴露在冰点温度以下,除非养护已进行到使毛细管中部分变空。

甚至在今天,理想的条件仍需要严格执行。不管是普通混凝土还是高性能混凝土,必须保证结构混凝土的高质量养护。主要障碍是充分养护需要付出一定的代价。在现代充满竞争的建筑市场,承包人总是尽可能削减成本,养护往往被缩减。除非制定强制性标准,否则这种情况不会改变。

5.11.6 养护时间

尽管养护对各类混凝土是有益的,但建筑部件的养护时间仍然是一个问题。ACI认为,普通混凝土最少要养护7d,早强混凝土最少应养护3d。当然,养护温度、水化动力学和特殊凝胶材料的火山灰反应会影响养护期。对掺用硅灰的混凝土,一些研究者建议延长养护时间。但这些建议只是专业判断,并非建立在试验数据的基础上。

温度对养护时间的影响。养护温度影响水泥的水化反应和火山灰反应,因而影响混凝土的强度发展。所以温度对混凝土养护所要达到的特定强度

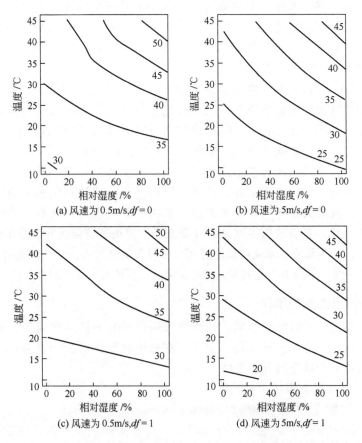

图 5-31 用于计算当量龄期的混凝土板厚度方向的推算平均温度等高线

或耐久性的影响非常大。

成熟度的概念是时间和温度对发展特性影响的简单手段。研究表明，成熟度的概念仍适用于高性能混凝土。由于成熟度对建立高性能混凝土合理的养护条件有一定的帮助，对确定达到一定成熟期的高性能混凝土的养护时间是有益的。在这种情况下，养护的持续时间由现场的温度记录决定。普通混凝土 7d 和早强混凝土 3d 的养护期正是基于这个温度条件。Wojcik Gary S. 研究了环境条件对桥板混凝土养护温度与成熟度的影响，并根据环境条件预测"当量龄期"，试验结果表明，该方法具有一定的可靠性。图 5-31 是用于计算当量龄期的混凝土板厚度方向的推算平均温度等高线，是下午的环境温度和湿度的一个函数。

图 5-32 是诱导期后 24h 混凝土板厚度方向当量龄期等高线，也是下午的环境温度和湿度的一个函数。

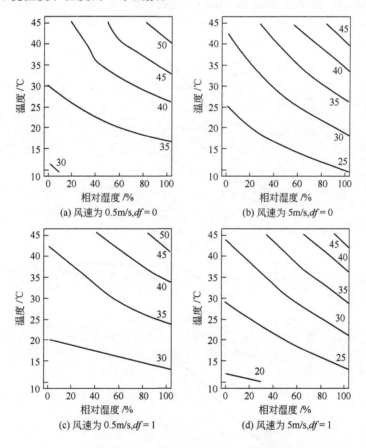

图 5-32　诱导期后 24h 混凝土板厚度方向当量龄期等高线

延长养护：对硅灰混凝土延长养护期可保证最佳的养护效果。"过养护"是指混凝土的养护比同样应用情况下养护时间延长。因为对于低水灰比的硅灰混凝土养护阶段非常重要，所以荷兰预应力混凝土协会明确建议对含硅灰的高性能混凝土采用过养护。其中提到，过养护可以实现许多混凝土的性能的加强。同样从安全方面考虑，由于在如何养护硅灰混凝土使其更加有效方面的知识还很有限，过养护被认为是最安全的。

5.11.7 内养护

早在1991年，Philleo就提出了内养护（internalcuring）的思路，他建议在混凝土中掺用饱水的轻细集料（LWFA）以提供水泥水化过程中因化学收缩而需消耗的水，当水泥水化时，额外的水可从相对较大的轻集料孔隙中转移到孔径较小的水泥浆体中，这样可减小水泥自收缩，而收缩应力受空的孔隙控制。

除利用轻细集料外，还可利用超吸水聚合物（superabsorbent polymer particles，SAP），减缩剂（SRA）进行内养护。

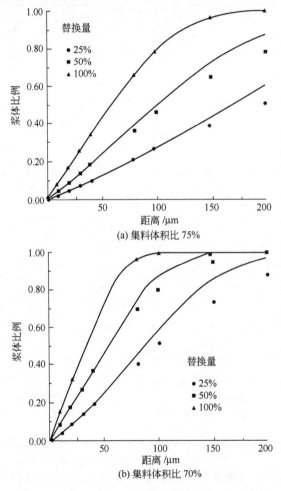

图 5-33 浆体份额随轻细集料表面距离变化情况

以部分轻集料进行内养护时，应重点采用轻细集料，因为：①可以保证混凝土强度；②相对于粗集料，细集料比表面积较大，额外的水可在混凝土三维微观结构内更均匀地分布。D.P.Bentz 采用最大粒径 19.0mm 的粗集料，粗细集料体积比为 1.5∶1，集料在混凝土中的体积比为 75% 和 70%，轻细集料对普通细集料的体积置换率分别为 25%、50% 和 100%。试验结果表明，随置换率提高，距离轻细集料表面相同位置的浆体份额增加（图 5-33），内养护的效果由此可见一斑。图 5-33 中，上图和下图的集料体积比分别为 75% 和 70%。他们的试验结果与气孔保护浆体的概念（protected paste volume concept for air voids）相一致。这就表明，相同含气量时，均布的细孔体系比由大孔组成的体系优越。

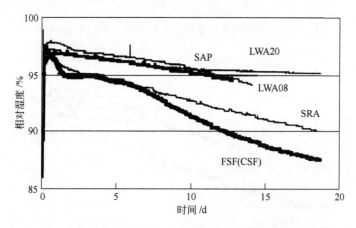

图 5-34　30℃密闭养护条件下内部相对湿度与养护时间的关系

用比表面积为 $368m^2/kg$，矿物组成为 58% C_3S、25% C_2S、4.0% C_3A、7.3% C_4AF 和 3.4% 石膏的低碱波特兰水泥和硅灰（置换 8% 的水泥），水胶比为 0.35，以 4mm 以下的轻集料取代 8% 和 20% 质量的砂进行砂浆试验。部分配比中掺用占水泥质量 2% 的 SRA。试验结果显示，20% 的轻细集料、8% 的轻细集料和 SAP 使砂浆中的"额外"水分别为水泥质量的 12.6%，4.6%，4.6%。图 5-34 是 30℃ 密闭养护条件下内部相对湿度与养护时间的关系。很显然，掺用 SAP 和轻细集料，对保障内部相对湿度十分有利，甚至比掺用 SRA 的效果还要明显。

图 5-35 的结果同样证明，以 20% 重量分数的轻细集料取代砂，砂浆在初始水化阶段无收缩；掺用 SRA 时，砂浆自身体积变形小于 50 微应变；以 8% 轻细集料取代砂，同时掺用 SRA，砂浆 15h 的自身体积变形约为 150 微应变。图 5-33 则表明，砂浆自身体积变形随内部相对湿度提高而减少。关于轻集料、超吸收聚合物和减缩剂对内养护的贡献还可从图 5-36 加以验证。30℃ 密闭养护条件下砂浆抗压强度与养护时间的关系如图 5-37 所示。

综上所述，内养护提供了水泥水化过程中因化学收缩所需补充的"额

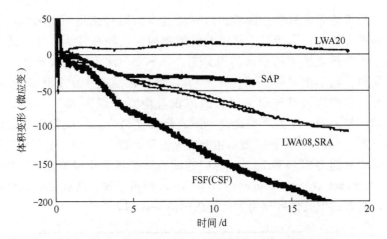

图 5-35 30℃密闭养护条件下体积变形与养护时间的关系

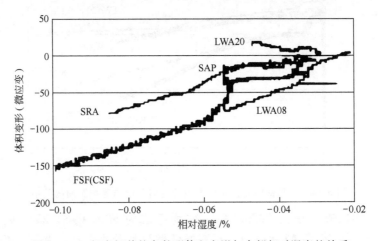

图 5-36 30℃密闭养护条件下体积变形与内部相对湿度的关系

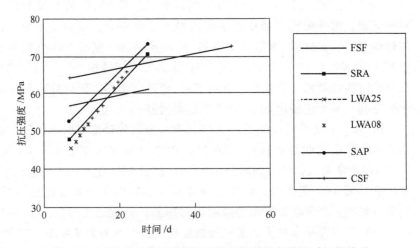

图 5-37 30℃密闭养护条件下砂浆抗压强度与养护时间的关系

外"水分,使内部相对湿度提高,从而既可使水泥水化程度提高,又促进水泥基材早期的强度发展,对改善水泥基材料的性能具有重要作用。内养护技术简便易行,费用较省,是今后应该重视的施工技术。

参考文献

[1] 薛君玕,吴中伟. 膨胀和自应力水泥及其应用. 北京:中国建筑工业出版社,1985.

[2] 游宝坤,席耀忠. 钙矾石的耐久性物理化学性能与混凝土的. 见:混凝土膨胀剂及其应用. 北京:中国建材工业出版社,2002:77-79.

[3] 席耀忠. 二次钙矾石形成和膨胀混凝土的耐久性. 见:混凝土膨胀剂及其应用. 北京:中国建材工业出版社,2002:86-91.

[4] 韩军洲. 超长混凝土结构膨胀加强带的研究与应用. 见:混凝土膨胀剂及其应用. 北京:中国建材工业出版社,2002:189-194.

第6章 掺减水剂的混凝土流变学

对建筑工业来说，混凝土的流变特性尤为重要，因为混凝土须在塑性状态浇筑。但是，由于混凝土组成复杂，至今尚无有效的方法预测其流动性能，甚至由于颗粒尺度分布从微米级的水泥到数厘米的粗集料，使得测定混凝土的流变参数都存在难度。因此，通常采用可用的标准测试方法中的一种评价特定混凝土的流动性能，仅仅获得材料的部分流动性能数据。

6.1 基本理论

6.1.1 流体与悬浮体流变学

混凝土和砂浆属于复合材料，以水泥、集料、水、各种化学外加剂和矿物外加剂组成。混凝土可看作为固体粒子（集料）在黏性液体（水泥浆）中的浓缩悬浮液。水泥浆为非均质的流体，水泥颗粒与液体（水）组成。宏观层次上，混凝土像液体一样流动，可用式(6-1)进行描述。如果以图6-1所示的剪切力作用于某液体，就会在液体中产生速度梯度。剪切力与梯度的比例系数称为黏度。速度梯度与剪切速率相等。满足式(6-1)的液体称为牛顿液体。

$$F/A = \tau = \eta \dot{\gamma} \tag{6-1}$$

式中　F——剪切力；
　　　A——平行于力的平面面积；
　　　η——黏度；
　　　$\dot{\gamma}$——剪切速率；
　　　τ——剪切应力，$\tau = F/A$。

大多数用于浓缩悬浮液（如混凝土）的方程，试图建立悬浮浓度与黏度的关系，或剪切应力与剪切速率的关系，假定整个体系中只有一个黏度值。表6-1和表6-2给出了这两种相关关系的常见方程。表6-1中列示的方程适用于表征水泥浆体的流动，但由于混凝土悬浮体系的复杂性（集料在

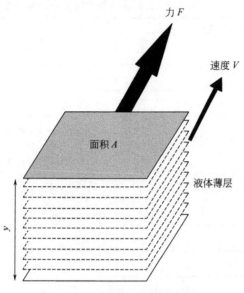

图 6-1 黏性流动的牛顿方程

表 6-1 悬浮浓度与黏度的关系方程

方程名称	方程式	假定条件
Einstein	$\eta = \eta_0 (1 + [\eta]\phi)$	粒子间无反应，稀悬浮液
Roscoe	$\eta = \eta_0 (1 - 1.35\phi)^{-k}$	考虑粒子间反应
Krieger-Dougherty	$\dfrac{\eta}{\eta_0} = \left(1 - \dfrac{\phi}{\phi_{max}}\right)^{-[\eta]\phi_{max}}$	黏度与颗粒堆积的关系，考虑最大堆积系数
Mooney	$\eta = \eta_0 \exp\left(\dfrac{[\eta]\phi}{1 - \dfrac{\phi}{\phi_{max}}}\right)$	考虑最大堆积系数

注：η—悬浮液的黏度；k—常数；η_0—液体/介质的黏度；ϕ—固体的体积分数；ϕ_{max}—最大堆积系数；$[\eta]$—悬浮液的固有黏度（球体为 2.5）。

水泥浆体中的悬浮），不能用以描述混凝土的流动。表 6-2 中的方程常用于表述混凝土的流变性能。

值得注意的是，表 6-2 中的个别方程还包含了另一个因素-屈服应力（yield stress），其物理意义是作用于某一种材料使之开始流动所需的应力。对流体而言，屈服应力等于应力轴线上交点的应力值，塑性黏度（plastic viscosity）是剪切应力-剪切速率图的斜率（图 6-2）。满足图 6-2 所示线性关系的液体称为宾汉姆体（Bingham liquid）。

图 6-3 汇总了各种剪切应力-剪切速率的理想曲线。每条曲线都可用表 6-2 中的一个方程加以描述。满足 Power 方程的流体又称为假塑性流体。Atzeni 及其合作者在对各种方程进行比较研究后，提出了改进的 Eyring 方程，最适合用来表征浓缩悬浮体（如水泥浆）。Eyring 方程反映的不是物理

表 6-2 剪切应力与剪切速率关系方程

方程名称	方程式
Newtonian	$\tau = \eta \dot{\gamma}$
Bingham	$\tau = \tau_0 + \eta \dot{\gamma}$
Herschel and Bulkley	$\tau = \tau_0 + k \dot{\gamma}^n$
Power equation	$\tau = A \dot{\gamma}^n$　$n=1$ 牛顿体 　　　　　　$n>1$ 剪切变稠 　　　　　　$n<1$ 剪切变稀
Vom Berg, Ostwald-deWaele	$\tau = \tau_0 + B\sinh^{-1}(\dot{\gamma}/C)$
Eyring	$\tau = a\dot{\gamma} + B\sinh^{-1}(\dot{\gamma}/C)$
Robertson-Stiff	$\tau = a(\dot{\gamma}+C)^b$
Atzeni 等	$\dot{\gamma} = \alpha\tau^2 + \beta\tau + \delta$

注：τ—剪切应力；τ_0—屈服应力；η—黏度；$\dot{\gamma}$—剪切速率；A，a，B，b，C，α，β 为常数。

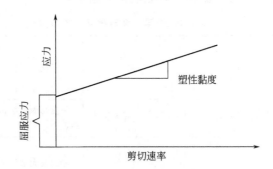

图 6-2 流体的 Bingham 方程

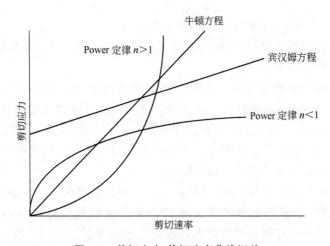

图 6-3 剪切应力-剪切速率曲线汇总

量,因而参数不能独立测定或建模,但可通过优异的相关关系进行计算。

通过研究各类方程可知,除牛顿流体外,其他方程均采用至少两个参数表征流动。就浓缩悬浮体(如混凝土)而言,存在屈服应力。具有物理意义包含至少两个流变参数,其中之一是屈服应力的方程为 Herschel-Bulkley 方程和 Bingham 方程。Herschel-Bulkley 方程具有 3 个参数,其中之一是 n,不代表任何物理实体。已有研究表明,Herschel-Bulkley 方程最适合表征某些混凝土(如自密实混凝土)的流变特性。然而,Bingham 方程是目前最常用的方程,因为所涉及的参数均可独立测定且在大多数情况下混凝土流动与该方程非常吻合。

6.1.2 混凝土流变学

在混凝土工程领域,工作性(workability)、流动性(flowability)以及黏聚性(cohesion)常用来描述混凝土流动性能,这些术语有时被交替使用,其定义具有主观性。混凝土工作性可理解为新拌混凝土能够满足易于成型或满足流变参数的特性的综合指标,是流动性、黏聚性、可输送性、可密实性和黏性等方面的复杂组合。尽管关于工作性的定义科学家们和工程师们争辩了几十年尚无定论,但混凝土工作性通常指某一拌和物的稠度、流动性、可泵性、密实性和干硬度。表 6-3 列举了一些专业团体对混凝土工作性的定义。

表 6-3 混凝土工作性定义

机构名称	定 义
美国混凝土学会	新拌混凝土或砂浆满足易于且均质地混合、浇筑、密实及抹面的性能
英国标准机构	新拌混凝土或砂浆等满足易于操作和完全密实的性能
日本混凝土协会	新拌混凝土或砂浆因具有匀质性和抗离析能力而易于混合、浇筑和密实的性能

各种各样关于混凝土工作性的定义都是描述性的,没有一个公认的定义。在应用中,情况可能更糟,不同的人对术语的使用迥然不同。Richtie 试图将混凝土流动的定义与泌水、沉降和密度等各种作用联系起来,定义了 3 种性能:稳定性(stability)、易密实性(compactibility)和动性(mobility),其中稳定性与泌水及离析有关,密实性与密度有关,而动性取决于内摩擦角(internal friction angle)、黏结力(bonding force)和黏度(viscosity)。上述描述使通用的概念与可测定的物理参数建立了联系。然而,有足够理由相信,这样做仍不能满足工程应用要求。为便于使用可测定的物理参数,应该放弃上述定义。例如,人们称某混凝土具有较高的黏度,而不会说该混凝土具有低工作性。Tattersall 将混凝土工作性术语分为 3 类:定性的(qualitative)、经验定量的(quantitative empirical)和基础

定量的（quantitative fundamental）。

(1) Ⅰ类：定性的　包括：工作性，流动性，易密实性，稳定性，可修整性，可泵性，稠度等。

(2) Ⅱ类：经验定量的　包括：坍落度，压实系数，VB（干硬性混凝土的工作性指标）等。

(3) Ⅲ类：基础定量的　包括黏度，屈服应力等。

前已述及，可用于描述混凝土流动的性能是屈服应力和黏度。任何表征混凝土流动特性的试验至少应测定这两个参数。遗憾的是，已有的试验方法只能测定一个参数，要么是屈服应力，要么是黏度。

除了测定混凝土流动性能，还可应用基于组成材料（水泥浆、砂浆）性能或配合比设计（水灰比、集料含量、水泥品种和外加剂掺量）预测混凝土流动性能的流变学。但还没有一个预测模型是完全成功的。主要困难是混凝土中的颗粒尺度分布宽泛。同时，影响混凝土流动性能的因素多于影响流变学的因素。水泥浆体的流变参数与混凝土流变参数之间不呈线性关系，主要原因是存在随混凝土中水泥浆体体积含量变化的集料间的空隙。

应该牢记，所有的模型或方法都假定了混凝土由颗粒组成，但无粒子间作用力存在。事实上，粒子间的作用随时间而变化，即水泥颗粒的絮凝和水化是持续进行的。

图 6-4 表明，两组混凝土可能具有一个相同的流变参数，而具有完全不同的另一个流变参数，它们的流动性能差别很大。所以，开发可测定至少两个流变参数对混凝土流动进行表征的试验方法具有重要的理论意义和实用价值。

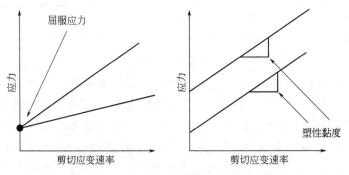

图 6-4　由 Bingham 方程得到的不同结果

6.2 自密实混凝土

自密实混凝土（self-compacting concrete，简称 SCC）是一种在无振动密实工艺的情况下易于浇注的混凝土，属于高性能混凝土的范畴。自密实混凝土的问世树立了建筑工业提高产品质量和施工效率的重要里程碑，被认为是"近几十年来混凝土结构最具革命性的发展(the most revolutionary development in concrete construction for several decades)"。

EFNARC(the European Federation of Specialist Construction Chemicals and Concrete Systems)将自密实混凝土定义为一种在浇注和成型时无需振动的创新型混凝土(innovativeconcrete),能依靠自重而流动,即使在配筋稠密时,也能完全填充于模板中,并实现完全密实。硬化混凝土致密、匀质,具有与常规振动密实的混凝土相同的工程性能和耐久性。

中国工程建设标准化协会则定义自密实混凝土为"具有高流动度、不离析、均匀性和稳定性,浇筑时依靠自重流动,无需振动而达到密实的混凝土"。

关于自密实混凝土的定义还有很多,内容基本相同。

根据使用要求,新拌自密实混凝土须具备以下主要性能。

① 填充能力(filling ability) 即自密实混凝土依靠自重充满模板整个空间的能力。

② 穿越能力(passing ability) 自密实混凝土依靠自重穿过狭窄通道(如钢筋间距)的能力。

③ 抗离析能力(segregation resistance) 即自密实混凝土在运输和成型过程中保持匀质性的能力。

④ 坚固性(robustness) 即自密实混凝土在其组成材料的性能或数量发生少量波动时保持其新拌性能的能力。

对上述性能,还可理解为:要成功浇注自密实混凝土,要求混凝土具有可塑性(deformability)、穿越能力和适当的抗离析能力。可塑性指自密实混凝土依靠自重流入并完全填充模板所有空间的能力,是自密实混凝土最具代表性的性能,是判别自密实混凝土的依据。具有高可塑性和穿越能力的混凝土能在受限和配筋稠密的部位实现足够的填充率,这在使用自密实混凝土进行结构修复时尤其重要。保证高可塑性和动态稳定性是实现自密实混凝土建筑应用的关键所在。穿越能力是保障自密实混凝土在障碍附近匀质分布的必要条件。避免钢筋间距最小时发生堵塞,依赖于自密实混凝土的流动能力和集料最大粒径。自密实混凝土应该完全包裹增强钢筋,并在整个空间障碍中扩展。这是确保混凝土与钢筋具有适当黏结强度及硬化混凝土性能(包括耐久性)适当并均匀分布的保障。

自密实混凝土在静态(静止)和动态(流动时)条件下的抗离析能力完全不同。混合料轻微离析可导致表面光滑、无缺陷,因为水泥浆离析到模板面层。当今的建筑工业对混凝土的要求越来越苛刻,需要在保证高工作性的同时,满足结构设计性能要求。因此,自密实混凝土应同时具备动态稳定性和静态稳定性。动态稳定性指混凝土抵抗浇注过程中分层离析的能力,是实现固体组分在运输和浇注时均匀分布的保证,可通过穿越能力来评价。静态稳定性指浇筑后的新拌混凝土在塑性状态抵抗离析、泌水和表面沉降的能力。

基于流变学观点，自密实混凝土具有以下特点。

① 高屈服应力　通过优化材料组成和集料含量或通过调整浆体组成可获得具有高屈服应力的自密实混凝土。

② 高塑性黏度　提高自密实混凝土细粉料含量（减小水粉比）及掺用超塑化剂，自密实混凝土表现出粉型特点。VMA可增加塑性黏度，降低对配合比变化的敏感性。

③ 触变性　水泥浆体结构重建可抵消自密实混凝土静止时的离析。

使用自密实混凝土，具有以下益处：

① 使模板形状复杂和致密配筋部件的混凝土成型工艺简化；
② 缩短施工期；
③ 减少噪声污染；
④ 混凝土截面尤其是钢筋周围的混凝土质量更高、更匀质；
⑤ 利用单个提升装置浇注大深度结构单元；
⑥ 改善混凝土表面质量和饰面质量；
⑦ 混凝土具有高早期强度（可提早脱模）；
⑧ 高保水性有助于养护。

高效减水剂掺量对SCC的流动性具有调节作用，而超掺量则可能导致离析和板结。因此，高效减水剂掺量应控制在饱和点附近。相对而言，大流动性混凝土离析和板结的概率亦较大。因而，防止自密实高性能混凝土分层离析是十分重要的施工技术指标，可通过掺用足量的细粉料，或使用增稠剂（例如HPMC对调节混凝土的流动性能非常有效，用量约为胶凝材料质量的0.01%～0.03%）来克服泌水和离析。

要实现自密实混凝土，还必须对粗集料进行优化以减小集料间的摩擦阻力，提高混凝土流动度。在最优用量时，混凝土的自密实能力最强。

低密度纤维（如PE或PP纤维）使混凝土体积密度降低，减小了使混凝土流动的驱动力，因而使混合料的初始流动度降低。为实现SCC，应尽量克服纤维的不利作用，使用短纤维并限制纤维体积掺量，以便纤维均匀分散，保证混合料具有足够的变形能力。

适用于流态混凝土的外加剂不一定都适用于自密实混凝土。仅用坍落度评价混凝土流动性是不全面的。重混凝土石子下沉；而轻集料则倾向于上浮。

新型高性能减水剂，尤其是聚羧酸减水剂，可大幅度降低混凝土用水量，从而使水胶比易于控制，使自密实高性能混凝土的工程化应用成为可能。

由式(6-2)可知，由于表观密度ρ不同，混凝土坍落度s亦有所差别。

$$s = 30 - \frac{\tau_y}{k\rho} \tag{6-2}$$

式中，τ_y 和 k 是与混凝土流变性能有关的参数。若假设轻质混凝土与重质混凝土具有相同的 τ_y/k 值，则由式(6-2)可知，混凝土坍落度随着其表观密度增加而减小，变化规律如式(6-3)所示。

$$\frac{ds}{d\rho} = \frac{\tau_y}{k\rho^2} \tag{6-3}$$

分别取重质混凝土和轻质混凝土表观密度为 $2450 kg/m^3$ 和 $1900 kg/m^3$ 进行示例计算如下：若重质混凝土的初始坍落度为 20cm，则可计算出轻质混凝土可能达到的坍落度值为 17.1cm。为满足预拌混凝土、泵送混凝土和自密实混凝土施工技术要求，工程应用中必须严格控制轻混凝土坍落度经时损失。

6.3 混凝土流动性能测试方法

6.3.1 坍落度测定

坍落度试验一直是最常见、最广泛用于评价混凝土工作性的方法，既可测定垂直方向的坍落度值，又可测定水平方向的扩展度。然而，这种试验方法尚存在很大缺陷，操作不慎可得到不同试验结果（图 6-5）。对自密实混凝土，仅靠坍落度很难综合判定新拌混凝土的质量。

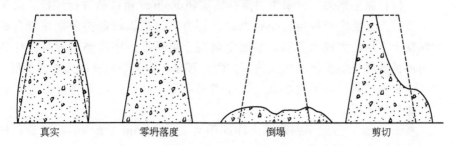

图 6-5 测定坍落度时可能产生的 4 种结果

Eric P. Koehler 和 David W. Fowler 介绍了一种利用改进坍落度推算混凝土屈服应力和塑性黏度的方法，屈服应力（τ_0，Pa）以最终坍落度（s，mm）和混凝土密度（ρ，kg/m^3）表达；塑性黏度（μ，Pa·s）是最终坍落度、坍落度为 100mm 的时间（T，s）、混凝土密度的函数，如式(6-4)~式(6-6) 所示。

$$\tau_0 = \frac{\rho}{347}(300-s) + 212 \tag{6-4}$$

当 $200mm < s < 260mm$ 时，

$$\mu = \rho T \times 1.08 \times 10^{-3}(s-175) \tag{6-5}$$

当 $s < 200mm$ 时，

$$\mu = 25 \times 10^{-3} \rho T \tag{6-6}$$

试验方法示于图 6-6。由于该方法需测定坍落度为 100mm 时所消耗的时间，故仅适用于坍落度为 120～260mm 的混凝土。

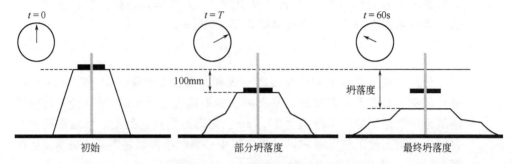

图 6-6 改进坍落度评价混凝土流变性能的试验方法

Peter Domone 和 Jean-Yves Petit 等研究者还通过砂浆试验评价自密实混凝土流变性能，并提出了各自的经验公式，但计算过程较复杂。

6.3.2 自密实混凝土工作性评价方法和指标

自密实混凝土工作性主要包括流动能力、填充能力、穿越能力和抗离析能力，经对各国及有关机构相关标准进行综合分析，自密实混凝土工作性评价方法和指标如下。

(1) 流动能力　常采用坍落扩展度和 Kajima 箱试验进行评价，由于坍落度试验是测定新拌混凝土性能的通用方法，故以坍落扩展度评价自密实混凝土流动能力较为普遍。在测定混凝土坍落度后随即测量混凝土拌和物坍落扩展终止后扩展面相互垂直的两个直径，取其平均值即为坍落扩展度。

根据结构物的结构形状、尺寸和钢筋最小间距，通常将混凝土自密实性能分为 3 级。

① 一级　适用于钢筋最小净间距为 35～60mm、结构形状复杂、构件断面尺寸小的情况。

② 二级　适用于钢筋最小净间距为 60～200mm 的情况。

③ 三级　适用于钢筋最小净间距为 200mm 以上、构件断面尺寸大、配筋率小的情况。

中国工程建设标准化协会提出的自密实混凝土坍落扩展度技术指标为：一级 650～750mm，二级 600～700mm，三级 550～650mm。欧洲标准规定，粗集料最大粒径为 20mm 时，对应于 3 个自密实性能等级的坍落扩展度分别为 760～850mm，660～750mm，550～650mm。

(2) 填充能力　通常采用坍落扩展度和/或扩展时间加以评价。扩展时间是指用坍落度筒测量混凝土坍落度时，自坍落度筒提起开始计时至坍落扩展度达到 500mm 的时间 (s)，一般为 3～20s。

(3) 穿越能力 常采用 L-形箱、U-形箱、V-漏斗、J-形环等试验方法评价自密实混凝土穿越能力。

L-形箱细部尺寸如图 6-7 箱试验时,将 L-形箱置于水平位置,关闭挡门,湿润内表面,擦去多余的水,将容器中的混凝土装入 L-形箱,静置 (60 ± 10)s,记录离析情况,然后打开挡门,使混凝土向水平方向流动。当混凝土流动停止后,测定 L-形箱端部混凝土表面与 L-形箱顶面的垂直距离,取 3 个测点的平均值计算 h_2（mm）,并按同样方法获得 h_1（mm）。通常要求 $PA=h_2/h_1 \geqslant 0.80$。

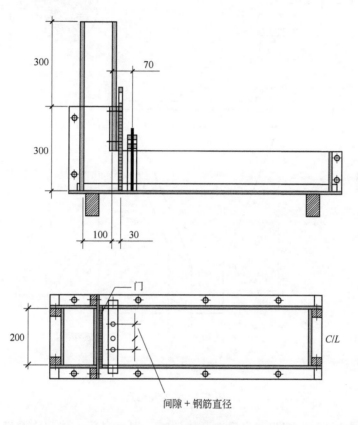

图 6-7 L-形箱细部尺寸

U-形箱构造如图 6-8 所示,U-形箱宽度为 200mm 或 280mm,配 3 根直径 13mm 的钢筋,钢筋间距 50mm。试验时,将 U-形箱放置在坚实的水平位置,关闭挡门,湿润 U-形箱内表面,擦去多余的水,将自密实混凝土装满 U-形箱的一个隔间,静置 60s 后,打开挡门,让混凝土流入到另一隔间,待混凝土停止流动后,分别测定两个隔间内的混凝土高度 H_1 和 H_2,以 H_1-H_2 表示填充高度,通常为 0~30mm。

V-漏斗构造如图 6-9 所示。测试时,关闭出料口底盖,将混凝土装满

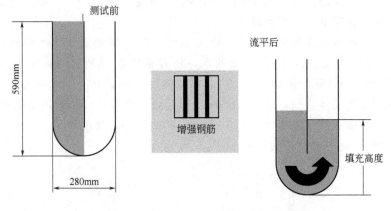

图 6-8 U-形箱

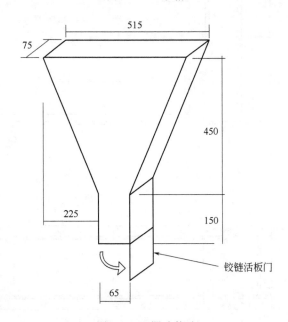

图 6-9 V-漏斗构造

V-漏斗,从开启出料口底盖开始计时,记录混凝土拌和物全部流出出料口所经历的时间(s),欧洲标准规定 V-漏斗通过时间为 6~12s,RILIM 规定为 6~10s,CECS203:2006 规定 4~25s。

J-形环构造示于图 6-10。ASTM C1621 规定:A,B,C,D,E,F 的尺寸分别为 (300±3.3)mm,(38±1.5)mm,(16±3.3)mm,(58.9±1.5)mm,(25±1.5)mm,(100±1.5)mm。关于 J-形环内外混凝土高差,欧洲标准规定小于 10mm,PCI 规定小于 15mm。

(4) 抗离析能力 常采用穿透深度、筛析和表面沉降评价自密实混凝土抗离析能力。

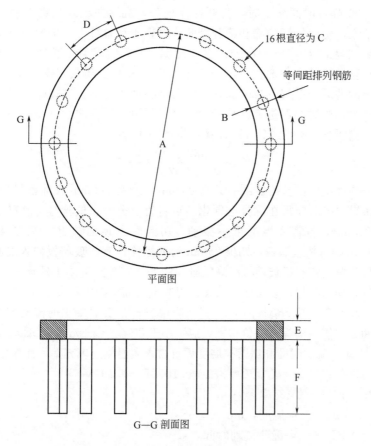

图 6-10 J-形环构造

穿透深度试验仪是一只能依靠自重沉入混凝土样品中的圆柱状空心穿透头,其内径为 75mm,厚为 1mm,高度为 50mm,质量 56g。穿透头上附有测定穿透深度的分度标杆,可通过固定框架滑移。测试时,将盛放混凝土的容器置于水平地面上,测试过程中不得挪动,混凝土试样不振动、不捣实,在加料后静置 2min,然后将仪器置于混凝土顶面上,测定 45s 时的穿透深度。试验时,取混凝土表面 3 处不同部位测试,若平均穿透深度大于 8mm,则混凝土抗离析能力不良。

筛析法采用的仪器是外框直径 300mm、高 40mm 的 5mm 方孔筛,试验过程如下。

① 将 (10±0.5)L 待测混凝土装入样品桶内,样品桶加盖密封,在水平位置静置 (15±0.5)min。

② 将计量秤调至水平,确保不受振动。将筛分接收容器放于计量秤上,记录其质量 (W_p, g),然后将试验筛放在筛分接收容器上,再次记录质量。

③ 静置时间终了时，打开样品桶盖，观察并记录混凝土表面是否有泌水现象。仍保持试验筛和筛分接收容器置于计量秤上，提起样品桶，当其顶部距试验筛（500±50）mm，立即倾倒（4.8±0.2）kg 混凝土（包括泌出的水）至试验筛中心部位，准确记录倒出的混凝土质量（W_c，g），并使试验筛上的混凝土静置（120±5）s，然后小心地垂直移去试验筛。记录筛分接收容器与通过试验筛进入筛分接收容器的混凝土质量之和（W_{ps}，g）。

离析比 SR 用式（6-7）计算，精确到 1%：

$$SR = \frac{(W_{ps} - W_p)}{W_c} \times 100\% \tag{6-7}$$

表面沉降试验仪器由一只高 800mm、直径 200mm 底部密封的管子组成，两条纵向接缝使得在混凝土硬化后可将管子分开。试验时，混凝土装填高度为 700mm，自密实混凝土不振动。在混凝土顶面放置一只厚 4mm、直径 150mm 的有机玻璃板，四根 75mm 长的螺栓由有机玻璃板伸入混凝土中，利用传感器测定有机玻璃板沉降随时间的变化，直至混凝土硬化。试验过程中，测试管加盖密封，以防水分蒸发。混凝土表面沉降应不大于 0.5%。

填充率（Filling capacity）是工程中对自密实混凝土的流动能力、填充能力和穿越能力的综合评价指标，应不小于 80%。Ozawa K 和 Khayat K.H 建议用 V-漏斗流动时间和坍落扩展度评价自密实混凝土填充率，计算公式如下：

$$FC = 8.1 + 0.107SF - 1.107VFT \tag{6-8}$$

式中　FC——填充率，%；
　　　SF——扩展度，mm；
　　　VFT——V-漏斗流动时间，s。

Soo-Duck Hwang 等通过试验研究提出了 3 种组合试验方法评价自密实混凝土填充率的方法。

① 坍落扩展度与 L-形盒组合，填充率计算公式为：

$$FC = -49.1 + 0.149SF + 51.3h_2/h_1 \tag{6-9}$$

式中，h_1，h_2 表示 L-形箱试验时混凝土高度，mm。

② 坍落扩展度与 J-形环组合，填充率计算公式为：

$$FC = -77.5 + 0.162SF + 0.094JRF \tag{6-10}$$

或

$$FC = -72.3 + 0.25SF - 0.09(SF - JRF) \tag{6-11}$$

式中，JRF 表示 J-形扩展度，mm。

③ 坍落扩展度与 V-漏斗组合，填充率计算公式为：

$$FC = -23.5 + 0.175SF - 0.475VFT \tag{6-12}$$

参考文献

[1] Ferraris C F. Measurement of the Rheological Properties of High Performance Con-

crete: State of the Art Report. Journal of Research of the National Institute of Standards and Technology, 1999, 104 (5): 461-478.

[2] Mohammed Sonebi, Steffen Grünewald, Joost Walraven. Filling Ability and Passing Ability of Self-Consolidating Concrete. ACI Materials Journal, 2007, 104 (2): 162-170.

[3] EFNARC. Specification and Guidelines for Self-Compacting Concrete. London: EFNARC Publication, 2002: 1-32.

[4] BIBM, CEMBUREAU, ERMCO, EFCA, EFNARC. The European Guidelines for Self-Compacting Concrete Specification, Production and Use [EB]. www.efnarc.org, May2005.

[5] 中国工程建设标准化协会. 自密实混凝土应用技术规程. 北京: 中国计划出版社, 2006.

[6] Soo-Duck Hwang, Khayat K H, Olivier Bonneau. Performance-Based Specifications of Self-Consolidating Concrete Used in Structural Applications. ACI Materials Journal, 2006, 103 (2): 121-129.

[7] Khayat K H, Assaad J, Daczko J. Comparison of Field-Oriented Test Methods to Assess Dynamic Stability of Self-Consolidating Concrete. ACI Materials Journal, 2004, 101 (2): 168-176.

[8] Saak A W, Jennings H M, Surendra P. Shah. A generalized approach for the determination of yield stress by slump and slump flow. Cement and Concrete Research, 2004, 34 (3): 363-371.

[9] Okamura H, Ozawa K. Mix design for self-compacting concrete. Concrete Lib of JSCE, 1995 (25): 107-20.

[10] Hyun-Joon Kong, Bike S G, Li V C. Constitutive rheological control to develop a self-consolidating engineered cementitious composite reinforced with hydrophilic poly (vinyl alcohol) fibers. Cement & Concrete Composites, 2003, 25 (3): 333-341.

[11] Lo T Y, Cui H Z. Spectrum analysis of the interfacial zone of lightweight aggregate concrete. Materials Letters, 2004, 58 (25): 3089-3095.

[12] Malek R I, Khalil Z H, Imbaby S S, Roya D M. The contribution of class-F fly ash to the strength of cementitious mixtures. Cement and Concrete Research, 2005, 35 (6): 1152-1154.

[13] Okamura H. Self-compacting high-performance concrete. Concrete International, 1997, 19 (7): 50-54.

[14] Hajime Okamura, Masahiro Ouchi. Self-Compacting Concrete. Journal of Advanced Concrete Technology, 2003, 1 (1): 5-15.

[15] Okamura H, Ozawa K, Ouchi M. Self-compacting concrete. Structural Concrete, 2000, 1 (1): 3-17.

[16] Tanigawa Y, Mori H, Yonezawa T, Izumi I, Mitsui K. Evaluation of the flowability of high-strength concrete by L-flow test. In: Proceedings of the Annual Con-

ference of the Architectural Institute of Japan, 1989/1990.

[17] Ozawa K, Maekawa K, Okamura H. High performance concrete with high filling ability. In: Proceedings of the RILEM Symposium, Admixtures for Concrete, Barcelona, 1990.

[18] Tangtermsirikul S, Sakamoto J, Shindoh T, Matsuoka Y. Evaluation of resistance to segregation of super workable concrete and the role of a new type of viscosity agent. Reports of the Technical Research Institution, 1991, Taise Corporation, Japan, No. 24: 369-376.

[19] Ozawa K, Maekawa K, Okamura H. Development of High Performance Concrete. Faculty of Engineering journal, 1992 (2): 3-9.

[20] Sakamoto J, Matsuoka Y, Shindoh T, Tangtermsirikul S. Application of super workable concrete to actual construction. In: Proceedings of Concrete 2000 Conference, University of Dundee, 1993.

[21] Brouwers H J H, Radix H J. Self-Compacting Concrete: Theoretical and experimental study. Cement and Concrete Research, 2005, 35 (11): 2116-2136.

[22] Ozawa K, Sakata N, Okamura H. Evaluation of self compactability of fresh concrete using the funnel test. Concrete Library of JSCE, 1995 (25).

第7章　掺外加剂的混凝土耐久性

混凝土耐久性是混凝土在设计使用寿命下保持其所有功能的能力。

在可利用资源增长缓慢或者日益枯竭时，人们应合理利用。对建筑工业来说，建筑物必须经久耐用，而且能满足其在服务期内的各项性能要求。

混凝土是最大宗的建筑材料，提高混凝土耐久性具有非常重要的理论意义和经济价值。使用高耐久性的混凝土，必然会减少混凝土结构维护费用。

混凝土构件中各类化学物质的迁移率越低，其耐久性越好。这就意味着混凝土只有极少的裂纹，而且密度大、密实性好、渗透性低。

7.1 混凝土抗冻性能

在严寒季节，混凝土道路、桥梁等结构遭受冻融破坏，每年需花费巨资加以修复。硬化混凝土因冻融循环而劣化与混凝土本身复杂的微观结构有关。然而，破坏作用不仅取决于混凝土性能，而且与混凝土所处的外部环境有关。因此，在给定条件下抗冻的混凝土，在另一种环境条件下就可能因受冻而失效。混凝土受冻破坏的形式多种多样，最为常见的是由于水泥基材料经反复冻融循环后累计的开裂和裂散。暴露在负温下的混凝土板，在有水分和初冰盐存在下，易于分层剥落。已知某些粗集料会导致开裂，形成类似大写字母D的裂纹，称为D-裂纹。

混凝土抗冻性能即混凝土抵御冻融破坏的能力，或混凝土在饱水状态下，经受多次冻融循环作用，保持强度和外观完整性的能力。抗冻性是评价严寒地区混凝土及钢筋混凝土结构耐久性的重要指标之一。即使在温和地区，冬季混凝土的冻融问题仍很突出。

在负温度地区，处于饱水状态下的混凝土结构，其内部孔隙中的水结冰膨胀产生应力，使混凝土结构内部因胀力而损伤，在多次冻融循环作用后，损伤逐步加剧，最终导致混凝土结构开裂或裂散。

图7-1、图7-2展示了混凝土结构遭受冻融破坏后的外观形貌。

图 7-1　公路遭受冻融破坏芯样

图 7-2　混凝土由于冻融破坏开裂

7.1.1 混凝土冻害机理

对混凝土冻害机理的研究始于20世纪30年代,许多学者做了大量研究工作,提出了静水压假说、渗透压假说等。但由于混凝土结构冻害的复杂性,至今还无公认的、完全反映混凝土冻害的机理。一般认为,混凝土中的毛细管在冰结温度下,存在结冰水和过冷水,结冰的水产生体积膨胀及过冷的水发生迁移,形成各种内压,使混凝土结构破坏。

混凝土是由水泥和粗、细骨料组成的毛细孔多孔体。在进行混凝土配合比设计时,为了获得满足施工要求的工作性,混凝土用水量总是高于水泥水化所需的水。多余的水以游离水的形式存在于混凝土中,可形成连通的毛细孔,并占有一定的体积。

毛细孔的自由水是导致混凝土遭受冻害的内在因素。因为水遇冷结冰会发生体积膨胀,引起混凝土内部结构的破坏。当混凝土中含有一定量的气孔时,毛细孔中的水结冰就会致使混凝土内部结构遭到严重破坏。

混凝土早期受冻有以下两种情况。①混凝土在浇筑后即受冻。在这种情况下,水泥水化被中断,混凝土的冰冻作用类似于饱和黏土冻胀的情况,即拌和水结冰使混凝土体积膨胀。直到气温回升,混凝土拌和水融化,水泥继续水化。此时应重新振捣混凝土,确保混凝土正常水化硬化,混凝土强度将正常发展。否则,混凝土中就会残留因水结冰而形成的大量空隙,对混凝土强度和耐久性不利。但是,在施工时应加强早期蓄热养护,尽量避免混凝土过早受冻。②混凝土凝结后但未获得足够强度时受冻,受冻的混凝土强度损失最大,因为与毛细孔水结冰相关的膨胀将使混凝土内部结构严重受损,造成不可恢复的强度损失,这种早期冻害对混凝土及钢筋混凝土结构的危害最大,必须尽量避免。各国的混凝土施工规范中都对冬季施工混凝土有特殊的规定,严格规定混凝土的硬化温度不得低于0℃。

普通混凝土孔溶液的结冰速率在-10℃以上较高,在-10℃以下较低,混凝土的冻害主要由孔溶液在-10℃以上的冻结引起。虽然在-10℃以下仍有部分孔溶液结冰,但引起的冻害很小,可忽略不计。

水由液相变为固相后,体积膨胀9%。水泥石毛细管中的水由于结冰膨胀,向邻近的毛细孔排出多余水分时,所产生的压力为:

$$P_{\max}=\frac{\eta\left(1.09-\dfrac{1}{S}\right)\mu Q\phi(L)}{(3K)} \tag{7-1}$$

式中 η——水的黏性系数;

S——水泥石毛细管的含水率;

μQ——水的冻结速率。

$$\mu Q=\frac{\mathrm{d}W_f}{\mathrm{d}t}=\frac{\mathrm{d}W_f}{\mathrm{d}\theta}\frac{\mathrm{d}\theta}{\mathrm{d}t} \tag{7-2}$$

式中　W_f——单位体积的水泥石平均结冰水量;
　　　θ——温度,℃;
　　　t——时间,s;
　　　μ——每降低 1℃,结冰水的增加率;
　　　Q——温度降低速度;
　　　K——与水泥石渗透有关的系数;
　　　$\phi(L)$——与气孔大小、分布有关的函数。

除了水的冻结膨胀引起压力外,当毛细管水结冰时,凝胶孔水处于过冷状态,过冷水的蒸气压比同等温度下冰的蒸气压高,将发生凝胶水向毛细管中冰的界面渗透,直至平衡。有热力学推导得渗透压力与蒸气压之间的关系如式(7-3)所示。

$$\Delta P = RT/V \ln(P_w/P_i) \tag{7-3}$$

式中　ΔP——渗透压力,atm;
　　　P_w——凝胶水在温度 T 时的蒸气压,Pa;
　　　P_i——在温度 T 时毛细管内冰的蒸气压,Pa;
　　　V——水的摩尔体积;
　　　T——温度,K;
　　　R——气体常数。

由于渗透达到平衡时需要一定时间,因而水泥石即使保持在一定的冻结温度上,由渗透压力引起的水泥石的膨胀将持续一定的时间。

研究结果表明,高性能混凝土具有抵御冻融循环的能力。在高性能混凝土中,掺用微细活性材料置换部分水泥,经冻融循环后,混凝土强度降低很少,甚至略有提高(在低温下仍继续水化)。

混凝土冻融循环后,其表面可能剥落和开裂。通常情况下,剥落发生在混凝土表面 2~3cm 尺寸范围内。混凝土开裂后,裂缝形状与集料的性质有关,可能呈 D 状也可能呈龟裂状。

采用适宜的配合比和优质原料可以提高混凝土的抗冻性。在这些参数中,除了水灰比、集料性质、适当的引气外,混凝土的抗冻性主要取决于外部条件。干混凝土抵抗冻融循环破坏的能力高于饱水的混凝土。

有的研究者认为,虽然水冻结后会产生破坏压力,但混凝土的冻融破坏不一定与水的膨胀有关。在冻融循环时充满水的孔隙结冰,孔径较大的孔中形成微小的冰晶,孔径较小的孔隙中未结冰的水将会迁移到大的孔隙或迁移到混凝土表面,这些小的冰晶逐渐形成大的冰晶体。

水化硅酸盐水泥在结冰时的膨胀-硬化水泥浆体的孔结构决定了孔隙水的结冰状态。孔结构主要与水灰比和水泥的水化程度有关。通常情况下,硬化前浆体中含有 5~1000nm 的孔,硬化后水泥浆体中只含有 5~100nm 的孔。水灰比越高,孔结构中大孔越多,占的空间越大。当孔吸水饱和时,水在负温状态下结冰。水灰比高，水化程度低的饱和混凝土孔隙率最高，含水量最大。

冷却速度为0.33℃/min时，完全饱和的混凝土结冰后膨胀，当冰融化后依旧出现少量的膨胀。水灰比越大，膨胀越大；混凝土越厚，膨胀越大。膨胀值与冷却速率有关，当冷却速率很慢时，33%的可蒸发水从混凝土中蒸发，小孔中的水有足够的时间迁移，混凝土产生干燥收缩。在混凝土中掺入引气剂后，可产生均匀的气泡，通过计算可以得到气泡的总体积、气泡的大小和间距。

7.1.2 引气的作用

Powers对引气抗冻的机理阐述如下：当毛细孔中的水结冰后，需要相当于毛细孔体积9%的空间容纳水由液相转化为固相发生的体积膨胀，或者向外排出这9%体积的水，或者兼而有之。

泡可分为气泡、泡沫、溶胶性气泡3种。气泡是单独存在的；泡沫是具有共同膜的泡与泡的聚集体；气溶胶中的泡各自独立存在，其周围被黏稠液体、半固体或固体所包裹而不易消失。混凝土中的泡属于溶胶性气泡范畴。由离子型引气剂引入混凝土中的泡带电，彼此相斥而增加稳定性，这时混凝土中的气泡大小均匀（多为20~200μm），形状也较规则，一般呈球型（图7-3）。

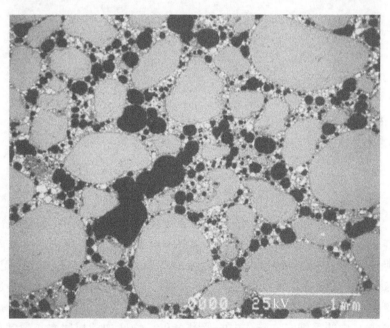

图7-3 硬化混凝土中的气泡

但是，过大的含气量（图7-4）对混凝土性能也会产生不良作用，例如强度降低，而且过多的空气易形成连续孔，对混凝土耐久性、抗渗性反而不利。

根据 Powers 的数据，在 $-24℃$，未引气的饱和水泥浆体长度增加了 $1600×10^{-6}$，融化后长度仍增加 $1600×10^{-6}$，出现永久变形；当含气量为 2% 时，试件受冻后长度增加 $800×10^{-6}$，融化后的残余变形小于 $50×10^{-6}$；含气量为 10% 的试件，在冻融循环过程中无任何体积膨胀和残余变形，甚至发生体积收缩。Powers 认为，除了大孔水结冰引起的静水压（hydraulic pressure）外，毛细孔中溶液部分结冰产生渗透压（osmotic pressure）是另一种破坏因素。毛细孔中的水不是纯化的，其中含有多种可溶性物质，例如碱、氯化物、氢氧化钙。溶液比纯水冰点低，溶液中盐的浓度越高，其冰点就越低。毛细孔间存在的盐的浓度梯度被认为是渗透压产生之源。

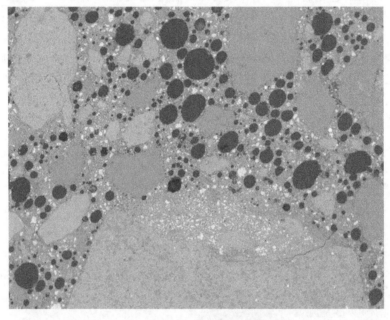

图 7-4　过度引气的混凝土内部形貌

静水压是由于大孔中结冰水的表观体积增加产生的，而渗透压是由孔溶液中盐浓度的差别引起的，两者都不会成为水泥混凝土产生冻融膨胀的唯一原因。甚至用结冰后体积收缩的苯取代孔隙水，试件依然受冻膨胀。与土壤中的毛细作用类似，水分从小孔中向大孔迁移，被认为是造成多孔物质膨胀的首要因素。水泥浆体中存在 3 种类型的刚性水：细孔（10～50nm）中的毛细水、胶孔中的吸附水和 C-S-H 中的层间水。通常认为，胶孔水在 $-78℃$ 以上不会结冰，因而当饱和水泥浆体处于负温条件时，仅大孔水结冰，胶孔水以过冷水形式存在。这构成了毛细结冰水（处于低能量状态）与胶孔过冷水（处于高能量状态）之间的热力学不平衡，冰与过冷水熵的差别促使过冷水向低能量状态（大孔）迁移，从胶孔迁移到毛细孔中的水，持续增加毛细孔中冰的体积，直至空间用完。这种水分迁移的结果将明显增加体系的内压和膨胀。但这种水分迁移不一定会造成结构破坏。当水分迁移速率因基材处于大温度梯度、低渗透性、高饱和状态而非常缓慢时，局部的膨胀可因构件其他部位C-S-H失去吸附水产生收缩而被消减。这就解释了含10%空气的试件受冻收缩，而未引气试件受冻膨胀。

并非含气量，而是气泡间距（0.1～0.2mm）可有效防止混凝土遭受冻融破坏。掺用微量引气剂（例如水泥用量的万分之五），可能会使0.05mm气泡合并为1mm气泡。因此，给定含气量时，随气泡尺度而异，气孔数量、气泡间距以及抗冻能力都会因所用引气剂品种不同而有很大差别。用五种品牌的引气剂做试验，给定混凝土含气量为6%，每立方厘米硬化水泥浆体中的气泡数量分别为24000、49000、55000、170000和800000，混凝土产生0.1%膨胀所达到的冻融循环次数分别为29次、39次、82次、100次和550次。尽管混凝土含气量不是控制混凝土抗冻能力的有效参数，但它是进行混凝土配合比质量控制时易于控制的指标。由于水泥用量与粗集料最大尺寸有关，粗集料尺寸大的贫混凝土比粗集料尺寸小的混凝土中水泥浆量少，因而为达到相同的抗冻能力，后者的引气量应适当提高。集料级配也会影响含气量，以特细砂配制的混凝土含气量低于使用中砂的混凝土。掺用矿物外加剂或使用极细的水泥，也会使含气量低于正常情况。通常，高凝聚性的混凝土比低凝聚性混凝土或干硬性混凝土保气性好。同样，搅拌不充分或过度搅拌、新拌混凝土操作运输时间过长以及过分振动，都会降低混凝土含气量。

图7-5表明，当气泡间距小于等于0.3mm时，混凝土经受冻融破坏时，不发生体积膨胀。

文献的研究结果表明，掺用粉煤灰或矿渣的混凝土，在同时掺用引气剂时，混凝土也具有良好的抗冻融循环性能。

图7-6显示了掺粉煤灰的混凝土及对比混凝土冻融耐久性与含气量的关系，A号样为对比样，水灰比如图7-6所示。随冻融循环次数从0、300、600、900、1200到1500变化，符号由小到大变化。试验结果表明，如果混凝土含气量从3.5%以上下降，混凝土耐久性指标亦降低。图7-7是掺粉煤灰的混凝土及对比混凝土冻融耐久性与气泡间距的关系，结果表明，气泡间距持续下降到大约0.1mm，对混凝土抗冻性能非常有益。图7-8是掺粉煤灰的混凝土及对比混凝土相对质量损失与含气量的关系，由图7-8可知，与动弹性模量的降低相比，相对质量损失缓慢，而在冻融循环后，某些高耐久性混凝土的质量反而增加。混凝土含气量小于3%时，经冻融循环后，质量损失大幅度增加。试验结果还表明，对比混凝土较含粉煤灰的混凝土

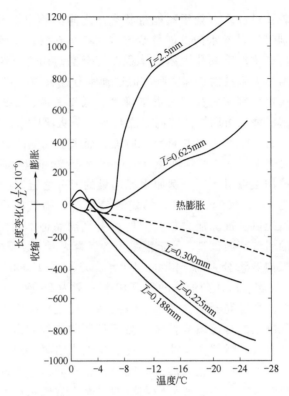

图 7-5 气泡间距与混凝土试件冻融后长度变形的关系

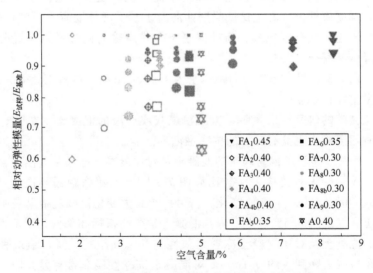

图 7-6 掺粉煤灰及对比混凝土冻融耐久性含气量关系
符号由大到小表示冻融循环次数分别为 0、300、600、900、1200 和 1500

质量损失大得多。

图 7-9 是掺矿渣微粉的混凝土及对比混凝土冻融耐久性与含气的关

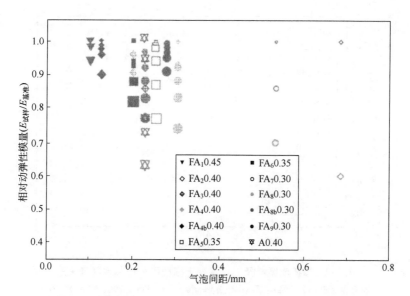

图 7-7 掺粉煤灰及对比混凝土冻融耐久性与气泡间距关系
符号由大到小表示冻融循环次数分别为 0、300、600、900、1200 和 1500

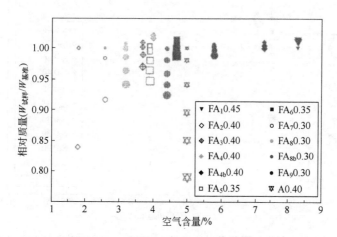

图 7-8 掺粉煤灰及对比混凝土相对质量损失与含气量关系
符号由大到小表示冻融循环次数分别为 0、300、600、900、1200 和 1500

系。由图 7-9 可知,含气量从 3% 增加到 8%,混凝土耐久性变化明显,3%以下的含气量与试件受冻失效密切相关。含气量在 3%~8% 范围内,混凝土经 1200 次冻融循环后的耐久性与含气量之间相关性好,而在 1500 次循环后,这种相关关系被打破。就含气量与耐久性的关系而言,经 1500 次冻融循环后,掺用粉煤灰与掺用矿渣微粉的差别十分惊人。图 7-10 是掺矿渣微粉的混凝土及对比混凝土冻融耐久性与气泡间距的关系,当气泡间距在 0.1~0.4mm 之间变化,混凝土相对动弹性模量的变化是明显的,而矿渣微粉对水泥的置换率与混凝土冻融耐久性的关系不明显。图 7-11 是掺矿渣微

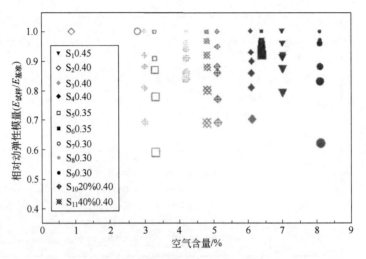

图 7-9 掺矿渣微粉及对比混凝土冻融耐久性与含气量关系
符号由大到小表示冻融循环次数分别为 0、300、600、900、1200 和 1500

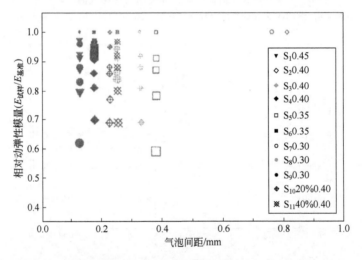

图 7-10 掺矿渣微粉及对比混凝土冻融耐久性与气泡间距的关系
符号由大到小表示冻融循环次数分别为 0、300、600、900、1200 和 1500

粉的混凝土及对比混凝土相对质量损失与含气量关系，当混凝土含气量小于 6% 时，受冻混凝土的质量损失大幅度增加，而含气量达到或超过 8% 时，对掺矿渣微粉的混凝土耐久性才有作用。矿渣微粉置换 20% 水泥时的质量损失略小于高置换率时的试验结果。除低含气量（水灰比为 0.30）的试样外，水灰比为 0.30 和 0.35 的混凝土比水灰比为 0.40 的混凝土抗冻性优异。

引气剂将气泡引入混凝土中，产生起泡效应。由于材料、杂质、混凝土配合比和浇注方法上存在着许多可变因素，很难使混凝土中气泡间距和

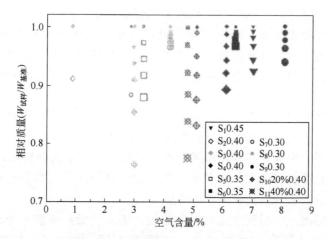

图 7-11 掺矿渣微粉及对比混凝土相对质量损失与含气量关系
符号由大到小表示冻融循环次数分别为 0、300、600、900、1200 和 1500

尺寸达到要求。试验时应采用 3 种配合物进行比较，选用最佳方案。

如果掺入颗粒状的微细物质，在混凝土中形成气泡，以上的问题便能够很好地解决。目前，国外使用塑性微球和多孔颗粒的方法来提高混凝土的抗冻性，效果十分显著。如果加入的颗粒产生的气量相当于掺入 2% 的空气时，其引气效果与引入 5% 空气的引气剂相当。如果更好地控制颗粒中的尺寸和间距，混凝土的抗冻性将得到进一步地提高。

通常，对于未掺引气剂的混凝土，也有 0.5%～2% 的含气量，但气泡大小很不均匀，形状也不规则。而引气剂引入的气泡，还具有润滑作用，使混凝土的工作性改善，尤其对集料形状不好的碎石、特细砂、人工砂混凝土工作性改善更为显著。

由于泌水、沉降，造成混凝土各组分材料离析，并在集料颗粒下方形成水囊，使混凝土结构物中水灰比分布不均匀，抗拉强度大大下降。掺引气剂后，材料分离的现象明显减小，抗拉强度、抗折强度提高。

一般情况下，与空白混凝土相比，每增加 1% 含气量，保持水泥用量不变时，混凝土 28 天抗压强度下降 2%～3%；保持水灰比不变时，混凝土 28 天抗压强度下降 4%～6%。

引气剂使混凝土用水量减少，同时使施工后的混凝土泌水沉降率降低。大量微小的气泡占据了混凝土中的自由空间，破坏了毛细管的连续性，从而使抗渗性得以改善，并且与此有关的抗化学腐蚀作用和对碳化的抵抗作用也同时改善。

引气剂能显著提高混凝土抗冻融性能。当混凝土表面温度处于冰点以下时，混凝土较大孔隙内部的水先结晶后，使余留部分的碱浓度提高，造成微细孔隙中未结冰水向较大孔隙内形成的冰晶迁移，形成的渗透压可导致混凝土破坏。在混凝土中掺入引气剂后，由于引入大量微细气泡，均匀分布在混凝土体内，可以容纳自由水的迁移，从而大大缓和了静水压力，使混凝土承受反复冻融循环的能力提高。当试样处于饱和状态时，引入的气泡形成空间，有利于水的迁移和结冰，产生的内应力不超过混凝土的抗拉强度。

引气作用有利于提高混凝土早期抗冻融能力，在昼夜存在正负温交替时，或对混凝土早强抗冻有要求时，应掺用引气剂。

混凝土中含有空气还可降低由于碱集料反应引起的膨胀，因为碱-二氧化硅凝胶占据了孔隙。引气剂与缓凝剂、微细活性材料复合使用时，对碱集料反应膨胀的抑制效果更加明显。

在混凝土中引气应遵循以下原则。①引气量根据混凝土耐久性、强度和降低沉降泌水的要求设定，一般为 $4.5\% \pm 0.5\%$，特殊情况不超过 7.0%。②由于非离子型引气剂引入的气泡具有触变性，使控制含气量的难度增加，应尽量选用离子型（尤其是阴离子型）引气剂。③在引气量相同的条件下，不同的引气剂引入的气泡孔结构差别较大，应通过试验，控制气泡间距系数在合适的范围内，以此确定引气剂品种和用量。

7.1.3 除冰盐的影响

由于除冰盐而引起的混凝土破坏称作盐剥离，这种破坏形态和冻融破坏很相似，但破坏程度要严重得多。

Litvan 研究了用不同浓度的盐水饱和后，试件冻融循环后的膨胀变形情况，结果如图 7-12 所示。

图 7-12 中的结果与含 NaCl 混凝土试验的结果很接近，但最大膨胀值稍有不同。混凝土在 5%～9% NaCl 溶液中饱和后的膨胀最大，原因在于盐水的蒸汽压低于纯水的蒸汽压，使得水迁移率降低所致。当大孔中冰的体积为 $P_{0(BS)}$，则相对湿度为 $P_{0(BS)}/P_{sol}$，比任何温度下的 $P_{0(BS)}/P_{0(SL)}$ 都要高。因此，当水结冰时，含盐混凝土的膨胀值大于不含盐的混凝土。含盐量很高的环境下，冻结温度的范围改变以及盐溶液的高黏性对混凝土的力学性能的影响都是人们应该注意的。

7.1.4 集料在受冻混凝土中的行为

混凝土集料内部的孔一般都比引气剂引入的孔要小，直径低于 10nm，因此，水不是因为结冰而膨胀，膨胀主要是由压力下水在集料中流进流出而产生的弹性膨胀。对于饱和的集料来说，如果颗粒很小，水全部从孔中迁移出后，将不再发生冻结破坏。

由于集料对冻融作用的敏感程度不同，引气混凝土有时也会因冻融而破坏。其机理在于，饱和水泥浆体受冻后内压的发生和发展同样适用于其他多孔材料，包括由多孔岩石制成的集料，例如燧石、砂岩、石灰石和页

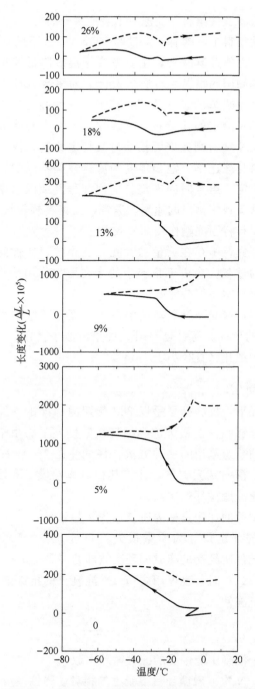

图 7-12　W/C 为 0.5 的引气水泥浆体用不同浓度
盐水饱和后冻融循环变形

岩。并不是所有的多孔集料都易受冻破坏,集料颗粒在冻融循环下表现的性能主要与集料尺寸、数量以及孔的连续状况(孔的分布和渗透性)。

第 7 章　掺外加剂的混凝土耐久性

高强度低渗透性集料，受冻时不会产生开裂。

中渗透性集料中，含有一定量的500nm及以下的孔，易于饱和及保水。冻融产生的压力值及其发展，主要取决于温度降低速率和压力水卸压的距离。水泥浆体卸压的临界距离是0.2mm，对多数岩石来说，这个数值太大，因为它们比水泥浆体的渗透性高。基于抗冻性能的考虑，发展了临界集料尺寸的概念。对给定的孔分布、渗透性、含水率和降温速度，大尺寸集料被冻坏而小尺寸集料则完好无损。对某特定集料，没有一个固定的临界尺寸，因为集料受冻速率、饱和程度和渗透性是不同的。集料渗透性具有双重作用：它决定了给定时间内集料的饱和程度或吸水率；它还决定了在冻融压力下水从集料中排出的速率。通常，当集料颗粒尺寸大于临界尺寸时，混凝土中的集料将因冻融作用而失效。

高渗透性集料中存在大量的大孔，易导致耐久性问题，因为集料表面与水泥浆体的过渡区会由于集料中的水在压力作用下排出而被损伤。在这种情况下，集料本身保持完好。

可以肯定，遭受冻融破坏的混凝土路面，某些砂岩或石灰石集料可以导致D-开裂的形成。易引起D-开裂的集料似乎存在一个特定的孔尺度，即高体积含量的细孔（直径小于$1\mu m$）。

7.1.5 抗冻性能试验

通常情况下，抗冻标号是以28d龄期的标准试件经快冻法或慢冻法测得的混凝土能够经受的最大冻融循环次数确定的。由于快冻法冻融循环时间短，是目前普遍采用的一种方法。将试件在2～4h冻融循环后，每隔25次循环作一次横向基频测量，计算其相对弹性模量和质量损失值，进而确定其经受快速冻融循环的次数。

慢冻法试验的评定指标为质量损失不超过5%、强度损失不超过25%；快冻法试验的评定指标为质量损失不超过5%，相对动弹性模量不低于60%。此时试件所经受的冻融循环次数即为混凝土的抗冻标号。

以快冻法试验时，也可用式(7-4)混凝土的抗冻融耐久性指数 k_n 来表示混凝土的抗冻性。

$$k_n = \frac{pN}{300} \tag{7-4}$$

式中　N——混凝土能经受的冻融循环次数；

　　　p——N次冻融循环后混凝土的相对动弹性模量。

相对动弹性模量为混凝土经受N次冻融循环后及受冻前的横向自振频率（Hz）之比。这种方法是利用混凝土动弹性模量对其内部结构破坏比较敏感这一原理制定的。

通常认为耐久性指数小于40的混凝土抗冻性能较差，耐久性指数大于

60的混凝土抗冻性能较高，介于40～60之间者抗冻性能一般。对引气混凝土，一般要求经300次冻融循环后，相对动弹性模量保留值大于80%。

7.1.6 影响混凝土抗冻性的因素

混凝土抗冻性既受水泥浆体性能影响，又受集料性能影响。然而，混凝土抗冻性还受其他因素控制，例如水的边界卸压距离，混凝土孔结构（尺度、数量及孔的连续性），饱和程度（可结冰水的数量），冷却速度和混凝土抗拉强度（必须超过断裂强度）。水泥基材的卸压边界条件和孔结构的优化是容易控制的两个参数。前者可通过在水泥混凝土中引气加以控制，后者可通过调整混凝土配合比和适当的养护进行改性。

人们已经知道，硬化水泥浆体的孔结构受水灰比和水泥水化程度影响。一般来说，在水泥水化程度一定时，水灰比越大，或水灰比一定时，水泥水化程度越低，硬化水泥浆体中大孔所占的体积就越多。由于可结冰水存在于大孔中，因而可以推断，对于给定的负温，在水泥水化早期，可结冰水的总量随水灰比增加而增多。在我国的规范中，明确规定了抗冻混凝土的水灰比限值，通常需掺用高性能AE减水剂满足水灰比要求。显然，限定水灰比时假设水泥具有足够的水化程度，因而建议混凝土在受冻前至少应通过蓄热养护等措施保证在正常温度下进行潮湿养护7天以上。

众所周知，干燥或部分干燥的物质不会被冻坏。存在一个临界饱和度，当混凝土或集料的饱和程度大于该临界值时，混凝土在非常低的负温下就可能开裂。事实上，正是由于实际饱和度与临界饱和度之间的差值，决定了混凝土抗冻性能。抗渗性差的混凝土，即使在充分湿养护后，饱和度低于临界值，但它通过吸水达到或超过临界饱和度，从而受冻害失效。

高强度的混凝土不一定具有抗冻性能。比较引气混凝土和未引气的混凝土，可以发现，前者强度较低，但耐久性良好；后者强度较高，但耐久性较差。

综上所述，防止混凝土冻害的主要对策是：
① 在可能的条件下，采取构造措施避免混凝土受湿；
② 引气；
③ 采用低水胶比的混凝土，如不大于0.4～0.5，且在氯盐加冻融的环境下不大于0.4；
④ 控制混凝土的早期裂缝，小于0.1mm的裂缝可以自愈，大于0.1mm的应进行修补。

7.1.7 抗冻混凝土外加剂选用

提高混凝土抗冻性可从建筑构造设计与混凝土材料施工两方面共同采取措施。建筑构造设计主要指避免冷桥结构、在寒冷地区建筑外装修尽可能采用干挂方法、混凝土结构基础外墙做外防水设计，重要混凝土结构应进行表面涂覆聚合物处理。

通过前面的知识和分析可知，适用于抗冻混凝土的外加剂有：

① 引气剂；

② 引气减水剂；

③ 高性能 AE 减水剂；

④ 防冻剂或早强防冻剂；

⑤ 微细矿物外加剂。

7.2 混凝土抗渗性以及几种侵蚀机理

7.2.1 影响混凝土渗透性能的主要因素

混凝土抗渗性是指混凝土抵抗内部和外部物质渗透的能力，而渗透性能是指气体和液体在混凝土中的迁移，决定了水和侵蚀性物质所能到达混凝土中的范围。许多因素影响混凝土的渗透性，这些因素虽然分开研究，但实际上是相互关联、相互作用的。混凝土抗渗性是决定混凝土耐久性的重要因素。影响混凝土渗透性的主要因素如下。

(1) 孔结构 前面已经介绍，混凝土的孔有两种类型：毛细孔和凝胶孔。毛细孔的尺寸为 $1\sim 3\mu m$，形成内部连通体系，在基材中任意分布，可为侵蚀离子提供直接通道。凝胶孔占凝胶体积的 28%，比毛细孔小得多，对浆体的渗透性影响不大，但对收缩和徐变有影响。

孔的结构对混凝土渗透性、冻融循环耐久性影响很大，可以用来预测建筑的使用寿命，参数为：孔隙率，膨胀系数，饱和度。

掺用矿物外加剂时，由于矿渣微粉、粉煤灰、硅灰等使混凝土早期强度发展变慢，孔结构变小，从而使孔的总体积和平均尺寸变小。在水泥粒子和水中，矿物外加剂与 $Ca(OH)_2$ 反应是有益的，这样可以减小孔径。Kumar、Roy 和 Higgins 在对波特兰水泥混凝土中氯离子扩散的研究中发现：矿渣微粉占据了孔的一半空间，孔径只有原来的 1/3。由于填充效应，任何非常细小粒子的存在都将使混凝土性能有所改变。填充效应具有十分重要的作用，尤其是在早期。例如，硅灰的粒径约为水泥粒径的 1%，并含有一定量的纳米级分布。当在水泥中掺用硅灰时，这些微细粒子将填充于水泥空隙中（图 7-13），达到物理堆积密实。由于填充效应以及硅灰与水泥水化产物之间的化学作用，掺用硅灰的水泥，7 天和 28 天强度均比对比试件明显提高，即使硅灰对水泥质量的置换率在 10% 以下时也是如此。

因此，掺用矿物外加剂可显著降低混凝土渗透性。

(2) 水胶比 为了使混凝土更加密实，减少混凝土用水量非常重要。水泥完全水化大约需水泥质量 28% 的水，多余的水用来满足和工作的要求。对一定的设计强度，用水量越高，基材含量越高，产生热量越多，收缩越

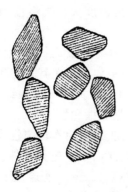
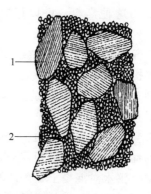

图 7-13 微细材料的填充效应
1—水泥颗粒；2—微细材料

大，空隙也越多，抗渗性能就降低。

混凝土中应有足够的浆体来保证强度和耐久性，然而，浆体含量在大体积混凝土中要保持在较小范围以降低水化热。水胶比的选择要满足强度和耐久性的需要。

低水灰（胶）比水泥浆体具有较高的体积密度，同时也具有更高的致密度和强度。由计算可知，当水灰比为 0.60 时，水泥在浆体中的体积含量为 34%；而当水灰比为 0.30 时，水泥在浆体中的体积含量为 51%，更趋于密实堆积（假定水泥相对密度为 3.20），如图 7-14 所示。若使用一定量的活性矿物材料等量置换水泥，则胶凝材料在浆体中的体积含量将更高。

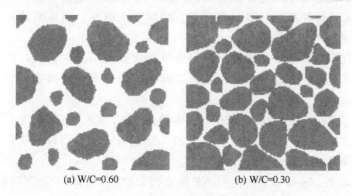

(a) W/C=0.60   (b) W/C=0.30

图 7-14 水泥浆体致密度与水灰比关系示例

实践证明，低水胶比混凝土具有优异的抗渗性能。实现低水胶比的主要技术途径是掺用高效减水剂和高性能减水剂。

(3) 膨胀剂或膨胀剂 与高效减水剂复合产物，可使混凝土具有抗渗、防水、防裂作用。

(4) 有机防水剂 具有憎水作用，可降低混凝土渗透性。

(5) 集料 一些集料中存在大量的孔，可能增加混凝土的渗透性，如果必须使用这种集料，可以把它们掺在密度大、抗渗性和耐久性好的材料中。

（6）养护和泌水　如果要求混凝土具有优良的抗渗性和耐久性，就必须强调养护的重要性，对所有混凝土都是如此，尤其是掺用高掺量的混凝土外加剂时，更应加强混凝土养护。精心养护不仅可保证混凝土耐久性，还可以阻止表面的水分散失，不产生塑性收缩和裂纹。

泌水会导致混凝土匀质性变差。微观结构的不均匀性是水泥基材料性能降低的症结所在。为获得足够的匀质性，除了充分搅拌，还应控制混凝土泌水率。泌水对混凝土耐久性的影响很大，泌水通道在干燥后形成空隙，从而降低了混凝土的抗渗性能。这些通道的危害在于，它们不仅渗水还可以吸水或毛细吸水，会导致外部水和盐分渗入到混凝土内部。

加水过多是泌水的主要原因，这样会使大颗粒沉在混凝土底部，保水性下降。浆体不足也会导致泌水。

当水的蒸发量大于其泌水时，混凝土产生塑性收缩开裂，如发现及时可以重压闭合，但一般只有在混凝土硬化后才能发现。

通过配合比设计可将泌水率降到最低，如使用引气减水剂、掺用矿物外加剂和掺用纤维素醚可提高混凝土黏聚性，从而降低泌水率。

7.2.2　氯盐侵蚀

氯化物对混凝土的有害侵蚀通常仅发生在混凝土表面。但对于钢筋混凝土和预应力混凝土，氯盐侵蚀可能会导致很严重的后果，不仅钢筋受侵蚀后形成体积蓬松的铁锈而膨胀，使混凝土破坏，而且钢筋会因锈蚀失去对混凝土的增强作用。

在强碱环境中，钢筋表面形成氢氧化铁而不发生锈蚀，这是因为表面形成了钝化膜。加入氯化物，这层钝化膜被可溶性的氯盐破坏，钢筋发生化学腐蚀。

氯化铁及海水中的氯离子，在混凝土中的扩散取决于混凝土中孔的结构。

文献的研究结果（图 7-15～图 7-18）表明，掺用粉煤灰和矿渣微粉可有效降低氯离子渗透。

总之，通过掺用高性能 AE 减水剂和矿物外加剂，提高混凝土密实度、匀质性和抗渗性，可预防氯盐侵蚀。

7.2.3　软水侵蚀

在软水中，纯水"离子缺乏"的特性使其进入混凝土，从混凝土中滤出 $Ca(OH)_2$。由于纯水可持续补充，因此混凝土中的 $Ca(OH)_2$ 将从表面到内部逐步被滤去。

如果水中存在未溶解的 CO_2，软水的侵蚀破坏可大幅增加，CO_2 可将 $Ca(OH)_2$ 变为 $CaCO_3$，从而可能使消耗混凝土中的 $Ca(OH)_2$ 殆尽。

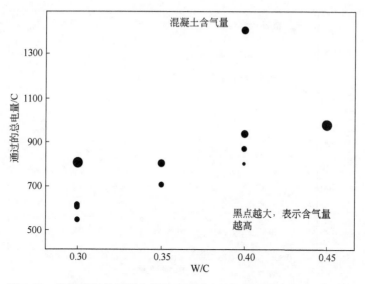

图 7-15 掺粉煤灰的混凝土及对比混凝土 Cl⁻ 渗透性与 W/C 的关系

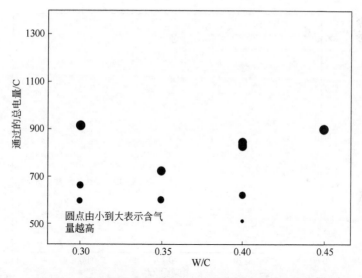

图 7-16 掺矿渣微粉的混凝土 Cl⁻ 渗透性与 W/C 的关系

水泥浆硬化时，$Ca(OH)_2$ 的损失使孔隙水的 pH 值从 12.5 降到 8.0。此时，硅酸钙、铝酸盐和水化铁铝酸盐处于不稳定状态，易使 CaO 从水化物中分解出来。因此，纯水对 $Ca(OH)_2$ 的过滤作用，破坏了硬化水泥浆体的基体组成。

无定形的磨细矿渣微粉可保护混凝土不受软水侵蚀。

7.2.4 海水侵蚀

大量临海建筑都会发生海水侵蚀破坏，这种破坏降低了混凝土的耐久

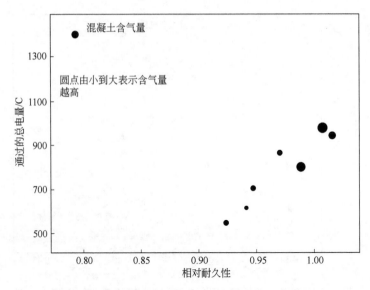

图 7-17 1500 次冻融循环后掺粉煤灰及对比混凝土 Cl^- 渗透与相对耐久性

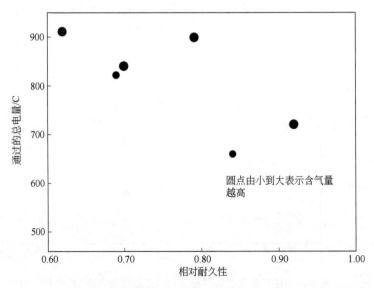

图 7-18 1500 次冻融循环后掺矿渣微粉混凝土 Cl^- 渗透与相对耐久性

性。海水对混凝土的破坏是许多因素共同作用的结果,与混凝土中含氯盐的情况类似,但海水的破坏程度比混凝土中含氯盐引起的破坏要轻。海水中含 3.5% 的盐,包括 $NaCl$、$MgCl_2$、$MgSO_4$、$CaSO_4$,也可能含有 $KHCO_3$。

混凝土的海水侵蚀破坏与暴露环境有关。如果混凝土不浸入海水中,仅是暴露于海洋环境,则破坏主要为钢筋锈蚀和冻胀破坏。然而,海水直接作用下的混凝土结构,除了发生钢筋锈蚀和冻胀破坏时,水化产物还可能发生化学分解，海水还会对混凝土产生干湿交替的物理作用。但海水中的永久建筑物则不易发生冻胀破坏和钢筋锈蚀。

CO_2 和 $Ca(OH)_2$ 反应生成重碳酸钙，使 $Ca(OH)_2$ 发生迁移。CO_2 也会与单硫型硫铝酸钙发生反应，破坏 C-S-H 凝胶的组分形成霰石和硅。

即使 $MgCl_2$ 和硫酸盐的含量很低，也会与 $Ca(OH)_2$ 反应形成可溶的 $CaCl_2$ 或石膏，引起破坏。海水中的氯化钠会影响水泥浆体中某些组分的溶解度，发生离析现象致使混凝土强度降低。如果有足够的 $Ca(OH)_2$、$MgSO_4$ 也可能与单硫型硫铝酸盐发生反应生成钙矾石，如果存在 NaCl，反应速率变慢，当与 $Ca(OH)_2$ 反应时耗尽，则不会发生上述反应。

海水中几乎不会形成氯铝酸钙，由于海水中含有硫酸盐，钙矾石将优先生成。当水泥中 C_3A 的含量超过 3% 时，钙矾石的生成对海水环境下混凝土的耐久性不利。高 C_3A、高 C_3S 的水泥配制而成的混凝土，抗盐水侵蚀的能力低于高 C_3A 的混凝土（图 7-19），原因可能在于 C_3S 水化消耗了大量的 $Ca(OH)_2$。

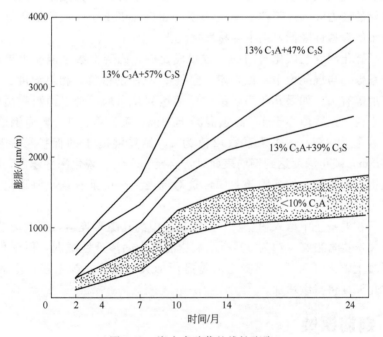

图 7-19　海水中砂浆的线性膨胀

因为粉煤灰中含有活性成分 SiO_2 和 Al_2O_3，能与 $Ca(OH)_2$ 发生反应，所以，掺粉煤灰可以提高混凝土抵抗海水侵蚀的能力。同样，掺入高炉矿渣，水化反应后残余的 $Ca(OH)_2$ 量低，可以提高混凝土的抗海水侵蚀的能力。

7.2.5　碳化

钢筋的锈蚀主要是由于酸性气体（二氧化碳）和硬化水泥浆、混凝土发生反应而引起的，反应后混凝土中的 pH 值降低，通常低于 10。而混凝土碳化与钢筋锈蚀不同，碳化过程如下：一开始，二氧化碳扩散进入混凝土孔隙中，在孔溶液中溶解，之后与可溶的碱金属反应形成氢氧化物，使得溶液的 pH 值降低，致使更多的 $Ca(OH)_2$ 进入溶液。CO_2 和 $Ca(OH)_2$ 反应生成 $Ca(HCO_3)_2$ 和 $CaCO_3$，pH 值降低致使其他的氢氧化物如铝相、C-S-H 凝胶、硫铝相分解。

孔溶液中的相对湿度的大小对碳化速率的影响很大，相对湿度的大小取决于混凝土孔中水-空气界面的形状和面积。当相对湿度超过 80% 时，弯曲面的面积变小，降低了 CO_2 吸收率；当相对湿度低于 40% 时，不存在弯曲面，孔隙水主要为吸附水，不能有效地溶解 CO_2。因此，碳化发生在相对湿度为 50% 和 70% 之间。

除了环境条件外，混凝土以及水泥浆的扩散性对碳化时间和碳化速度也有影响。当混凝土中的水泥含量为 15% 时，发生碳化的可能性很小，水泥的含量增大对碳化的影响不大，但如果水泥的含量减小，则混凝土抵抗碳化的能力大幅度下降。总地来说，如果混凝土密实，养护良好，使得混凝土的渗透性降低，则不容易发生碳化。

碳化深度与碳化时间的平方根成比例，比例常数是混凝土渗透性有关的系数，与混凝土中水泥含量、空气中 CO_2 的浓度、相对湿度、混凝土的密度等有关。如果几年后，碳化深度达到几毫米，对于预制和预应力混凝土来说，系数值小于 1，高强混凝土来说，系数值为 1，普通钢筋混凝土，系数值为 4～5。如果系数取值为 1，钢筋混凝土的保护层厚度设计为 25mm，碳化深度达到钢筋表面时，需要 625 年。碳化深度越大，混凝土越致密，混凝土中的孔隙被封闭，这对混凝土来说是有益，但碳化会使得混凝土收缩和开裂。

在混凝土中掺入粉煤灰后，混凝土中的孔隙不连通，因此渗透性减弱，粉煤灰掺量很高（约为 50%），虽然混凝土的渗透性减弱，但碳化却加大。混凝土碳化开裂后，混凝土的暴露面加大，连通孔隙增多，渗透性增大，碳化深度将持续增加。

7.3 钢筋锈蚀

钢筋锈蚀是影响钢筋混凝土及预应力钢筋混凝土结构耐久性的重要因素，是当前最突出的工程问题，已引起各国工程界的关注，许多国家都十分重视研究混凝土结构中钢筋的锈蚀与防护问题，不断推出新的检测评价方法与监控防护措施。

钢材的腐蚀分湿腐蚀及干腐蚀两种，钢筋在混凝土结构中的锈蚀是在有水分子参与的条件下发生的腐蚀，属湿腐蚀。这种腐蚀属电化学腐蚀，钢筋的锈蚀过程是一个电化学反应过程,通俗地说是指由于氧气和水的存在,使得电流从阴极流向阳极。

7.3.1 钢筋锈蚀机理

钢筋锈蚀过程可表示为:

阳极反应 $\quad Fe \longrightarrow Fe^{+2} + 2e^-$ (7-5)

阴极反应 $\quad 1/2O_2 + H_2O + 2e^- \longrightarrow 2OH^-$ (7-6)

将上述两个反应式综合起来则得:

$$Fe + 1/2O_2 + H_2O \longrightarrow Fe(OH)_2 \quad (7-7)$$

$$Fe(OH)_2 + 1/2H_2O + 1/4O_2 \longrightarrow Fe(OH)_3 \quad (7-8)$$

即反应的结果是阳极生成了氧化物,在 O_2 及 H_2O 共同存在的条件下,由于上述电化学反应使钢筋表面的铁不断失去电子而溶于水,从而逐渐被腐蚀,在钢筋表面形成红铁锈,体积膨胀数倍,引起混凝土结构开裂。

由于混凝土浆体的 pH 值很高,钝化可保护钢筋不锈蚀,但当 pH 值改变时,金属自身的氧化还原本质,使钢筋发生锈蚀。当 pH 值为 9.5~12.5 时,金属表面存在一层氧化铁或氢氧化铁膜,钢筋不容易发生锈蚀,通常将这一层氢氧化物称为 $\gamma\text{-}Fe_2O_3$。水泥水化时很快便在金属上形成了钝化膜,随着水化的缓慢进行,该保护膜的厚度逐渐变大,一般为 $10^{-3} \sim 10^{-1}$ μm。通过阴极测量,我们发现该层钝化膜确实存在,但是对于保护膜的形成条件、化学和矿物组成仍不确定,很可能该层保护膜中存在着多个相。

钢筋的去钝过程也是很好理解的,可能由于在钝化膜表面形成了一层非常复杂的离子层,其中包括氯离子和铁离子,导致了出钝化作用。由于这层氯离子层中含有 Fe^{2+} 和 Fe^{3+},即使 pH 值很高(12~13),氯离子的浓度很低,铁的可溶性也会增大,这种复杂的迁移过程降低了钝化膜的稳定性。氯离子除具有还原作用外,还有其他一些不利的影响,CO_2 侵入后,氯离子使孔溶液的 pH 值降低,使混凝土的电阻增大,使得锈蚀电流增大。

通常规定混凝土中氯离子浓度应不得高于 0.2%,由于该值缺乏理论依据,一些学者提出了 Cl^- 和 OH^- 的比值限定值: Cl^-/OH^- 大于 0.6 时,可能发生钢筋的锈蚀。可以看出,必须根据水泥浆中的碱含量来确定氯离子的限值,但由于集料中含有一定数量的碱,且铝相使氯离子的迁移不定,问题是很复杂的。

钢筋锈蚀使混凝土的强度降低,混凝土表面开裂,当铁锈的厚度超过 0.1mm 时就会引起开裂。可以通过对混凝土中钢筋进行半电池电极测试来确定钢筋是否锈蚀,当电场值低于 -0.35V 时,认为钢筋已发生了锈蚀。若有疑问,可以通过测量极化电阻来确定钢筋的锈蚀速率。

总的来说,阳极反应使混凝土中的氧气降低,产生浓度梯度,氧气从混凝土表面扩散进来其扩散速率决定着钢筋的锈蚀速率。然而,当氯离子的含量很高，也可能锈蚀速率高于氧气的扩散速率。

由于钢筋在混凝土中的锈蚀导致电化学反应，因而其锈蚀速度与锈蚀量均可用电量来表示。通常当腐蚀电流密度为 $100\mu A/cm^2$ 时，其锈蚀速度约为 1mm/年。

此外，还可用阳极及阴极曲线来说明钢筋在混凝土中的锈蚀。图 7-20 为理想的阳极、阴极分极曲线。图中实线为无 Cl^- 存在及 O_2 渗透量较少时的阳极及阴极分极曲线；虚线表示混凝土中含有 Cl^- 及 O_2 渗透量较多时的阳极及阴极分极曲线。两极曲线的交点表示其电流相同，反应趋于稳定，该交点的电位即为自然电位。交点 A 及 A' 电流极小，腐蚀速率也小，钢筋处于稳定状态。这说明混凝土中不含 Cl^-，不论渗透的 O_2 量有多少，钢筋均不易锈蚀。交点 B 与 B' 处的电流量差别较大，说明混凝土中含有 Cl^-，O_2 的渗透量对钢筋锈蚀有较大影响。一般来说，自然电位在 0~250mV 范围内时，钢筋均处于稳定状态，而自然电位低于 -400mV 时，钢筋处于不稳定状态。

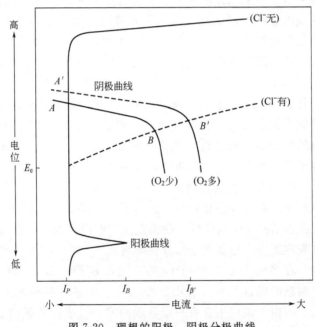

图 7-20　理想的阳极、阴极分极曲线

7.3.2　环境作用

在工程中可将混凝土结构所处环境分为 3 种类型，对存在顺筋裂缝的钢筋混凝土构件，其锈蚀存在不同特点。

(1) 干燥环境　混凝土湿度梯度为内湿外干，顺筋裂缝处钢筋电位最高，作为阴极使深层钢筋及非裂缝处钢筋的锈蚀速率增加，加速其他部位产生顺筋裂缝，由于混凝土电阻较大，且各部分钢筋表面作为孤立电极时，自身的阴阳极面积比较大,表现锈蚀速率较低,使在干燥环境下钢筋锈蚀问题相对较小。

(2) 表面湿润环境 表面湿润环境的钢筋混凝土构件包括频繁干湿交替循环环境、处于雨季的暴露结构、长期潮湿环境结构等。这些构件如存在顺筋裂缝,其锈蚀的电化学特点为湿度分布梯度为外湿内干,顺筋裂缝处钢筋电位最低,深层钢筋及非裂缝处钢筋作为阴极使该处锈蚀速率增加,且呈现大阴极小阳极特点,并随顺筋裂缝的增宽,锈蚀速率在较大数值的基础上以加速度增长。

(3) 长期浸泡环境 处于长期浸泡环境的钢筋混凝土构件锈蚀的电化学特点与表面湿润环境基本相同,但由于内外湿度差别较小,且氧气浓度差别较小,使不同部位钢筋的电位差较小。但如果顺筋裂缝宽度较宽,由于混凝土湿度较大,电阻率较小,仍有可能在电位差较小的同时产生较高的"宏电流"。"宏电流"作用仍会导致顺筋裂缝附近钢筋锈蚀速率的较大增长。

(4) 碳化引起的钢筋锈蚀 碳化作用和引起钢筋锈蚀,但可通过控制水胶比和适当增加混凝土的保护层厚度加以防范。

与钢筋横向交叉的可见裂缝能使裂缝截面处的碳钢提前发生局部锈蚀,这种局部的锈蚀通常不会扩展,只当保护层被碳化,保护层下的钢筋表面脱钝,才会在钢筋表面产生持续的锈蚀发展过程。所以横向裂缝宽度除影响外观外,只要表面裂宽不是太大(如不大于 0.4mm),对碳化引起的钢筋锈蚀没有大的影响,并得到了试验室和野外试验结果的支持。横向裂缝宽度和钢筋锈蚀程度之间并没有简单的联系,裂缝宽度只影响开始锈蚀的时间,与锈蚀的速率没有太大关系。沿着钢筋表面发生的顺筋纵向裂缝则完全相反,它能使水、氧等参与锈蚀反应的物质长驱直入,会极大地加剧钢筋锈蚀的速率。

预应力钢筋(索)和高强钢筋在应力腐蚀下的锈蚀速率较快,还会形成坑蚀和发生氢蚀,有很高的防锈要求,需增加保护层厚度并严格限制裂缝宽度。

(5) 氯盐引起的钢筋锈蚀 氯盐引起的钢筋锈蚀最为严重。氯离子在引起钢筋锈蚀的电化学反应中并不被消耗。在氯盐环境下,横向宏观裂缝处的钢筋截面受氯盐侵蚀可形成很深的坑蚀,会严重削弱钢筋的承载力和延性,因而对裂缝宽度的限制应更为严格,预应力构件应按不允许开裂进行设计。

氯盐引起的钢筋锈蚀主要发生在海洋和近海环境以及冬季喷洒除冰盐的环境。海洋工程中的水位变动区、浪溅区以及靠近海面与高浓度盐雾接触的大气区,都处于干湿交替状态,受腐蚀的可能性最大。水下区的混凝土虽然表面接触的氯盐浓度较大,内部孔隙水处于饱和状态又有较高的氯离子扩散系数，但因饱水环境下引起钢筋锈蚀的氯离子临界浓度值提高，又因缺氧使得锈蚀后的腐蚀速度变得相当缓慢，因而较易防范。

对于氯盐轻度腐蚀下的混凝土结构，采用水胶比不高于0.4并掺用矿物外加剂，适当提高保护层厚度，可以解决问题。但对海洋环境中处于干湿交替如浪溅区的混凝土结构，如果设计使用年限较长，就需要配合采用特殊防腐蚀措施，或者采取使用期内定期维护的方案。使用年限很长又缺乏可修理条件（如地下工程）的重要结构物，则应采用多道防腐措施。如1997年完工的丹麦跨海交通要道Great Belt Link，长18km，包括两座海底铁路隧道，一座公路铁路二用桥和一座高等级公路桥，设计使用年限100年，在隧道和桥梁的耐久性设计上采用多道措施，其中掘进施工的圆形隧道结构由宽1.65m、厚0.4m的预制混凝土管片组成，隧道处于高浓度的氯离子和硫酸盐环境中，由于管片配筋的保护层厚度仅35mm，除了采用水胶比低于0.35的掺粉煤灰和硅灰混凝土外，采取了：①在衬砌与土体之间沿环向灌浆，增加覆盖保护层厚度；②环氧涂膜钢筋；③为在将来一旦发生锈蚀时能够采用阴极保护方法，专门将钢筋焊接连通后再环氧涂膜，后者作为最终可以用来对付的手段。荷兰的Delta防浪堤设计使用年限200年，其众多闸门的配筋混凝土支撑构件在浪溅区和潮汐区的预期使用年限（按钢筋锈蚀的钢筋截面损失0.2mm估计）据计算预测为80～90年，则采用使用期内修理的方法延长其寿命。氯盐严重腐蚀环境下的结构物必须有定期的检测，为及时修理提供必需信息。

除冰盐溶液的氯离子浓度可达到海水的10～15倍。混凝土表面可直接受到除冰盐溶液的污染，而车辆行驶中的溅射则可污染傍路的混凝土构件。除冰盐仅在冬季间断使用，混凝土受污染的程度与除冰盐的使用频度和用量有关，雨水又会部分冲走积累在混凝土表面的盐分，因而不确定性更大。

虽然在试验室条件下早已证实混凝土抗氯离子侵入的能力随水胶比降低而提高，可是非常低的水胶比在施工过程中的质量控制比较复杂，施工阶段的开裂倾向显著，而混凝土的耐久性更需要施工质量的切实保证，这就要综合权衡。

7.3.3 影响钢筋锈蚀的因素

(1) 混凝土液相pH值影响　已有的研究证明，钢筋锈蚀速度与混凝土液相的pH值有密切关系。当pH值大于10时，钢筋锈蚀速度很小；而当pH值小于4时，钢筋锈蚀速度急剧增加。

(2) 混凝土中Cl^-含量的影响　混凝土中Cl^-含量对钢筋锈蚀的影响极大。一般情况下钢筋混凝土结构的氯盐掺量应少于水泥质量的1%（按无水状态计算），而且掺氯盐的混凝土结构必须振捣密实，不宜采用蒸汽养护。

(3) 保护层厚度及其完好性　混凝土保护层厚度是影响钢筋锈蚀的重

要因素。为确保钢筋不锈蚀，必须设定适当的混凝土保护层厚度。混凝土对钢筋的保护作用包括两个主要方面：一是混凝土的高碱性使钢筋表面形成钝化膜；二是保护层对外界腐蚀介质、氧气及水分等渗入的阻止作用。后一种作用主要取决于混凝土的密实度及保护层厚度。但是，混凝土的保护层厚度过大，则会降低混凝土构件的极限抗弯能力、改变冲切破坏的斜截面角度，并使混凝土构件的极限抗冲切能力略有降低。

在保证保护层厚度的同时，应确保混凝土保护层的完好性，保证无开裂，无蜂窝孔洞等。保护层是否完好，对钢筋锈蚀有明显的影响，特别是对处于潮湿环境或腐蚀介质中的钢筋混凝土结构影响更大。在潮湿环境中使用的钢筋混凝土结构，横向裂缝宽度达 0.2mm 时即可引起钢筋锈蚀。钢筋锈蚀产物体积的膨胀则加大保护层的纵向裂缝宽度，如此恶性循环的结果必然导致混凝土保护层的彻底剥落和钢筋混凝土结构的最终破坏。

7.3.4 防止钢筋锈蚀的措施

人们采用了很多方法来防止钢筋锈蚀，如在混凝土表面上加盖防护层，不透气的保护层，进行阳极保护，使用阻锈钢筋，在钢筋表面镀锌或采用环氧保护钢筋等。利用微电池原理，在低碱混凝土中使用镀锌钢筋对防止钢筋锈蚀非常有效。当混凝土中氯离子的含量为 1.2% 时，环氧具有保护钢筋的作用，但当氯离子含量达到 4.8% 时，保护层就会被破坏。可见，混凝土中氯离子的含量非常重要。

7.4 硫酸盐作用与侵蚀

目前我国很多混凝土建筑物处于硫酸盐侵蚀环境中，建筑物面临的腐蚀环境较为严峻，处于自然腐蚀环境和人为腐蚀环境的双重危害作用下，而且人为腐蚀环境和自然腐蚀环境结合产生叠加效应，加剧了建筑结构件的腐蚀程度。土壤、地表和地下水中，不可避免地会存在直接或者间接的硫酸盐侵蚀介质，如 SO_4^{2-}、CO_3^{2-}、HCO_3^-、Na^+、Mg^{2+}、K^+、NH_4^+ 等，建筑物的地下、地表部分长期处于侵蚀介质作用下，产生膨胀、开裂、剥落等现象，逐渐表现为质量损失、力学性能劣化，最终导致混凝土强度和黏性丧失，导致结构或者构件的破坏，严重影响建筑物的耐久性。我国沿海地区混凝土结构物主要受氯化物和硫酸盐侵蚀，导致混凝土保护层破坏，造成钢筋与地下水中的离子直接接触发生电化学反应使钢筋截面变小，结构承载力下降，建筑物使用寿命降低。沿海地区土壤中 Cl^- 的含量最高达到土壤重量的 2.62%，SO_4^{2-} 含量占土壤重量的 0.28%～0.42%，还含有大量的碳酸盐和镁盐等强腐蚀性介质，土壤 pH 值一般为 7.5～8.5。新疆、青海、甘肃、内蒙古等地区的土壤易溶盐含量高达 50%～60%，土壤中的含量最高达到占土壤重量的 1.43%；Cl^- 的含量达到 0.82%～24.6%；Mg^{2+} 的含量最高达到 0.62%,土壤 pH 值大都在 8.0~9.5。此种土壤对混凝土材料产生极严重的膨胀性腐蚀破坏,属强腐蚀或极强度土壤。南方土壤 pH 值一般在 4.0~6.5,SO_4^{2-} 含量占土壤重量的 0.08%~0.22%,Cl^- 的含量占土壤重量的 0.012%~0.12%。

近年来,在铁路、公路、矿山、海港以及机场等工程中都发现硫酸盐侵蚀的问题,有的已经危及到工程的安全运营,严重的甚至导致混凝土构筑物结构的破坏,使建筑物在没有达到其预期的设计使用寿命就过早发生破坏,造成人力和财力的极大浪费,如青海的一些人防工程,青海盐湖区的公路工程,成昆铁路线上的隧道工程,枝柳铁路工程。对于一些跨区域的重大工程,如西气东输、西电东输、青藏铁路、南水北调等,硫酸盐侵蚀将是影响其耐久性的一个重要问题。因此混凝土硫酸盐侵蚀问题越来越受到广大科研工作者和工程技术人员的普遍重视。

根据硫酸盐侵蚀环境、侵蚀机理,按照腐蚀产物稳定存在的碱性条件(pH 值)将水泥基材料硫酸盐侵蚀划分为 5 种类型:钙矾石型、石膏型、镁硫型、碳硫硅酸钙型、盐类析晶型。

7.4.1 硫酸盐侵蚀类型和机理

(1) 钙钒石型 钙矾石基本结构单元为 ${Ca_3[Al(OH)_6] \cdot 12H_2O}^{3+}$,属三方晶系,晶胞参数 $a=11.234Å$、$c=21.501Å$,呈柱状结构,如图 7-21 所示。它是由 $[Al(OH)_6]^{3-}$ 八面体链组成,其周围与 3 个钙多面体结合,柱状单元可重复的距离为 10.7Å,钙矾石的基本结构是沿 c 轴具有 2 倍的柱

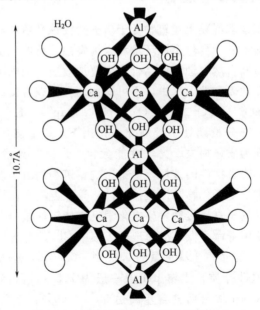

图 7-21 钙矾石平行于 c 轴的结构单元

状结构。平行 c 轴存在 4 个沟槽，其中 3 个沟槽含有 SO_4^{2-}，一个沟槽中含有 2 个水分子，结构式为 $\{Ca_6[Al(OH)_6]_2 \cdot 24H_2O\} \cdot (3SO_4) \cdot (2H_2O)$。

水泥基材料的钙矾石型硫酸盐侵蚀发生在水泥石中存在活性水化铝酸盐相、高 pH 值（pH 值大于 12）的情况下，侵蚀介质主要为硫酸根离子、亚硫酸根离子，侵蚀主要目标是水化产物中的氢氧化钙和铝相。

波特兰水泥矿物组分中 C_3A 含量在 5% 左右时，水化后的铝相大部分以单硫型硫铝酸盐（$3CaO \cdot Al_2O_3 \cdot CaSO_4 \cdot 18H_2O$ 或 $3CaO \cdot Al_2O_3 \cdot CaSO_4 \cdot 12H_2O$）的形式存在；$C_3A$ 含量在 8% 以上时，水化后的铝相除以单硫型硫铝酸盐的形式存在外，还以石榴石 [$3CaO \cdot Al_2O_3 \cdot Ca(OH)_2 \cdot 18H_2O$ 或 $3CaO \cdot Al_2O_3 \cdot Ca(OH)_2 \cdot 12H_2O$] 的形式存在。

在硫酸盐侵蚀环境中，水化产物中的铝相和未水化的 C_3A 在腐蚀介质作用下转化成钙矾石，反应式如下：

$$Ca(OH)_2 + SO_4^{2-} + 2H_2O \longrightarrow CaSO_4 \cdot 2H_2O + 2OH^- \tag{7-9}$$

$$3CaO \cdot Al_2O_3 \cdot CaSO_4 \cdot 18H_2O + 2(CaSO_4 \cdot 2H_2O) + 10H_2O$$
$$\longrightarrow 3CaO \cdot Al_2O_3 \cdot 3CaSO_4 \cdot 32H_2O \tag{7-10}$$

$$3CaO \cdot Al_2O_3 \cdot Ca(OH)_2 \cdot 18H_2O + 3(CaSO_4 \cdot 2H_2O) + 8H_2O$$
$$\longrightarrow CaO \cdot Al_2O_3 \cdot 3CaSO_4 \cdot 32H_2O + Ca(OH)_2 \tag{7-11}$$

$$3CaO \cdot Al_2O_3 + 3(CaSO_4 \cdot 2H_2O) + 26H_2O$$
$$\longrightarrow 3CaO \cdot Al_2O_3 \cdot 3CaSO_4 \cdot 32H_2O \tag{7-12}$$

上述反应中，石膏作为中间产物而存在。反应生成的钙矾石一般为小的针状或片状晶体，或者结晶程度比较差甚至呈凝胶状的钙矾石，前者会在水泥石中产生很大的结晶应力，后者的吸附能力强，可产生很大的吸水肿胀作用，因此钙矾石的生成，会给水泥石带来很大的破坏作用，外观表现为膨胀开裂。在无流水作用下，式(7-9)中反应生成的 OH^- 和水中的 Na^+ 反应生成可溶性碱 NaOH，其溶解度为 1.37g/L，饱和溶液 pH 值 13.5，因此，可溶性碱 NaOH 的生成可以增大水泥石的碱度，有利于 CSH 凝胶和 AFt 稳定存在。

(2) 石膏型 水泥基材料的石膏型硫酸盐侵蚀又称为酸性硫酸型侵蚀，在低 pH 值下发生（pH 值小于 10.5），腐蚀反应产物为石膏，外观表现为硬化水泥石成为无黏结性的颗粒状物质，逐层剥落，导致集料外露。侵蚀介质为硫酸根离子，侵蚀最终目标是 CSH 相。通常硬化混凝土的碱度较高，pH 值在 12 以上。在硫酸盐侵蚀环境中，腐蚀反应中的 OH^- [见式(7-9)]，如存在流水作用，生成的可溶性碱溶出，随流水带走，导致水泥石碱度不断降低；如侵蚀介质中的阳离子和 OH^- 形成低溶解度的碱，同样导致水泥石碱度降低。当水泥石碱度降低到 10.5 以下时，腐蚀产物钙矾石变得不稳定,逐渐分解。由于水泥石碱度降低,CSH 凝胶也发生脱钙分解反应。

侵蚀环境下水泥石中石膏的形成是否引起膨胀存在两种不同的观点。Tian、Santhanam 等通过将单矿 C_3S 浸泡在硫酸盐溶液中的实验表明,潜伏期过后,试件便以较大的速率膨胀,由此得到结论:石膏的形成,使混凝土受到膨胀压力的作用而造成体积不稳定。Hansen 认为石膏的形成并不引起膨胀,因为氢氧化钙和硫酸根离子通过溶液机理在毛细孔中形成固态石膏,不可能占有比孔隙体积和溶解并参加反应的固态氢氧化钙体积之和更大的体积。

(3) 镁硫型 水泥基材料的镁硫型硫酸盐侵蚀也是一种酸性硫酸型侵蚀,在低 pH 值下发生,主要腐蚀反应产物是水镁石、石膏和硅酸镁凝胶(MSH)。水泥基材料的镁硫型侵蚀外观变化没有钙矾石型和石膏型硫酸盐侵蚀明显,只是物理化学性能严重劣化,试件断面呈连续层状分布。这种破坏形式是潜在的和连续的,由于无明显外观变化,其后果将会更加严重,而且一旦发生,即快速发展。侵蚀介质为硫酸根离子和镁离子,侵蚀最终目标是 CSH 相。

MSH (magnesium silicate hydrate gels) 是一种结晶程度差、纤维状、无胶结性的物质,Mg/Si 在 4:1 和 1:1 之间,Gollop 和 Taylor 给出的化学式是 $M_3S_2H_2$。图 7-22 是采用溶液机制合成的 MSH 相的 X 射线衍射图谱,图 7-22(a) 是原料组分按 Mg/Si=0.66 合成的 MSH 凝胶的 XRD 图谱,图 7-22(b) 是原料组分按 Mg/Si=0.96 合成的 MSH 凝胶的 XRD 图谱,可以看到尽管原料组分不同,但是均存在着 3 个主峰:3.6~3.0Å,2.6~2.3Å 和 1.6~1.5Å。

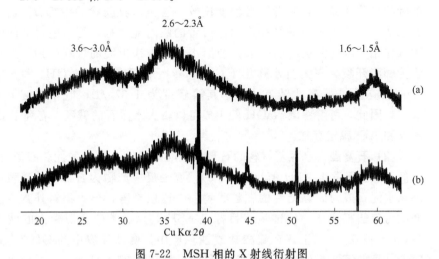

图 7-22 MSH 相的 X 射线衍射图

MSH 和 CSH 均为凝胶,Mg^{2+} 和 Ca^{2+} 均为二价金属阳离子,在凝胶中和 $[SiO_4]^{4-}$ 单聚体和多聚体结合。图 7-23 是用溶液机制合成的 CSH 凝

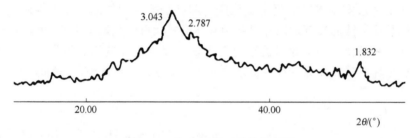

图 7-23 CSH 相的 X 射线衍射图

胶的 X 射线衍射图谱。CSH 凝胶是一种结晶不良的物质，在 X 射线衍射图仅有 3.043Å、2.787Å 和 1.832Å 处有不强的衍射峰，而且峰形弥散。由此可以看出 MSH 和 CSH 凝胶的 X 射线衍射图谱上存在着明显的差异。

水泥基材料在高浓度硫酸根离子和镁离子侵蚀介质中，水化产物中的 $Ca(OH)_2$ 首先和镁离子反应，在水泥基材料表面生成致密的水镁石，这对于侵蚀起到一定延缓作用，见式(7-13)。随着侵蚀时间的延长，反应产物石膏和水化产物中的铝相和未水化的 C_3A 反应生成钙矾石，见式(7-10)~式(7-12)。由于水镁石的溶解度极低，只有 0.01g/L，其饱和溶液 pH 值 10.5，随着腐蚀反应的进行，水泥石的碱度不断降低，导致 CSH 脱钙，以期提高碱度，但是进入溶液中的钙离子很快和腐蚀介质反应生成更多石膏，同时 SiO_4^{2-} 和腐蚀介质反应生成 MSH，见式(7-14) 和式(7-15)。在如此低的 pH 值条件下，二次钙矾石无法形成，并且先前在高 pH 值条件下生成的钙矾石也无法稳定存在。

$$Ca(OH)_2 + MgSO_4 + 2H_2O \longrightarrow CaSO_4 \cdot 2H_2O + Mg(OH)_2 \tag{7-13}$$

$$3CaO \cdot 2SiO_2 \cdot 3H_2O + MgSO_4 + 8H_2O$$
$$\longrightarrow 3(CaSO_4 \cdot 2H_2O) + 3Mg(OH)_2 + 2SiO_2 \cdot 3H_2O \tag{7-14}$$

$$2SiO_4^{2-} + 3Mg^{2+} + 3H_2O \longrightarrow 3MgO \cdot 2SiO_2 \cdot 2H_2O + Mg(OH)_2 \tag{7-15}$$

镁硫型侵蚀的特殊之处是潜伏期长，诱导期、发展期均较短，一旦发生侵蚀，将以较快的速率进行。关于 MSH 的生成机制、MSH 的结构特征、MSH 的生成对水泥材料的影响程度、影响 MSH 生成和结构的因素等问题尚不明确，水镁石的生成在腐蚀过程中所起的作用也存在疑问。

(4) 碳硫硅酸钙型 水泥基材料的碳硫硅酸钙型硫酸盐侵蚀发生在中等 pH 值 (pH 值大于 10.5)、有水存在、环境温度低于 15℃ 的情况下（实际发现在 20℃ 的环境下也会发生），腐蚀产物为钙矾石、石膏和碳硫硅酸钙，表现为硬化水泥石成为无黏结性的烂泥状物质，由表及里，集料脱落。侵蚀介质为硫酸根离子、碳酸根离子或者碳酸氢根离子，侵蚀最终目标是 CSH 相。

关于这种破坏形式，国内报道了甘肃兰州八盘峡水电站廊道和新疆喀什地区永安坝水库混凝土受硫酸盐和碳酸盐共同作用下发生碳硫硅酸钙型硫酸盐侵蚀的实例。国外对此种破坏形式大量研究始于1998年,并于1999年1月提交了一本专门关于混凝土发生此类侵蚀破坏的报告,从而才将此类破坏明确归类为一种特殊形式的硫酸盐侵蚀,即TSA型硫酸盐侵蚀(the thaumasite form of sulfate attack)。

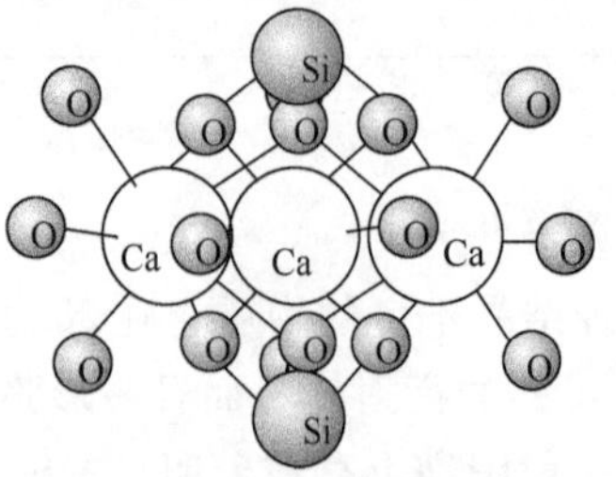

碳硫硅酸钙的基本结构单元为$\{Ca_3[Si(OH)_6]12H_2O\}^{4+}$,属六方晶系,晶胞参数$a=10.054$Å、$c=10.410$Å,呈柱状结构,如图7-24所示。它是由$[Si(OH)_6]^{2-}$八面体链组成,其周围与3个钙多面体结合,$SO_4^{2-}$和$CO_3^{2-}$有序排列在柱状结构的沟槽中,结构式为$\{Ca_3[Si(OH)_6]·15H_2O\}(SO_4)(CO_3)$。通过上述分析,可以看到碳硫硅酸钙和钙矾石有着很相似的基本结构单元,如图7-25所示。

图7-24 碳硫硅酸钙的平行于c轴的结构单元

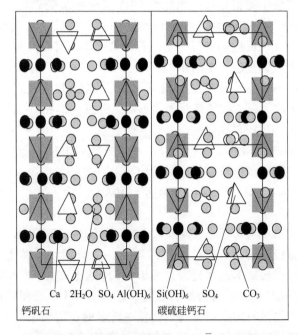

图7-25 碳硫硅酸钙和钙矾石($11\bar{2}0$)剖面结构

关于碳硫硅酸钙生成机制问题,目前存在3种观点。一是拓扑化学离子交换反应机制,就是在较低温度和存在水或者潮湿环境中,钙矾石分子结构中的Al^{3+}被Si^{4+}取代,$3SO_4^{2-}+2H_2O$被$2SO_4^{2-}+2CO_3^{2-}$取代,同时c轴松弛,形成了碳硫硅酸钙的分子结构;二是溶液反应机制,就是溶解在水中的Si_3^{2-}、SO_4^{2-}、CO_3^{2-}、Ca^{2+}和OH^-在适宜的位置随机析出,见式(7-16);三是择优取向成核生长机制,Kohle等通过试验否定了硅钙矾石直接向碳硫硅酸钙的转变机制，同时也否定了溶液反应机制，认为碳硫硅酸钙由于和钙矾石结构上的相似，具有在钙矾石表面择优取向成核生长的趋势。

$$3Ca^{2+} + Si_3^{2-} + SO_4^{2-} + CO_3^{2-} + 15H_2O \longrightarrow CaSiO_3 \cdot CaSO_4 \cdot CaCO_3 \cdot 15H_2O \tag{7-16}$$

(5) 盐类析晶型 水泥基材料硫酸盐侵蚀除上述4种外，还有1种盐类析晶型侵蚀，当环境温度或者相对湿度发生反复变化时，且侵蚀溶液中存在大量钠离子、镁离子、硫酸根离子，构件通常就会发生析晶型侵蚀，往往外观有明显的盐类结晶现象。

关于盐类析晶型硫酸盐侵蚀机理有两种观点。一种观点认为，结晶压力是造成水泥基材料破坏的主要原因。含盐溶液在水泥基材料的毛细作用下进入水泥石孔隙中，当环境温度或者相对湿度发生变化时，水泥石孔溶液中盐类过饱和，析出晶体，产生结晶压力，导致裂纹的生成和发展，最终造成水泥基材料的破坏。Rodrguez-Navarro 和 Doehne 通过环境扫描电镜发现水泥石孔隙中无水芒硝的结晶是造成水泥石破坏的主要因素。另一种观点认为，结晶水变化导致的体积膨胀是造成水泥基材料破坏的主要原因。盐类特别是钠盐和镁盐所含结晶水的变化造成体积膨胀，$Na_2SO_4 \cdot 10H_2O$、$MgSO_4 \cdot H_2O$、$MgSO_4 \cdot 6H_2O$ 的生成均导致体积膨胀，特别是无水芒硝转化为芒硝，体积膨胀约315%，当膨胀导致的拉应力超过水泥基材料的极限拉应力时，水泥石内部就会出现开裂现象。

7.4.2 环境因素

水泥基材料的硫酸盐侵蚀是个复杂多变的渐进过程，是内因和外部环境因素综合作用的结果。内因是水泥基材料本体性能，涉及抗渗性、水化物相和未水化物相的种类和组成等；外部环境因素涉及腐蚀介质种类、浓度，环境温度和湿度等。上述硫酸盐侵蚀类型和机理探讨，仅仅针对某一特定的腐蚀环境下某些腐蚀产物在腐蚀过程占主导地位而提出的，实际腐蚀过程往往是某一种或者多种侵蚀类型并存的。

按照 GB/T 50476—2008《混凝土结构耐久性设计规范》规定，水、土中的硫酸盐和酸类物质对混凝土结构构件的环境作用等级分为3级，可按表 7-1 确定。当有多种化学物质共同作用时，应取其中最高的作用等级作为设计的环境作用等级。如其中有两种及以上化学物质的作用等级相同且可能加重化学腐蚀时，其环境作用等级应再提高一级。

表 7-1 中与环境作用等级相应的硫酸根浓度，所对应的环境条件为非干旱高寒地区的干湿交替环境；当无干湿交替（长期浸没于地表或地下水中）时，可按表中的作用等级降低一级，但不得低于 V-C 级；当混凝土结构构件处于弱透水土体中时，土中硫酸根离子、水中镁离子、水中侵蚀性二氧

表 7-1 水、土中硫酸盐和酸类物质环境作用等级

环境作用等级	水中 SO_4^{2-} 离子浓度/(mg/L)	土中 SO_4^{2-} 离子浓度(水溶值)/(mg/kg)	水中 Mg^{2+} 离子浓度/(mg/L)	水中酸碱度(pH 值)	水中侵蚀性 CO_3^{2-} 浓度/(mg/L)
V-C	200~1000	300~1500	300~1000	6.5~5.5	15~30
V-D	1000~4000	1500~1600	1000~3000	5.5~4.5	30~60
V-E	4000~10000	6000~15000	≥3000	<4.5	60~100

注：C—中度；D—严重；E—非常严重。

化碳及水的 pH 值的作用等级可按相应的等级降低一级，但不低于 V-C 级；对含有较高浓度氯盐的地下水、土，可不单独考虑硫酸盐的作用；高水压条件下，应提高相应的环境作用等级。部分接触含硫酸盐的水、土且部分暴露于大气中的混凝土结构构件，同样可以按表 7-1 确定环境作用等级。当混凝土结构构件处于干旱、高寒地区，其环境作用等级应按表 7-2 确定。我国干旱区指干燥度系数大于 2.0 的地区，高寒地区指海拔 3000m 以上的地区。

表 7-2 干旱、高寒地区硫酸盐环境作用等级

环境作用等级	水中 SO_4^{2-} 离子浓度/(mg/L)	土中 SO_4^{2-} 离子浓度(水溶值)/(mg/kg)
V-C	200~500	300~750
V-D	500~2000	750~3000
V-E	2000~5000	3000~7500

混凝土及水、土中硫酸根离子含量的测定方法按照表 7-3。

表 7-3 硫酸根离子含量测定方法

测试对象	试验方法	测试内容	参照规范/标准
硬化混凝土	重量法测量硫酸根含量,5g 粉末溶于 100ml 蒸馏水	硫酸根百分含量	《水质硫酸盐的测定 重量法》GB/T 11899
水	重量法测量硫酸根含量	硫酸根离子浓度/(mg/L)	
土	重量法测量硫酸根含量	硫酸根含量/(mg/kg)	《森林土壤水溶性盐分分析》GB 7871

7.4.3 硫酸盐测试方法

水泥抗硫酸盐侵蚀测试方法很多，如 GB 749—65《水泥抗硫酸盐侵蚀试验方法》、GB 2420—81《水泥抗硫酸盐侵蚀快速试验方法》和 GB/T 749—2001《硅酸盐水泥在硫酸盐环境中的潜在膨胀性能试验方法》，检测水泥抗硫酸侵蚀性能。另外，还有很多试验室加速方法。

(1)《水泥抗硫酸盐侵蚀试验方法》 GB 749—65《水泥抗硫酸盐侵蚀

试验方法》标准适用于测定水泥在含有硫酸盐类的环境水或人工配制的硫酸盐溶液中的抗侵蚀性能。采用1∶3.5的胶砂，水泥胶砂标准稠度用水量，加压成型10mm×10mm×30mm棱柱体试件。砂子采用细度为0.40～0.50平潭石英砂。根据同龄期的水泥胶砂试体在侵蚀溶液中的抗折强度与在淡水中的抗折强度之比，计算腐蚀系数，以评定水泥的抗蚀性。

每个试样成型试体的数量根据龄期和侵蚀溶液种类的多少而定。一种侵蚀溶液可以成型72条，其中：淡水14天龄期成型12条；淡水及侵蚀溶液6个月龄期需要各成型12条（确定腐蚀系数），淡水及侵蚀溶液1、2、3个月龄期各成型6条（观察腐蚀过程）。试件成型后在相对湿度大于90%的湿气中养护1d，由玻璃片上取下放入淡水中养护14d后，12条试件作抗折强度试验，30条试件继续留于淡水中，其余试件移入侵蚀溶液中，直至达到所要求的试验龄期为止。试体无论在湿气中、淡水中、侵蚀溶液中养护或侵蚀时，以及试体制作时，试验室温度均应保持在(20±5)℃，养护用淡水或侵蚀溶液，均须每隔2个月更换一次。

各种水泥在侵蚀溶液中抗蚀性以腐蚀系数进行比较。腐蚀系数是同一龄期的水泥胶砂试件在侵蚀溶液中的抗折强度与在淡水中的抗折强度之比，(应准确计算到0.01)。某种水泥制成的试件在天然环境水或人工配制的硫酸盐溶液中侵蚀6个月后，腐蚀系数小于0.80时，则认为该种水泥在该环境水或该浓度的硫酸盐溶液中抗蚀性能较差。

(2)《水泥抗硫酸盐侵蚀快速试验方法》 GB 2420—81《水泥抗硫酸盐侵蚀快速试验方法》标准适用于比较水泥在含有硫酸盐类的环境水或人工配制的硫酸盐溶液中的抗蚀性能。采用1∶2.5胶砂，水灰比固定0.5，10mm×10mm×60mm棱柱体试件，加压成型，1d养护箱养护，7d 50℃水养护，28d常温侵蚀。砂子采用细度0.25～0.65m的标准砂。根据水泥胶砂试件浸泡在侵蚀溶液中的抗折强度与淡水中的同龄期抗折强度之比（浸泡期龄为28d），计算抗折系数，比较水泥的抗蚀性能。

试验室温度为17～25℃，相对湿度大于50%，水泥试样，标准砂，拌和水等的温度应与室温相相同。养护箱温度(20±3)℃，相对湿度大于90%。浸泡前养护水的温度50℃±1℃，侵蚀溶液温度20℃±3℃。

脱模后的试块放入50℃水中（高铝水泥在20℃水中）养护7d，取出分成两组。一组9块放入20℃水中养护，一组9块放入硫酸盐浸蚀溶液中浸泡。人工配制的硫酸盐浓液，采用3%化学纯无水硫酸钠（SO_4^{2-}：20～50mg/L）。根据要求，可以采用天然环境水，也可变更硫酸钠的浓度。试件在浸泡过程中，每天一次用0.5mol/L H_2SO_4滴定以中和试件在溶液中放出的$Ca(OH)_2$，边滴定边搅拌使溶液的pH值保持在7.0左右。允许试件放入硫酸盐溶液中静止浸泡。试件在容器中浸泡时，每条试件需有200ml的侵蚀浓液，液面至少高出试件顶面10mm，为避免蒸发，容器必须加盖。

各种水泥在浸蚀浓液中的抗蚀性能是以抗蚀系数大小来比较。抗蚀系数是指同龄期的水泥胶砂试体分别在硫酸盐溶液中浸泡和在20℃水中养护的抗折强度之比,计算精确到0.01。

标准中未给出具体的评判依据。

(3)《硅酸盐水泥在硫酸盐环境中的潜在膨胀性能试验方法》 GB/T 749—2001《硅酸盐水泥在硫酸盐环境中的潜在膨胀性能试验方法》规定了水泥胶砂在硫酸盐环境中潜在膨胀性能试验方法的原理、仪器设备、试验材料、胶砂组成、试体成型、试体养护和测量、计算与结果处理,适用于抗硫酸盐硅酸盐水泥和不掺混合材料的其他硅酸盐水泥。

通过在水泥中外掺一定量的二水石膏,使水泥中的 SO_3 总量达到7%,使得过量的 SO_4^{2-} 直接与水泥中影响抗硫酸盐的矿物反应膨胀,然后通过测试胶砂试体规定龄期的膨胀率来衡量水泥胶砂的潜在抗硫酸盐性能。

胶砂中水泥和石膏的混合料与砂的比例为1:2.75(质量比),水灰比为0.485,25mm×25mm×280mm 棱柱体试件。试体成型室温度为(20±2)℃,相对湿度不低于50%,试体养护箱温度应保持在(20±1)℃,相对湿度不低于90%,试体养护池水温应在(20±1)℃范围内。

试体养护22~23h后脱模,将试体放在水中至少养护30min后测量初长。测量完初长后,将试体水平放入(20±1)℃水中继续养护。养护水和试体的体积比应不大于5:1,整个养护期间开始的28d内,每7d换一次水,以后每隔28d换水一次。

用比长仪测定试体的长度。比长仪使用前先用校正杆进行校准,确定零点无误后才能用于试体测量。测量时试体在比长仪中的相对上下位置,所有龄期都应相同。

该标准中也未给出具体的评判依据。

(4) 其他试验方法 在水泥混凝土硫酸盐侵蚀研究中,常用的方法还有侵蚀破坏现场试验和实验室加速破坏试验研究。由于现场试验周期长,一般在数年到数十年不等,所以更多研究者采用后一种方法进行试验。增大试件的反应面积,也就是增大试件的表面积与体积之比,提高侵蚀介质浓度,增大结晶压力,增大试件的渗透性,提高侵蚀溶液温度等都是加速破坏试验中常采用的手段。

为增大试件的反应面积,可以采用小尺寸试件。因为体积相同时,表面积越大的试件接触侵蚀溶液的面积越大,反应面积就越大,侵蚀速度越快。水泥基材料的硫酸盐侵蚀破坏随硫酸根质量分数的增加侵蚀逐渐变得严重。侵蚀介质浓度越高,水泥基材料受腐蚀速度越快。ACI(American Concrete Institute)按硫酸根离子的质量分数把硫酸盐溶液分为4个等级($0 \sim 1.5 \times 10^{-4}$,$1.5 \times 10^{-4} \sim 1.5 \times 10^{-3}$,$1.5 \times 10^{-3} \sim 10 \times 10^{-3}$ 和大于

$10×10^{-3}$),对应的侵蚀为轻微、中等、严重和很严重。提高侵蚀介质温度,会提高 SO_4^{2-} 扩散程度,加速离子运动和化学反应,这些都将会加快混凝土硫酸盐侵蚀速率,但是否对水泥基材料起到加速破坏作用尚存在一定的争议。对于水泥基材料碳硫硅酸钙型硫酸盐侵蚀,提高侵蚀溶液温度是不适用的,因为该类硫酸盐侵蚀通常在较低环境温度下发生,较低的环境温度有利于 $[Si(OH)_6]^{2-}$ 八面体结构的形成。Santhanam 等通过试验证明侵蚀介质温度会提高硫酸钠、硫酸镁溶液中水泥砂浆的膨胀率,加速腐蚀的进行。也有试验表明,提升侵蚀溶液温度虽然可加快反应速率,促使反应物尽快形成,但硫酸盐侵蚀试验中各种水化产物必须在一定质量分数的石灰溶液中才能稳定存在,提高温度会增大各种水化产物的溶解度,因而达不到预期效果,且侵蚀溶液温度不同,侵蚀过程的实质也不相同,如 Fevziye 认为,溶液的温度从 20℃ 提高到 40℃,硫酸钠对水泥砂浆的硫酸盐侵蚀会有所改变,而这些影响对试件是有利的。

7.5 混凝土结构耐久性设计

结构耐久性是结构及其部件在各种可能导致材料性能劣化的环境因素长期作用下维持其应有功能的能力,而结构及其部件的使用寿命则是在其建造完工或生产制成以后,在预定的维修和使用条件下,所有性能均能满足预定要求的期限,所以结构的耐久性与其使用寿命密切相关。

混凝土结构耐久性设计的涵义是:考虑影响混凝土结构耐久性的内在因素和外在因素,以延长混凝土结构服务期和使用寿命、减少维护费用、通过结构使用的安全度为目标,使新设计的结构可靠性在规定的目标使用期内不低于现行规范要求。

发达国家已基本实现城市化,城市人口占 80%。我国城市化才开始起步,目前仅达 36%。国家计划 2050 年城市化程度达到 80%。随着城市化的大发展和基建规模不断扩大,新建项目必须按性能要求对混凝土耐久性进行设计,改、扩建项目亦需对耐久性进行评估。这就构成了混凝土结构耐久性设计的客观必然性。

我国现行规范《混凝土结构设计规范》(GB 50010—2002)中对混凝土结构耐久性的设计进行了具体规定。

7.5.1 充分考虑环境对混凝土结构耐久性的影响

环境是影响混凝土结构耐久性的最重要因素,环境类别应根据其对混凝土结构耐久性的影响来确定。

GB 50010—2002《混凝土结构设计规范》中给出了 5 种混凝土结构环境类别,其中关于严寒和寒冷地区的划分应与应国家现行标准《民用建筑热工设计规程》(JGJ 24)的规定相一致,即严寒地区:累年最冷月平均温度低于或等于-10℃；寒冷地区：累年最冷月平均温度高于-10℃，低于或等于0℃的地区。累年是指近期30年，不足30年取实际年数，但不得少于10年。对于海水环境，其耐久性要求满足《港口工程混凝土结构设计规范》规定。化学侵蚀环境类的人为侵蚀环境应依据《工业建筑防腐蚀设计规范》的有关规定进行结构耐久性设计，对于自然侵蚀性物质影响的环境应根据水文地质勘察报告，确定自然侵蚀性物侵蚀性的强弱，采取相应的防护措施，以免引发事故。

结构通常会受到多种环境作用，需要在设计中选定一种最主要的起到控制作用的环境类别进行设计。实际结构总是在荷载作用下使用的，结构的应力状态是否会加剧环境作用下的材料劣化程度，目前尚缺充分的工程试验数据。但是根据试验室内小型试件的研究结果表明：在压应力状态下，如果混凝土的压应力不超过一般结构使用状态下的应力水平（低于抗压强度的0.4倍），则在氯盐环境下，并不会加重腐蚀作用，而且当压应力较小时反而有利，这与使用状态下的混凝土应力尚不至于引起混凝土内部固有微裂缝扩展的认识一致。但在高应力下，不论受拉或受压，都会加剧环境的腐蚀作用。试验室条件下进行单一和多种作用的快速腐蚀试验时，所采用的腐蚀作用程度远比实际情况严酷得多，所以给出的损害后果很有可能被过分夸大。

7.5.2　混凝土结构耐久性设计的内容

(1) 钢筋保护层厚度的确定　GB 50010—2002《混凝土结构设计规范》中根据环境类别及混凝土强度等级，给定了不同混凝土构件的保护层厚度。进行结构耐久性设计时，在满足规范要求的前提下，可参照欧洲、加拿大和日本规范，适当提高保护层厚度。

(2) 防裂构造措施　防裂构造措施是耐久性设计中不可缺少的环节，其主要目的是：①隔绝或减轻环境对混凝土的作用（如防、排水措施）；②控制混凝土开裂；③为钢筋提供充足的保护。有些构造做法可以与建筑装修结合，如室内混凝土的抹灰层（防碳化锈蚀）外墙面的涂层（防大气盐雾）。适当增加保护层厚度，在相同荷载作用下的表面裂宽将增大，但就防止裂缝截面上的钢筋发生锈蚀仍然有利。

(3) 现浇钢筋混凝土楼板　由于楼板的边界约束条件复杂，混凝土收缩应力和温度应力的理论计算现在并未完全解决，因此在工程设计中，主要从概念设计和构造措施上予以注意，适当采取加强措施，以求尽量减少现浇板开裂的可能性。主要原则如下。

① 建筑平面应尽量规则。当建筑平面有凹口时，凹口处外横墙应与内横墙拉通对齐并应在凹口外缘设置拉梁，其截面及配筋不能太小；凹口内侧楼板应适当加厚并加强配筋，使能抵抗此处集中温度应力及混凝土收缩

应力；在砌体结构中，凹口阳角及阴角处须设构造柱。

② 对于异型板块，应加设小梁，使之成为矩形、四边形等规则形状。因为异型板块拐角处应力比较复杂，如配筋不当，易出现斜裂缝。

③ 适当增加楼板厚度，楼板厚度宜不小于 $L/30\sim L/35$mm（L 为单向板跨度或双向板短向跨度），一般楼板厚度应$\geqslant$100mm（厨房、卫生间、阳台等楼板厚度应$\geqslant$90mm），屋面板厚度宜$\geqslant$120mm。

④ 适当提高配筋率，应取 $\rho\geqslant 0.25\%$。

⑤ 受力钢筋间距不宜大于 150mm。

⑥ 因Ⅰ级钢筋与混凝土的握裹力不及Ⅱ级钢筋受力钢筋，故宜采用Ⅱ级钢筋，而不宜采用Ⅰ级钢筋。

⑦ 双向板周边支座为墙、梁、圈梁时，支座弯矩宜按四边嵌固计算（计算软件有选项可选用），负弯矩钢筋按计算配筋，正弯矩钢筋应将弯矩增大 1.2～1.5 倍配筋，板负筋伸入支座长度$\geqslant L_a$（L_a 为钢筋最小锚固长度），设计时应补充说明。

⑧ 屋面板及厚度$\geqslant$150mm 的楼面板应采用双层双向配筋，其余楼面双向板宜采用双层双向配筋。

⑨ 板块不能太大不宜大于 4500mm×6000mm，否则应设梁予以分割。

⑩ 楼板暗埋 PVC 电线管处，因楼板削弱较大，特别是楼板中部如只有板底一层钢筋，易出现沿 PVC 管走向的顺向裂缝，可在 PVC 穿管的模板下部，加安一排模撑。

(4) 地下室墙板 地下室开裂渗漏是混凝土工程建设中的通病。在地下室开裂渗漏的许多案例中，墙板的开裂占了相当大的比例，因为墙板沿水平方向长，相对于底板又薄，且为闭合体系，上下受梁板约束，因此很容易产生纵向裂缝。裂缝控制除采用复合防裂技术及配合比设计、施工、撤模养护外，设计方面应注意的问题是水平筋的配置对混凝土抗裂性能的影响。可调整钢筋配置，缩小钢筋间距，使钢筋构造更加合理。

当地下室墙板长度达到超长混凝土结构指标时，可采用膨胀混凝土和设定膨胀加强带。膨胀加强带的设计一般根据外约束情况的强弱加以确定。一般每隔 20～40m 左右设置一条，宽度 2000～3000mm，设置在温度收缩应力较大的部位，如变截面、钢筋变化等部位。在加强带的两侧设置一层孔径 ϕ5mm 钢丝网，并 200～300mm 设一根竖向 ϕ16mm 的钢筋予以加固，其上下均应留有保护层，钢丝与钢丝网、上下水平钢筋及竖向加固筋必须绑扎牢固，不得松动，以免浇筑混凝土时被冲开，造成两种混凝土混合，影响加强带的效果。

7.5.3 混凝土结构质量的模糊综合判定

混凝土结构质量评定是现存混凝土结构耐久性研究的内容。文献提出了一种混凝土结构质量的模糊综合判定方法,认为混凝土结构工程质量评定的因素 $\{U\}$ 如下。

(1) 混凝土质量 $\{U_1\}$ 包括以下内容。

① 强度 $\{u_{11}\}$,主要指混凝土的抗压和抗剪强度,可通过现场回弹或取芯获得。

② 完整性 $\{u_{12}\}$,主要指麻面、蜂窝、孔洞和裂缝等,可通过现场检测获得。

③ 耐久性 $\{u_{13}\}$,主要指外加剂和冬季施工等对混凝土长期质量的影响。

(2) 钢筋质量 $\{U_2\}$ 包括以下内容。

① 强度 $\{u_{21}\}$,主要指钢筋的抗拉强度。

② 延性 $\{u_{22}\}$,主要指钢筋含碳量。

③ 连接接头 $\{u_{23}\}$,主要指钢筋焊接质量,锚固和搭接是否够长度。

(3) 模板工程 $\{U_3\}$ 包括以下内容。

① 定位 $\{u_{31}\}$,主要指上下剪力墙的偏差,是否缺少构件。

② 截面 $\{u_{32}\}$,主要指截面尺寸是否够,钢筋是否少根数。

③ 保护层 $\{u_{33}\}$,主要指构件表面是否露筋,钢筋是否跑位。

综上所述,工程结构质量模糊综合评判的因素集为:

$$U=\{U_1,U_2,U_3\} \tag{7-17}$$

$$U_1=\{u_{11},u_{12},u_{13}\} \tag{7-18}$$

$$U_2=\{u_{21},u_{22},u_{23}\} \tag{7-19}$$

$$U_3=\{u_{31},u_{32},u_{33}\} \tag{7-20}$$

根据规定要求,工程验收质量评定分为优秀、良好、合格与不合格四级,即该工程结构质量模糊综合评判的决策集 $\{V\}$ 为:

$$V=\{V_1,V_2,V_3,V_4\} \tag{7-21}$$

为了准确反映出工程的质量,模糊综合评判的权重确定可采用专家加权统计法,选择权重调查的专家除了参加工程验收的建设、监理、设计、质检站和施工单位五方工程师外,还应聘请一些对工程结构有设计和施工经验的专家。

专家加权统计法确定权重的方法如下。

① 请每位专家填写权重调查表(表 7-4),提出专家自己认为最合适的权重。

表 7-4 权重调查

因素 u_i	u_1	u_2	u_3	Σ
权重 a_i				1

② 按表 7-5 进行权重统计试验。x_i 是权数值,N_i 是频数值,$w_i N_i/n$

是频率，n 是参加统计的人数。

表 7-5 权重统计

序号	u_1			u_2			u_3		
	x_i	N_i	w_i	x_i	N_i	w_i	x_i	N_i	w_i
1									
2									
...									
Σ		n	1.0		n	1.0		n	1.0

③ 按式(7-22)计算权重分配向量。

$$a_i = \sum_{i=1}^{S} w_i x_i \quad (s \text{ 为序号数}) \tag{7-22}$$

如果取混凝土质量，钢筋质量和模板工程的权重向量，即混凝土质量、钢筋质量和模板工程分别占工程结构质量的权重为 45%、35% 和 20%，则：

$$A = (0.45, 0.35, 0.20) \tag{7-23}$$

式(7-24)是强度、完整性和耐久性的权重向量，即强度、完整性和耐久性分别占混凝土质量的权重为 40%、30% 和 30%。

$$A_1 = (0.40, 0.30, 0.30) \tag{7-24}$$

同理，各子因素占钢筋质量和模板工程的权重向量为：

$$A_2 = (0.50, 0.20, 0.30) \tag{7-25}$$

$$A_3 = (0.30, 0.42, 0.28) \tag{7-26}$$

例如对某工程混凝土强度，17%人认为优秀，24%人认为良好，28%人认为合格，31%人认为不合格，即：

$$u_{11} | \rightarrow (0.17, 0.24, 0.28, 0.31) \tag{7-27}$$

同理

$$u_{12} | \rightarrow (0.11, 0.34, 0.25, 0.30) \tag{7-28}$$

$$u_{13} | \rightarrow (0.20, 0.38, 0.24, 0.18) \tag{7-29}$$

于是得到混凝土质量单因素评判矩阵为：

$$R_1 = \begin{vmatrix} 0.17 & 0.24 & 0.28 & 0.31 \\ 0.11 & 0.34 & 0.25 & 0.30 \\ 0.20 & 0.38 & 0.24 & 0.18 \end{vmatrix} \tag{7-30}$$

同理，钢筋质量和模板工程的单因素评判矩阵：

$$R_2 = \begin{vmatrix} 0.20 & 0.26 & 0.36 & 0.18 \\ 0.18 & 0.30 & 0.28 & 0.24 \\ 0.20 & 0.22 & 0.42 & 0.16 \end{vmatrix} \tag{7-31}$$

$$R_3 = \begin{vmatrix} 0.27 & 0.36 & 0.24 & 0.13 \\ 0.23 & 0.20 & 0.32 & 0.25 \\ 0.12 & 0.40 & 0.22 & 0.26 \end{vmatrix} \tag{7-32}$$

根据模糊综合评判原理，得到一级评判向量：

$$B_1 = A_1 \circ R_1 = (0.20, 0.30, 0.28, 0.31) \tag{7-33}$$

$$B_2 = A_2 \circ R_2 = (0.20, 0.26, 0.36, 0.20) \tag{7-34}$$

$$B_3 = A_3 \circ R_3 = (0.27, 0.30, 0.32, 0.26) \tag{7-35}$$

根据模糊数学中最大隶属原则，该工程混凝土质量为不合格，钢筋质量和模板工程为合格。令：

$$R = \begin{Bmatrix} B_1 \\ B_2 \\ B_3 \end{Bmatrix} = \begin{vmatrix} 0.20 & 0.30 & 0.28 & 0.31 \\ 0.20 & 0.26 & 0.36 & 0.20 \\ 0.27 & 0.30 & 0.32 & 0.26 \end{vmatrix} \tag{7-36}$$

于是有：

$$B = A \circ R = (0.20, 0.30, 0.35, 0.31) \tag{7-37}$$

根据模糊数学中最大隶属原则，该工程质量综合二级评判结论为合格。

7.5.4 混凝土结构耐久性对原材料的要求

混凝土结构的耐久性对混凝土材料提高了耐久性要求。从材料角度出发，混凝土材料首先要满足工程结构设计对材料提出的力学性能和施工性能，其次要满足工程在使用环境中具有足够的材料耐久性，如抗化学侵蚀性能、抗冻性、良好的体积稳定性。

提高混凝土耐久性的一般途径如下。

① 选用低水化热水泥和低含碱量的水泥，尽可能避免使用早强水泥和高 C_3A 水泥。

② 选用坚固耐久、级配合格、粒形良好的洁净骨料。

③ 使用优质粉煤灰、矿渣等矿物掺和料或复合矿物掺和料；除特殊情况外，矿物掺和料应作为混凝土的必需组分。

④ 使用优质的引气剂，将适量引气作为配制耐久混凝土的常规手段。

⑤ 尽量降低拌和水用量，为此应外加高效减水剂获有效减水功能的复合外加剂。

⑥ 限制单方混凝土中胶凝材料的最高用量，为此应特别重视混凝土骨料的级配以及粗骨料的粒形要求。

⑦ 尽可能减少混凝土胶凝材料中的硅酸盐水泥用量。

GB/T 50476—2008《混凝土结构耐久性设计规范》中规定了混凝土材料的选用，单位体积混凝土的胶凝材料用量宜控制在表 7-6 范围内。

表 7-6 中数据适用于最大骨料粒径为 20mm 的情况。骨料粒径较大时宜适当降低胶凝材料用量，骨料粒径较小时可适当增加；引气混凝土的胶凝材

表 7-6　单位体积混凝土的胶凝材料用量

最低强度等级	最大水胶比	最小用量/(kg/m³)	最大用量/(kg/m³)
	0.60	260	400
C30	0.55	280	
C35	0.50	300	
C40	0.45	320	450
C45	0.40	340	
C50	0.36	360	480
≥C55	0.36	380	500

料用量与非引气混凝土要求相同；对于强度等级达到 C60 的泵送混凝土，胶凝材料最大用量可增大至 530kg/m³。

配筋混凝土的胶凝材料中，矿物掺和料用量占胶凝材料总量的比值应根据环境类别与作用等级、混凝土水胶比、钢筋的混凝土保护层厚度以及混凝土施工养护期限等因素综合确定，并应符合下列规定。

① 长期处于室内干燥Ⅰ-A 环境中的混凝土结构构件，当其钢筋（包括最外侧的箍筋、分布钢筋）的混凝土保护层≤20mm，水胶比＞0.55 时，不应使用矿物掺和料或粉煤灰硅酸盐水泥、矿渣硅酸盐水泥；长期湿润Ⅰ-A 环境中的混凝土结构构件，可采用矿物掺和料，且厚度较大的构件宜采用大掺量矿物掺和料混凝土。

② Ⅰ-B、Ⅰ-C 环境和Ⅱ-C、Ⅱ-D、Ⅱ-E 环境中的混凝土结构构件，可使用少量矿物掺和料，并可随水胶比的降低适当增加矿物掺和料用量。当混凝土的水胶比 W/B≥0.4 时，不应使用大掺量矿物掺和料混凝土。

③ 氯化物环境和化学腐蚀环境中的混凝土结构构件，应采用较大掺量矿物掺和料混凝土，Ⅲ-D、Ⅳ-D、Ⅲ-E、Ⅳ-E、Ⅲ-F 环境中的混凝土结构构件，应采用水胶比 W/B≤0.4 的大掺量矿物掺和料混凝土。且宜在矿物掺和料中再加入胶凝材料总重的 3%～5%的硅灰。

用做矿物掺和料的粉煤灰应选用游离氧化钙含量不大于 10%的低钙灰。

冻融环境下用于引气混凝土的粉煤灰掺和料，其碳含量不宜大于 1.5%。

氯化物环境下不宜使用抗硫酸盐硅酸盐水泥。

硫酸盐化学腐蚀环境中，当环境作用为Ⅴ-C 和Ⅴ-D 级时，水泥中的铝酸三钙含量应分别低于 8%和 5%；当使用大掺量矿物掺和料时，水泥中的铝酸三钙含量可分别不大于 10%和 8%；当环境作用为Ⅴ-E 级时，水泥中的铝酸三钙含量应低于 5%，并应同时掺加矿物掺和料。

硫酸盐环境中使用抗硫酸盐水泥或高抗硫酸盐水泥时，宜掺加矿物掺和料。当环境作用等级超过Ⅴ-E 级时，应根据当地的大气环境和地下水变动条件，进行专门实验研究和论证后确定水泥的种类和掺和料用量，且不应使用高钙粉煤灰。

硫酸盐环境中的水泥和矿物掺和料中，不得加入石灰石粉。

对可能发生碱骨料反应的混凝土，宜采用大掺量矿物掺和料；单掺磨细矿渣的用量占胶凝材料总重 $\alpha_s \geqslant 50\%$，单掺粉煤灰 $\alpha_s \geqslant 40\%$，单掺火山灰质材料不小于30%，并应降低水泥和矿物掺和料中的碱含量和粉煤灰中的游离氧化钙含量。

参考文献

[1] 黄大能．混凝土外加剂应用指南．北京：中国建筑工业出版社，1989.

[2] Mehta. Concrete Technology for Sustainable Development—An Overview of Essential Principles. Int. Symp. On Sustainable Development of cement and Concrete Industry, 1998.

[3] Ramachandran V S 等．混凝土科学．黄士元等译．北京：中国建筑工业出版社，1986.

[4] Cramer eatlh S M. STRATEGIES FOR ENHANCING THEFREEZE-THAW DURABILITY OF PORTLAND CEMENT CONCRETE PAVEMENTS, FINAL REPORT WI/SPR-06-01, WisDOT Highway Research Study # 95-02, SPR # 0092-45-76, University of Wisconsin-Madison, Department of Civil and Environmental Engineering, 2001.

[5] 陈肇元．混凝土结构的耐久性设计方案．清华大学土木工程系，2002.

[6] 李田，刘西拉．混凝土结构耐久性分析与设计．北京：科学出版社，1999.

[7] 马孝轩．我国主要类型土壤对混凝土材料腐蚀性规律的研究．建筑科学，2003，19（6）：56-57.

[8] 胶凝材料编写组．胶凝材料学．北京：中国建筑工业出版社，1980.

[9] Metha P K. Mechanism of expansion associated with ettringite formation. Cem Conr Res, 1973, 3: 1-6.

[10] Rasheeduzzafar, Al-Amoiudi OSB, Abduljauwad N, et al. Magnesium-sodium sulfate attack in plain and blended cements. ASCE J Mater Civil Eng, 1994, 6 (2): 201-222.

[11] Bingt Tian, Cohen M D. Does gypsum formation during sulphate attack on concrete lead to expansion? . Cem. and Concr. Res, 2000, 30: 117-123.

[12] Manu Santhanam, Cohen M D, Jan Olek. Efects of gypsum formation on the performance of cement mortars during external sulphate attack. Cem. and Concr. Res, 2003, 33: 325-332.

[13] Hansen W C. Attack on Portland cement concrete by alkali soil and water-A critical review. Highway Research Record. 1966, 113: 1-32.

[14] Bonen D, Cohen M D, Magnesium sulfate attack on Portland cement paste: Ⅰ. Microstructral analysis. Cem. Concr. Res. 1992, 2: 169-180.

[15] Bonen D, Cohen M D. Magnesium sulfate attack on Portland cement paste: Ⅱ. Microstructral analysis. Cem. Concr. Res. 1992, 22: 707-718.

[16] Rasheeduzzafar, Al-Amoudi O S B, Abduljauwad S N, Maslehuddin M. Magnesium-sodium sulfate attack in plain and blended cements. ASCE J Mater. Civil Eng. 1994, 6 (2): 201-222.

[17] Brew D R M, Glasser F P. Syntheses and characterization of magnesium silicate hydrate gels. Cem. Concr. Res. 2005, 5: 85-98.

[18] Gollop R S, Taylor H F W. Microstructural and microanalytical studies of sulfate attack: Ⅰ. Ordinary Portland cement paste. Cem. Concr. Res. 1992, 22: 1027-1038.

[19] 甘新平. CSH 凝胶结构的探讨. 硅酸盐学报, 1996, 24 (6): 629-634.

[20] Al-Amoudi OSB, Maslehuddin M, Sssdi M M. Effect of magnesium sulfate and sodium sulfate on the surability performance of plain and blended cements. ACI Mater. J. 1995; 92 (1): 15-24.

[21] 马保国, 高小建, 何忠茂等. 混凝土在 SO_4^{2-} 和 CO_3^{2-} 共同存在下的腐蚀破坏. 硅酸盐学报, 2004, 32 (10): 1219-1224.

[22] 胡明玉, 唐明述, 龙伏梅. 新疆永安坝混凝土的碳硫硅钙石型硫酸盐腐蚀. 混凝土, 2004, 11 (181): 5-7.

[23] DETR. The thaumasite form of sulfate attack: risks, diagnosis, remedial works and guidance on new construction, January 1999.

[24] Norah C. The occurrence of thaumasite in modern construction—a review. Cem Concr Composites, 2002, 24 (4): 393-402.

[25] Edge R A, Taylor H F W. Crystal structure of thaumasite $[Ca_3Si(OH)_6 \cdot 12H_2O]SO_4CO_3$. Acta Cryst B, 1971, 27: 594-601.

[26] Struble L J. Synthesis and characterisation of ettringite and related phases. Proceedings of Ⅷ th International Congress on the Chemistry of Cement, 1987, 582-588.

[27] Barnett S J, MacPhee D E, Lachowski E E, Crammond N J. XRD, EDX and IR analysis of solid solutions between thaumasite and ettringite. Cem. Concr. Res. 2002, 32: 719-730.

[28] Moore A E, Taylor H F W. Crystal structure of ettringite. Acta Crystallogr. B 1970, 26: 386-393.

[29] Crammond N J. The thaumasite form of sulphate attack in the UK. Cem. Concr. Compos, 2003, 25: 809-818.

[30] Hartshorn S A, Sharp J H, Swamy R N. The thaumasite form of sulfate attack in Portland-limestone cement mortars stored in magnesium sulfate solution. Cem. Concr. Compos. 2002, 24: 351-359.

[31] Kohle S, Heinz D, Urbonas L. Effect of ettringite on thaumasite formation. Cem.

and Concr. Res. 2006, 36: 697-706.

[32] Novak G A, Colville A L A, Efflorescent mineral assemblages associated with cracked and degraded residential foundations in southern California. Cem. Concr. Res. 1989, 19 (1): 1-6.

[33] Rodrguez-Navarro C, Doehne E. Salt weathering influence of evaporation rate, super saturation and crystallization pattern. Earth Surf. Processes and forms, 1999, 24: 191-209.

[34] Hime W G, Martinek R A, Backus L A, Marusin S L. Salt hydration distress. Concr. Int. 2001, 23 (10): 43-50.

[35] Hime W G, Mater B. Sulfate attack or is it. Cem. Concr. Res, 1999, 29: 789-791.

[36] Mehta P K. 混凝土的结构性能与材料. 祝永年, 沈威, 陈志源译. 上海: 同济大学出版社, 1991, 94-95.

[37] Santhanam M, Cohen M D, Olek J. 溶液温度与质量分数对水泥胶砂硫酸盐侵蚀的影响模型. 水泥与混凝土研究, 2002, 32 (4): 585-592.

[38] Ak Z F, TürkerF, Koral S 等. 硫酸盐溶液温度的升高对含与不含硅灰的水泥胶砂抗硫酸盐侵蚀性能的影响. 水泥与混凝土研究, 1999, 29 (4): 537-544 (英文版).

[39] 中国工程院土木水利与建筑学部. 混凝土结构耐久性设计与施工指南. 北京: 中国建筑工业出版社, 2004: 17.

第8章　掺外加剂的混凝土体积稳定性

8.1　混凝土收缩变形

现代高性能混凝土与常规混凝土相比，材料结构及施工条件、使用条件均发生了革命性的变化。图8-1和图8-2展示了这种变化的情况。

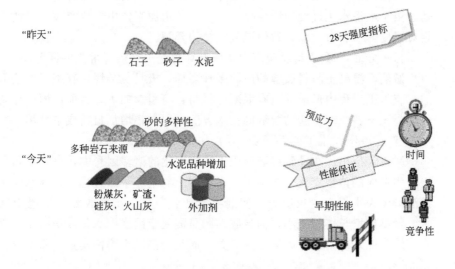

图8-1　今昔混凝土对比

高性能混凝土是当今国际土木工程界最为热门的研究课题之一，具有如下特点：①所用水泥强度等级高，并掺用大量的矿物外加剂；②水胶比小，水泥浆体积的相对含量高；③水泥水化快，水化结束得早；④水泥石结构密实，总孔隙率降低，毛细孔细化，且界面过渡区消失。

高性能混凝土的缺陷之一是混凝土内部产生自干燥，这不仅消耗了水泥水化所需的水分，而且使内部相对湿度持续下降直至水化过程终止。因此，混凝土可在早期的任何时候停止强度发展。根据Tazawa和Miyazawa的研究结果，当水灰比分别为0.4、0.3和0.17时，水泥浆体的自收缩值占总收

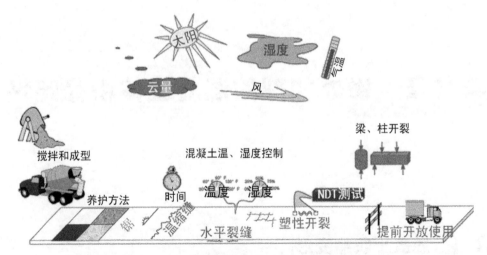

图 8-2 始终妨碍混凝土达到预定性能的因素

缩值的份额分别为 40%、50% 和约 100%。

高性能混凝土或低水胶比混凝土在工程应用中的最大障碍是早期开裂问题。由于水泥水化过程中产生化学收缩，在水泥浆体中形成空隙，导致内部相对湿度降低和自收缩，致使混凝土结构开裂。

另一方面，碱-集料反应产生膨胀破坏也是迫切需要解决的课题。

诚然，混凝土材料裂缝的成因多种多样，极具复杂性，有施工工艺引起的，有施工过程中形成的，有混凝土材料自身引起的等。目前，国内外防治由混凝土材料收缩引起的裂缝的技术方法，因大幅增加材料成本费用（约增加 10%～20%），推广应用受到制约。

Mehta 指出：在导致钢筋混凝土结构劣化的诸多因素中，自收缩和混凝土失水造成的体积变化包含其中。在混凝土养护和干燥过程中，因水泥水化及混凝土失水将产生拉应力，使混凝土产生收缩。干燥收缩是混凝土因失水，随龄期增长体积减小；而自收缩则是混凝土因水泥水化体积减小。混凝土干燥收缩开裂不仅与收缩程度有关，而且受混凝土弹性模量、徐变及抗拉强度影响。

尽管混凝土还存在其他收缩变形，如塑性收缩、碳化收缩等，但干燥收缩、自收缩及冷缩构成了低水胶比混凝土早期收缩开裂的主要成因。

8.1.1 化学收缩

水泥浆体在水化过程中，水泥-水体系的总体积发生缩小的现象，称为化学减缩。例如，将水泥浆悬浮体置于带有细长颈部的量瓶中硬化，则会发现水面不断下降。这就表明水泥-水体系的总体积是在不断减少。化学收缩是由于水化反应前后反应物和生成物的平均密度不同所致。表 8-1 是水泥几种主要矿物在水化前后体积变化的情况。

表 8-1 水泥几种主要矿物在水化前后体积变化的情况   单位：cm³/mol

反应式	摩尔质量/g	密度/(g/cm³)	体系绝对体积 反应物	体系绝对体积 产物	固相绝对体积 反应物	固相绝对体积 产物	绝对体积变化 反应物	绝对体积变化 产物
$2C_3S+6H_2O \Longrightarrow$ $C_3S_2H_3+3CH$	456.6 108.1 342.5 222.3	3.15 1.00 2.71 2.23	253.1	226.1	145.0	226.1	−10.67	+55.93
$2C_2S+4H_2O \Longrightarrow$ $3C_3S_2H_3+CH$	344.6 72.1 342.5 74.1	3.26 1.00 2.71 2.23	177.8	159.6	105.7	159.6	−10.2	+50.99
$2C_3A+3CaSO_4 \cdot 2H_2O +$ $25H_2O \Longrightarrow$ $C_3A \cdot 3CaSO_4 \cdot 31H_2O$	270.18 516.51 450.4 1237.0	3.04 2.32 1.00 1.79	761.91	691.11	311.51	691.11	−9.29	+121.86
$C_3A+6H_2O \Longrightarrow 3C_3AH_6$	270.18 108.1 378.28	3.04 1.00 2.52	196.98	150.11	88.88	150.11	−23.79	+68.89

根据水泥熟料单矿的减缩作用的研究，发现水泥熟料中 4 种矿物的减缩作用，无论是绝对值或相对值，其大小都按下列次序排列：

$$C_3A > C_4AF > C_3S > C_2S$$

试验结果指出，对硅酸盐水泥熟料来说，每 100g 水泥水化的减缩总量为 7~9ml。如果 1m³ 混凝土中水泥用量为 300kg，则体系中化学减缩量将达到 21~27L/m³，减缩量是比较大的。由于相关构件、模板和混凝土内部集料的约束作用，实际工程中测得的混凝土减缩远低于这个数值。硅酸盐水泥熟料的化学收缩，会引起混凝土内部孔隙率的增加，并影响其抗冻性、抗化学侵蚀性能和结构的服役寿命。

8.1.2 干燥收缩

干燥收缩是由毛细水的损失而引起的硬化混凝土的收缩。这种收缩使拉应力增加，或产生内部翘曲变形和外部挠度变形，可能使混凝土在未承受任何载荷之前便出现裂纹。所有的硅酸盐水泥混凝土都随着龄期增长产生干燥收缩或水化物体积的变化。对建筑结构设计师而言，混凝土的干燥收缩是在设计时需要考虑的重要因素。在板层、梁、柱体、支承面、预应力构件和地基中，混凝土均可能发生干燥收缩。干燥收缩随龄期而变化（图 8-3）。

干燥收缩受多种因素影响，这些因素包括：原材料性能、混凝土配合比、搅拌方式、养护时的湿度条件、干燥环境和构件尺寸等。一般情况下，混凝土硬化都会产生体积变化。新拌混凝土含水越多，收缩也越大。一般混凝土的收缩与混合料的数量、加水时间、气温变化和养护条件有关。拌

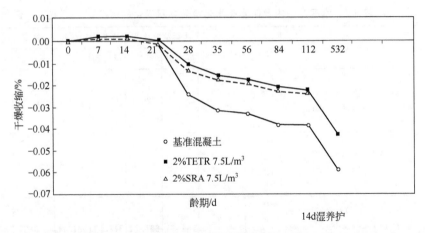

图 8-3 干燥收缩随龄期的变化
ASTM C 157 干燥收缩；水泥：365kg/m³，W/C=0.45

制混凝土的材料性能也是重要的影响因素，不同品种的集料和水泥，其性能特点有差别，因而对混凝土的收缩影响也不同。用水量与外加剂掺量都直接或间接影响干燥收缩值。混凝土的收缩，更大程度上取决于毛细水的蒸发。这种收缩的严重程度取决于混凝土结构的面积、位置和环境温度。

混凝土的材料组成直接影响干燥收缩。湿度降低直接导致冷缩。水泥成分和细度不同，水泥浆体的收缩值也不同。在不同的水泥中加入石膏可明显缩小干燥收缩的差异。集料尺寸对混凝土收缩的影响并不显著，但对含水量有间接的影响。集料体积增加，收缩减少。自由收缩（free shrinkage）和总裂缝宽度（total crack width）存在线性关系（图 8-4）。集料尺寸

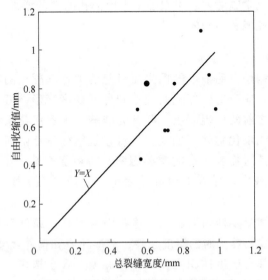

图 8-4 自由收缩与总裂缝宽度的关系

小时，混凝土自由收缩比集料尺度大时显著得多。

密度高、弹性模量大的集料会降低混凝土的可压缩性，从而减少收缩。

混凝土的配合比参数如水灰比、集料和含水量都影响混凝土的干燥收缩，其中用水量影响最大。新拌混凝土用水量与收缩值成线性关系（图8-5）。用水量每增加1%，干燥收缩增加约3%。改变水灰比或改变集料用量，对干燥收缩的影响程度相近。

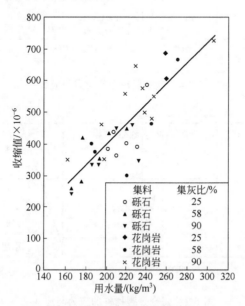

图 8-5　收缩与用水量的关系

干燥收缩程度还与环境条件有关，相对湿度、温度和空气流通状况都影响干燥收缩量。在干燥环境中的混凝土的收缩程度要比在干湿循环系统中大得多。低温下，温度低，水的蒸发量小，混凝土收缩将减小。

收缩变形使钢筋混凝土构件随时间变化而翘曲，使受弯构件产生经时挠度。翘曲由内部收缩力（ΔT）决定：

$$\Delta T = -\varepsilon_s E_s A_s$$

式中　ε_s——应变；

E_s——弹性模量；

A_s——面积。

当内应力使底部开裂时，混凝土构件的面积减少，曲率增加。因此，由于收缩使开裂面上的曲率比未开裂面要大得多。图 8-6 所示为未开裂截面的收缩应力和应变。全破坏构件的应力与应变如图 8-7 所示。

当混凝土收缩时，拉应力增加，产生弯曲和收缩。曲率大小取决于混凝土的尺寸和裂纹的数量。

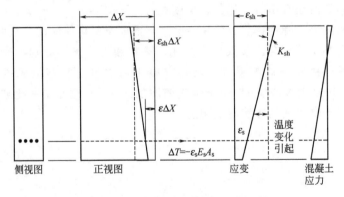

图 8-6　未开裂构件的应力与应变

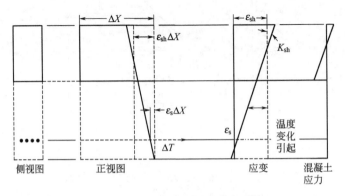

图 8-7　完全开裂构件的应力与应变

8.1.3　自干燥与自收缩

自干燥 (self-desiccation) 是水泥水化过程中发生的一种内部干燥现象。

自收缩 (autogenous shrinkage) 是由自干燥或混凝土内部相对湿度降低引起的收缩，是混凝土在恒温绝湿条件下，由于水泥水化作用引起的混凝土宏观体积减小的现象。它不包含温度变化、湿度变化、外力或外部约束及介质的侵入等引起的体积变化。它也不同于化学减缩，即未水化的水泥与水发生化学反应时，生成物的体积小于前两者总和的现象。化学减缩并不引起混凝土宏观体积的变化，仅仅增加了孔隙的体积，体积变化可以通过水化反应方程式根据反应物与生成物的质量和相对密度计算获得。自收缩发生在整个混凝土中（三维）。混凝土因干燥产生体积变化的同时发生自收缩。混凝土自收缩的产生，主要是由于水泥硬化体空隙中的相对湿度低，发生自干燥。胶凝材料反应活性越高，自收缩越大。由于测试技术方面的原因，混凝土自收缩很难准确测定。另外，在测定混凝土总收缩值时，试件于水化初期在水中养护，大部分自收缩已经完成，因而测试结果所反映的主要是干缩值。事实上，混凝土自收缩值可达到甚至超过干燥收缩值。自收缩与水/灰（胶）比有关，水灰（胶）比越低，自收缩越大。因而，高强混凝土往往比普通混凝土开裂的概率大。

不管混凝土的水灰比多大都可能发生自干燥，然而，不同种类的混凝土发生自干燥后的影响不同。在普通混凝土中，当水灰比超过 0.45 或 0.50，自干燥的影响很小，很少被注意。直到近几年水灰比越来越低，才逐渐受到重视。高性能混凝土的自干燥很明显，对混凝土诸多性能产生影响。

相同水灰比和养护条件下，水泥、砂浆与混凝土的自收缩值排列规律为：水泥浆＞砂浆＞混凝土（如图 8-8 和图 8-9 所示）。

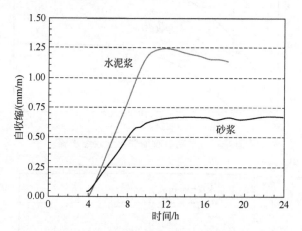

图 8-8　砂浆与水泥浆的自收缩值比较

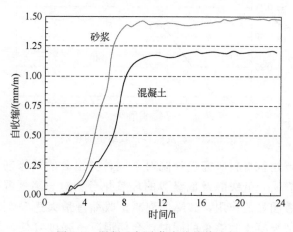

图 8-9　混凝土与砂浆自收缩值比较

上述排列符合理论分析结果，因为：砂浆中细集料对收缩具有限制作用，而混凝土中的集料体积含量大于砂浆。

自收缩可划分为 3 个阶段：流动阶段、凝结阶段和硬化阶段（图 8-10）。在最初的流动阶段，所有的体积改变都发生在垂直方向。在凝结阶段，水平方向和垂直方向都会发生自收缩。当水灰比降低（图 8-11）、集料的体积减小、使用高效减水剂（图 8-12）时，混凝土早期的自收缩加大。而减缩剂 SRA（图 8-13 和图 8-14）时，在减少混凝土干燥收缩的同时，使混凝土自收缩降低。

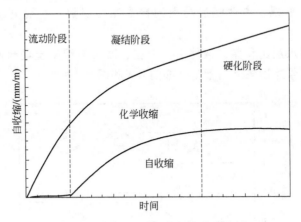

图 8-10　早期自收缩和化学收缩步骤

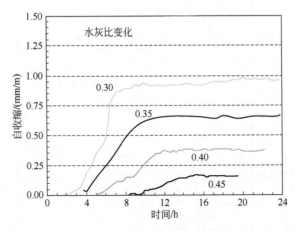

图 8-11　水灰比对自收缩值的影响

江苏省建筑材料研究设计院对不同种类组分的减缩剂用于混凝土试验研究结果表明，低级醇及低级醇的环氧化合物对于降低混凝土的早期和后期收缩有着明显的作用，其降低混凝土收缩量最大达 50% 以上。但低级醇在明显降低混凝土收缩量的同时，会使混凝土强度降低，其降幅达 10% 左右；而低级醇的环氧化合物对混凝土的强度则影响较小，其混凝土的 28d 抗压、抗折强度略有降低或提高。他们的研究结果还表明，低级醇及低级醇的环氧化合物对混凝土的含气量无明显影响作用。

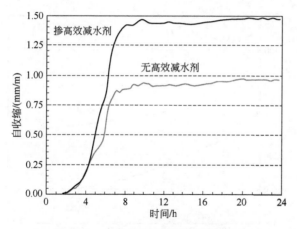

图 8-12 高效减水剂对自收缩的影响

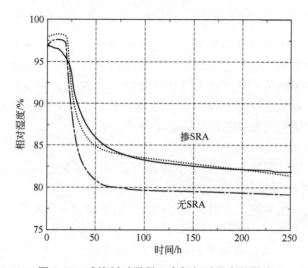

图 8-13 减缩剂对混凝土内部相对湿度的影响

8.1.4 碳化收缩

在水泥水化过程中，由于化学收缩、自由水蒸发等原因，在水泥混凝土内部形成大小不同的毛细孔、孔隙和气泡，大气中的 CO_2 通过这些孔隙向混凝土内部扩散，溶于孔隙中的液相，与水泥的水化物发生的碳化反应，引起的收缩变形称为碳化收缩变形。混凝土碳化的主要反应式为：

$$CO_2 + H_2O \Longrightarrow H_2CO_3 \qquad (8-1)$$

$$Ca(OH)_2 + H_2CO_3 \Longrightarrow CaCO_3 + 2H_2O \qquad (8-2)$$

混凝土的碳化伴随着 CO_2 气体向混凝土内部扩散，溶解于混凝土孔隙内的水，再与水化产物反应，这是一个复杂的物理化学过程。研究表明，混凝土的碳化速度取决于 CO_2 气体的扩散速度及 CO_2 与水化产物的反应性。而 CO_2 气体的扩散速度又受混凝土本身的致密性、CO_2 气体浓度、环

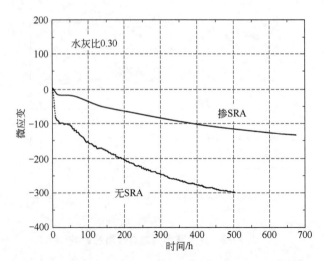

图 8-14　W/C 为 0.30 时 SRA 对混凝土体积变形的影响

境温度和湿度等因素的影响。这些影响因素可分为混凝土自身内部因素和外部环境因素。对于材料组分、内部结构特征一定的混凝土而言,对碳化速度产生影响的环境因素主要是环境中 CO_2 浓度、环境温度和湿度。碳化反应是一种化学反应,CO_2 浓度越高,碳化速度越快。国外有关研究中描述混凝土碳化发展趋势的公认公式为式(8-3):

$$D = \alpha_1 (C_1 t)^b \tag{8-3}$$

公式中比例常数 α_1 和指数 b 是与混凝土自身结构和组成有关的常数,C_1 是混凝土周围的 CO_2 浓度。

碳化作用在高、干湿交替作用的环境中发展更为显著。

按照 B. kroone 等的试验,从 28d 龄期开始对混凝土进行碳化试验,砂浆的收缩相当大;日本的上村用 1∶2 或者 1∶4 的砂浆进行碳化试验,相对湿度 50% 时,收缩值最大,相对湿度 100% 时,碳化反应停止,不产生收缩,相对湿度低于 25% 时,由于水分太少,几乎不发生碳化反应。

碳化收缩的机理尚不明确。一般认为是由于空气中的 CO_2 与水泥石中的水化物,特别是与羟钙石不断作用,引起水泥石的解体所致。由于 CO_2 与水化物的置换反应,会释放出水分子,而只有这些水分子失去时,才能造出水泥石体积的变化。显然水分的失去伴随着水泥石内部相对湿度的降低。但是,另外,CO_2 与水泥石中的水化物的相互作用必须是在一定的湿度下进行,如相对湿度小于 25% 时,CO_2 与水泥石中水化物的作用几乎停止。上述两个方面的互相牵制,就产生碳化作用适宜的相对湿度,对应产生最大量的碳化收缩。

8.1.5　冷缩

水泥水化过程中放出大量的热量,主要集中在浇筑后的前 7d 内,一般每克水泥放出502J的热量，混凝土内部和表面的散热条件不同，因而使混凝土内部温度较外部高，形成较大温度差，造成温度应力，当温度应力超过混凝土的内外约束应力（包括混凝土抗拉强度）时，就会产生裂缝，即为冷缩裂缝。

大体积混凝土有3个重要的温度值指标：内部最高温度、内部最大温差值、最大内外温差值。

虽然掺入具有缓凝功能的外加剂后，混凝土在高温下工作性良好，但必须精心养护，保证最大温升不会引起内部破坏。一般，宜控制最高温度在70℃以下，内部温差最大值不超过25℃，否则混凝土会产生开裂。

如果在硬化混凝土上浇筑新的混凝土结构层时，内外温差的最大值至关重要，新混凝土由于水泥水化放热而膨胀。在冷却过程中，拉应力使裂纹从混凝土底部向上发展。

8.1.6 收缩裂缝

楼梯、楼面、路面等都会出现收缩裂缝，如图8-15所示。裂纹与经时应力和平衡材料性质有关，收缩量和收缩程度由混凝土类型和环境温度决定。在图8-15(a)中，单个裂纹的宽度与其收缩应变成比例。在图8-15(b)是由于底部基础的约束，混凝土表面裂纹的分布情况。大多数裂纹随机分布，从内部延伸到表面，这些独立的裂纹称为原生裂纹。原生裂纹中形成的裂纹称为次生裂纹，次生裂纹随轴应力的增加变宽，原生裂纹消失。干燥收缩对裂纹的影响可通过调整配合比、调整混凝土构件尺寸来减少内部收缩应力、优化养护条件和适当使用黏结件来控制。

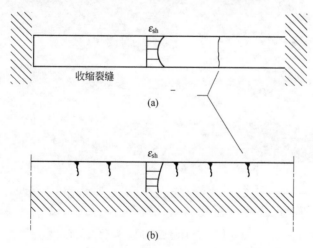

图8-15 典型的内部受力及由收缩引起的应变情况

有文献通过对高强混凝土薄片进行微观试验，研究了集料与水泥基材界面裂缝形成、可能的新相形成和碳化。试验采用42.5级早强水泥和硅灰、0.25的低水灰比（掺用高效减水剂），比较了养护方法、除冰盐的影响。研究结果表明，所配制的高强混凝土微观结构致密，过渡区状况良好，但在垂直方向出现微裂纹，并观察到混凝土有轻微碳化现象（图8-16和图8-17）。裂缝形成的可能原因是收缩（干缩、自收缩和碳化收缩）。

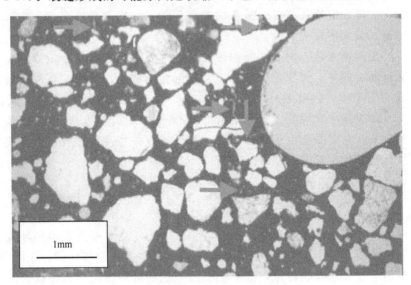

图8-16　表面附近裂缝的偏光显微图片

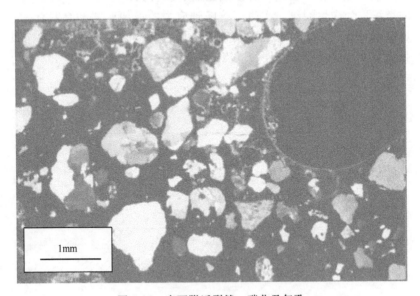

图8-17　表面附近裂缝、碳化及气孔

8.1.7　影响混凝土收缩的主要因素

影响混凝土收缩的主要因素有：混凝土组成材料、养护条件、环境条件及构件尺寸。

(1) 混凝土组成材料

① 集料 混凝土中粗集料最大粒径越小,混凝土收缩越均匀。集料类型对收缩的影响大于集料尺寸的影响。收缩大的集料刚度较小,且可能具有高吸水率,使混凝土收缩增大。

已经知道,用石灰石配制的高强混凝土,其收缩值小于以卵石或花岗石配制的高强混凝土。之所以得到这样的结果,是因为石灰石弹性模量最高,从而使混凝土收缩率最低。

集料对混凝土收缩的影响取决于两个基本因素:集料的需水性和相对于水泥浆体而言的集料刚度。水泥浆是导致混凝土收缩的第一要素。集料需水量越低,混凝土收缩越小;集料用量越大,混凝土收缩越小。同样,混凝土弹性模量越高,其徐变和收缩值也越低。由此可见,集料通过需水量,刚度和体积用量以及与水泥浆体的界面作用,对混凝土变形产生影响。

虽然膨胀水泥混凝土的收缩比普通硅酸盐水泥混凝土的小,但粗集料的存在使膨胀水泥的减缩效能降低。集料的弹性模量对混凝土收缩具有主导作用。集料的弹性模量越小,其对混凝土收缩的限制作用也越小。然而,从理论上分析,轻集料应比普通或重质集料限制作用小,混凝土应呈现高收缩性能特点。事实并非如此,因为饱和轻集料可将储存在其孔隙中的水转移到水泥毛细孔中,从而可降低混凝土收缩。就敏感程度而言,轻集料用量的变化对收缩的影响比普通集料大。

Bentz的研究结果表明,以饱和轻细集料取代20%体积的细集料,混凝土早期无收缩。

② 水泥品种与组成 目前,为满足强度和泵送施工的要求,混凝土搅拌站多采取增加水泥用量、使用高强水泥的措施配制混凝土,这势必带来混凝土水化热增大的问题。表8-2是几种水泥的水化累积放热量。通常,绝热温升随水泥中熟含量和单方混凝土水泥用量增加而显著变大。

表8-2 水泥的水化累积放热量 Q_{ce}

水泥品种及强度等级	$Q_{ce}/(kJ/kg)$	水泥品种及强度等级	$Q_{ce}/(kJ/kg)$
P.I 42.5	400	P.O 32.5	330
P.O 42.5	360	P.S 32.5	240

水化热使混凝土温度升高,不仅引发早期温差裂缝,而且加大后期冷缩;可以认为,绝大多数墙体在拆模前后(浇筑后3~5天)发生的裂缝,是由于冷缩和自收缩造成,因为在模板之中的混凝土不具备发生较大干缩的条件。由于早期水化放热大而集中,不仅促使早期混凝土内部温度过高,而且由于温度高,加速了水化反应,水化反应程度提高也导致早期自收缩的增加,这也是促使早期裂缝生成的一个原因。

膨胀水泥可抑制混凝土收缩。试验研究表明,无论是素混凝土还是钢筋混凝土，在收缩之初，粗集料周围就可能已经存在裂缝。这些裂缝的形成使得粗集料对收缩的限制作用有所减弱。

水泥组成对自收缩的影响大于对干缩的影响。和普通硅酸盐水泥相比，高早强水泥早期自收缩值较大，而矿渣水泥自收缩的发生和发展则稍有延迟。中热硅酸盐水泥以及高 C_2S 含量的低热硅酸盐水泥，自收缩值较小。自收缩的大小取决于 C_3A 和 C_4AF 的水化，且随两者含量增加而增加。

③ 水泥用量与用水量　混凝土用水量对水泥浆体的干燥收缩影响极大。在给定水灰比时，混凝土中水泥浆量越多，混凝土收缩越大，例如，大流动性混凝土收缩总是大于干硬性混凝土。当水泥和集料用量一定时，用水量大的混凝土收缩较大。

④ 矿物外加剂　在混凝土尤其是高强混凝土、高性能混凝土和低渗透性混凝土中掺用矿物外加剂已经普及。但矿物外加剂往往增加需水量。理论上，增加混凝土用水量就应使混凝土收缩增加。对掺用矿物外加剂的混凝土来说，虽然矿物外加剂使用水量增加，但未必增加混凝土收缩值。

⑤ 硅灰　硅灰是工业副产品，其粒子尺度仅为硅酸盐水泥的1%。硅灰具有火山灰活性，用于水泥混凝土中时，混凝土需水量明显增加，必须掺用高效减水剂加以克服。研究表明，硅灰掺量较高时，混凝土早期干燥收缩值较大。但掺硅灰的混凝土，其干燥收缩总体上小于对比混凝土。相同水胶比时，掺硅灰的混凝土的塑性收缩大大高于对比混凝土。在0.33的低水胶比下，无论是否掺用硅灰，混凝土都可能因塑性收缩而开裂。而水胶比为0.50时，混凝土就不会开裂。水胶比为0.40时，掺硅灰的混凝土开裂，而不掺硅灰的混凝土则完好。掺用5%和10%硅灰的混凝土，干燥收缩减小，再掺用20%粉煤灰或矿渣，则使混凝土收缩增加。一般，混凝土在成型后24h内的自收缩值随水胶比的降低而增加。当掺用减水剂和硅灰，使水胶比减小到0.17，混凝土在干燥条件下产生的收缩，绝大部分是自收缩。

吴中伟院士认为，混凝土水分的散失引起了干缩，水分存在于各种孔隙中，这些孔隙分布在水泥石中、集料中以及集料与水泥石、钢筋与水泥石界面处。水泥石中的孔又分为凝胶孔、毛细孔与气孔，气孔最大，直径在 0.01~1mm 之间，气孔中还存在着自由水，这种水的增减不引起体积变化，故干缩与自由水无关；毛细孔的尺寸约为气孔的 1/100，其中存在着受毛细管力作用的可蒸发水；气孔与毛细孔数量取决于混凝土用水量与养护条件。凝胶孔为毛细孔的 1/1000，即约为 10~40Å，约为水分子直径的 5 倍，凝胶孔约占凝胶体积的 28%，凝胶孔中的水为非蒸发水；毛细孔水、胶孔水与混凝土体积变化密切相关。

硅粉混凝土的总孔隙率少，其中气孔更少，毛细孔与凝胶孔相对较多，故其干缩及自收缩偏大。为了避免和减轻由于干缩引起开裂，首先要加强潮湿养护，其次可采取补偿收缩。

掺硅灰的混凝土倾向于开裂，受制于混凝土养护，而不是硅灰本身。尽管掺用硅灰后，混凝土早期收缩较不含硅灰时大，但混凝土在潮湿条件下连续养护7天，不会出现具有统计学意义的导致混凝土开裂的作用因素。因此，建议对掺用硅灰的混凝土，至少进行连续7天的表面湿养护。

⑥ **粉煤灰** 作为矿物外加剂使用时，粉煤灰的颗粒级配、形态及表面特征对混凝土用水量、工作性和强度发展具有显著影响。通常，粉煤灰的颗粒尺寸介于 $1\sim100\mu m$，其中50%小于 $20\mu m$。高钙灰的活性高于低钙灰。理论研究和应用实践表明，粉煤灰可降低混凝土用水量，因而可减小混凝土收缩。不仅如此，高钙粉煤灰因体积膨胀，还可在一定程度上补偿混凝土收缩。

⑦ **化学外加剂** 混凝土减缩剂目前仅局限于特定领域应用，而各种混凝土减水剂，特别是高效减水剂则在国内外得到了广泛应用。减缩剂减小了水泥浆体孔隙中水溶液的表面张力，从而可减小收缩应力，并减小混凝土因收缩而开裂的机会。通常，高效减水剂对混凝土收缩变形不会产生影响，但经复合后的减水剂可改变水化反应进程，可导致干燥收缩大幅增长。可能的原因是：减水剂使水的表面张力提高，因而使毛细水更易蒸发；减水剂的掺用，降低了混凝土水灰比，水灰比越低，混凝土自收缩越大（但当水泥用量一定时，混凝土干缩值随水灰比增加而增加）。掺用减缩剂，可大幅度减小混凝土干燥收缩。同样，随着湿养护时间延长，混凝土干燥收缩也显著降低，且较长的养护时间使水灰比与收缩的关系不再像平常那么敏感。

(2) 养护条件的影响 前已述及，湿养护时间越长，混凝土收缩越小。

(3) 环境条件的影响 Torrenti 等对 $0.3m\times1m\times3m$ 素混凝土梁的研究结果证明，梁的收缩值与其自重成正比；混凝土热膨胀系数对收缩值具有直接影响，但温度的改变对热膨胀系数影响甚小。Almusallam 等通过将 $450mm\times450mm\times20mm$ 的暴露在不同的温度、相对湿度和风速条件下，进行环境影响试验。试验结果表明，在无风的情况下，随着相对湿度提高，混凝土中水分的蒸发量减少，而在有风的条件下，相对湿度对控制混凝土中的水分蒸发无实际意义。与无风时相比，增加风力将加速水分蒸发，增加裂缝长度、开裂面积及早期开裂的。环境温度越高，混凝土中的水分蒸发越快，开裂长度和开裂面积越大。可以认为，控制水分蒸发是防止塑性收缩开裂的主要途径。

(4) 试件尺寸的影响 在一定条件下，混凝土试件的尺寸和形状直接影响着水分的蒸发与吸收，且对混凝土的体积变形以及总的膨胀或收缩产生影响。

Almudaiheem 和 Hansen 提高持续一年的观察发现，在达到最大收缩前，相应龄期的收缩值随试件尺寸增加而减小，但根据动态收缩-质量损失曲线，水泥浆、砂浆及混凝土的最大收缩值不受试件尺寸和形状的影响。因而他们认为，可通过相同配合比的小试件，从收缩-干燥时间曲线来预测混凝土结构的最大收缩值。

8.1.8 混凝土收缩预测

关于混凝土收缩的预测公式有多种，现介绍主要的 5 个公式。

(1) ACI 209 建议的预测公式 ACI 209 建议按式(8-4) 和式(8-5) 预测收缩应变。

$$\varepsilon_{sh}(t,t_{sh,o}) = \frac{(t-t_{sh,o})}{35+(t-t_{sh,o})}\varepsilon_{sh,\infty} \quad （湿养护） \tag{8-4}$$

$$\varepsilon_{sh}(t,t_{sh,o}) = \frac{(t-t_{sh,o})}{55+(t-t_{sh,o})}\varepsilon_{sh,\infty} \quad （蒸养） \tag{8-5}$$

式中 $\varepsilon_{sh}(t, t_{sh,o})$ ——收缩应变；

t——时间，d；

$t_{sh,o}$——开始干燥的时间，d；

$\varepsilon_{sh,\infty}$——最大收缩应变。

(2) Bazant B3 模型 Bazant B3 模型如式(8-6) 和式(8-7) 所示。

$$\varepsilon_{sh}(t,t_o) = -\varepsilon_{sh\infty} K_h S'(t) \tag{8-6}$$

$$\varepsilon_{sh\infty} = -\alpha_1\alpha_2[26(w)^{2.1}(f_c')^{-0.28}+270]\times 10^{-6} \tag{8-7}$$

$$K_h = 1-h^3 \tag{8-8}$$

$$S(t) = \tanh\sqrt{\frac{t-t_o}{T_{sh}}} \tag{8-9}$$

α_1 和 $\alpha = 1.0$

式中 W——混凝土单位用水量，lb/ft³ （1lb/ft³=16.02kg/m³）；

K_h——截面形状系数；

h——相对湿度，%；

t——混凝土龄期，d；

t_o——混凝土开始收缩的时间，d；

$S(t)$——收缩的时间函数。

其他符号的含义同前。

(3) CEB 90 建议的预测公式 CEB 90 建议的预测公式如式(8-10) 和式(8-11) 所示。

$$\varepsilon_{cso} = \varepsilon_s(f_{cm})(\beta_{RH}) \tag{8-10}$$

$$\varepsilon_s(f_{cm}) = [160+10\beta_{sc}(9-f_{cm}/1450)]\times 10^{-6} \tag{8-11}$$

$$\beta_{RH} = -1.55\beta_{ARH} \tag{8-12}$$

$$\beta_{ARH} = 1-(RH/100)^3 \tag{8-13}$$

式中 ε_{cso}——硅酸盐水泥混凝土的干缩应变;

ε_s——由相对湿度-收缩曲线得到的干缩率;

β_{sc}——与水泥有关的系数;

β_{RH}——相对湿度系数;

f_{cm}——平均 28 天抗压强度,psi,1psi=6894.76Pa。

(4) Gardner/Lockman 模型 Gardner/Lockman 模型如式(8-14)和式(8-15)所示。

$$\varepsilon_{sh}=\varepsilon_{shu}\beta(h)\beta(t) \tag{8-14}$$

$$\varepsilon_{shu}=1000K\left(\frac{4350}{f_{cm28}}\right)^{1/2}\times 10^{-6} \tag{8-15}$$

$$\beta(h)=1-1.18h^4 \tag{8-16}$$

$$\beta(t)=\left[\frac{(t-t_c)}{t-t_c+97(V/S)^{1/2}}\right]\times 10^{-6} \tag{8-17}$$

式中 ε_{sh}——收缩应变;

ε_{shu}——最大收缩应变;

$\beta(h)$——相对湿度修正系数;

$\beta(t)$——时间修正系数;

h——相对湿度;

t_c——开始干燥的时间,d;

t——混凝土龄期,d;

K——水泥品种修正系数。

(5) Sakata 模型 Sakata 模型如式(8-18)和式(8-19)所示。

$$\varepsilon_{sh}(t,t_o)=\varepsilon_{sh\infty}[1-\exp\{-0.108(t-t_o)^{0.56}\}] \tag{8-18}$$

$$\varepsilon_{sh\infty}=-50+78[1-\exp(RH/100)+38\ln(w)]-5[\ln(V/S)/10]^2\times 10^{-5} \tag{8-19}$$

式中 $\varepsilon_{sh}(t,t_o)$——预测的收缩应变;

$\varepsilon_{sh\infty}$——最大收缩应变;

w——混凝土单位用水量,kg/m³;

RH——相对湿度,%;

V/S——体积与表面积之比;

t——时间,d;

t_o——开始干燥的时间,d。

8.2 碱集料反应膨胀破坏及其防治

20 世纪 20~30 年代,美国加州的一些建筑结构在建成后几年内就有一些开裂。1945 年 Stanton 证实了碱集料膨胀反应是引起这些破坏的主要原因。其后发现这些混凝土结构中高碱水泥和蛋白石质集料是共同使用的，由于碱集料反应而造成的混凝土开裂在其他国家也时有发生。1957年，碱-碳酸盐反应作为另一种有害的膨胀反应由 Swenson 发现。从此以后，世界各地召开了许多国际会议来讨论由于碱集料膨胀所造成的混凝土的破坏。

8.2.1 碱集料反应定义

碱集料反应（alkali-aggregate reaction，AAR）是混凝土中的碱与集料中的活性组分之间发生的膨胀性化学反应。

AAR 按活性组分类型可分为碱硅酸反应（alkali-silica reaction，ASR）和碱碳酸盐反应（alkali-carbonate reaction，ACR）。碱-硅反应是由蛋白质、玻璃质的火山岩以及含 90% 以上硅的岩石反应产生的。碱-硅反应和碱-碳酸盐反应的不同之处在于反应产物不同。碱-硅反应最早是由 Gillott 提出的。能发生碱-硅反应的岩石包括硬砂岩、硅质黏土岩、硬绿泥石。

混凝土发生碱集料反应后会出现圆形裂纹，同其他反应的破坏特征相似。反应过后，会在混凝土表面形成凝胶，干燥后为白色的沉淀物。碱集料反应多在混凝土浇筑几个月或几年后发生。

8.2.2 ASR 作用机理

许多从事混凝土研究工作的科研人员对碱集料反应可能的机理进行了研究和论述。在水泥中，碱的存在使 pH 值提高到 13.5~13.9。有报道说由高碱水泥制成的混凝土其溶液中氢氧化物的浓度是低碱水泥溶液的 10 倍，是饱和 $Ca(OH)_2$ 溶液的 15 倍。一般来说，反应的第一阶段，OH^- 使

图 8-18 玉髓

活性二氧化硅发生水解形成碱-二氧化硅凝胶，接下来水被凝胶吸附，这使得体积增大。水泥是混凝土中碱的主要来源，但其他来源也不容忽视。拌合水、海水、集料中可能的活性矿物组分如伊利土、云母或长石、地下水、化冰盐以及外加剂都是碱的来源。混凝土中的活性组分可分为硅质活性组分（硅质活性集料）；碳酸岩活性组分（碳酸岩活性集料）。一些被认为是具有碱活性的天然矿物包括蛋白石、玉髓（图 8-18）、火山性玻璃、硅质水泥、微晶石英（图 8-19）和白云石（图 8-20）等活性岩石（图 8-21）。

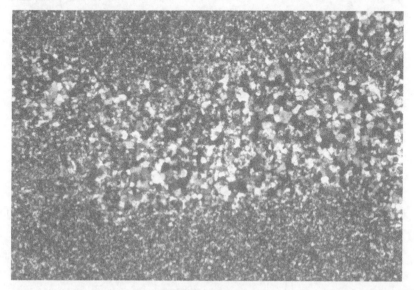

图 8-19　微晶石英

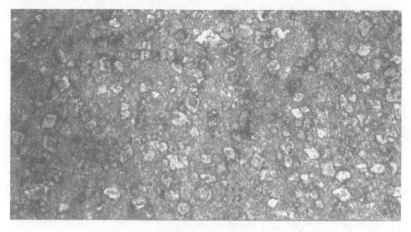

图 8-20　碳酸岩活性组分-白云石晶体

有些外加剂，如 $CaCl_2$ 基的组分和超塑化剂可能加剧碱-二氧化硅反应。ASR 膨胀是混凝土中的碱与含有硬砂岩（含有长石或黏土的白砂石）

图 8-21　活性岩石

和如蛭石一样分层的集料反应的结果。活性的硅酸盐和其他矿物也能与碱溶液反应。在高 pH 值条件下，含有硅酸盐（沸石和黏土矿）的反应曾报道过，但这些反应对碱集料膨胀的重要意义仍不清楚。

在硅二十四面体（图 8-22）、无定形硅（图 8-23）和硅晶体（图 8-24）中，无定形硅活性最大。

ASR 作用机理可用图示法表达如下。

第一步：集料（aggregate）处于碱溶液中（图 8-25）。

第二步：集料表面受离子攻击 OH^-（图 8-26）。

化学反应如式(8-20) 所示。

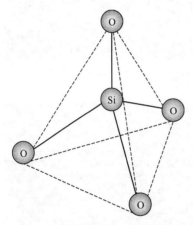

图 8-22　活性硅-硅二十四面体

$$H_2O+Si-O-Si \longrightarrow Si-OH\cdots OH-Si \qquad (8-20)$$

第三步：集料表面的 Si—OH 基团被 OH^- 分解为 SiO^- 分子（图 8-27）。化学反应如式(8-21) 所示。

$$Si-OH+OH^- \longrightarrow SiO^- + H_2O \qquad (8-21)$$

第四步：SiO^- 分子与孔隙中的碱反应，在集料周围形成胶状物质（图 8-28）。

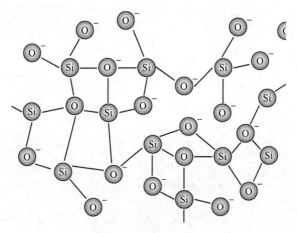

图 8-23 无定形硅

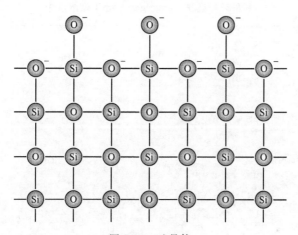

图 8-24 硅晶体

第五步：碱-硅凝胶（alkali-silica gel）膨胀并向周围混凝土施加作用力（图 8-29）。

第六步：当膨胀应力超过混凝土抗拉强度时，混凝土开裂（图 8-30）。

第七步：当裂缝延伸到混凝土结构表面时，将在表面形成龟裂（map cracking，图 8-31）。

Bentz 分析了以活性蛋白石为集料的水泥砂浆 3d 的 XRD 图谱。3 个取样点的分析结果如图 8-32 所示。由 3 个 XRD 谱图可见，裂缝中的反应产物中含有硅和钠。

ACR 反应与 ASR 不同之处在于受影响的混凝土不含大量的二氧化硅凝胶，并且集料中并不存在遇碱反应产生膨胀的二氧化硅矿物。有关 ACR 作用机理的细节仍有争论。一种可能是膨胀由氢氧化镁晶体在脱白云石作用发生的受制空间中长大和重排所致。

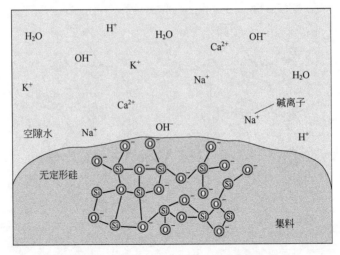

图 8-25　集料（aggregate）处于碱溶液中

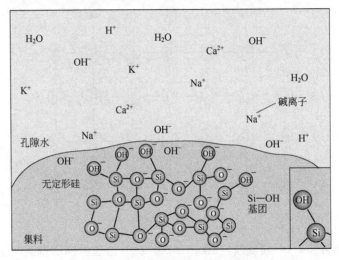

图 8-26　集料表面受离子攻击 OH^-

另一种意见认为膨胀是由于隐晶石英的存在（碱活性二氧化硅在石灰石中并不罕见）。在早期的解释中，Gillott 认为膨胀是由于细小组分，特别是受到脱白云石反应影响的干黏土黏附水分产生的膨胀压力所致。

碱集料反应发生条件是：①混凝土（或环境）中含有足量的碱；②混凝土含有活性集料；③湿度。三者缺一不可。

无论岩石或矿物的类型如何，膨胀的增加受碱含量、水分、温度和暴露时间的影响。有时，由于种种原因，混凝土工程不得不应用含有活性（或部分活性）的集料。对这样的集料，低碱水泥的应用以及掺用外加剂可能是需要的。众所周知，由活性集料制成的混凝土，其每立方米碱含量低于一个特定值时（通常取 $3kg/m^3$ 作为安全界限），膨胀很小。碱含量低于

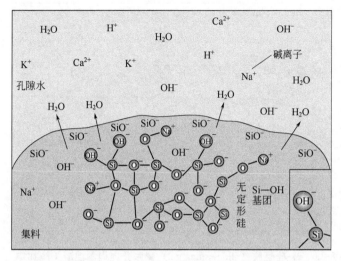

图 8-27　集料表面的 Si—OH 基团被 OH⁻ 分解为 SiO⁻ 分子

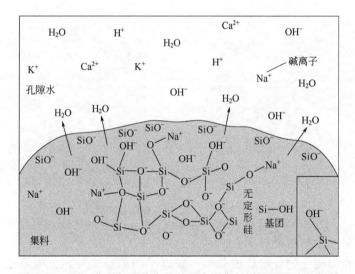

图 8-28　SiO⁻ 分子与孔隙中的碱反应在集料周围形成胶状物质

0.6% 含碱当量（含碱当量 = $Na_2O + 0.658K_2O$）的水泥是低碱水泥。粉煤灰、高炉矿渣、硅灰或稻壳灰代替部分波特兰水泥也能使膨胀减少。较低的水胶比使混凝土强度增加、孔隙率降低、抗渗性能提高、碱离子迁移率降低，然而孔隙中碱的富集将增加。引入空气可能会降低膨胀，同时应避免使用碱含量高的外加剂。使用低碱水泥，在提供足够时间干燥后密封混凝土、在集料颗粒上涂覆不透水的物质是降低碱集料反应的 3 种措施。有些外加剂，特别是锂盐可以降低碱集料反应。

有文献提出，水泥及混凝土中的碱应分为有害碱与无害碱，认为只有

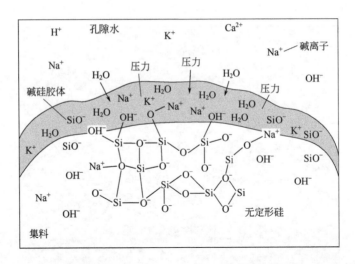

图 8-29 碱-硅凝胶（alkali-silica gel）膨胀并向周围混凝土施加作用力

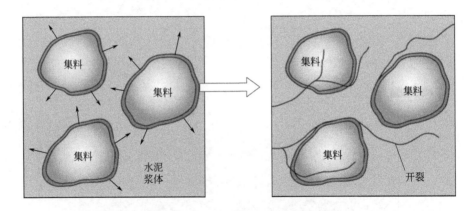

图 8-30 混凝土受 ASR 膨胀作用开裂

有害碱才参与碱集料反应。

在混凝土的各组成成分中，碱以不同的形式存在。混凝土中的碱，一部分存在于固相中，一部分存在于液相即孔溶液中。一般认为，存在于固相中的碱不参与碱集料反应，称之为无害碱，而存在于孔溶液中的碱则参与碱集料反应，称之为有害碱。

同样，在水泥中的碱含量分 3 种，总碱量、可溶性碱及可利用碱。总碱量是以各种形式存在的碱的总和，是通过酸溶法测定的，可溶性碱是指将水泥加入水中搅拌一定时间后能溶解出的那部分碱，而可利用碱是指将水泥按一定水灰比，水化到一定龄期时，存在于孔溶液中的那部分碱即有害碱，也只有这部分碱才参与碱集料反应。

综合国外关于混凝土碱含量的计算方法，提出如下公式：

$$R_2O=(R_C+0.1\%)(C+10)+KR_{a1}A_1+R_{a2}A_2+R_{a3}A_3+R_WW \tag{8-22}$$

式中，R_2O 为混凝土碱含量，kg/m^3；R_C、R_{a1}、R_{a2}、R_{a3}、R_W 分别为水泥、混合材、外加剂、集料、水的含碱量（$Na_2O+0.658K_2O$）；C、A_1、A_2、A_3、W 分别为 $1m^3$ 混凝土所用水泥、混合材、外加剂、集料、水的质量；K 为系数，当混合材品种分别为粉煤灰、矿渣、硅灰时，K 分别取值 0.15、0.5、0.5。

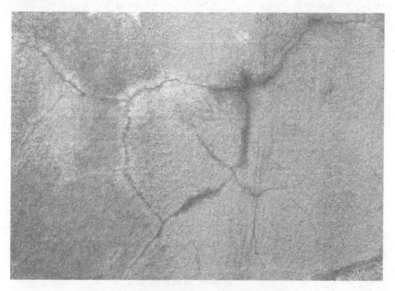

图 8-31　混凝土表面因 ASR 形成的龟裂

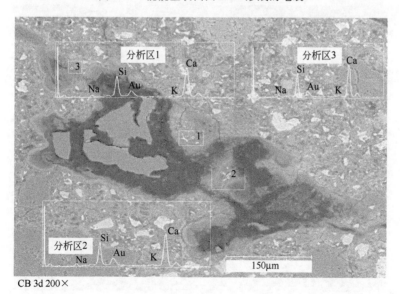

图 8-32　以活性蛋白石为集料的水泥砂浆 3d 的 XRD 图谱

8.2.3 碱集料反应图片和工程实例

图 8-33～图 8-39 是 Jessica L. Hurst 拍摄的 ASR 破坏图片。在集料（aggregate）和水泥基材界面处，由于 ASR 形成了具有膨胀性的胶状物质（gel），并导致开裂（crack）。图 8-33 清晰可见界面开裂部位的胶环（gel ring）。

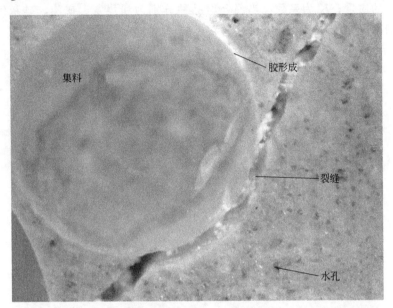

图 8-33 ASR 开裂与胶状物形成

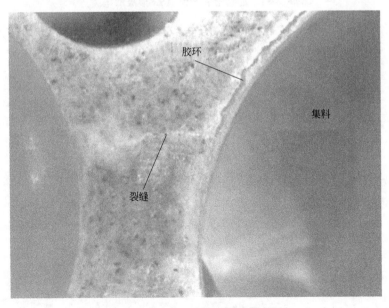

图 8-34 ASR 导致的胶环与开裂

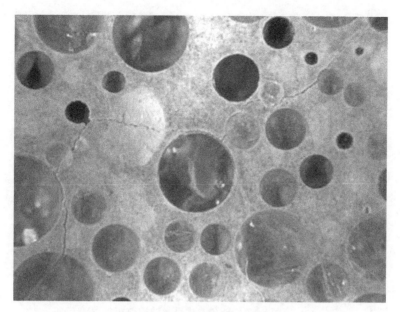

图 8-35　ASR 造成的表面贯穿裂缝

图 8-36　ASR 造成的结构破坏

图 8-40～图 8-54 是唐明述院士拍摄的国内外碱集料反应破坏的典型工程事例。从这些照片可以看出，AAR 的破坏作用巨大，必须引起工程界足够重视。

图 8-37　ASR 造成弓形结构破坏

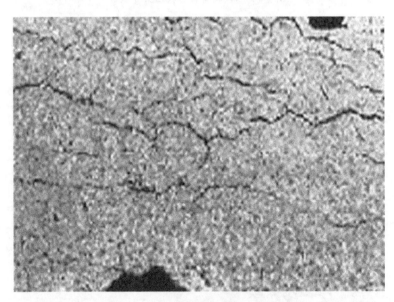

图 8-38　ASR 导致表面严重开裂的情形

8.2.4　测试方法

除了 ASTM 标准以外，还有一些加速方法可以估计集料引起的有害碱集料反应的潜在能力，例如唐明述院士提出的检测方法，已得到国际认可。

ASTM C295—90 是岩相检测方法。该方法测定物质的物理和化学特性，分类并评估组分的数量。XRD \ DTA \ IRA 和其他测试方法可取代岩

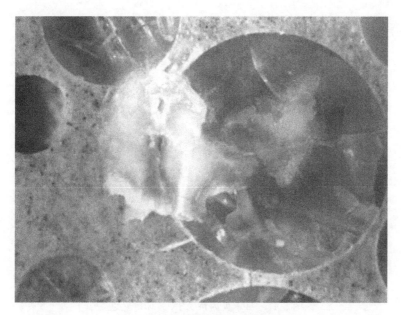

图 8-39 向表面扩散的胶状物质

图 8-40 日本见内桥 AST 破坏情况之一

相法测试。

在 ASTM C227—90 中，测定集料潜在碱活性的标准测试方法是砂浆棒法。通常认为，如果 3 个月内长度变化超过 0.05% 或 6 个月内长度变化超过 0.1%，膨胀就过大了。砂浆棒法试验应以其他方法例如岩相检测作补充。

ASTM C289—87 方法通过 24h 内 80℃下 1mol/L NaOH 和集料的反应

图 8-41　日本见内桥 ASR 破坏情况之二

图 8-42　澳大利亚 Michel 河桥 ASR 破坏情况

量来测试波特兰水泥混凝土中集料对碱的活性。其中集料经过破碎应通过 300μm 筛，取 150μm 筛的筛余部分作为试验材料。此方法必须同其他方法共同使用。尽管该方法能很快得到结果，但该法并非完全可靠。

ASTM C342—90 中测试砂浆棒体积变化的试验主要用于研究工作。在试验中所用砂浆的初始温度和养护添加剂与 ASTM C227—90 中规定的相同。

图 8-43　英国旧 Smorral Lane 桥 AAR 破坏情况

图 8-44　加拿大魁北克城公路桥 ASR 破坏情况之一

测试碳酸盐集料的潜在碱活性的 ASTM 方法有两种：ASTM C586—92 中，通过在室温下将碳酸盐岩石浸入 NaOH 溶液来测试其膨胀值；ASTM C1105-89 的名称是"碱-碳酸盐反应导致的混凝土长度变化"，可由此预测由碱-碳酸盐反应引起的混凝土体积膨胀。

ASTM C441—89 是关于矿物外加剂或粒化高炉矿渣对阻止由碱-二氧化硅反应引起的过度膨胀的有效性。

加拿大标准委员会（CSA）A23.2-14A《集料-水泥基体的潜在膨胀（混凝土棱柱膨胀方法）》中有两种测试方法，一种适用于碱-碳酸盐活性集

图 8-45　加拿大魁北克城公路桥 ASR 破坏情况之二

图 8-46　加拿大蒙特利尔地区船闸 AAR 破坏情况

料，另一种适用于对慢/迟膨胀的碱-硅酸盐活性集料。

8.2.5　抑制 AAR 作用的外加剂

(1) 化学外加剂

① 锂盐化合物　国际上关于使用化学外加剂减缓混凝土碱集料膨胀的研究工作已经取得很大进展。使用碱集料反应抑制剂时，须注意的是：所选用的外加剂不能影响混凝土的其他物理或化学性能。表 8-3 是部分盐类对

图 8-47　北京三元立交桥 AAR 破坏情况

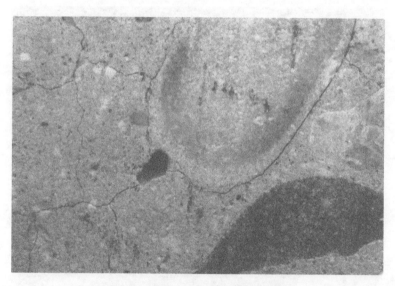

图 8-48　北京三元立交桥混凝土岩芯

抑制碱集料反应引起的膨胀试验数据。由表 8-3 可见，锂盐对抑制碱集料反应引起的膨胀最为有效。

一些有机化合物对抑制碱集料反应产生的膨胀也有作用，见表 8-4 所列。有机化合物中，最有效的膨胀抑制剂是甲基纤维素和水解蛋白，相反，乳酸则会加大膨胀。

表 8-3、表 8-4 和已有的研究结果表明，锂盐、硫酸铜、铝粉、某些蛋白质和引气剂可以显著降低 AAR 膨胀。

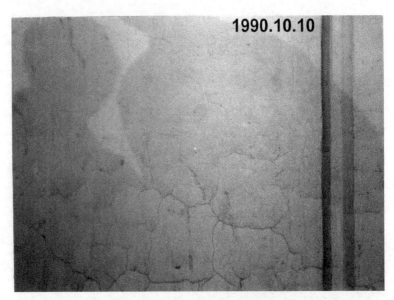

图 8-49　北京建国门立交桥 AAR 破坏情况

图 8-50　山东兖州沂河桥 AAR 破坏情况

表 8-3　盐类物质对降低砂浆膨胀的作用　　　　单位：%

盐类名称	用量	膨胀下降量	盐类名称	用量	膨胀下降量
铝粉	0.25	75	碳酸锂	1.00	91
碳酸钡	1.00	3	氟化锂	0.50	82
碳酸钙	10.0	—6	硝酸锂	1.00	20
磷酸铬	1.00	9	硫酸锂	1.00	48
氯化铜	1.00	29	氯化钠	1.00	15
硫酸铜	1.00	46	碳酸钠	1.00	44
氯化锂	0.50	34	碳酸铵	1.00	38
氯化锂	1.00	88	碳酸锌	0.50	34
碳酸锂	0.50	62			

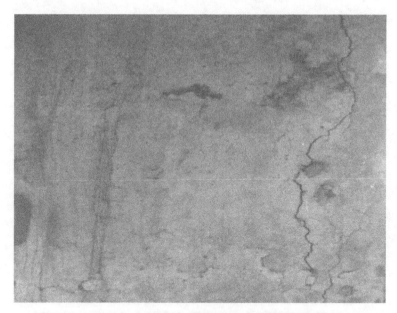

图 8-51　天津八里台立交桥 AAR 破坏情况

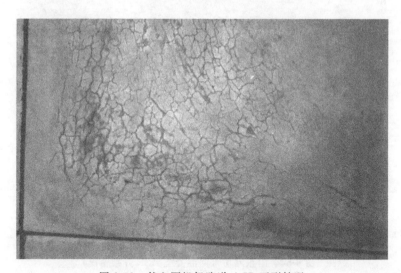

图 8-52　某空军机场跑道 ACR 开裂情况

表 8-4　一些有机物对降低碱集料膨胀的作用

有机物	用量/%	膨胀降低量/%	有机物	用量/%	膨胀降低量/%
乳酸	1.0	−59.0	硬脂酸甘油酯	1.0	20.0
亚油酸	1.0	37.0	甲基纤维素	1.0	52.0
豆油	1.0	26.0	甲基纤维素	2.0	60.0
丙酮酸盐	1.0	16.0	糖精	0.5	19.0
乙酸乙酯	1.0	31.0	水解蛋白质	1.0	56.0~76.0

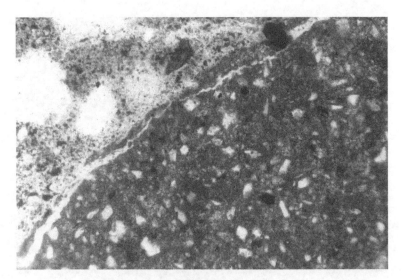

图 8-53　某空军机场混凝土微观结构

图 8-54　山东潍坊水闸混凝土 ASR 开裂情况

氢氧化锂是一种能有效地降低由 ASR 引起的膨胀的外加剂。Ramachandran 将掺用 LiOH、蛋白石及不同碱含量的试样置于 25℃、38℃ 或 130℃下（蒸汽养护），研究其膨胀特性。试验结果表明：对于在 25℃ 或 38℃下养护的试样，碱含量为 1.2% 及含有 5% 蛋白石的试样出现了最大膨胀值，含 0.5% LiOH 的试样则使膨胀降低，而含 1.0% LiOH 的试样膨胀降低并一直持续至 50 天以后。

Stark 等研究了氟化锂和碳酸锂对砂浆（含有 1% 碱）膨胀的影响，研究结果示于表 8-5。

表 8-5　掺用 LiF 或 Li_2CO_3 的砂浆的膨胀

试样	用量/%	膨胀值/%				
		6 月	12 月	18 月	24 月	36 月
参考样	0.00	0.54	0.62	0.62	0.63	0.63
参考样+LiF	0.25 0.50 1.00	0.43 0.04 0.02	0.64 0.06 0.02	0.64 0.06 0.02	0.68 0.06 0.02	0.71 0.06 0.02
参考样+Li_2CO_3	0.25 0.50 1.00	0.46 0.30 0.03	0.62 0.54 0.04	0.62 0.54 0.04	0.62 0.55 0.04	0.63 0.58 0.05

虽然 LiF 和 Li_2CO_3 都比 LiOH 的溶解性差，但它们能降低碱-二氧化硅反应产生的膨胀，原因可能它们在孔隙溶液中可以转化为 LiOH。为获得良好的抑制膨胀的效果，至少需掺用 0.5% LiF 或 1.0% Li_2CO_3。

LiOH 抑制 ASR 作用的机理是：在有 KOH 和 NaOH 参加的情况下，溶胶中结合了 Li 离子。溶胶中 Li 的数量随其富集而增加。Na∶Li 的极限值为摩尔比 1∶0.67～1∶1，这时由 ASR 引起的膨胀值降低到安全水平。Diamond 等发现，当砂浆中加入 LiOH 时，水泥水化产物可以吸收比 Na 或 K 更多的 Li。

更多的研究发现，LiOH、$LiNO_3$ 和 Li_2CO_3 都能降低 AAR 膨胀。在这些化合物中，Li_2CO_3 比其他物质更有效。抑制作用依赖于 Li/Na 比，必须测定长期影响，并且最佳配比也需要确定。在各种锂化合物相对影响被证实以前，有必要进行一些可靠的预测性试验。

② 非锂盐化合物　目前关于非锂盐化合物抑制 AAR 膨胀的研究工作亦取得了较大进展，对二元外加剂体系的研究工作也在进行之中。Huder 的研究证实，包括各种阳离子的磷酸盐在内的多种化合物，具有非常好的抑制 AAR 膨胀的效果，尤其对抑制 ASR 膨胀更为有效。

研究显示，在混凝土中掺用引气剂，能提高混凝土抵御 AAR 膨胀的能力，可能是由于混凝土中引入的微小气泡可容纳反应产物从而减小膨胀应力发展。引气 3.6% 可以使膨胀值降低 60%。由此可以推断，混凝土中的多孔集料也能减小 AAR 膨胀。

蔗糖对 AAR 膨胀的降低极具戏剧性。柠檬酸、蔗糖等缓凝剂与引气剂共同使用使膨胀的降低量比它们任何一种单独使用的效果显著。

Na 和 K 的硫酸盐、氯化物和碳酸盐对抑制 AAR 膨胀无任何效果，而 Na 和 K 的硝酸盐则是有效的膨胀抑制剂。

Ohama 等还发现硅烷可以显著地降低碱集料反应膨胀。

(2) 矿物外加剂

① 硅灰　关于硅灰对 AAR 膨胀的抑制作用，存在相互矛盾的试验结果。尽管在水泥水化早期，少量的硅灰可有效防止 AAR 反应，但在长期使用中，当硅灰掺量较高时，硅灰本身也将成为混凝土中发生碱集料反应的碱的来源。硅灰的有效性依赖于其组成（SiO_2 和碱含量）、用量、碱集料反应的类型以及水泥的品种、细度和碱含量。

Oberholster 和 Westra 运用硼硅酸玻璃光谱试验（ASTM C441—69）发现硅灰作为矿物外加剂时，有 0.008% 的收缩。如果将 0.1% 的膨胀作为允许的膨胀上限指标，那么就需要体积比为 10% 的硅灰置换率，他们认为硅灰是矿物外加剂中最有效的 AAR 抑制剂。

Olafson 采用 ASTM C227 试验方法，用破碎的硼硅酸玻璃作为集料，发现当火山灰是一种高表面积的类型（例如硅灰）时，抑制反应只需要少量的外加剂。使用冰岛的砂子和含碱当量 1.39% 的水泥做长期膨胀测量，结果显示在 7.5% 和 10% 的硅灰掺量时，3 年后的膨胀都是 0.06%。

Perry 和 GilloH 同样研究了硅灰抑制 ASR 的有效性，他们按照 ASTM C227 和 C441 的方法将硼硅酸玻璃作为活性集料。除此之外，他们根据 ASTM C227 的方法测试了一种来自内华达州的活性很好的蛋白石，但采用的温度是 25℃ 和 50℃ 而不是标准的 38℃。硅灰对水泥的置换率为水泥质量的 0～40%。50℃ 时所做的实验结果表明，用硅灰代替水泥显著地降低了膨胀，但要控制蛋白石的 ASR 膨胀至少需要 20% 的置换率。然而他们的研究数据显示，当硅灰替代量为 15% 时，加入超塑化剂可能会削弱硅灰抑制 ASR 膨胀的作用。

Durand 等比较了粉煤灰、矿渣和硅灰在抑制 AAR 膨胀方面的有效性。以含有泥岩的砂浆为对比试件，硅灰掺量为 5%、10% 和 15% 时，膨胀分别降低 4%、68% 和 83%。在含有白云石质石灰石的混凝土中，膨胀则分别降低 40%、48% 和 54%。

Swamy 测试了湿热和干热条件下硅灰混凝土的变形性能。混凝土中水泥的碱含量为 1%，掺用 15% 的硅灰取代砂子，并掺用 10% 的微细二氧化硅。微细二氧化硅的加入，使 40 天时的膨胀由 0.732% 降低到 0.273%。试样上裂缝的形成规律如下：在 0.159% 的膨胀（27 天）时出现细小裂缝；而在 0.260% 的膨胀时出现可见裂缝。在控制试样中，膨胀为 0.046%（7 天）时，出现了可见的裂缝。由此可得出如下结论：评价矿物外加剂抑制碱-二氧化硅反应膨胀的有效性时，应考虑的指标是控制膨胀应变，控制开裂，保持混凝土的强度和模量以及控制结构变形。

前面已经提及，混凝土中含有空气可降低由于碱集料反应引起的膨胀，这是因为碱-二氧化硅凝胶占据了孔隙。而硅灰和引气都可降低膨胀，但两者复合使膨胀值的降低量最大。表 8-6 对含有硅灰和引气剂的砂浆棒的膨胀值作了比较。

表 8-6　含有硅灰和引气剂的砂浆棒膨胀　　　　　　单位：%

硅　灰	膨　胀	
	不含引气剂	含引气剂
0	1.05	0.48
6	0.85	0.45
12	0.62	0.28

矿物外加剂抑制 AAR 的机理是：当 C-S-H 的 CaO/SiO_2 比接近于 1.2 或更小时，水泥水化产物对 Na_2O 和 K_2O 的容纳量会增加，而氢氧根离子浓度会下降；不含矿物外加剂时，水泥水化过程的这个比值大约是 1.5。

用高压技术对孔隙溶液的直接测量证明，掺量仅 5% 的硅灰也可使氢氧根离子的浓度降低到 0.3 摩尔/升的水平。硅灰的存在使 pH 值和 OH^- 浓度下降。

基于对含有硅灰的水泥浆体的形态学研究可以得出如下结论：硅灰形成了近似于碱-二氧化硅凝胶的含碱的水化硅酸盐微晶。这种物质的膨胀性能与其钾含量有关。它不产生膨胀，因为它占据了浆体中可能的空间，并且是在水泥仍具有塑性时形成的。

但在长期使用时，硅灰混凝土的膨胀速率显著增加，此时对 ASR 的控制能力下降。对这种情况的可能的解释为：碱最初在低 CaO/SiO_2 比和高碱火山石灰质的 C-S-H 的存在时被吸附，然后在后期被释放出来。

尽管掺用硅灰有效地降低了混凝土 ASR 的潜在危害，但仍需要长期的数据以确定所有影响硅灰有效性的参数。

② 粉煤灰　粉煤灰的火山灰活性依赖于其细度和玻璃质含量。混凝土中的粉煤灰能降低 AAR 膨胀。

粉煤灰的有效性与碱浓度有关。粉煤灰中无定形的玻璃体含量也是影响碱-二氧化硅反应的一个关键因素。

为评价粉煤灰作为碱集料反应膨胀抑制剂的作用，应考虑以下几个因素：粉煤灰中的 R_2O 含量有加速碱集料反应的趋势，石英和莫来石则降低混凝土中的总碱量。Kobayashi 等提出了一个经验公式来评价易受碱侵蚀的混凝土中粉煤灰的有效性：

$$\sum CA + 0.83 \sum FA - 0.046 \sum F \leqslant 4.2 kg/m^3 \qquad (8-23)$$

式中，$\sum CA$、$\sum FA$ 和 $\sum F$ 分别表示水泥总碱含量、粉煤灰总碱含量以及粉煤灰总量，kg/m^3。

由公式可知，若水泥中含 1.2% 的碱，而粉煤灰中含高达 4% 的碱，那么 20% 的粉煤灰即可控制膨胀。但事实上应把安全性考虑在内。Soles 和

Malhotra 分析了粉煤灰和矿渣对控制由 ACR 所引起的膨胀所起的作用,两年的研究表明矿渣对 ACR 所起的作用大于它对 ASR 所起的作用。相反,硅灰和天然火山灰在降低 ACR 膨胀方面的有效性要低于它们对 ASR 的作用。

图 8-55 表明了掺用火山灰和粉煤灰对膨胀的抑制效果。

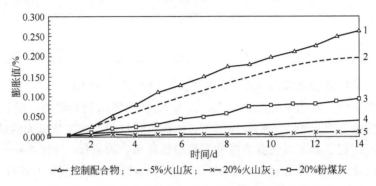

图 8-55　掺火山灰和粉煤灰的快速砂浆棒加速试验结果

③ 矿渣　矿渣中含有硅酸盐、铝硅酸盐等物质。粒化高炉矿渣是一种玻璃体物质,由熔融的矿渣急冷而得,矿渣的化学成分依赖于所制生铁的类型以及铁矿石的类型。

众多的试验研究证实了矿渣对碱集料膨胀控制能力的有效性。关于矿渣对碱-碳酸盐反应的影响尚存在争议。对矿渣抑制 AAR 膨胀的作用机理,存在一系列假说,包括:稀释的影响、火山灰的作用、C-S-H 相中碱的富集、C-S-H 相中 C/S 比的变化、氢氧化钙作用的变化以及矿渣水泥混凝土渗透性降低的作用。矿渣的存在使膨胀降低,在掺量为 60% 时膨胀降低最显著,如果要求 1 年膨胀量小于 0.1%,那么至少需要 60% 的矿渣来控制膨胀。

矿渣中的碱对 ASR 所起的作用决定了总膨胀量。根据 Hobbs 的研究,矿渣提供了总碱量 1/2 的碱参与 AAR。

尽管矿渣对降低由 ASR 引起的膨胀很有效,但它对降低 ACR 膨胀的影响仍有待继续研究。

概括地说,可以认为引入大量矿渣对降低碱-二氧化硅反应产生的膨胀是有效的,并且在某些情况下对抑制碱-碳酸盐反应亦有利。此作用的机理由稀释作用、矿渣本身的固有性质以及矿渣中的碱含量决定。

④ 其他硅质外加剂　除了硅灰、粉煤灰和矿渣,还有许多天然的或加工的硅质材料可用于降低碱-二氧化硅反应引起的膨胀。由于这些材料的加入,混凝土孔隙中 OH^- 浓度很快降低。

Mehta 测试了稻壳灰作为高活性火山灰质材料使用时防止 AAR 破坏的效果。试验所用稻壳灰的比表面积约 $50\sim60m^2/g$。由表 8-7 可见,掺用 15% 稻壳灰可使膨胀降低约 95%。

表 8-7　稻壳灰对砂浆膨胀的影响

稻壳灰/%	膨胀下降（控制量的%）		
	14 天	3 个月	6 个月
5	52.2	50.2	49.3
10	90.4	87.8	86.6
15	97.4	95.0	94.0
20	98.6	96.6	95.8

天然火山灰质材料也被用于控制易产生碱集料反应的混凝土体系的膨胀。硅藻土已被用于控制 AAR 膨胀。沸石质材料也被用来抑制 AAR 膨胀。

烧黏土具有火山灰活性。已有的研究表明，烧黏土可以降低 ASR 膨胀。Andriolo 和 Sgaraboza 在一项研究中发现，掺入 15% 的烧黏土后，膨胀可以从 0.18% 降低到 0.02%。

偏高岭土具有降低碱-二氧化硅膨胀的能力。偏高岭土对水泥的置换率为 0、5%、10%、15%、20% 以及 25% 时，ASR 膨胀随偏高岭土用量增加而降低。18 个月的试验观测发现，不含偏高岭土的混凝土在 6~9 个月内膨胀了 0.45%，而掺用 10%~15% 偏高岭土的混凝土，膨胀降低至 0.01% 以下。偏高岭土的加入还对早期及后期抗压强度发展有益。Jones 研究了掺 15% 偏高岭土的混凝土，0~54 个月的膨胀试验结果（试件在 NaCl 溶液中浸泡 32 个月），发现偏高岭土对抑制 AAR 具有非常好的作用。

8.2.6　混凝土碱集料反应的预防

(1) 国外的做法　国外在防范碱集料反应方面，多根据各国集料和混凝土配合比的特点，针对性地制定对策，以防止新建混凝土工程遭受 AAR 破坏。

美国提出了防止 ASR 的措施：使用碱含量小于或等于 0.6% 的低碱水泥，且混凝土不得有碱的其他来源；或者用粉煤灰、天然火山灰、硅灰取代部分水泥，此时必须根据 ASTM C411 标准检测这些混合材料对 ASR 的抑制效果。

加拿大国家标准 CSA A23.1 规定：当集料具有 ASR 活性时，混凝土碱含量应不超过 $3.0kg/m^3$。但同时指出，$3.0kg/m^3$ 碱含量的限制不适用于含活性白云质集料的混凝土、大坝混凝土和含高活性硅质集料或暴露在含碱介质中的混凝土。对于掺用粉煤灰、矿渣、硅灰抑制 AAR 的混凝土，碱含量仍限制在 $3.0kg/m^3$ 以下。

为防止新建混凝土工程遭受 AAR 的破坏，日本 JIS A5038 提出对策如下：使用碱含量小于 0.60% 的低碱波特兰水泥；当波特兰水泥碱含量高于 0.60% 时，限制混凝土碱含量不超过 $3.0kg/m^3$ 或采用含 30%~60% 矿渣的 B 种矿渣水泥或含 60%~70%矿渣的 C 种矿渣水泥；或采用含 10%~20%粉煤灰的 B 种粉煤灰水泥或含 20%~30%粉煤灰的 C 种粉煤灰水泥。即使采用低碱波特兰水泥和掺混合材的水泥，混凝土碱含量仍控制在 3.0kg/m³ 以下。此外，对海岸附近受海水和潮风影响显著的重要混凝土工程，除采取上述措施外，还应进行表面涂层，以防盐分渗入。

  英国在防止 AAR 方面采取了如下措施：降低湿度，或限制水泥的碱含量不大于 0.6%，且其他来源的碱不超过 0.2kg/m³；或限制混凝土碱含量小于等于 3.0kg/m³；或用矿渣、粉煤灰取代部分波特兰水泥，其置换率分别不小于 50% 和 30%。

  南非标准 SABS 0100-Part Ⅱ 规定，当混凝土含活性集料时，必须采取下列措施中的一种以防止 AAR 破坏：混凝土碱含量不超过 2.1kg/m³；用矿渣置换水泥，置换率不小于 40%；用粉煤灰置换水泥，置换率不小于 20%；使用低碱波特兰水泥。

  新西兰通过控制混凝土碱含量小于等于 2.5kg/m³ 来防止 AAR 破坏。

  德国主要采用低碱水泥、控制水泥用量不超过 500kg/m³、不用含碱的水浇注混凝土，以防 AAR 破坏。实际使用的混凝土碱含量不超过 3.0kg/m³。

  (2) 预防措施 总体来说，预防混凝土发生碱集料反应，应遵循以下原则。

  ① 避免高碱量：使用低碱硅酸盐水泥；掺用矿物外加剂。
  ② 避免使用活性集料（含无定形硅）。
  ③ 控制水分渗入。
  ④ 优先选用锂盐外加剂拌制混凝土或对现存混凝土进行处理。

  L. J. Malval 等在 "Alkali Aggregate Reaction Mitigation：State-of-the Art and Recommodations" 一文中建议，采取下列措施，预防碱集料反应：

  ① 选用碱含量小于 0.6% 的低碱水泥。使用具有潜在碱活性的集料时，应尽可能选用碱含量小于 0.4% 的低碱水泥。当然，低碱水泥本身并不能控制 ASR。

  ② 用粉煤灰、火山灰或磨细矿渣微粉取代水泥拌制混凝土，可抑制碱集料反应。掺用粉煤灰或火山灰质材料时，它们对水泥的置换率应不小于 25%，最大取代率宜控制在 40% 左右，因为高掺量粉煤灰或火山灰既给施工造成困难，又使混凝土早期强度降低。限定粉煤灰及火山灰质材料最大碱含量为 1.5%。建议磨细矿渣微粉对水泥的置换率为 40%~50%。

  ③ 锂盐外加剂可减少 ASR 膨胀破坏。但主要推荐使用安全且无其他不利副作用的锂盐。

  ④ 防止 ASR 最好的方法是使用非活性集料。可通过选用长期以来被公认为优质的集料，或通过检测途径确定。无论集料是否存在碱活性，都建

议在混凝土中掺用粉煤灰或矿渣。

唐明述院士建议，当集料具有碱活性时，按表 8-8 控制混凝土碱含量。

表 8-8　集料具有碱硅活性时混凝土的碱含量　　单位：kg/m^3

环境条件	一般工程	重要工程	特殊工程
干燥环境	不限制	不限制	<3.0
潮湿环境	<3.5	<3.0	<2.1
含碱环境	<3.0	用非活性集料	

参考文献

[1] Mokarem D W. Development of Concrete Shrinkage Performance Specifications [D]. Virginia Polytechnic Institute and State University, 2002.
[2] Aitcin P C. The durability characteristics of high performance concrete: a review. Cement and Concrete Composites, 2003, 25 (5): 409-420.
[3] Bentz D P. A review of early-age properties of cement-based materials. Cement and Concrete Research, 2008, 38 (2): 196-204.
[4] Malvar L J, Cline G D, Burke D F, et al. Alkali-Silica Reaction Mitigation: Sate-of-the-art and recommendations. ACI Materials Journal, 2002, 99 (5): 1-21.
[5] Glasser F P, Jacques Marchand, Eric Samson. Durability of concrete-Degradation phenomena involving detrimental chemical reactions. Cement and Concrete Research, 2008, 38 (2): 226-246.
[6] 唐明述. 碱硅酸反应与碱碳酸盐反应. 中国工程科学, 2000, 2 (1): 33-40.
[7] 袁润章. 胶凝材料学. 武汉：武汉理工大学出版社, 1996.
[8] 金伟良, 赵羽习. 混凝土结构耐久性. 北京：科学出版社, 2002.
[9] 冯乃谦, 邢锋. 混凝土与混凝土结构的耐久性. 北京：机械工业出版社, 2009.